HAINAN PUQIAN KUAHAI DAQIAO
LUNWENJI

海南铺前跨海大桥
论文集

海 南 省 交 通 运 输 厅
海 南 省 交 通 工 程 建 设 局 编
中国公路工程咨询集团有限公司

人民交通出版社股份有限公司
China Communications Press Co.,Ltd.

内 容 提 要

本书围绕海南铺前跨海大桥工程建设,从科研、设计、施工到管理等方面系统梳理了相关研究成果,成为一本高水准、系统化、开拓性的科技文献。

本书中多篇论文填补了国内研究的空白,其成果已达到国际先进乃至领先水平,可供交通运输行业工程技术人员参考借鉴。

图书在版编目(CIP)数据

海南铺前跨海大桥论文集 / 海南省交通运输厅, 中国公路工程咨询集团有限公司编. — 北京 : 人民交通出版社股份有限公司, 2019.1

ISBN 978-7-114-15224-5

Ⅰ. ①海… Ⅱ. ①海… ②中… Ⅲ. ①跨海峡桥—桥梁工程—文集 Ⅳ. ①U448.19-53

中国版本图书馆 CIP 数据核字(2018)第 288997 号

书　　名: 海南铺前跨海大桥论文集
著 作 者: 海南省交通运输厅　海南省交通工程建设局　中国公路工程咨询集团有限公司
责任编辑: 王　丹
责任校对: 刘　芹
责任印制: 张　凯
出版发行: 人民交通出版社股份有限公司
地　　址: (100011)北京市朝阳区安定门外外馆斜街 3 号
网　　址: http://www.ccpress.com.cn
销售电话: (010)59757973
总 经 销: 人民交通出版社股份有限公司发行部
经　　销: 各地新华书店
印　　刷: 北京印匠彩色印刷有限公司
开　　本: 787 × 1092　1/16
印　　张: 22.75
字　　数: 558 千
版　　次: 2019 年 1 月　第 1 版
印　　次: 2019 年 1 月　第 1 次印刷
书　　号: ISBN 978-7-114-15224-5
定　　价: 240.00 元

序　言

海南铺前跨海大桥横跨海南岛东北部的铺前湾海域，是文昌木兰湾规划区与海口江东新区对接的关键节点工程，也是海南省迄今为止规模最大的独立跨海桥梁工程。项目路线总长13.551公里，其中跨海大桥长3.959公里，采用双向六车道一级公路标准建设，批复概算总投资约30亿元，预计2019年初建成通车。

海南铺前跨海大桥建设条件极为复杂，抗震烈度国内最高，设计基本风速国内最大，且为国内唯一一座跨越活动断层的大型跨海桥梁。大桥在建设期间面临4.3米超大直径钢管复合桩技术难度大，台风及强对流天气频发施工安全风险高，毗邻国家级红树林保护区环保要求高等一系列难题，且时间紧任务重。为克服设计和建设过程中的种种困难，海南省交通运输厅及海南省交通工程建设局高屋建瓴、精心筹划，由项目PMC管理单位中国公路工程咨询集团有限公司组织同济大学、长安大学、中国地震局地球物理研究所等单位针对抗震、抗风、跨断层等进行多项创新性的研究和试验工作，邀请国内外知名专家、学术巨擘到现场指导调研、把脉问诊，为项目的设计建造打下了坚实的基础。工程建设中大力推广"四新技术""五小发明""QC活动"，力求在超大直径钢管复合桩基础施工、大体积承台浇筑、钢箱梁大悬臂施工、施工抗风、防腐耐久性研究及跨断裂带简支梁桥桥面连续等方面有所创新。

纵观本书近50篇论文，从科研、设计、施工到管理一步一步，循序渐进，大桥建设的每一个阶段都有一定深度的研究，多篇论文填补了国内研究的空白，其成果已达到国际先进乃至领先水平，值得工程界同仁们参考借鉴。此论文集是具有铺前跨海大桥特色的高水准、系统化、开拓性的科技文献。

海南铺前跨海大桥作为“海澄文”经济圈内交通控制性工程，大桥的建成对进一步完善区域公路网，发挥海口辐射带动功能，促进琼北地区的旅游资源开发和经济社会协调发展意义重大，为海南自由贸易区、中国特色自由贸易港的建设提供了重要交通保障，是海南交通建设的新地标、新名片！

海南省交通运输厅厅长 林东

二〇一八年十一月

目　录

第一篇　综　　述

第二篇　科　　研

第三篇　设　　计

第四篇　施　　工

第五篇 管 理

第一篇

综　述

1. 大型跨海桥梁品质工程示范创建思路浅析

吴敬武　孙平宽　艾佑元　于德恩

（中国公路工程咨询集团有限公司）

摘　要：本文以建设中的海南铺前跨海大桥为工程背景，根据交通运输部发布的品质工程示范创建指导思想和建设目标，并结合项目实际情况，分别从工程管理、质量、安全、科技创新、绿色环保以及软实力建设等6个方面提出了大型跨海桥梁品质工程示范创建的一些措施、思考，旨在通过本工程品质示范创建活动，形成一批具有代表性的品质工程建设成果，为推进公路水运品质工程建设尽一份绵薄之力。

关键词：公路水运；跨海大桥；品质工程；示范创建；创建思路

1　引言

2016年12月12日，《交通运输部关于打造公路水运品质工程的指导意见》（交安监发〔2016〕216号）发布。2016年12月30日，为推进公路水运品质工程建设，《交通运输部办公厅关于开展公路水运品质工程示范创建工作的通知》（交办安监〔2016〕193号），决定开展为期三年的公路水运品质工程示范创建工作。中国公路工程咨询集团有限公司海南铺前跨海大桥项目管理指挥部（简称中咨指挥部）为贯彻落实交通运输部有关要求，积极开展海南铺前跨海大桥品质工程示范创建。

根据海南铺前跨海大桥项目概况及建设条件，按照品质工程示范创建的指导思想、建设目标，本文将从工程管理、质量、安全、科技创新、绿色环保以及软实力建设等6个方面全面阐述中咨指挥部为建设好海南铺前跨海大桥品质工程示范创建而提出的一些思路，以期探索形成公路水运品质工程管理体系、建设体系、评价体系等，可为今后类似工程品质工程建设提供一些参考。

2　工程概况

海南铺前跨海大桥横跨海南岛东北部的铺前湾海域，项目路线总长13.551km，起点与文昌滨海旅游公路相接，终点与海口江东大道二期工程相接，其中跨海大桥长3.959km，大桥连接文昌市铺前镇和海口市演丰镇，是文昌木兰湾规划区与海口江东组团对接的关键节点工程，也是海南省迄今为止规模最大的独立跨海桥梁工程，如图1所示。

图1　项目地理位置图

3　品质工程建设思路

3.1　工程管理

3.1.1　推进建设管理专业化

针对大桥建设专业性强、技术难度大、审批过程复杂等特点，项目采用了项目管理承包(Project Management Contract，简称 PMC)模式，对项目进行专业化管理。中国公路工程咨询集团有限公司(简称中咨集团)通过竞标承担了铺前跨海大桥自项目策划、前期研究、初步设计及建设的全过程管理。依据项目专业化管理需要，项目设指挥长 1 名、副指挥长 2 名、总工程师 1 名，以及综合事务部、总工办、合约部、工程管理部、安全环保部、财务部、征迁协调部等 7 个职能部门，如图 2 所示。

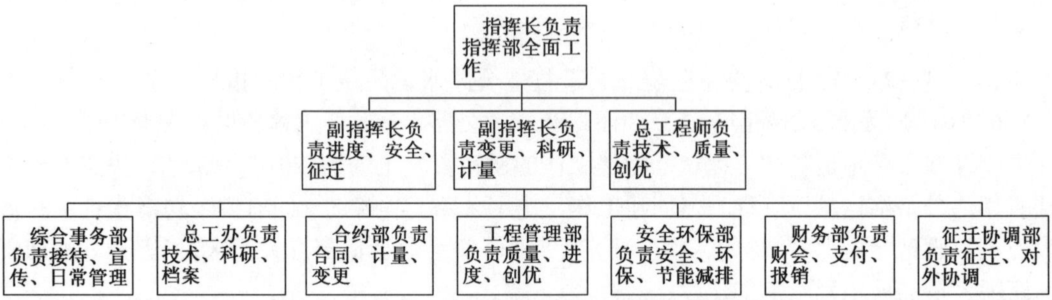

图2　海南铺前跨海大桥 PMC 机构设置和职责分配

制定一系列管理制度强化项目管理，严格执行制度，认真落实到位，对安全环保、工程质量、进度、计量支付、监理、试验等进行全面专业化管理，如图 3 所示。

3.1.2　推进工程施工标准化

在交通运输部、海南省交通运输厅“五化”管理的总体要求下，从场地标准化、施工标准化、安全标准化、标杆工程树立等方面推行标准化工地创建。

中咨指挥部制定《海南铺前大桥工程标准化实施细则》，进一步落实标准化管理，对标准化要求进行表格化处理，实行清单销项管理，通过打分评比，评选出标准化场地和标杆工程示范工程，并进行通报。

3.1.3　推进工程管理精细化

遵循注重细节、立足专业、科学量化原则，中咨指挥部从日常管理、质量管理、安全管理三方面主推精细化管理。

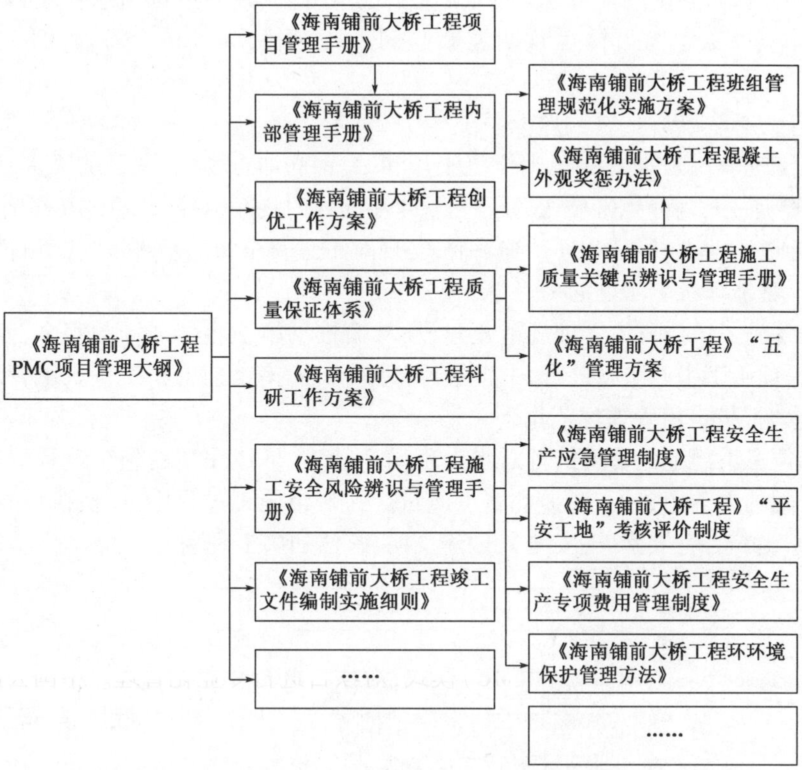

图3　海南铺前跨海大桥 PMC 管理制度

日常管理精细化：每周召开例会，总结上周目标的完成情况和安排下周工作计划；指挥部对每天的工程进展以及征地拆迁的情况进行每日一报，准确掌握每日工作动态；针对重难点等急需解决的问题，及时召开专题会；高度重视制约工程进度的关键因素，指派专人负责跟踪征地拆迁和用电协调工作；落实现场人脸识别系统进行考勤制度，强化人员管理。

质量管理精细化：编制《海南铺前大桥工程施工质量关键点辨识与管理手册》，进行细节质量管理，对大桥重点控制的质量特性、关键部位、薄弱环节以及主导因素进行系统分析和辨识，采取有效措施和方案；重点检查现阶段施工中存在的问题，制定相应的质量、安全评比表格，每月开展“劳动竞赛”活动，进行考核评比。

安全管理精细化：采用综合检查、专项检查、日常巡查三种检查模式；以《海南铺前大桥工程施工安全风险辨识与管理手册》为依据开展安全隐患排查工作，对安全隐患实施零容忍，对安全整改进行全过程跟踪，形成闭环；编制《专职安全员必读》《一线工人必读》等口袋书，下发给一线管理人员和工人。

3.1.4　推进工程管理信息化

基于“互联网＋”理念，应用 BIM（建筑信息模型）等现代信息技术，搭建管理信息平台，建立工程建设信息化管理系统，实现人员、资料、进度、安全、质量管理的全过程控制，达到规范管理流程、提高管理效能、降低管理成本的目的，主要包括：

（1）基于 BIM 技术的桥梁全寿命周期信息化管理

结合海南铺前跨海大桥建设的契机，通过配合大桥设计、施工和运维的全过程，将 BIM 技术全面应用于大桥的建设，提高大桥建设的信息化水平。重点加强 BIM 系统在大桥的信息化管理中的应用,实现三维可视化、四维施工进度管理、成本造价信息管理和质量安全信息化管理,并积极探索与大桥运营期健康监测系统对接,为大桥全寿命的信息管理奠定基础。

(2)基于互联网传输的视频监控系统

建立施工现场视频监控系统,对混凝土拌和站、钢筋加工场、主塔、跨断裂带引桥、文昌侧引桥和钢箱梁加工厂等重点部位或场所进行24小时实时视频监控,并通过互联网将施工现场画面实时传到安全监控中心、BIM系统平台,实现对工程安全状况、质量和进度的直观监管。

3.1.5　推进班组管理规范化

为促进各施工单位班组管理规范化建设,从而推动施工生产现场的安全、质量、文明施工等工作,保证施工生产顺利进行,中咨指挥部编制《海南铺前大桥工程班组管理规范化实施方案》,全力推进班组管理规范化。

施工单位班组规范化管理推行六步走班循环管理,形成完整的施工流程,如图4所示,实现班组之间的无缝衔接,不断提升施工质量。在班组施工过程中,严格执行6S管理制度(整理、整顿、清扫、清洁、素养、安全),创建文明、整洁的施工现场。

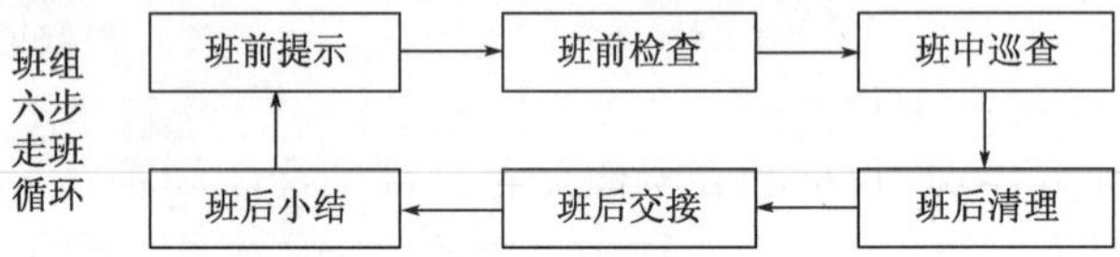

图4　班组六步走班循环流程

3.2　工程质量

3.2.1　落实工程质量责任

制定《海南铺前大桥工程质量保证体系》,明确质量方针及质量目标,成立组织机构,界定指挥部、设计、监理、施工和技术服务单位等责任主体的质量责任,推动各参建单位建立主要负责人履职标准和各岗位工作规范,建立岗位责任人质量工作记录档案,强化考核和责任追究,实现质量责任可追溯,推动落实质量责任终身制。

3.2.2　推进质量风险预防管理

编制质量风险预防相关手册,重点对质量关键点、混凝土外观质量、隐蔽工程、“甲控乙购”材料审批等质量关键环节进行预控,制定控制措施和运行机制,加强质量管控。

健全施工组织设计编制、审查和执行落实体系,对重大施工方案、施工工艺建立严格的三级审批管理制度,由施工单位的技术管理部门审批后上报监理单位,监理单位进行初审,通过后提出初审意见,方案连同意见上报指挥部总工办,由总工办邀请专家对方案进行审查,方案审定后以文件形式批复。

3.2.3　加强过程质量控制

建立质量目标导向管理机制,针对编制的质量管理办法,严格执行工序自检、交接检和专检“三检制”。深入实施质量通病治理,实施成品及半成品验收标识、隐蔽工程过程影像管理等措施,强化质量控制全过程闭环可追溯。积极应用先进检测技术和装备,加强过程质量管控。

3.2.4　强化工程耐久性保障措施

针对大桥建设条件(高温、高盐、高湿)的复杂性,加强耐久性基础研究工作,结合设计文件,严控混凝土原材料质量,加强对钢筋保护层厚度的检测力度,创新涂装外露结构、施工工艺,加强关键结构部位(桩基、墩身、上构、主塔)、隐蔽工程和重要材料的质量检验和控制,切实提高工程耐久性。

3.3 安全管理

"安全重于泰山"。中咨指挥部在大桥建设中一直秉持"安全第一、预防为主、综合治理"的方针,严格贯彻执行《中华人民共和国安全生产法》和各项规章制度,有效防范和遏制安全生产事故的发生。

3.3.1 安全制度的建立和安全责任制的落实

(1)建立健全安全生产管理制度

各参建单位须全面建立和完善安全生产管理制度,具体包括(但不限于)的制度有《施工安全风险评估管理制度》、《安全生产责任考核制度》、《安全生产检查评价制度》、《安全事故隐患排查治理制度》、《生产安全事故报告制度》、《危险性较大分部分项工程安全管理制度》、《安全生产会议制度》和《安全生产奖惩制度》等。

(2)依托"平安工地"建设,落实安全生产责任制

大桥建设条件复杂、安全风险高,项目依托"平安工地"创建活动,严格落实安全生产责任制,确保项目生产安全;成立大桥安全生产领导小组,由指挥部和各施工、监理单位主要负责人担任小组成员;充分体现"管生产必须管安全""谁主管谁负责"的原则,坚持全员参与、全面覆盖、全过程管理。

3.3.2 安全专项方案制订、审查和执行

突出安全工作重点,狠抓安全规章落实。在工程施工中,指挥部根据不同阶段要求,及时组织安全专项方案制订。如桥梁桩基施工前必须向监理及业主提交专项的安全施工方案,经相关部门批准后再编制开工报告,然后组织人员对专项施工方案进行学习后方可施工。

3.3.3 做好劳动用工登记,安排岗前培训教育

对所有进场工人信息进行登记、造册,工人在上岗前,进行安全教育;针对本工程的特点,还需定期进行安全生产教育,培养安全生产必备的基本技能;有计划地对重点岗位的生产知识、安全操作规程、安全生产制度和施工纪律进行培训和考核。考核合格后方可上岗。

3.3.4 安全费用专款专用

安全费用的使用为专款专用。在每期计量安全费用时,经现场安全专监对现场的安全设施及安全费用投入的数量进行确认后,进行签认,签认完成后方可进行安全专项费用的计量。

3.4 科技创新

中咨指挥部在大桥建设中共开展了 7 项科研课题研究,如表 1 所示。科研课题涵盖项目建设的多个方面,多项研究成果居国际国内领先水平。

根据大桥建设特点,为强化科研与设计施工联动、提升工程建设与管理水平、攻克技术瓶颈、争创优质工程,指挥部制订科研工作方案和创优工作方案,积极开展科技创新,认真撰写论文、申报专利、申报软件著作权、编制 QC(质量编制)成果及编写科研课题总结报告,及时进行科研课题和技术成果报奖工作。

大桥科研课题研究一览 表1

序号	科 研 课 题	备注
1	铺前大桥抗风性能研究	已完成
2	强震区跨断层、近断层桥梁抗震性能及设计关键技术研究	已完成
3	铺前大桥强震区近断层、跨断层特大型桥梁大直径深长桩基础施工关键技术研究	正在进行
4	铺前大桥施工抗风控制研究	正在进行
5	铺前大桥项目管理承包(PMC)研究	正在进行
6	近断层桥梁地震反应及活断层勘察研究	正在进行
7	强震区近断层、跨断层桥梁健康监测系统研究	正在进行

3.5 绿色环保

3.5.1 生态环保

海南铺前跨海大桥工程临近海南东寨港国家级自然保护区,保护区内野生动、植物资源丰富,生态重要性强,必须尽可能地减少项目建设运营对环境的影响。各参建单位严格遵守国家和地方的有关生态环保的法律法规,制定环境保护管理办法,杜绝发生任何环境责任事故。

中咨指挥部在项目初步设计和施工图设计阶段高度重视生态环保工作。在桥梁照明设计时,考虑对鸟类的保护和减小对鸟类迁徙的影响,全线采用新型节能的LED(发光二极管)护栏灯。在项目施工阶段加强对生态环境的保护,对影响环境的因素逐一分析并采取应对措施,主要包括施工便道、施工区与红树林保护区之间设置隔离栅和对钻渣、油污等污染物的集中处理等。

3.5.2 节能减排

推广应用节能技术和清洁能源,使用符合国家标准的节能产品;加强设备使用管理,选用能耗低、工效高、工艺先进的施工机械设备,淘汰高能耗老旧设备;促进水资源循环利用,严控施工污水、垃圾排放。

对雨水集中收集和排放,施工废水循环利用,污水经过处理达到相关标准后进行排放;生活垃圾、建筑垃圾、废弃材料集中处理,统一排放;施工扬尘治理率100%,锅炉烟尘排放达标率100%,船舶污染物处理合格率100%,相关方投诉为0;噪声排放符合标准规定,尽量采用低噪声的设备,限制高噪声设备的使用时间。

3.5.3 加强监督

针对本项目敏感的环境条件,为了确保生态环境保护落实到位,中咨指挥部委托独立第三方——海南大学海洋学院作为本项目的环境监测单位,对施工水域进行长期不间断监测,及时发现问题并通知整改,起到监督和预警的作用。同时,开展“绿色工地”创建活动,建立考核打分机制,提高全员环保意识,防患于未然。

3.6 品质工程软实力

3.6.1 提升一线工人队伍素质

通过全面、深入推进工程班组管理规范化建设,各施工单位建立健全班组管理制度,强化班组能力建设,加强施工安全、技术交底,实行班前教育和班后总结制度;全面推行班组首次作业合格确认制,强化班组作业标准化、规范化和精细化;针对班组具体情况,定期进行培训,组织工人技能培训活动提升班组专业作业能力。

3.6.2 加强管理人员素质建设

品质工程示范创建离不开项目全体人员的努力,因此要重视对管理人员素质的培养。主要从基本素质、专业技术素质和管理素质等方面进行培养,增强管理人员责任感、紧迫感,培养良好的职业道德,提升技术水平。

3.6.3 培育品质工程文化

推进品质工程文化建设,将施工质量、现场安全作为品质工程文化的主要内容,通过开展质量安全月、QC 小组、创优活动、质量关键点辨识和安全风险源辨识等活动进行品质工程文化创建。创建品质工程文化,培养员工自发对质量安全的重视,激发本能意识,自觉规范质量、安全行为。

4 结语

海南铺前跨海大桥建设工期为 4 年,目前工程接近尾声,项目建设一切顺利,态势良好。本文从工程管理、质量、安全、科技创新、绿色环保以及软实力建设等 6 个方面提出了大型跨海桥梁品质工程示范创建的一些措施、思考,旨在通过品质工程示范创建活动,将海南铺前跨海大桥工程建设成外美内实、可持续发展、绿色环保的交通基础的施工程,并总结归纳出一些具有代表性的品质工程建设成果,为类似工程品质工程建设提供参考。

参考文献

[1] 上官甦,于德恩,吴敬武,等. 独塔斜拉桥横桥向不同体系振动台试验研究[J]. 公路交通科技,2017(1):122-125.

2. PMC模式下大型基础设施项目控制权配置关键问题研究——以海南铺前跨海大桥为例

孙平宽[1]　吴敬武[1]　邓娇娇[2]

（1. 中国公路工程咨询集团有限公司；2. 天津理工大学）

摘　要：随着建设项目体量大、复杂性高、技术难度大等特征的不断凸显，PMC代业主项目管理总承包模式，在我国逐渐发展并应用。由于现阶段国内的相关管理制度尚未成熟，在运用PMC模式中，业主面临“授权两难”的窘境：过度授权极易引发PMC承包商的机会主义；过度集权则降低PMC承包商的履约与管理绩效。本文在总结铺前跨海大桥项目管理实践的基础上，运用扎根理论研究方法，通过分析调研访谈的资料，得出影响控制权配置权重的3大因素，并对影响因素进行详细分析，给出基于责权利对等的控制权配置的优化路径，为实现PMC模式下控制权合理配置提供借鉴。

关键词：PMC承包商；责权利对等；控制权配置；扎根理论

1　研究背景

基础设施项目建设具有工程量大、投资额度高、建设周期长、技术难度高、项目参与方众多、投资风险大等特点。大型基础设施项目的建设管理作为一个复杂的系统工程，有其内在的客观规律，需要采用与之相适应的管理模式。PMC模式作为项目管理承包模式的一种形态，是通过专业经验丰富的项目管理企业，充分发挥专业的人做专业的事的机制，协助业主进行项目管理，极大地提升了大型基础设施建设的效率，弥补了业主专业不足的缺陷。但是，在中国建设市场情境下，国内PMC模式并未使用国际标准PMC模式的合同框架，且业主对PMC承包商的信任程度较低。业主常会陷入项目“集权”与“授权”的权衡困境，因此，研究项目控制权配置的影响因素，分析基于责权利对等的控制权配置的优化路径，成为大型基础设施建设过程中急需解决的关切所在。

2　相关文献评述

2.1　项目管理中控制权的评述

关于控制权内涵的讨论主要集中于两种解释：法学解释和经济学解释。

关于控制权的理解可以是多角度的，项目控制权主要表现为对建设项目的所有权，以及建设过程中各种突发事件的管理权利。基于以上的分析,控制权的分类如表1所示。

项目控制权的分类表

表1

序号	作　者	分　类	定　义
1	Hart、Moore	特定控制权	能在事前通过契约加以明确规定的决策权
2		剩余控制权	事前没有在契约中明确规定的决策权
3	Aghion、Tirole	名义(形式)控制权	理论上应由谁做出决策,一般源于所有权
4		实际控制权	实际做出决策的权力,其来源于对信息的掌握,具有名义控制权的人未必就是实际控制权的主体
5	Fama、Jensen	决策经营权	决策提议权和执行权
6		决策控制权	决策审批权和监督权

2.2　工程项目中控制权配置的影响因素

在工程项目领域,控制权的研究集中在PPP(公共私营合作)项目、BT(建议—移交)项目以及代建项目中控制权的合理配置。

(1)PPP项目控制权配置研究

在PPP工程项目领域,基于不完全契约理论上的研究表明,控制权的配置表现为特定控制权与剩余控制权在项目业主与承包商之间的分配。不同的建设主体体现不同的控制权配置方式,通过建立数学模型,识别出影响PPP项目合作双方控制权配置的因素有三个,分别为:双方对项目评价程度、各方的不可替代性、双方对预期收益的满意度。

(2)BT项目控制权配置研究

就国内BT项目的控制权而言,目前主流观点认为:公用事业和基础设施项目参与各主体对于项目报送与备案、金融杠杆使用、“旁站”监督、工程变更等的操作与决定权,构成控制权。项目的控制权问题是一个集成问题,不可固化为单一线性。BT项目控制权配置的研究特征可概括为两点:

①控制权是一系列权力束,可以解构为具体权利;

②控制权配置应与风险分担结果相匹配。

(3)代建项目控制权配置研究

对代建项目而言,一种观点认为应建立风险与控制权的配置模型,并以此为基石建立上层项目管理模式架构,应当将诸如一票否决权、追索权、监督核验权、获利权等具体权利与风险进行配对,以“权利与风险对等”的原则配置项目权利。另一种观点认为以项目控制权作为调节变量,构建公共项目治理与代建人激励的关系模型,并依据代建人问责制,指出代建人拥有项目的实际控制权,就应该承担相应的职责、相应控制权及职责应在代建合同中明确,以实现代建单位的责任与权利的统一。

3　铺前跨海大桥项目实施情况

3.1　铺前跨海大桥项目概况

铺前跨海大桥项目作为国内首个采用PMC模式进行建设管理的路桥项目,依托于PMC承包商即中国公路工程咨询集团有限公司(以下简称“中咨集团”)自身的大型项目管理经验,辅以第三方的工作建议以及及时的经验总结,不仅对于铺前跨海大桥项目的顺利实施可以形成重要的推动力,也有助于形成公路项目采用PMC模式的标杆项目。铺前跨海大桥项目通过招标确定中咨集团作为项目管理企业，代表业主对工程项目进行全过程、全方位的项目管理，包括进行工程的总体规划，项目定义，工程招标，选择设计、施工、监理单位，并对设计、施工、监理进行全面管理，以及承担相应的管理责任，收取一定的管理报酬。其形成的合同关系如图 1 所示。

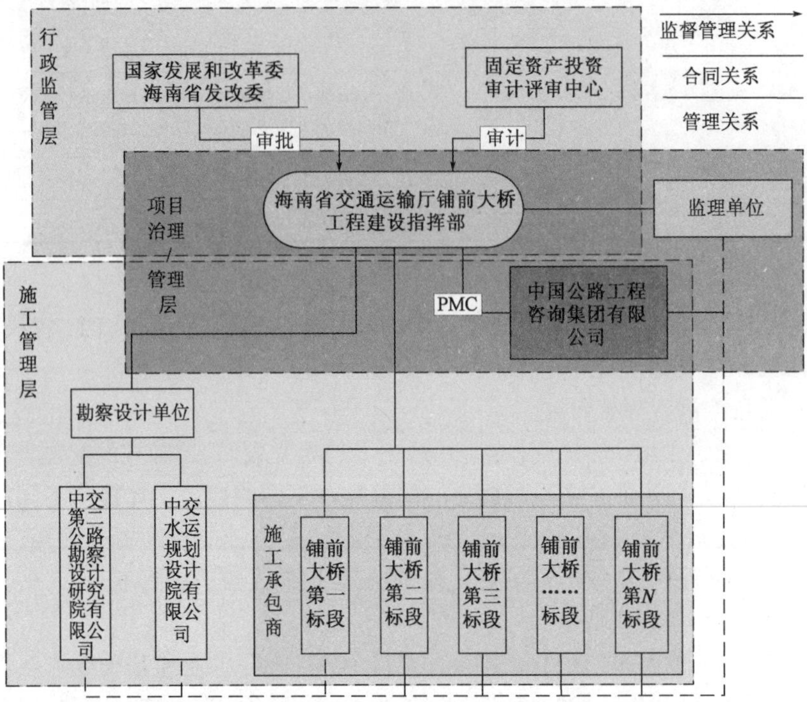

图 1　铺前跨海大桥项目 PMC 模式下的合同关系

3.2　铺前跨海大桥项目实施过程

铺前跨海大桥项目在建设过程中经历了两次业主变更与一次合同内容变更。

最初采用国际上通行的 PMC 模式，即文昌市发展和改革委员会委托经验丰富中咨集团作为业主的延伸，双方签订 PMC 承包合同，且完全按照国际上通行的 PMC 模式赋予了中咨集团相应的权力与责任，即中咨集团协助业主进行铺前跨海大桥项目的全面管理，且拥有合同管理的权利，负责与设计、施工、材料供应商等签订合同，拥有建设项目结余分成的权利。

之后演化为采用业主 + PMC 承包商的 PMT（项目管理团队）模式，进行第一次业主变更，即铺前跨海大桥由文昌市政府将项目移交给了海南省交通厅，项目业主变更为了海南省交通厅，海南省交通厅接收铺前跨海大桥项目后又在之前 PMC 承包合同的基础上拟定了一份 PMC 补充合同，补充合同主要从实质性条款上增加了中咨集团的责任，削减了其权利，使得 PMC 自主管理的权利降低，更多的是作为业主项目管理部门的一部分，协助业主进行管理。

最后演化为代建框架下的 PMC 模式，第二次业主变更为海南省交通工程建设局。海南省交通工程建设局是统管公路代建项目的业主，所以铺前跨海大桥项目被列为代建型的模式进行管理。但是因铺前跨海大桥项目签订的是 PMC 合同，其业主变更后并没有对合同内容等进行修改，所以称本项目是代建框架下的 PMC 模式。在此期间 PMC 承包商在整个管理链条中所占据的位置与扮演的角色发生了变化。即海南省交通工程建设局作为多个代建单位的业主，无法像海南省交通厅一样集中精力成立专门的指挥部进行铺前跨海大桥项目的管理，所以此时铺前跨海大桥项目的建设又重新以 PMC 承包商即中咨集团为主。合同关系如图 2 所示，只是业主变为海南省交通工程建设局。

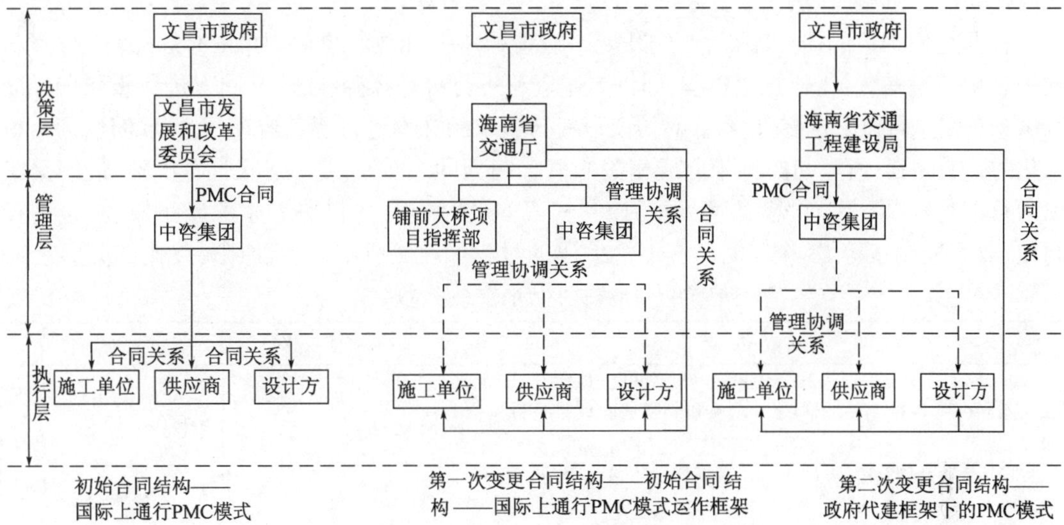

图 2　铺前跨海大桥项目 PMC 模式下的合同关系

3.3　铺前跨海大桥项目实施效果

虽然海南省铺前跨海大桥项目在建设过程中存在合同主体与合同内容的变更，但是铺前跨海大桥项目中 PMC 模式的顺利引入，有效地提高了项目管理效率，在此基础上，也将对于推动我国大型基础设施项目采用 PMC 模式，对基础设施项建设项目的管理模式创新产生示范效应。该模式在海南省铺前跨海大桥项目中的应用取得了巨大的经济效益，大大节约了整个项目投资；同时，将一定程度上缩短传统模式下的工期，而且工程安全和质量再上新水平。

4　基于扎根理论的铺前跨海大桥项目 PMC 模式治理层控制权配置核心要点

4.1　研究方法

扎根理论最早由 Glaser 和 Strauss 于 1967 年提出，该方法适用于缺乏相关研究基础，强调研究情境的探索性研究。PMC 模式下项目控制权配置的核心要点难以通过指标量化的形式确定，且与项目情境密切相关，与扎根理论方法的研究相契合。扎根理论基本的逻辑分析过程包括以下几个方面：①确定研究问题及访谈对象，并进行数据资料的收集；②对收集到的资料进行逐级编码，从中抽取和归纳出相关概念和命题；③最后在此基础上进行理论的构建和分析。以 Strauss 和 Corbin 为代表的程序化扎根研究方法，依次经历一级编码（开放性编码）、二级编码（主轴编码）、三级编码（选择性编码）三个阶段。

4.2　资料来源

文本收集与分析有利于系统性、全面性、客观性的归纳项目控制权配置的影响因素；而深度访谈调研有利于获取深层次的文本资料。相关资料主要包括：

①赴项目现场进行实地调研，对项目 8 个参建部门的 16 名管理者进行深入访谈。在此期间采用会议记录与录音的方式进行信息采集，包括 30 ~ 50 分钟的个体访谈与 2 小时的小

组焦点访谈。总计获得10万余字的访谈记录。

②调研期间搜集到的项目相关资料,包括项目合同文件、项目可研报告、项目建议书等。

4.3 编码过程

4.3.1 开放性编码

根据扎根理论的研究流程,首先开展一级译码——开放性译码(Open Coding)进行资料的概念化与范畴化:①概念化过程,即将上述资料进行打破揉碎,在此基础上进行重新归纳获取概念。在进行概念挖掘时,需要对访谈资料与获取的文本进行逐条梳理。②范畴化,即将概念化的影响因素,通过归类将相似或相关的概念归为同一个范畴。经过上述步骤,最终聚集出项目审查权、资金审批权、施工现场控制权等60个概念,并归纳为业主控制权、承包商控制权、双方控制权等23个范畴。开放性编码的过程如表2所示(篇幅所限,仅作部分摘录)。

开放性编码形成的概念及范畴 表2

原始语句	概念化	范畴化
2.3 及时组织专家或委托咨询审查单位对可行性研究、勘察成果、设计文件、各种专项评估(价)成果和研究试验成果进行审查、批复。 3.10 负责合同管理,与设计、施工材料供应商签订合同,组织工程建设。 7.1 有权对本项目各项工作进行监督、检查和审查。	a01 项目可行性研究审查权 a02 勘察和设计文件审查权	A01 业主方的决策权
…… 7.9 监督项目管理承包(PMC)单位对各建设单位设立专项安全管理资金及监理系统、完善的安全生产管理制度进行监督检查。 8.1 在业主的监督管理下负责组织各类招标,并根据本合同规定与中标单位签署合同。 8.3 按《公路建设市场管理办法》相关规定,认真履行职责,严格按合同对施工、监理等参建单位进行管理,不得转包和违规分包。	…… a05 资金监督权 a13 中标单位合同洽谈和签订权 a16 安全监督权	…… A04PMC 承包商签订合同的权力

4.3.2 主轴编码

在开放性编码的基础上,通过聚类分析开展主轴编码。主轴编码的关键在于发现开放性编码产生的各项范畴之间的因果关系与潜在逻辑。最终筛选出影响项目控制权配置的关键范畴,以此作为下一步研究的主范畴。因此,对开放性译码中得到的60个概念和23个范畴进行细致的考察,对其进行归类后形成6个主范畴,如表3所示。

基于主轴编码的六大类关系 表3

编号	主范畴	对应范畴
B01	业主拥有的控制权	A01 业主方的决策权、A02 业主方的融资权、A03 业主方的审查权
B02	承包商拥有的控制权	A04 承包商签订合同的权力、A05 承包商施工现场的管理权
B03	双方共有的控制权	A06 双方拥有的招标代理权力、A07 双方拥有与各方沟通的权能力、A08 施工现场的管理权、A09 项目“三控”的权力、A10 工程变更审批权、A11 工程资料的检验、保管权
B04	业主承担的责任	A12 业主承担的项目资金筹措责任
B05	承包商承担的责任	A13 承包商承担的可研报告的科学性、A14 保证施工图准确性的责任、A15 施工现场管理的责任、A16 工程价款调整的责任、A17 工程质量保证的责任、A18 工程资料管理责任
B06	双方共担的责任	A19 土地按期迁改的责任、A20 资金合理使用的责任、A21 工程三控的责任、A22 工程款的及时支付、A23 竣工验收、结算的责任

4.3.3 选择性编码

选择性编码是从主轴编码类属中提炼出来的核心范畴,具有统领性,能够将大多数研究结果囊括在一个比较宽泛的理论范围内。核心类属在所有类属中占据中心地位,能够与其他各类属产生联结关系。核心范畴的获得可以是从已经存在的范畴中选择,也可以是按照需要更加深层次挖掘提炼。业主方的控制权(B01)、PMC 承包商的控制权(B02)、双方共有的控制权(B03)为业主与 PMC 承包商双方所拥有的控制权;业主方承担的责任(B04)、PMC 承包商承担的责任(B05)、双方共担的责任(B06)为业主与 PMC 承包商双方所承担的风险。因此,影响 PMC 项目治理层控制权配置的关键问题可归纳为业主与 PMC 承包商双方所拥有的控制权、业主与 PMC 承包商双方所承担的责任。

4.3.4 理论饱和度检验

作为停止采样的标准,理论饱和度检验是指当收集新鲜数据不再产生新的理论见解时、也不再能揭示范畴新的属性时,理论就饱和了。本研究将第二组的 42 条信息通过编码和分析均没有发现新的理论见解和范畴属性。因此,本文理论模型符合饱和度检验要求。

5 铺前跨海大桥 PMC 模式下项目治理层的控制权配置要点分析

5.1 合同结构是项目授权的直接载体

铺前跨海大桥项目经历了两次业主变更和一次合同内容的变更。经过合同变更之后,铺前跨海大桥项目业主未授予 PMC 承包商与施工单位、监理单位以及设计单位等单位直接签订合同的权利。PMC 承包商的管理权威性在各参建单位签订的合同中体现,这导致控制权与合同载体相分离,造成 PMC 承包商的管理效力降低。

5.2 项目控制权适配是 PMC 项目管理的合同基础

对于分配出的项目控制权在项目业主与 PMC 承包商之间如何进行有效地配置,控制权配置原则起着至关重要的作用。在不同指导思想下确立的配置原则将指引着控制权的分配过程,最终表现为相应的控制权分配方案及结果,对委托代理双方的项目管理过程、控制权的分配对策均产生直接影响。PMC 模式下项目控制权配置原则必须既符合一般工程项目权责配置实践的普遍原理,又能够满足激励 PMC 承包商努力工作的特殊要求,充分体现出项目治理结构中“责-权-利”统一的思想。

因此,有效的控制权配置应遵循权责匹配的原则,即风险承担者拥有与其承担的风险相匹配的项目控制权,也就是说 PMC 承包商承担的责任要与其获得的项目控制权相匹配。建设项目中业主与承包商之间的风险分担必须伴随着对应的项目控制权的转移,拥有相应的项目控制权才能对于未来的或然事件及其影响因素进行正确的决策。没有相应项目控制权的风险转移是不对称的风险转移,既不利于项目风险地有效管理也不能激励承包商的积极性。原则上 PMC 承包商对于建设项目承担的责任应以其介入以后并拥有控制权的项目内部责任为主要范围。PMC 承包商若承担风险责任,则应在合同中赋予其相应的控制权,以达到责权对等。铺前跨海大桥项目中对于责权利划分不均衡的情况,可通过业主提高对 PMC 承包商的授权程度、业主降低 PMC 承包商所承担的责任、业主适当提高一部分授权,同时降低 PMC 承包商承担的责任,三大优化路径进行责权适配,提升 PMC 项目管理承包商的管理效率。

6 结语

通过对海南省铺前跨海大桥项目治理层的控制权配置要点分析、责权的识别,并对项目的控制权配置优化方案进行分析,所得的结论对今后大中型基础设施建设项目 PMC 管理模式的推广具有重要意义。

参考文献

[1] 殷召良.公司控制权法律问题研究[M].北京:法律出版社,2001.

[2] 杨华.公司控制权市场的微观基础和宏观调控[M].北京:中国人民大学出版社,2003.

[3] 张圣怀.中国上市公司控制权法律问题研究——缺陷与改良[M].北京:法律出版社,2007.

[4] 甘培忠.公司控制权正当行使的法社会学分析[J].经济法研究,2006(15)279-341.

[5] 伯利·米恩斯.现代公司与私有财产[M].北京:商务印书馆,2005.

[6] Williamson O E. Transaction and cost economics: The governance of contractual relations [J]. Journal of Law and Economics,1979,22(2):233-261.

[7] Klein B. Transaction cost determinants of unfair contractual arrangements [J]. American Economic Review,1980(2):22-30.

[8] Shavells. Damage measures for breach of contract [J]. Bell Journal of Economics,1980(8): 60-69.

[9] Loss Louis. Fundamentals of securities regulation(the second edition) [M]. Boston: Little, Brown and Company,1988.

[10] 周其仁."控制权回报"和"企业家控制的企业"[J].经济研究,1997(5):64-67.

[11] Glaser B G, Strauss A L. The Discovery of Grounded Theory: Strategies for Qualitative Research[M]. New York: Aldine,1967.

[12] 李柏洲,徐广玉;苏屹.基于扎根理论的企业知识转移风险识别研究[J].科学学与科学技术管理,2014(04):57-65.

[13] Strauss AL, Corbin JM. Basics of Qualitative Research: Grounded Theory Procedures and Techniques[M]. Newbury Park: Sage Publications,1990.

3. 基于 PMC 全过程项目管理的 BIM 应用研究技术框架——以海南铺前跨海大桥为例

孙平宽　吴敬武　于德恩

（中国公路工程咨询集团有限公司）

摘　要：本文结合海南铺前跨海大桥建设的契机，将 BIM 技术率先应用于大桥建设的全过程项目管理中，配合铺前跨海大桥前期规划、设计、施工项目管理及运营期管养的全过程，全面变革与升级规划、设计、施工、运维手段，促进 BIM 技术在我国桥梁设计、施工、运营等领域的应用，提高设计生产效率和施工质量，增强桥梁建设的信息化水平以及核心竞争力，并提出了在项目管理全过程阶段中的 BIM 应用技术框架。

关键词：海南铺前跨海大桥；BIM 应用技术框架；PMC 全过程项目管理

1　引言

BIM 的理论基础主要源于制造及建筑行业，集 CAD（计算机辅助设计）、CAM（计算机辅助制造）于一体的产品信息模型，经历了手图到二维 CAD，二维 CAD 到三维 BIM 的信息改革。目前我国交通系统建设取得了举世瞩目的成绩，进一步升级建设技术管理手段和方式也适时而需，BIM 技术的应用和探索恰恰能适应这次技术革新。

海南铺前跨海大桥采用业主授权委托的 PMC 项目管理承包的全新工程建设管理模式，PMC 项目管理包括项目立项、工可编制、设计及咨询管理、招标管理及施工建设代业主建设管理等全过程，将 BIM 技术率先应用于大桥建设的全过程项目管理中，配合海大桥前期规划、设计、施工项目管理及运营期管养的全过程，全面变革与升级规划、设计、施工、运维手段，提高设计生产效率和施工质量，增强桥梁建设的信息化水平以及核心竞争力，促进 BIM 技术在我国桥梁设计、施工、运营等领域的应用。

2　项目概况

2.1　项目规模

海南铺前跨海大桥横跨海南岛东北部的铺前湾海域，是海南“一桥四路”的关键控制性工程，也是海南省迄今为止规模最大的独立跨海桥梁工程，如图 1 所示。铺前跨海大桥项目全长 13.551km，其中跨海大桥长 3.959km，采用双向六车道一级公路标准，桥梁通航孔主桥宽度 37.3m,引桥宽度 32m。

通航孔主桥采用 230m + 230m 独塔斜拉桥结构,文字形桥塔高 151.8m;其中跨断层引桥采用 58m + 58m + 60m + 58m + 58m + 58m + 58m + 58m + 57m + 58m 等截面简支钢箱梁,长 581m;普通段引桥采用预应力混凝土现浇箱梁结构,移动模架法施工。项目总投资约 30 亿元,建设工期 48 个月。

图 1 项目地理位置图

2.2 项目技术难点

铺前跨海大桥建设条件极为复杂,项目位于强震、强风、强腐蚀区且跨越铺前——清澜活动断层,抗震设防烈度为国内最高;设计基本风速为国内最大;跨越发震活动断层,桥址处位于两条活动断层的交汇处附近,为国内首座跨越活动断层的特大型桥梁,如图 2 所示。

图 2 项目桥址两条断层示意图

2.3 BIM 技术简介

建筑信息模型(Building Information Modeling)是一种应用于工程设计建造管理的先进的数据化工具,以桥梁建筑工程项目的各项相关基本信息数据作为基础,建立三维桥梁结构模型,通过数字信息仿真模拟桥梁建筑所具有的真实信息。它具有信息一致性、完备性、关联性以及可视化、协调性、模拟性、优化性和可出图性等特点。信息在项目前期、设计、施工管理及运营期的全生命周期过程中进行共享和传递,使技术和管理人员对工程信息做出正确理解和高效应对,为技术管理团队以及包括后期的运营维护团队在内的各方建设主体提供协同工作的基础,在提高生产效率、节约成本和共享信息全过程传递方面发挥重要作用。

BIM 现阶段的推广处于研究探索阶段，其中一个主要问题是应用环节的脱节，设计单位完成设计阶段的 BIM 模型建模，成果仅应用于此阶段，对于下阶段的施工管理无信息传递；施工单位建模完成 BIM 的相关应用，也未能应用到运营管理中，造成信息资源的浪费。

3 BIM 实施应用及探索

以海南铺前跨海大桥 PMC 全过程项目管理为契机，中咨集团海南铺前跨海大桥项目管理指挥部与业主、设计、施工以及科研单位紧密合作，从桥梁建设管理的全过程出发，全面推进 BIM 技术的应用，以提高生产效率、节约人力物力成本，并为后期运营维护提供前期信息成果数据支撑。铺前跨海大桥 BIM 技术应用平台主要依托 PC(个人计算机)客户端和移动 APP(手机应用软件)结合使用，3D(三维)模型建立采用 Revit、AutoCAD、Tekla 等软件。主要实施内容包括以下几方面：

3.1 设计阶段

3.1.1 铺前跨海大桥 3D 建模

通过对铺前跨海大桥主桥及引桥二维图纸进行翻模建立全桥 3D 模型(包括混凝土实体模型和钢筋实体模型)，直观展示桥梁三维立体信息，同时也为 4D 施工进度管理和 5D 施工动态资源管理铺垫基础。3D 模型的建立使工程建设过程立体化、可视化，方便业主、施工、设计等不同部门对项目的建设进行实时控制、实时管理。

在主桥、引桥 3D 混凝土实体模型上，可直观形象地反映工程实际情况，最直接的发现设计中的错误和不合理；在项目建设过程中结合时间维度(状态信息)，可以虚拟大部分的施工过程。施工单位在工程建设过程中将各分部分项工程的工程量、施工方案、施工时间等信息录入到 BIM 模型中对应模型单元，方便项目实施和工程量对比；在主桥、引桥 3D 钢筋实体模型上，完成与原设计图纸的钢筋数量对比。编制《海南铺前跨海大桥 BIM 模型建模报告》，以便于指导后续施工。

铺前跨海大桥 3D 模型应用突破了传统的技术交底形式，针对新入职技术人员和首次接触特殊复杂结构的桥梁技术人员利用三维模型进行技术交底，有效解决交底内容空洞的问题。以本项目海口侧引桥桥墩为例，花瓶墩桥墩钢筋图对于新技术员较难理解，通过钢筋 3D 建模，使技术员对钢筋图的理解更加直观。铺前跨海大桥全桥 3D 模型如图 3 所示，3D 钢筋模型如图 4 所示。

图 3 铺前跨海大桥 3D 模型

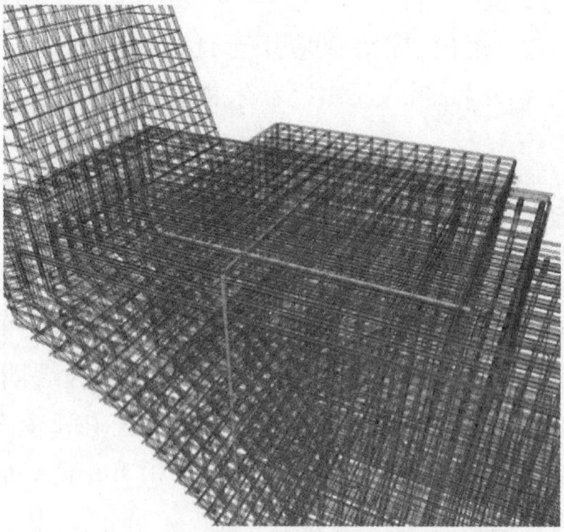

图 4　海口侧引桥 3D 钢筋模型(局部放大)

3.1.2　铺前跨海大桥模型碰撞校核

项目在前期应用 BIM 建立了大桥全桥精细化模型,通过把设计图纸的思想整合到 BIM 三维模型中,对大桥主要构件连接部位的钢筋模型进行碰撞检测,提前预见哪些地方可能存在碰撞,并及时修改,为后期施工提前排除困难、保驾护航。

依据对铺前跨海大桥 3D 模型不同构件连接处的钢筋以及预应力管束、钢板、排水管等。进行碰撞检测,指挥部编制《海南铺前跨海大桥 BIM 模型碰撞检测报告》,检测到主桥主墩处桩基与承台钢筋碰撞 29 处,主塔横梁预应力管束与钢筋碰撞 14 类,主塔锚固区预应力管束与钢筋碰撞 11 类,钢箱梁及其附属结构碰撞 7 类。及早地发现了设计中的错误和不合理,避免了在施工过程中的返工和滞工,有效加快了项目进度,减少材料浪费,节约了业主方的建设成本,特别是对于钢箱梁及其附属结构所产生的效益意义重大,有效避免了钢箱梁工厂智能化集成制造过程中产生的损失。图 5 所示为钢箱梁主结构典型碰撞示意图。

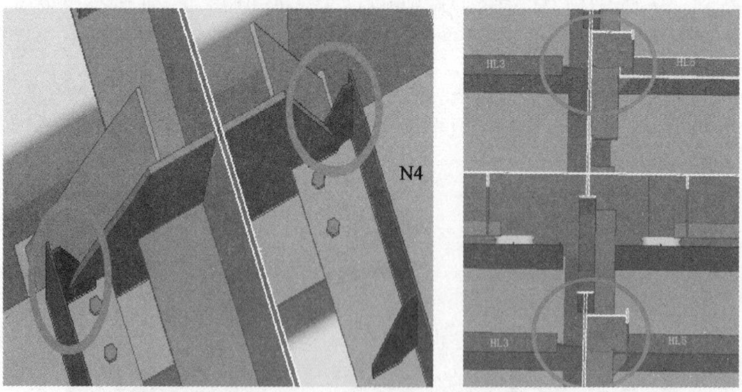

图 5　钢箱梁主结构典型碰撞示意图

3.2　施工阶段

3.2.1　4D 施工进度管理

结合铺前跨海大桥的桥型结构方案,对铺前跨海大桥进行施工模拟,在 3D 模型基础上引入施工进度维度,并进行 WBS(工作分解结构)分解。通过三维场景平台直观地反映工程项目管理中的计划进度、实际进度、进度偏差等信息，清晰展示工程实际进展及延误情况，提高施工管理效率。图 6 为铺前跨海大桥施工进度查询界面。

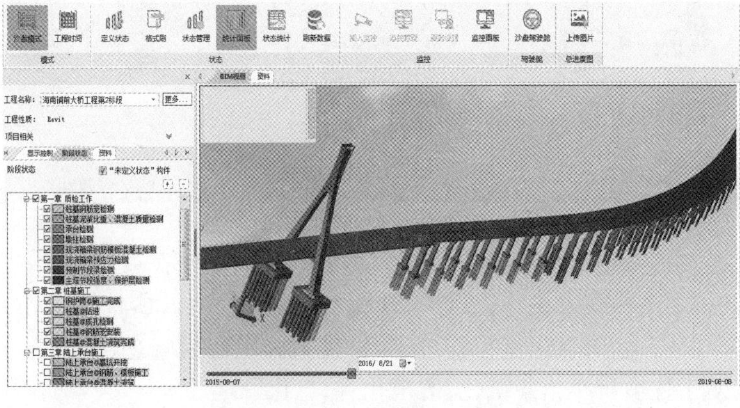

图 6　铺前跨海大桥施工进度查询

在施工现场，每个施工部位均粘贴二维码，通过移动端 APP 现场扫描即可获得该构件信息，可追溯各构件的施工日期、钢筋批次、施工班组、负责的技术人员及施工进度。信息为可追溯性加强了现场管理人员的责任意识。建立了沙盘中各构件的节点状态，通过实时录入现场施工状态，可直观地看到现场施工进度，对施工工期进行整体把控。图 7 为 BIM 系统二维码施工现场应用。

图 7　BIM 系统二维码施工现场应用

3.2.2　5D 施工动态资源管理

通过在 4D 模型上导入预算定额数据或工程量清单数据，建立与构件及 WBS 的关联，自动计算工程量以及累计工程量；自动计算工程建筑材料等资源的计划用量和实际消耗量，提供计划和消耗的对比分析；自动计算建筑材料工程成本，提供成本计划和实际支出的对比分析。

本项目桥梁异形结构较多，复核混凝土工程量较为困难，如理论计算四面花瓶墩的工程量需要运用二重积分，箱梁工程量需分为多段计算合并，曲线段箱梁则只能简化为直线段近似计算。本项目通过 BIM 应用，在三维模型基础上得出精确混凝土工程量，使台账更为准确。图 8 为铺前跨海大桥施工工程量统计界面。

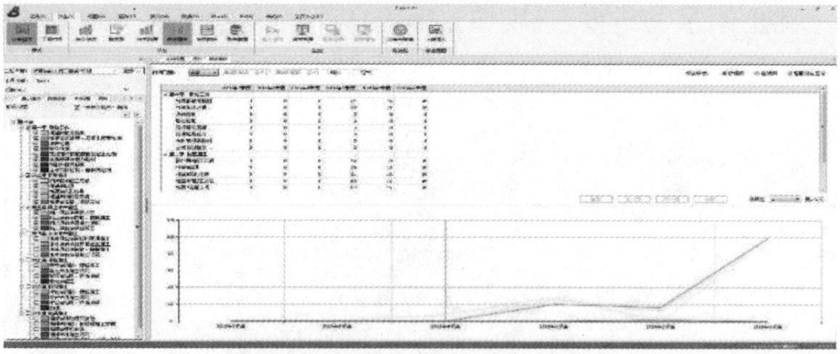

图 8　铺前跨海大桥施工工程量统计

3.2.3　工程项目管理系统应用

工程项目管理系统包含进度查询、变更管理、合同计量管理、质量安全管理、进度控制功能。BIM 系统实现统一的信息化流程管理平台，规范施工用表管理、数字化技术资料管理、竣工档案管理；对工程项目实施系统化、规范化、信息化管理。

通过 BIM 技术应用，本项目实现了施工现场质量和安全以及环保的信息化管理，各参建单位通过质量安全日常巡查将发现的问题及时拍照上传至 BIM 系统并关联至相应构件位置，推送给相关责任人员及直管领导，督促施工单位进行整改，提高流转效率，信息准确便于核实；通过提前录入施工班组人员和机械设备信息，实名化施工人员管理，可以准确掌握各施工阶段各施工区域人员及设备数量与信息，并具有设备定期维护提醒功能；通过提前录入各施工节点及构件施工计划完成施工提醒；根据现场施工状态，对各工序所需的人机料进行提前计划及配置；对已完成施工构件进行原始资料上传，关联至相应构件位置，方便资料查阅，直观表达资料的完整性。施工管理信息界面如图 9 ~ 图 13 所示。

图 9　施工现场质量安全管理界面

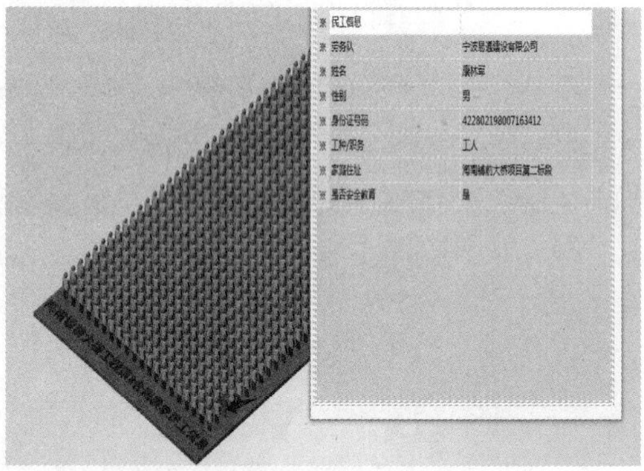

图 10　各标段施工员信息管理界面

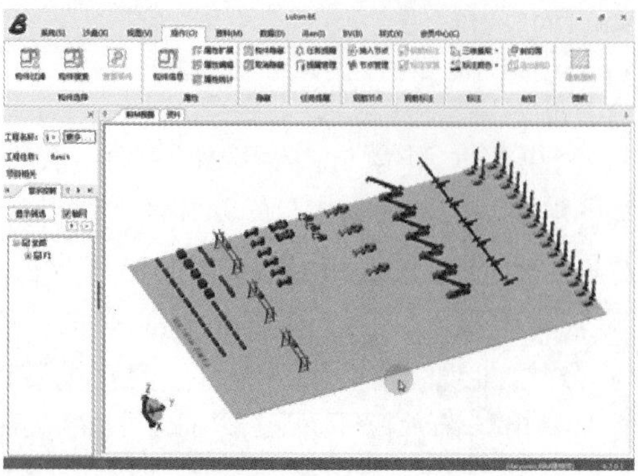

图 11　大型机械设备信息化管理界面

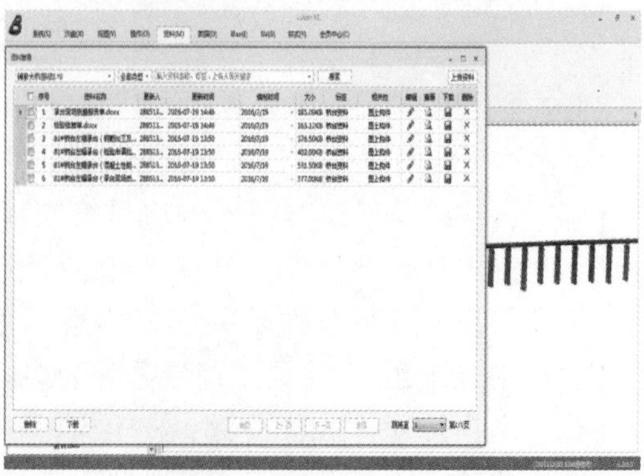

图 12　工程资料管理界面

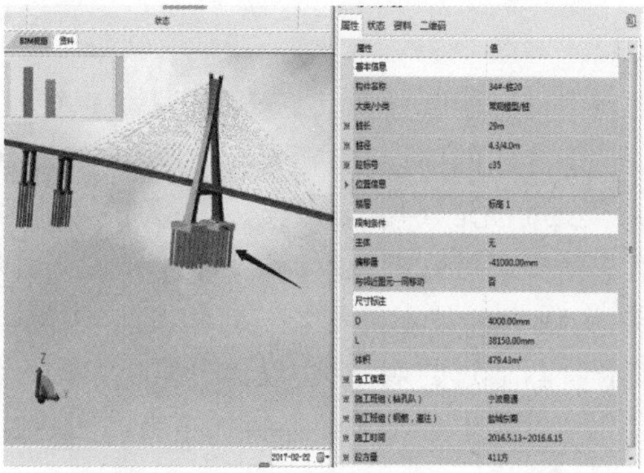

图 13　分部分项工程信息状态管理界面

3.2.4　与视频监控系统对接应用

BIM 系统接入现场视频监控系统,通过无线网络实现对施工现场、施工机械与人员实施远程监控管理,当发生违规施工与操作时,可通过视频截图作为证据对施工进行整改。系统 24 小时全天候监控并录像保存数据,可随时调看。该系统与 4D 进度管理相结合,提供实际的工程进展视频,对施工进度、施工安全、施工质量管理提供了有力的保障措施。图 14 为视频监控系统与 BIM 系统对接界面。

图 14　视频监控系统与 BIM 系统对接

3.3　运营阶段管理应用及探索

桥梁运维阶段是全生命周期中最长的阶段,也是花费成本最大的阶段。设计及施工阶段的信息数据是运营管理及养护的重要信息依据,所以实现信息的共享和传递至关重要。为此中咨集团指挥部依托 BIM 技术,将桥梁运营维护阶段的健康监测系统纳入 BIM 管理系统,为桥梁健康监测数据提供输入输出接口,实现桥梁健康监测点定义指定、监测分析数据输入、安全预警显示功能,实现监测数据与 BIM 模型相互对应与直观识别功能,具体为:①借助漫游和预定义视图等功能,使用者可快捷地浏览结构健康监测系统的构成,系统地了解监测方案;②点击传感器的 BIM 模型,直接查看对应传感器的实时数据;③在 BIM 平台上发布实时预警和状态评估的结果,可使监测成果得到更直观形象的展示,并且有利于结合设计、施工及监测等多方面信息做出合理决策。另外,对于本项目突出的抗震问题与海南地震台网进行对接,强震发生时提供实时预警。

BIM 技术与运维阶段桥梁健康监测系统的结合,实现工程信息的全过程无损传递共享,使 BIM 应用技术真正实现全生命周期的一体化。

4 结语与展望

BIM 技术重要生命力在于信息的全过程共享传递，通过 BIM 技术解决桥梁结构在全寿命周期内的多组织、多阶段、多介质的信息共享问题，利用唯一的 BIM 模型，使桥梁信息在前期、设计、施工和运营维护等全过程充分共享、无损传递，为桥梁结构从前期规划到后期运营管理全生命周期中的所有决策提供可靠的依据，实现设计、施工、运营维护一体化，最大限度地发挥信息化技术的效果，实现 BIM 技术的重要革新和飞跃。

海南铺前跨海大桥工程项目通过前期立项、设计、施工管理及运营的 BIM 应用及探索，可为公路桥梁建设的信息化产业技术进步及革新提供丰富的实践经验和有益的思考。

参考文献

[1] 管宁. 建筑信息模型 BIM[J]. 国际木业, 2013 (4): 23-23.

[2] 刘照球, 李云贵. 建筑信息模型的发展及其在设计中的应用[J]. 建筑科学, 2009 (1): 96-99.

[3] 陈彦, 戴红军, 刘晶, 等. 建筑信息模型 (BIM) 在工程项目管理信息系统中的框架研究[J]. 施工技术, 2008, 37(2): 5-8.

[4] 刘爽. 建筑信息模型 (BIM) 技术的应用[J]. 建筑学报, 2008 (2): 100-101.

[5] 王婷, 刘莉. 利用建筑信息模型 (BIM) 技术实现建设工程的设计,施工一体化[J]. 上海建设科技, 2010(1): 60-61.

[6] 蒋慧杰. PMC 项目承发包模式研究[D]. 天津理工大学,2005.

第二篇

科　研

4. 独塔斜拉桥横桥向不同体系振动台试验研究

上官甦　于德恩　吴敬武　孙平宽
(中国公路工程咨询集团有限公司)

摘　要:为了研究独塔斜拉桥横桥向不同约束体系的抗震性能,本文以海南铺前跨海大桥为工程背景,设计制作缩尺比为1:20的全桥结构模型,进行不同地震动作用下模型振动台试验,给出了模型结构动力特性识别结果以及各动力响应测量结果。对横桥向固结体系和弹塑性体系两种约束体系的试验数据进行整理分析与对比,结果表明,全桥模型横桥向的地震响应与地震动的频谱特性有关。远场地震动作用下,采用弹塑性钢阻尼器的弹塑性体系相对固结体系能有效地减小关键点位移响应和关键截面应变响应;而在近场地震动作用下,采用弹塑性钢阻尼器的弹塑性体系产生了较大的结构(如主塔、主梁)位移响应。

关键词:独塔斜拉桥;固结体系;弹塑性钢阻尼器;地震动输入;抗震性能

1　引言

斜拉桥是由塔、梁、拉索三种基本构件组成的缆索承重体系,具有跨越能力大、经济效益好的优点,在我国得到了很快的发展。据不完全统计,目前在我国拥有各类斜拉桥达300余座,已成为世界上修建斜拉桥数量最多的国家。斜拉桥以桥塔个数划分,可以分为独塔斜拉桥、双塔斜拉桥和多塔斜拉桥。据统计,全世界所建的各类斜拉桥中,独塔斜拉桥占了1/6~1/4。在我国,对独塔斜拉桥的发展研究不容忽视。

迄今为止,关于大跨度斜拉桥的地震响应特性的研究,大多是基于有限元数值模拟方法对其进行地震响应计算,对于斜拉桥结构的地震模拟试验也往往局限于局部构件或者小比例尺全桥模型,对于大比例尺全桥地震模拟振动台试验开展得比较少。近年来,随着地震模拟振动台台阵系统性能逐步提升,利用先进设备进行斜拉桥结构全桥大比例尺模型试验才逐渐开始。文献[2]通过对Jindo大桥进行全桥缩尺模型的振动台试验,研究斜拉桥模型的动力特性。文献[3]对一座2×136m混合梁单索面独塔斜拉桥进行振动台模型试验,并对模型制作提出了很多建议,如模型主塔、主梁和桥墩均采用有机玻璃制作,斜拉索则采用高强钢丝制作;模型配重是通过螺栓连接铅块的方式进行,配重设计尽可能精确地模拟质量分布及其重心位置;对于主梁,还必须尽可能精确模拟质量惯性矩的分布。文献[4]设计制作了一座缩尺比为1:30的半漂浮体系独塔斜拉桥结构模型,通过进行不同强震动激励的振动台试验,得出地震动长周期成分越丰富,其对斜拉桥缩尺模型的破坏作用越大的结论。

本文以海南铺前跨海大桥为工程背景,制作了一座1:20缩尺比混凝土独塔斜拉桥,并进行了不同地震动作用下的振动台台阵试验,旨在研究独塔斜拉桥在塔、梁与墩、梁之间设置不同约束体系的抗震性能,为独塔斜拉桥横桥向合理抗震体系研究提供试验依据,为解决工程实践中斜拉桥横桥向抗震能力不足的问题提供一种可行的思路和抗震措施。

2 模型设计与制作

海南铺前跨海大桥为一座独塔钢箱梁斜拉桥。根据设计要求,斜拉桥主桥跨径为230m + 230m布置,主塔为倒Y形混凝土塔,主梁采用流线型扁平封闭钢箱,过渡墩为框架式混凝土墩柱。桥塔材料采用C50混凝土,过渡墩材料采用C40混凝土,主梁材料采用Q345钢。全桥结构总体布置如图1所示。

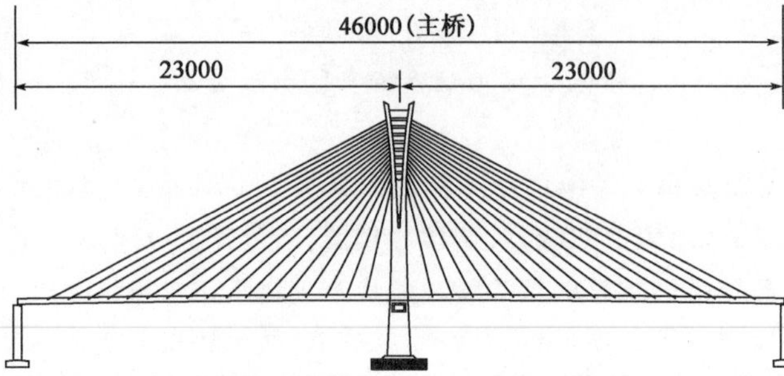

图1 铺前跨海大桥总体布置图(尺寸单位:cm)

对模型比例尺的选取主要考虑的因素:①较大缩尺比的模型施工方便,尺寸效应的影响也相对较小,地震反应更加接近原型结构,因此长度相似常数宜尽可能取大值;②由于振动台承载能力、吊车起吊能力、试验场地尺寸等因素的限制,模型的长度相似常数又应控制在一定的范围之内;③长度相似常数的大小还关系到模型的制作费用和施工周期等因素,有时在试验设计时会成为选取其值的关键条件。综合考虑以上各因素,本试验最终确定模型比例尺为1:20。根据动力相似理论,模型各物理量相似常数见表1。

本文振动台试验各物理量相似常数 表1

	物理量	1/20模型		物理量	1/20模型
结构材料特征	应变 ε	1	结构荷载与内力	力 F	0.00075
	应力 σ	0.3		弯矩 M	0.0000375
	弹模 E	0.3	结构动力特性	质量 m	0.00075
	泊松比 μ	1		刚度 k	0.015
	密度 ρ	6		时间 t	0.2236
结构几何特性	长度 l	1/20		频率 f	4.4721
	面积 S	1/400		阻尼 c	0.00335
	位移 δ	1/20		速度 v	0.2236
	转角 θ	1		加速度 a	1

模型采用M15微粒混凝土来模拟铺前跨海大桥原型混凝土结构部分。钢筋混凝土构件中的受力主筋和箍筋分别选用$\phi6$光圆钢筋和10号钢丝；钢箱梁主梁采用10mm钢板制作；拉索用8mm钢丝绳模拟。选用铸铁单块5kg和铅单块7.276kg配重块用于主塔和过渡墩的配重设计，半圆柱形质量单块28kg配重块用于主梁的配重设计。

本文斜拉桥原型采用的支座均为双向球形活动支座，横向约束装置为弹塑性钢阻尼器，其设置于塔、梁和墩、梁连接处，具体布置如图2所示。本文试验模型采用四氟滑板橡胶支座来模拟双向球形活动支座；模型主塔与主梁之间、过渡墩与主梁之间的横向弹塑性钢阻尼采用按相似比设计的阻尼装置，设计参数如表2所示。

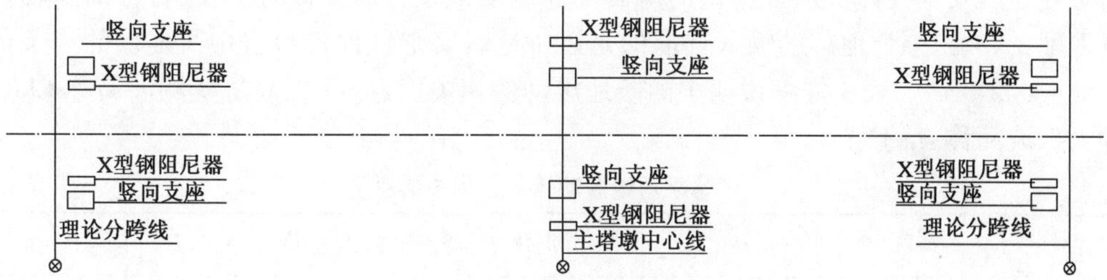

图2　支座及约束装置布置图

弹塑性钢阻尼器设计参数　　表2

项　　目	主塔、主梁处	过渡墩、主梁处
屈服荷载 F_y(kN)	5.25	1.875
屈服位移 Δ_y(mm)	1.25	1.25
屈后屈前比 α	0.02	0.02
极限位移 Δ_u(mm)	12.5	20

本文斜拉桥原型共有34对斜拉索，为便于调整拉索的索力及满足缩尺模型斜拉索空间布置要求，试验时采用并索处理，将拉索缩减至8对。模型左右两过渡墩以及主塔分别安装在3个振动台台面上，均用螺栓进行连接以模拟刚性基础，全桥模型振动台上总体布置如图3所示。

图3　全桥模型总体布置图

3 测试内容和试验工况

3.1 地震动输入

结合研究目的、斜拉桥原型特殊场地条件以及试验室振动台设备的输出性能，本文选择一条实测地震动输入和一条人工拟合地震动输入作为试验时振动台台面输入。选择地震动输入时，尽可能较大范围地涵盖不同地震动的频谱特性，使之具有一定的代表性。①1999 年中国台湾集集地震所记录到的 CHICHI/TCU052-E 地震波加速度峰值虽不大，但地震波本身具有较大的速度脉冲和丰富的长周期成分，表现出典型的近断层地震动特点，与本文铺前桥桥址处地震安全性评价报告提供的地震动加速度记录长周期成分丰富、特征周期较长等特征匹配；②人工拟合地震动输入选取的是该桥地震安全性评价报告中所提供的一条典型人工波(5002-th4)。表 3 详细说明了两条地震动的相关信息。(近断层实测波简称 ChiChi，场地人工波简称 site)

试验采用地震动输入各相关信息　　表 3

序号	地震记录	记录站台	记录分量	峰值加速度(g)	V_{max}/A_{max}(s^{-1})	持时(s)
1	1999，ChiChi	TCU052	E	0.349	0.473	90
2	铺前桥地震安全评价报告提供			0.590	0.096	81.92

将上述两条地震动的地面加速度峰值调整为 $0.1g$，并按照时间相似常数 $S_t = 0.2236$ 对时间轴进行压缩。经调整后，两条地震动输入加速度和位移时程曲线如图 4 和图 5 所示，两条地震动输入对应的反应谱曲线如图 6 所示。

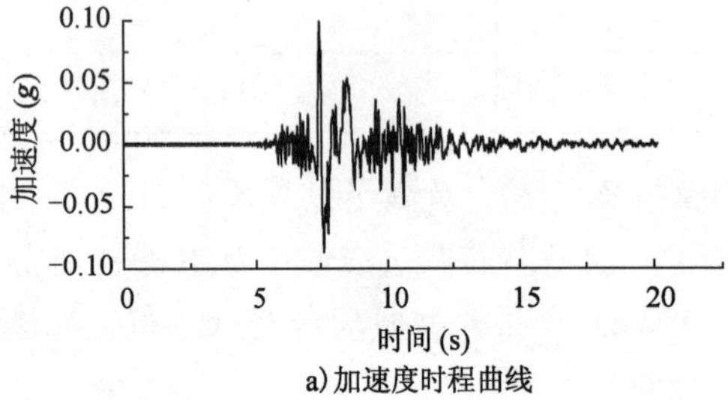

a) 加速度时程曲线

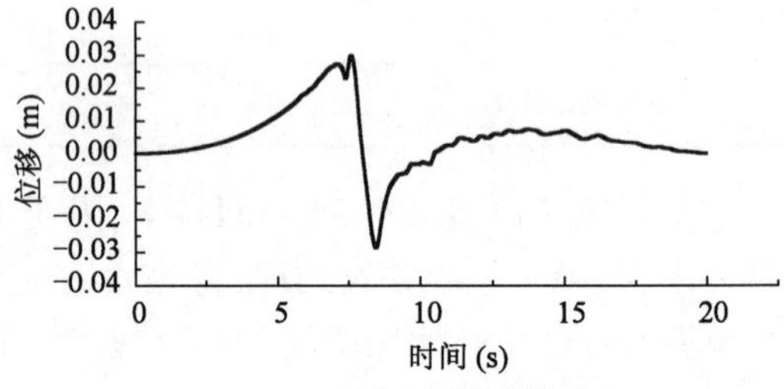

b) 位移时程曲线

图 4　调整后的 ChiChi 地震动输入

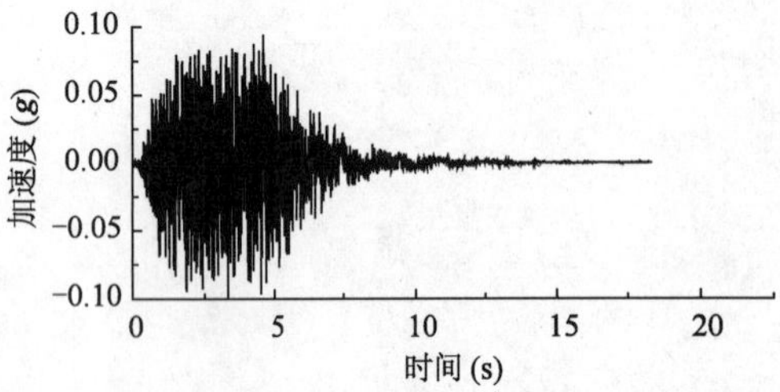

a) 加速度时程曲线

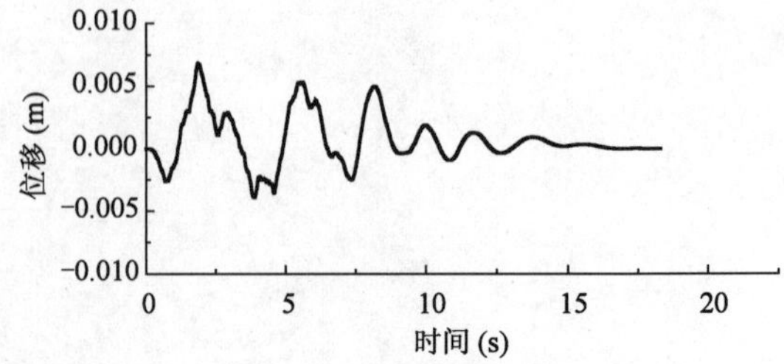

b) 位移时程曲线

图 5　调整后的 site 地震动输入

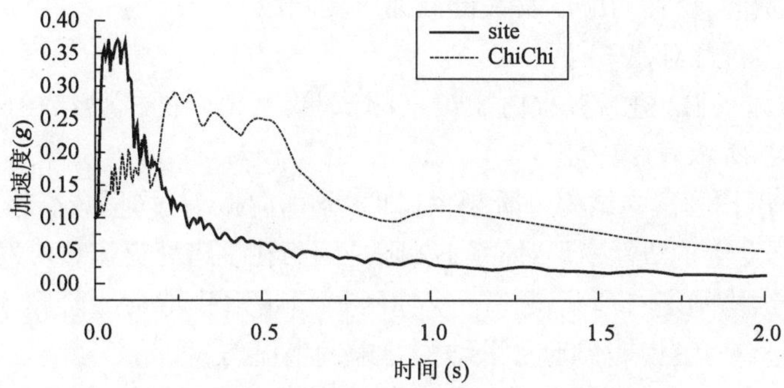

图6　地震动输入调整后对应反应谱曲线

3.2　全桥模型测点布置

全桥模型测点布置汇总如表4所示。

全桥模型测点布置汇总　　表4

测试项目	测点布置区域	传感器数量	数量合计
加速度	主梁	15	35
	主塔	12	
	过渡墩	8	
位移	主梁	15	38
	主塔	12	
	过渡墩	8	
	弹塑性钢阻尼器	3	
	弹塑性钢阻尼器	6	
应变	主塔	104	104
测试通道数合计	177		

3.3　试验工况

对调整后的地震动加速度时程曲线乘以相应放大系数,沿横桥向在三个振动台上进行一致输入。不同地震动输入加载前后采用白噪声对试验全桥模型进行扫频,测量结构自振频率、阻尼比等动力特征参数。白噪声工况采用的加速度信号由1~30Hz频率范围内随机产生,峰值加速度均调整为0.1g,持续时间72s,白噪声加速度信号为低幅相干运动,不会对结构产生不良影响。

根据试验目的,斜拉桥振动台试验的模型分为两种横向约束体系:①弹塑性体系H1:横桥向塔、梁与墩、梁处设置弹塑性钢阻尼器;②固结体系H2:横桥向塔、梁与墩、梁处均固结。

体系H1和H2均进行了三条加速度时程曲线加载试验,其中site人工地震波6个工况(峰值依次调整为0.1g~0.6g)、ChiChi实测地震波4个工况(H1峰值依次调整为0.1g~0.4g,H2峰值依次为0.05g,0.1g~0.3g)、白噪声3个工况(峰值调整为0.1g),共计13个工况。

4　试验结果分析

本节对弹塑性体系H1和固结体系H2的试验结果进行分析与对比,内容包括模型结构动力特性、加速度响应、位移响应以及关键截面应变响应。

4.1 结构动力特性对比

对体系 H1 与体系 H2 进行三次白噪声扫频试验，将得到的模型结构前一、二阶频率进行对比，结果如表 5 所示，可以得出：

(1)三次白噪声扫频试验结构一阶频率(即主梁横向振动)均呈减小趋势，体系 H1 是由于弹塑性钢阻尼器发生了塑性变形；体系 H2 则是因为在主塔处支座垫块发生混凝土剥落损坏，两者均使全桥结构刚度有所折减。三次白噪声扫频试验结构二阶频率(即主塔横向振动)均没有发生明显变化，说明模型主塔结构并未发生损伤。

(2)体系 H2 是在主塔、过渡墩处与主梁固结，增加了全桥结构相应横桥向刚度，从而导致横桥向第一阶频率比体系 H1 大。

两种体系下前两阶频率对比　　表 5

白噪声工况	一阶频率(Hz)		二阶频率(Hz)	
	体系 H1	体系 H2	体系 H1	体系 H2
第一次白噪声	3.75	4.25	8.5	8.25
第二次白噪声	3.75	4.125	8.5	8.375
第二次白噪声	3.50	2.875	8.5	8.25

4.2 加速度响应对比

两条地震动输入下不同约束体系塔柱顶部、主梁跨中及过渡墩墩顶最大加速度响应随台面输入地面运动加速度 PGA 比较结果如图 7 ~ 图 9 所示。从图中可以得出：

(1)在 ChiChi 波和 site 波输入下，相同 PGA 时，体系 H1 塔顶最大加速度响应与体系 H2 差别不大。可见约束体系的不同对主塔加速度响应影响并不大。

(2)在 ChiChi 波和 site 波输入下，相同 PGA 时，体系 H2 主梁跨中最大加速度响应均大于体系 H1；PGA 越大，相差也越大。可见弹塑性钢阻尼器显著减小了主梁的加速度响应。

(3)在 ChiChi 波和 site 波输入下，相同 PGA 时，体系 H1 过渡墩墩顶最大加速度响应均小于体系 H2；ChiChi 波情况比 site 波更明显。可见过渡墩处的弹塑性钢阻尼器对加速度减震效果比主塔处更优。

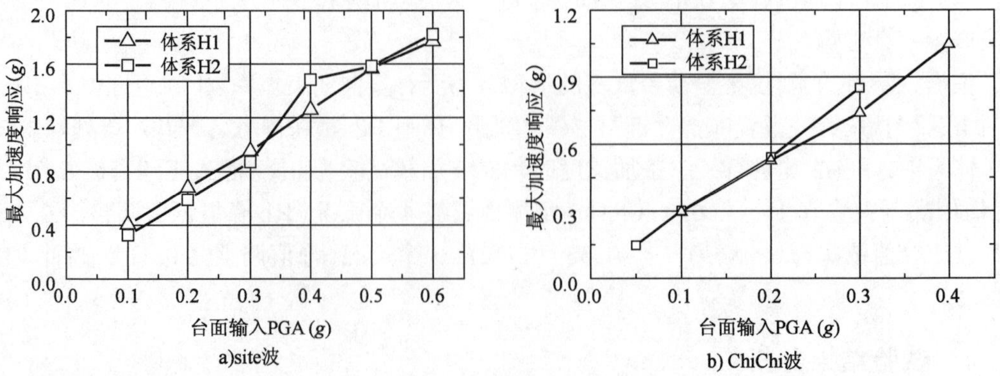

a)site波　　b) ChiChi波

图 7　两条地震动输入下两种约束体系塔顶最大加速度响应对比

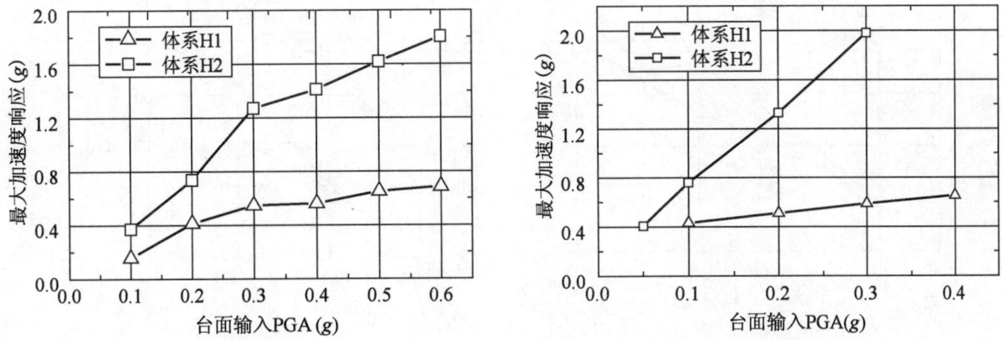

a)site波　　b) ChiChi波

图 8　两条地震动输入下两种约束体系主梁跨中最大加速度响应对比

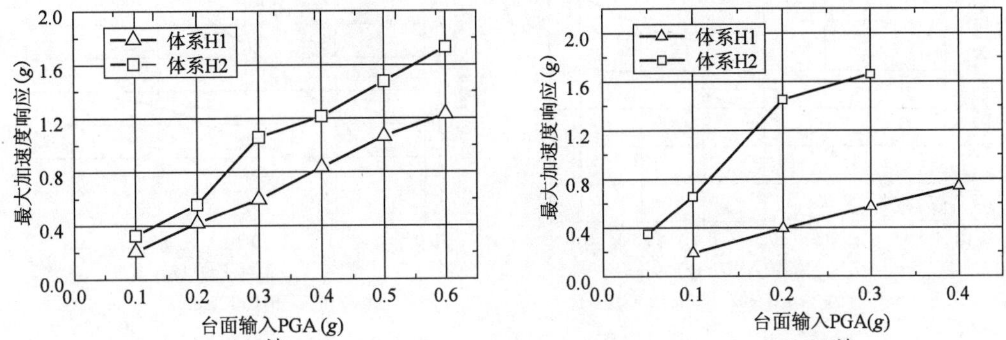

a)site波　　b)ChiChi波

图 9　两条地震动输入下两种约束体系过渡墩墩顶最大加速度响应对比

4.3　位移响应对比

图 10 ~ 图 12 所示为两条地震动输入下不同约束体系塔柱顶部、主梁跨中以及过渡墩墩顶最大位移响应随台面输入 PGA 比较结果。(注:体系 H2 在 site 波输入 PGA >0.4g 时,塔柱处的支座垫块受到损伤,导致数据出现波动,但为保持数据完整性,在图中仍显示,在后续结果讨论中本文予以忽略。)从图中可以得出:

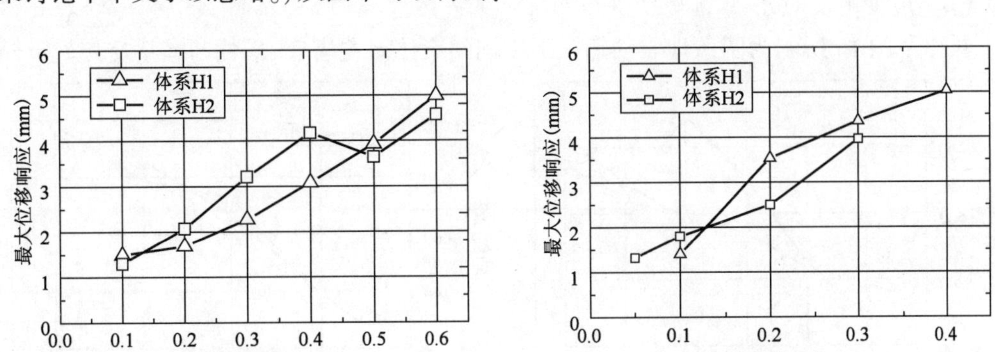

a)site波　　b)ChiChi波

图 10　两条地震动输入下两种约束体系塔顶最大位移响应对比

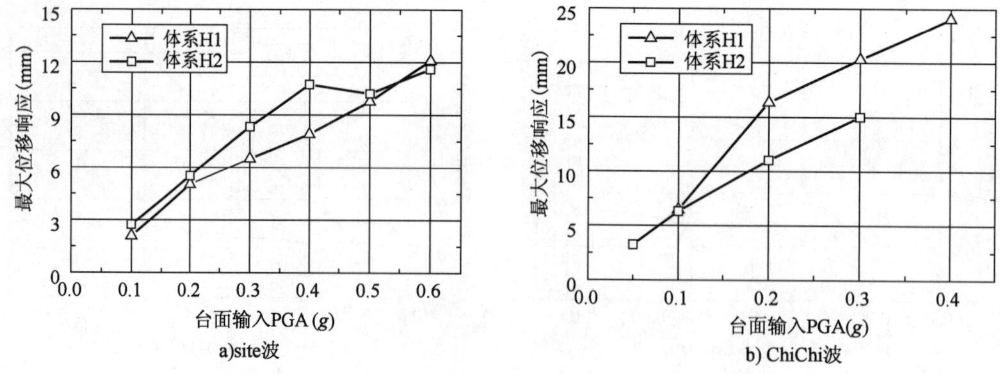

图 11　两条地震动输入下两种约束体系主梁跨中最大位移响应对比

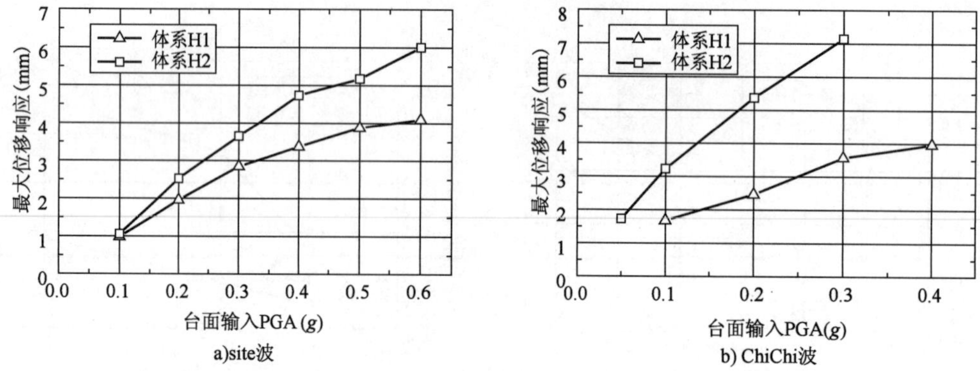

图 12　两条地震动输入下两种约束体系过渡墩墩顶最大位移响应对比

(1) site 波作用下，体系 H1 的塔顶与主梁跨中最大位移响应均比体系 H2 有较大的减小；而在 ChiChi 波作用下，体系 H1 在这些位置的最大位移响应却较体系 H2 更大。出现这样的差异主要可能与两条地震波的频谱特性不同有关，且图中还表明，随着台面输入 PGA 的增加，这样的差异更明显。

(2) 在两条地震动输入下，体系 H1 的过渡墩墩顶最大位移响应均小于体系 H2，表明弹塑性钢阻尼器对过渡墩的位移减震效果比较好。

4.4　应变响应对比

图 13 ~ 图 15 所示为两条地震动输入下不同约束体系主塔底、塔柱与横梁交接处上侧以

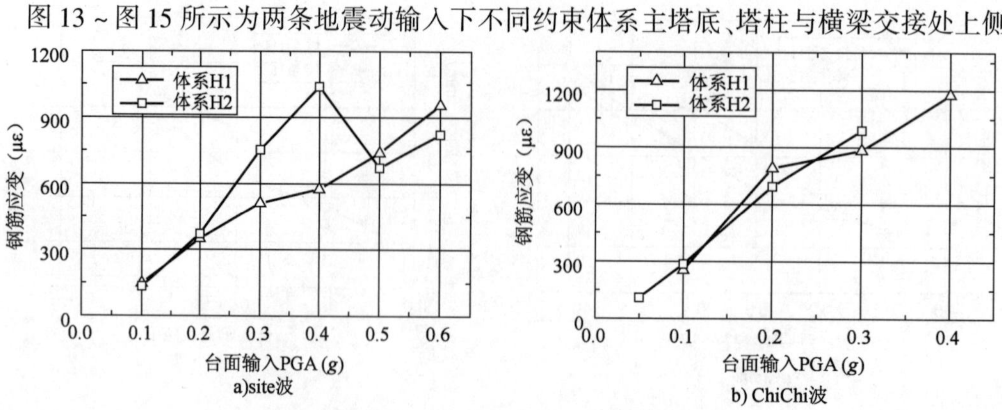

图 13　两条地震动输入下两种约束体系主塔底最大应变响应对比

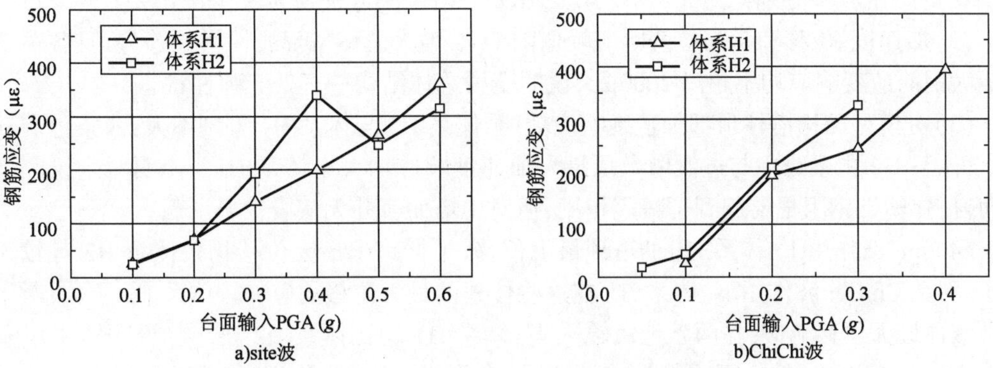

图 14　两条地震动输入下两种约束体系塔柱与横梁交接处上侧最大应变响应对比

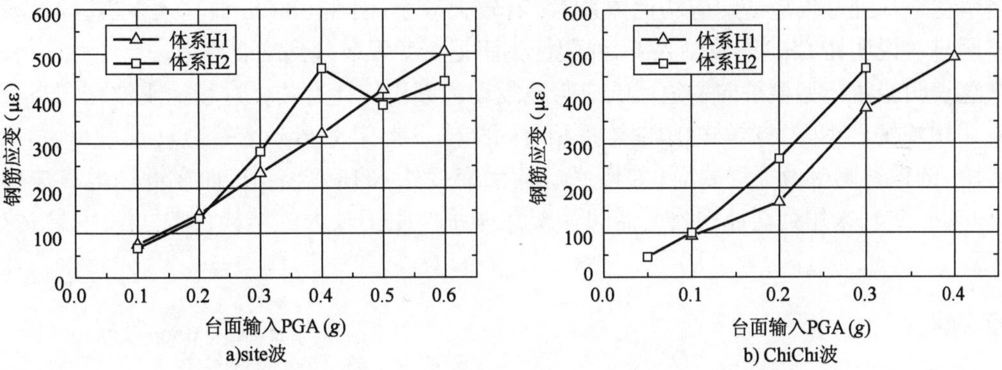

图 15　两条地震动输入下两种约束体系塔柱交接处最大应变响应对比

及主塔斜塔柱交接处最大应变响应随台面输入 PGA 比较结果。忽略体系 H2 在 site 波输入 PGA > 0.4g 的情况。

从上图中可以得出：在 site 波输入下，体系 H1 在主塔底、塔柱与横梁交接处上侧以及斜塔柱交接处最大应变响应均比体系 H2 有较大减小；而在 ChiChi 波输入下，这样的情况并不明显，约束体系的不同对主塔身应变响应影响不大。

5　结语

本文对独塔斜拉桥全桥模型在弹塑性体系 H1 和固结体系 H2 下的试验结果进行了对比分析，表 6 所示为两种体系对结构不同响应的表现情况汇总。

两种体系下结构各响应优劣对比　　表 6

结构名称	加速度响应		位 移 响 应		应 变 响 应	
	site 波	ChiChi 波	site 波	ChiChi 波	site 波	ChiChi 波
主塔	H1 = H2	H1 = H2	H1 > H2	H2 > H1	H1 > H2	H1 = H2
主梁	H1 > H2	H1 > H2	H1 > H2	H2 > H1	/	/
过渡墩	H1 > H2	H1 > H2	H1 > H2	H1 > H2	/	/

注：H1 = H2，表示两种体系响应结果相差不大；H1 > H2，表示体系 H1 优于 H2；H2 > H1，表示体系 H2 优于 H1。

综上可以得出如下：

(1) 用白噪声对结构进行扫频，识别了两种约束体系的前一、二阶频率和阻尼比。体系

H1、H2 的一阶频率分别约为 3.75Hz、4.125Hz,二阶频率分别约为 8.5Hz、8.25Hz。

(2)加速度、位移和钢筋应变响应峰值随 PGA 增大总体呈现线性增长趋势,且各关键截面最大钢筋应变响应均不超过 2000με,说明全桥总体结构一直处于弹性状态。

(3)对模型结构塔柱顶部加速度响应峰值,体系 H2 与体系 H1 差别不大;两条地震动输入下,体系 H2 主梁跨中与过渡墩墩顶最大加速度响应均大于体系 H1。说明对主梁和过渡墩而言,弹塑性钢阻尼器起到了减震作用,但对主塔而言并无减震效果出现。

(4)site 波作用下,体系 H1 的塔顶最大位移、主梁跨中最大位移均较体系 H2 有较大的减小;而在 ChiChi 波作用下,体系 H1 在这些位置的最大位移响应却较体系 H2 更大;对于过渡墩墩顶最大位移响应,在两条地震输入下,体系 H1 均比体系 H2 要小。说明对主塔和主梁而言,在 ChiChi 波输入下,弹塑性钢阻尼器并没有起到减震作用,相反增大了位移响应。

(5)在 site 波输入下,体系 H1 的主塔底最大应变、主塔与横梁交接处上侧最大应变以及主塔塔柱交接处最大应变响应均比体系 H2 有较大减小;而在 ChiChi 波输入下,这样的情况并不明显。说明在 ChiChi 波输入下,弹塑性钢阻尼器并没有起到减震作用。

这表明全桥模型横桥向的地震响应与地震动的频谱特性有关。远场地震波作用下(site 波),采用弹塑性钢阻尼器的弹塑性体系相对固结体系能有效地减小关键点(如塔顶、主梁及过渡墩)的位移响应及关键截面(如塔底、塔、梁交接处)的应变响应;而在近场地震波作用下(ChiChi 波),采用弹塑性钢阻尼器的弹塑性体系产生了较大的结构(如主塔、主梁)位移响应。

参考文献

[1] 陈开利. 独塔斜拉桥的建设与展望[J]. 桥梁建设, 1998 (3): 33-36.

[2] Caetano E, Cunha Á, Taylor C A. Investigation of dynamic cable-deck interaction in a physical model of a cable-stayed bridge. Part I: modal analysis & Part II: seismic response [J]. 2000.

[3] 高文军, 牛松山, 兰海燕. 单索面独塔斜拉桥振动台模型试验研究[J]. 公路交通技术, 2010 (2): 45-48.

[4] 黄学漾, 宗周红, 黎雅乐, 等. 独塔斜拉桥模型地震模拟振动台台阵试验[J]. 东南大学学报: 自然科学版, 2014, 44(6): 1211-1217.

[5] 林皋, 林蓓. 结构动力模型试验的相似技巧[J]. 大连理工大学学报, 2000, 40(1): 1-8.

5. 独塔斜拉桥横桥向合理抗震体系研究

上官甦　孙平宽　于德恩
(中国公路工程咨询集团有限公司)

摘　要:本文以海南铺前独塔斜拉桥为工程背景,建立了该桥的三维有限元动力计算模型,首先介绍了有限元模型的建立和地震动的选取,其次讨论了弹塑性钢阻尼器不同的设计参数(屈前刚度、屈服荷载)对独塔斜拉桥横桥向地震响应的影响,最后对比分析了横桥向墩梁间固结、滑动和弹塑性约束三种不同体系下的桥梁抗震响应,结果表明,设置弹塑性钢阻尼器的弹塑性约束体系不仅能够减小全桥结构的地震内力响应,还能控制位移响应在合理范围内。

关键词:独塔斜拉桥;弹塑性钢阻尼器;支座滑动;自振特性;抗震体系

1　引言

斜拉桥属于大跨度桥梁,其主塔较高,项目投资额度大,一旦桥塔在地震下出现非线性破坏,修复比较困难,而且费用昂贵。例如我国台湾集鹿大桥,在1999年集集地震中,其受到的震害破坏非常严重,震害形式主要为:横桥向塔梁连接处桥塔的损伤、辅助墩和主梁连接处支承连接构件(支座、挡块、剪力键等)的损伤,以及主桥和引桥之间过大的相对位移。

斜拉桥和悬索桥等大跨桥梁在横桥向往往都需要满足抗风要求,结构上通常采用抗风固定支座。但塔、梁与墩、梁固结的约束体系,显著增加了桥梁横桥向的整体刚度,导致其基频可能位于地震能量较丰富的频段,造成的结果是整个结构在横桥向的地震惯性力增加,这一点对于边墩的影响更明显。如果采用塔、梁与墩、梁自由放开的约束体系,则主梁与塔、墩的相对位移过大,主梁将可能与主塔产生碰撞。横桥向引入弹塑性钢阻尼器装置却可以很好地解决上述问题。

本文以海南铺前跨海大桥为工程背景,旨在研究独塔斜拉桥在塔、梁与墩、梁之间设置横桥向弹塑性钢阻尼器的减震效果,利用Sap2000大型有限元分析软件进行不同地震动作用下独塔斜拉桥横桥向合理抗震体系研究,为解决工程实践中斜拉桥横桥向抗震能力不足的问题提供一种可行的思路和抗震措施。

2　工程背景

海南铺前跨海大桥为一座独塔钢箱梁斜拉桥。根据设计要求,斜拉桥主桥跨径为230m+230m布置,主塔为倒"Y"形混凝土塔,主梁采用流线型扁平封闭钢箱,过渡墩为框架式混凝土墩柱。桥塔材料采用 C50 混凝土,过渡墩材料采用 C40 混凝土,主梁材料采用 Q345 钢。全桥结构总体布置如图 1 所示。

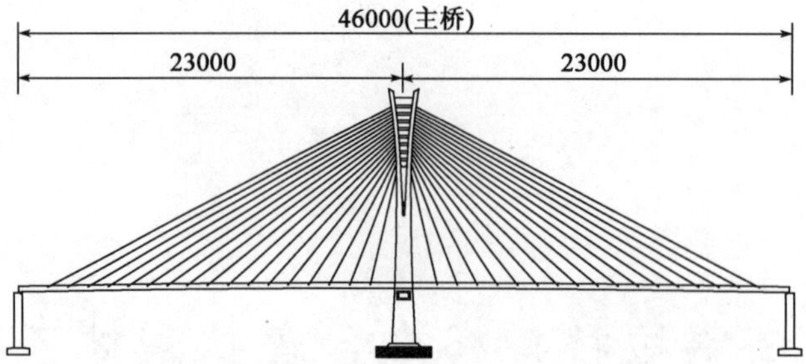

图 1　铺前跨海大桥总体布置图(尺寸单位:cm)

3　地震动输入

本文对非线性结构模型进行地震反应分析时,采用《海南省文昌铺前大桥项目工程场地地震安全性评价报告之一(全线地震危险性分析及主桥塔设计地震动参数确定)》提供的 3 条 50 年 2% 超越概率的人工加速度时程曲线。图 2 为 3 条人工曲线对应的反应谱,图 3 为其中一条典型的人工加速度时程曲线。

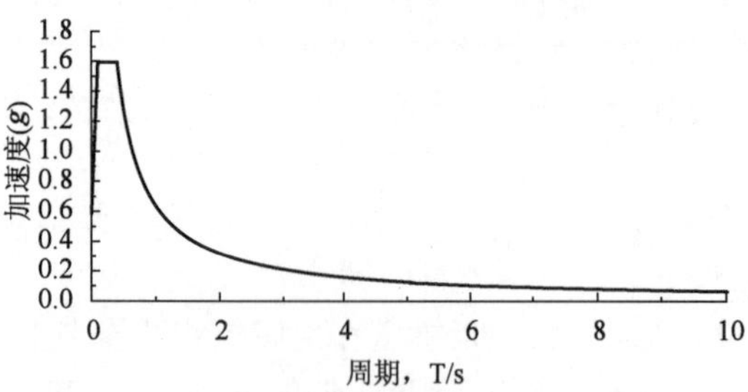

图 2　加速度反应谱曲线

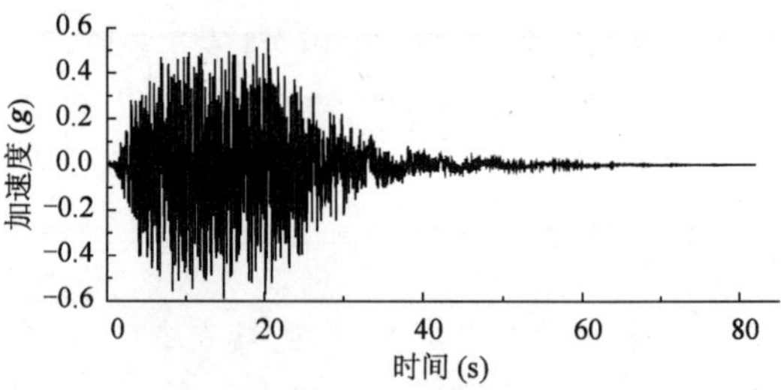

图 3　人工加速度时程曲线(5002-th4)

4　有限元模型建立

4.1　线性模型

有限元动力计算模型用 Sap2000 软件建立,其总体坐标系以顺桥向为 x 轴,横桥向为 y 轴,竖向为 z 轴;模型利用空间梁单元模拟主梁、塔柱,用空间杆单元模拟拉索,并考虑拉索垂度和恒载作用对结构刚度的影响($P-\Delta$效应);主梁与斜拉索吊点以及主塔与斜拉索锚固点用主从关系模拟。主跨桥面板的一期恒载和二期恒载均以线质量形式加在梁单元上。桩土间的共同作用采用土弹簧来模拟,模型如图 4 所示。

在进行动力特性及线性时程分析时,塔、梁与墩、梁的连接关系见表 1。

线性结构模型中塔、梁和墩、梁连接关系　　表 1

位　置	x	y	z	θx	θy	θz
主塔—主梁	0	1	1	0	0	1
过渡墩—主梁	0	1	1	0	0	1

注:1. 0 表示自由,1 表示主从或固结;

2. x、y、z 分别表示顺桥向、横桥向以及竖向;

3. θ_x,θ_y 和 θ_z 分别代表沿 x、y 和 z 轴的转动方向。

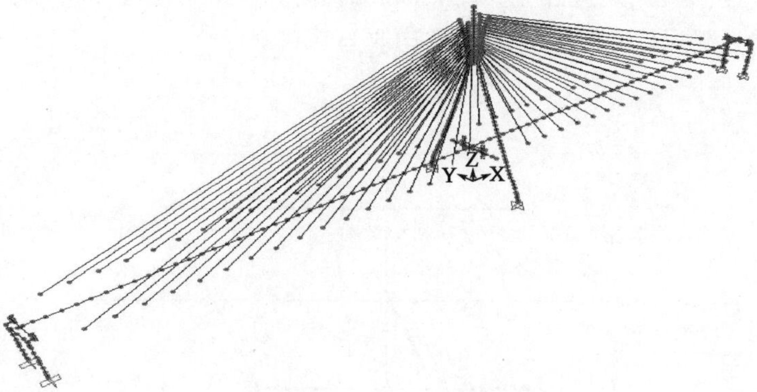

图4　有限元动力计算模型

4.2　非线性结构模拟

4.2.1　弹塑性钢阻尼器

本文拟采用的阻尼器为弹塑性钢阻尼器,用双线性恢复力模型来模拟,图5为简化荷载—位移关系。

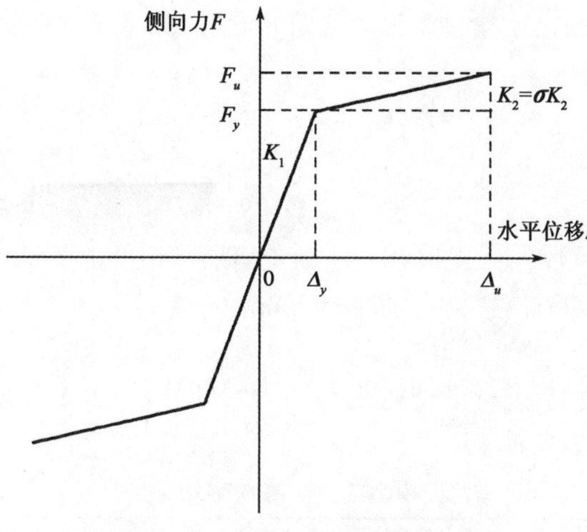

图5　弹塑性钢阻尼器双线性恢复力模型

其中:Δ_y 为屈服位移,Δ_u 为极限位移,F_y 为屈服荷载,F_u 为极限荷载,则屈前刚度 K_1 和屈后刚度 K_2 分别为:

$$K_1 = \frac{F_y}{\Delta_y} \text{和} K_2 = \frac{F_u - F_y}{\Delta_u - \Delta_y} \tag{1}$$

对于屈后屈前比 α,该值反映了弹塑性钢阻尼器进入塑性阶段后的自恢复能力,主要对滞回曲线形状和支座残余位移产生影响。本文从理论上推导出了屈后屈前比的具体取值,对于软钢材料制作而成的阻尼器,其极限荷载 F_u 一般可取屈服荷载 F_y 的1.15倍,则式(1)可得:

$$K_2 = \frac{F_u - F_y}{\Delta_u - \Delta_y} = \frac{0.15F_y}{\Delta_u - \Delta_y} \tag{2}$$

$$\alpha = \frac{K_2}{K_1} = \frac{0.15F_y}{\Delta_u - \Delta_y} \cdot \frac{\Delta_y}{F_y} = \frac{0.15\Delta_y}{\Delta_u - \Delta_y} \tag{3}$$

根据原桥设计，取 $\Delta_y=25\text{mm}$，$\Delta_u=250\text{mm}$，计算得 $\alpha\approx0.0167$。最后，本文参考上述值，对塔、梁与墩、梁处阻尼器的屈后屈前比 α 均取为 0.02。

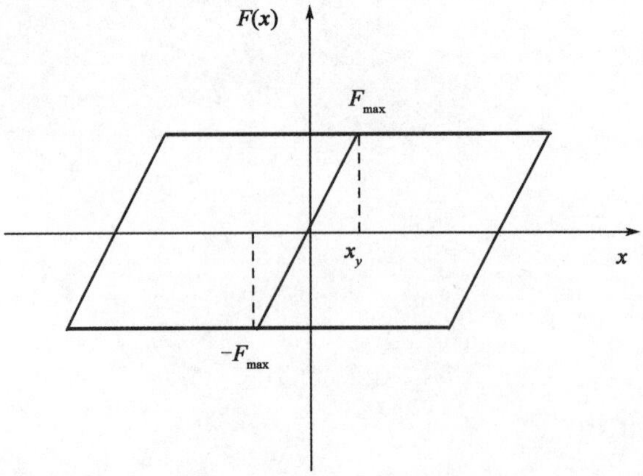

图 6　支座滑动双线性模型

4.2.2　支座滑动

本文对于支座滑动后的力—位移曲线可用图 6 双线性模型模拟。其临界滑动摩擦力、初始水平刚度可以参考《城市桥梁抗震设计规范》(CJJ 166—2016)，具体公式如下。

支座临界滑动摩擦力 F_{max}：

$$F_{max}=\mu\cdot N \tag{4}$$

初始水平刚度 K：

$$K=F_{max}\div x_y \tag{5}$$

式中，μ 为滑动摩擦系数，一般取 0.02；N 为支座所承担的上部结构恒载反力；x_y 为支座屈服位移，取支座临界滑动时位移，本文取 0.002m。

4.3　动力特性

根据建立的有限元模型，进行了全桥模型动力特性分析，表 2 为前五阶周期、频率及振型特征，全桥第一阶周期约为 6s。

有限元模型前五阶基本动力特性　　表 2

阶数	周期(s)	频率(Hz)	振 型 特 征
1	5.9712	0.1675	主梁纵飘
2	2.8262	0.3538	主梁一阶反对称竖向振动
3	1.4739	0.6785	主梁一阶正对称竖向振动
4	1.0060	0.9941	主梁二阶反对称竖向振动
5	0.9089	1.1002	主梁二阶正对称竖向振动

5　阻尼器参数的选取

为了研究弹塑性钢阻尼器性能参数对全桥结构横桥向地震响应的影响，在 3.1 节建立的线性模型基础上，对塔、梁与墩、梁连接处横桥向设置弹塑性钢阻尼器，并对阻尼器的参数分别进行分析，通过各自屈前刚度 K_1、屈服荷载 F_y 的不同取值以期获得适合于本文模型结构的最优参数组合。参数分析中输入选定的 3 条人工加速度时程曲线进行非线性时程分析，输入方式为横桥向，结果取 3 条波包络值。

5.1 塔、梁处阻尼器

对塔、梁处弹塑性钢阻尼器进行参数分析时,保持墩、梁处阻尼器的设计参数不变,其中墩、梁处阻尼器屈服荷载取为 $0.3N_2$,屈前刚度取为 1×10^5 kN/m,屈后屈前比取为 0.02。(N_1、N_2分别为上部结构在塔、梁与墩、梁连接处的竖向恒载反力,具体数值 $N_1=17500$kN,$N_2=8500$kN。)

5.1.1 屈前刚度 K_1 影响

保持塔、梁处弹塑性钢阻尼器屈服荷载 $F_y=0.3N_1$ 不变,分别取阻尼器的屈前刚度 K_1 为 1×10^6kN/m、7×10^5kN/m、5×10^5kN/m、3×10^5kN/m、1×10^5kN/m、5×10^4kN/m,以反映弹塑性钢阻尼器屈前刚度变化对结构地震响应的影响,弹塑性阻尼器屈后屈前比 α 取 0.02,计算工况如图 7 所示。图 8 所示为大桥关键部位地震响应随塔、梁处弹塑性钢阻尼器屈前刚度变化的影响。

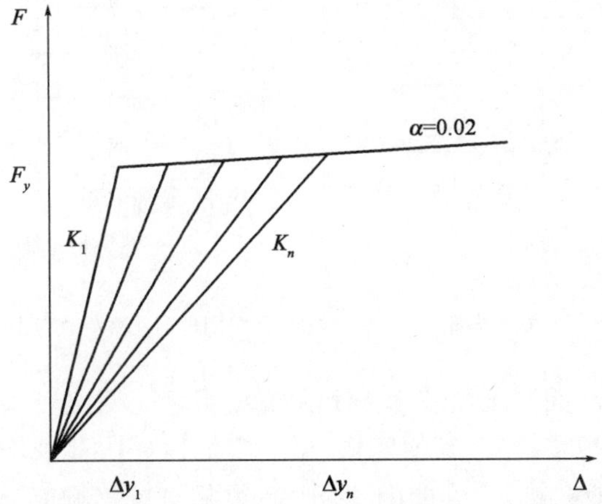

图 7 弹塑性钢阻尼器不同屈前刚度计算工况

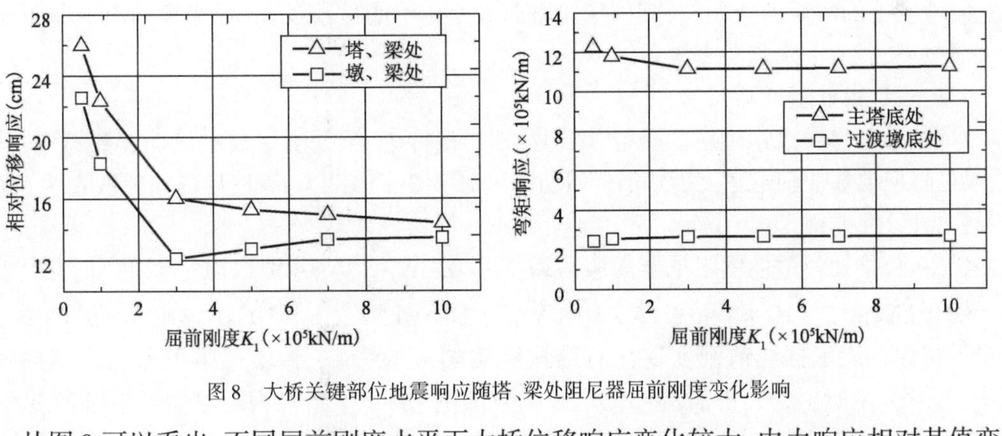

图 8 大桥关键部位地震响应随塔、梁处阻尼器屈前刚度变化影响

从图 8 可以看出,不同屈前刚度水平下大桥位移响应变化较大,内力响应相对其值变化不明显:①墩、梁相对位移响应,其值随塔、梁处阻尼器屈前刚度增大先减小后增大,在屈前刚度为 3×10^5kN/m 时,其位移响应达到最小;对于塔、梁相对位移响应,其值随屈前刚度增大而减小,当屈前刚度小于 3×10^5kN/m 时,其位移响应下降迅速,大于 3×10^5kN/m 时,位移响应下降平缓。②过渡墩底处的弯矩内力响应,其值随屈前刚度变化不明显;主塔底处弯矩响应随屈前刚度增大表现出先减小后增大的现象,但总体变化幅度不大。

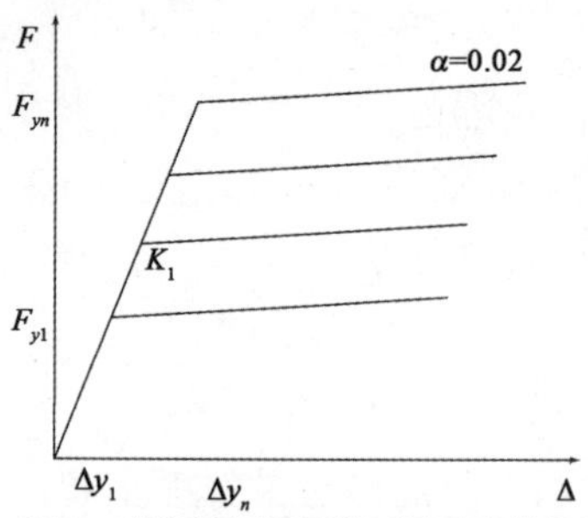

图9　弹塑性钢阻尼器不同屈服荷载计算工况

5.1.2　屈服荷载 *Fy* 影响

保持塔、梁处弹塑性钢阻尼器屈前刚度 $K_1=3\times10^5$ kN/m 不变，分别取阻尼器的屈服荷载 F_y 为 $0.05N_1$、$0.1N_1$、$0.2N_1$、$0.3N_1$、$0.4N_1$、$0.5N_1$，以反映弹塑性钢阻尼器屈服荷载变化对结构地震响应的影响，弹塑性阻尼器屈后屈前比 α 取 0.02，计算工况如图 9 所示。图 10 所示为大桥关键部位地震响应随塔、梁处弹塑性钢阻尼器屈服荷载变化的影响。

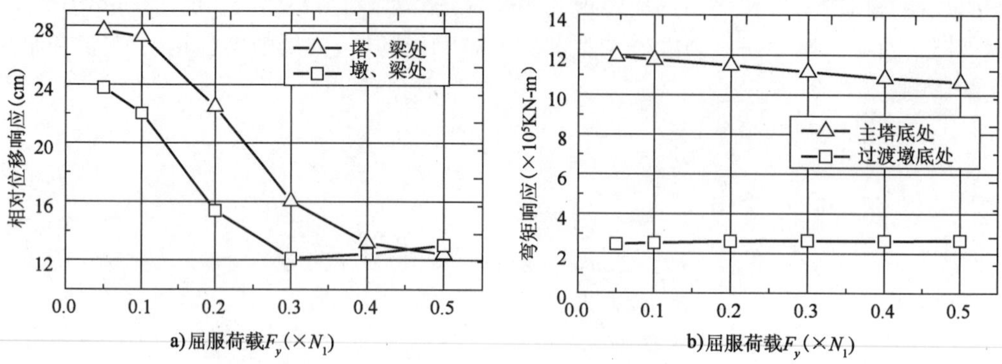

图 10　大桥关键部位地震响应随塔、梁处阻尼器屈服荷载变化影响

从图 10 可以看出，不同屈服荷载水平下大桥位移响应变化较大，内力响应相对其值变化不明显：①墩、梁相对位移响应，其值随塔、梁处阻尼器屈服荷载增大先减小后增大，在屈服荷载为 $0.3N_1$ 时，其位移响应达到最小；对于塔、梁相对位移响应，其值随屈服荷载增大而减小，当屈服荷载小于 $0.4N_1$ 时，其位移响应下降迅速，大于 $0.4N_1$ 时，位移响应下降平缓。②过渡墩底处的弯矩内力响应，其值随屈服荷载变化不明显；主塔底处弯矩响应随屈服荷载增大而减小，总体下降趋势平缓。

5.2　墩、梁处阻尼器

对墩、梁处弹塑性钢阻尼器进行参数分析时，保持塔、梁处阻尼器的设计参数不变，其中塔、梁处阻尼器屈服荷载 F_y 为 $0.4N_1$，屈前刚度 K 为 3×10^5 kN/m，屈后屈前比取 α 为 0.02。

5.2.1　屈前刚度 K_1 影响

保持墩、梁处弹塑性钢阻尼器屈服荷载 $F_y=0.3N_2$ 不变，分别取阻尼器的屈前刚度 K_1 为 3×10^5kN/m、2×10^5kN/m、1.5×10^5kN/m、1×10^5kN/m、5×10^4kN/m、1×10^4kN/m，以反映弹塑性钢阻尼器屈前刚度变化对结构地震响应的影响，弹塑性阻尼器屈后屈前比 α 取 0.02。图 11 所示为大桥关键部位地震响应随墩、梁处弹塑性钢阻尼器屈前刚度变化的影响。

从图 11 可以看出，不同屈前刚度水平下大桥位移响应变化较大，内力响应相对其值变化不明显：①对于墩、梁和塔、梁两处相对位移响应，其值随墩、梁处阻尼器屈前刚度增大先减小后增大，在屈前刚度为 1×10^5 kN/m 时，两者相对位移响应均达到最小。②对于过渡墩底处的弯矩内力响应，其值随屈前刚度增大呈现略微下降趋势；主塔底处弯矩响应随屈前刚度变化不明显。

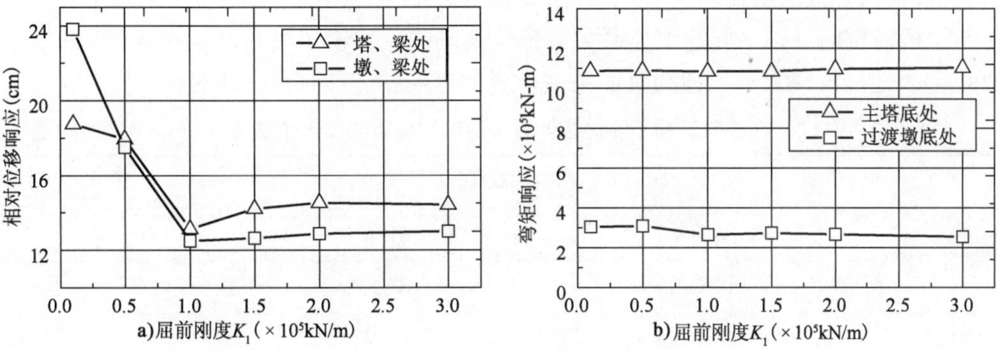

图 11　大桥关键部位地震响应随墩、梁处阻尼器屈前刚度变化影响

5.2.2　屈服荷载 F_y 影响

保持墩、梁处弹塑性钢阻尼器屈前刚度 $K_1 = 1 \times 10^5$ kN/m 不变，分别取阻尼器的屈服荷载 F_y 为 $0.05N_2$、$0.1N_2$、$0.2N_2$、$0.3N_2$、$0.4N_2$、$0.5N_2$，以反映弹塑性钢阻尼器屈服荷载变化对结构地震响应的影响，弹塑性阻尼器屈后屈前比 α 取 0.02。图 12 显示为大桥关键部位地震响应随墩、梁处弹塑性钢阻尼器屈服荷载变化的影响。

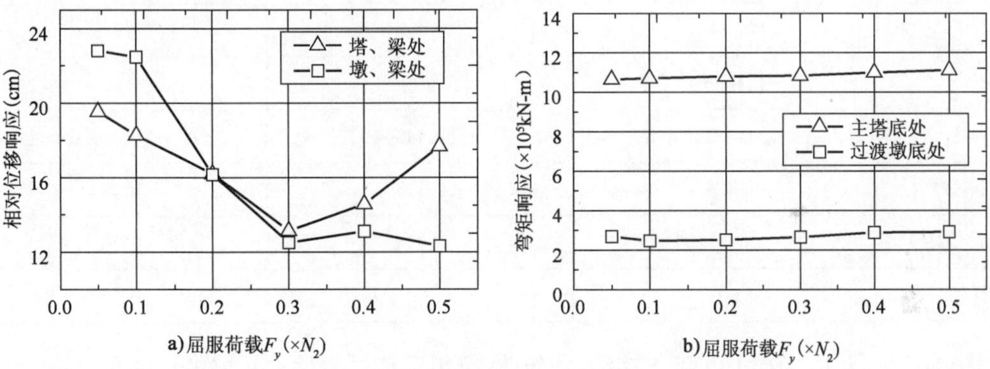

图 12　大桥关键部位地震响应随墩、梁处阻尼器屈服荷载变化影响

从图 12 可以看出，不同屈服荷载水平下大桥位移响应变化较大，内力响应相对其值变化不明显：①对于墩、梁相对位移响应，其值随墩、梁处阻尼器屈服荷载增大先减小后上下波动，在屈服荷载为 $0.3N_2$ 时，其位移响应达到极小值；对于塔、梁相对位移响应，其值随屈服荷载增大先减小后增大，当屈服荷载等于 $0.3N_2$ 时，其位移响应达到最小值。②对于过渡墩底处的弯矩内力响应，其值随屈服荷载增大呈现略微上升趋势；主塔底处弯矩响应随屈服荷载变化不明显。

6　不同约束体系地震响应对比

本小节讨论三种不同横桥向约束体系对斜拉桥全桥地震响应的影响，约束条件分别为：①固结约束体系：塔、梁固结 + 墩、梁固结；②墩、梁滑动约束体系：塔、梁固结 + 墩、梁滑动；③弹塑性约束体系：塔、梁与墩、梁处设置弹塑性钢阻尼器。本节仍在 3.1 节建立的模型基础上，分别建立三种约束体系的有限元模型，输入选定的 3 条人工加速度时程曲线进行结构时程分析,输入方式为横桥向,结果取3条波包络值。

斜拉桥横桥向三种不同约束体系关键部位地震响应比较结果见表3,图13和图14分别为5002-th4地震波输入下三种约束体系关键部位弯矩和位移时程曲线对比。

横桥向三种不同约束体系关键部位地震响应比较结果 表3

内力响应比较						
位置	固结体系		墩、梁滑动体系		弹塑性体系	
	剪力(kN)	弯矩(kN·m)	剪力(kN)	弯矩(kN·m)	剪力(kN)	弯矩(kN·m)
墩底	31362	606018	20097	329535	15793	263920
墩顶	23825	306195	5539	140914	5156	116174
塔底	107002	1742149	69995	1257937	59857	1086645
主塔桥面处	63700	789705	43814	494454	36092	453873
横梁处	67877	846496	53262	743478	45009	695805
塔柱交接处	60556	1483989	51872	1303932	51496	1224054
位移响应比较						
位置	固结体系		墩、梁滑动体系		弹塑性体系	
	位移(m)		位移(m)		位移(m)	
塔顶	0.137		0.148		0.162	
主梁跨中	0.237		0.173		0.138	
墩、梁相对位移	—		0.414		0.127	
塔、梁相对位移	—		—		0.135	

由表3和图13、图14可知,固结体系与墩、梁滑动体系相比,墩、梁滑动体系主塔和过渡墩处地震内力响应显著降低,其中,塔底与墩底弯矩分别减小28%和46%;位移响应塔顶处稍许增大,主梁跨中处有较大减小。墩、梁滑动体系与弹塑性体系相比,弹塑性体系主塔和过渡墩处地震内力响应继续降低;位移响应塔顶处稍许增大,而主梁跨中处有所减小;墩、梁滑动体系中由于墩、梁自由滑动而产生了很大的墩、梁相对位移,当引入弹塑性钢阻尼器后,墩、梁相对位移减小69%,控制在了12.7cm,另外,其塔、梁相对位移最大约为13.5cm,这些在设计上都容易得到满足。

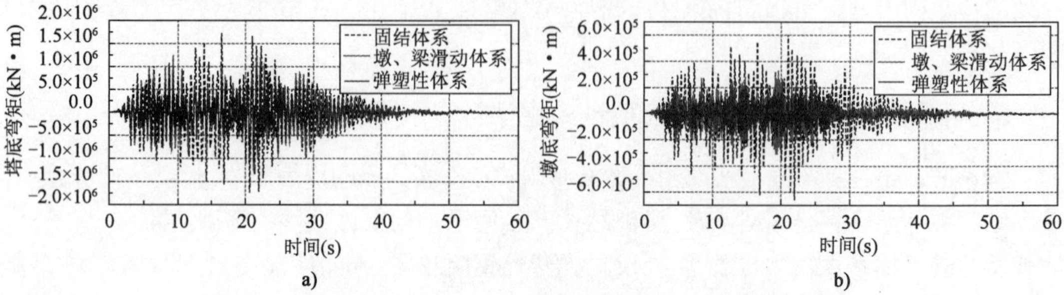

图13 5002-th4地震波输入下三种约束体系关键部位弯矩时程曲线对比

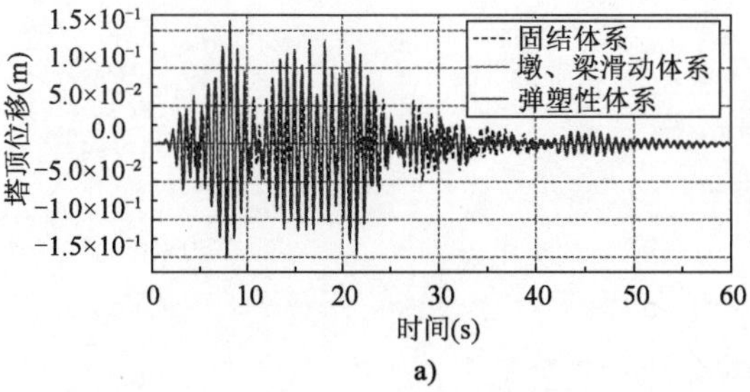

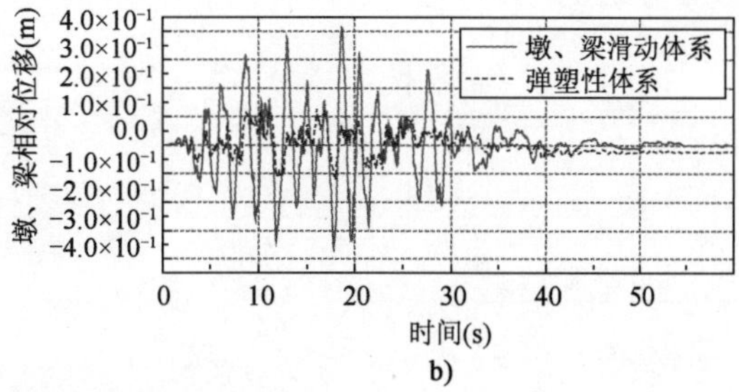

图 14　5002-th4 地震波输入下三种约束体系关键部位位移时程曲线对比

通过上述比较可以看出,设置弹塑性钢阻尼器的约束体系不仅能够大幅减小全桥结构的地震内力响应,同时还能控制位移响应在合理范围内,显示这种抗震体系对本桥是非常有效的。

7　结语

本文以海南铺前独塔斜拉桥为工程背景,建立了该桥的三维有限元动力计算模型,首先介绍了地震动参数的选取和有限元模型的建立过程,其次讨论了弹塑性钢阻尼器不同的设计参数(屈前刚度、屈服荷载)对独塔斜拉桥横桥向地震响应的影响,最后对比分析了横桥向固结体系、墩、梁滑动体系和弹塑性体系三种不同约束情况下该桥的抗震性能,主要得出如下结论:

(1)通过对实际工程背景的分析,本文利用 Sap2000 建立了全桥结构三维有限元动力模型。在非线性结构模型中,主要考虑了支座滑动非线性效应和弹塑性钢阻尼器的非线性行为,提出了双线性模型的数值模拟方法。

(2)综合比较塔、梁与墩、梁两处阻尼器参数变化对全桥结构位移和内力地震响应的影响,本文最终采用的弹塑性钢阻尼器设计参数为:①塔、梁处阻尼器参数取 $F_y = 7000\text{kN}$,$K_1 = 280000\text{kN/m}$,$\alpha = 0.02$;②墩、梁处阻尼器参数取 $F_y = 2500\text{kN}$,$K_1 = 100000\text{kN/m}$,$\alpha = 0.02$。

(3)通过对横桥向固结体系、墩、梁滑动体系和弹塑性体系三种不同约束体系模型计算结果的对比,得出设置弹塑性钢阻尼器的弹塑性约束体系不仅能够大幅减小全桥结构的地震内力响应,同时还能控制位移响应在合理范围内,显示这种抗震体系对本桥是非常有效的。

参考文献

[1] 庄鑫. 独塔斜拉桥抗震性能及减震体系研究[D]. 上海:同济大学,2014.

[2] 嵇冬冰. 混凝土斜拉桥横桥向振动台试验研究[D]. 上海:同济大学,2014.

[3] 管仲国, 李建中, 朱宇. 弹塑性阻尼支座用于自锚式悬索桥减震设计[J]. 同济大学学报: 自然科学版, 2009, 37(1): 6-12.

[4] 李建中, 汤虎, 管仲国. 中小跨径板式橡胶支座梁桥新型隔震系统[J]. 中国公路学报, 28(3): 35-43.

[5] 汤虎. 中小跨径板式橡胶支座梁桥横桥向抗震设计理论及试验研究[D]. 上海: 同济大学, 2013.

6. 地震频谱特性对独塔斜拉桥纵向地震响应的影响

易　江[1]　刘　闯[2]　李建中[1]

(1. 同济大学;2. 长沙理工大学)

摘　要:以一座实际的独塔斜拉桥为背景,分别以速度脉冲波和实际地震波作为地震动输入,研究了不同频谱特性地震输入下独塔斜拉桥地震响应特点。结果表明,近断层地震动的长周期速度脉冲对独塔斜拉桥的地震响应影响显著,特别是当地震动峰值速度(VP)与地面运动峰值加速度(AP)比值较大时,速度脉冲波的周期与主梁第一阶竖弯振动周期接近,塔柱、梁体、拉索和支座等受力明显增加,并可能出现支座脱空和拉索松弛等现象。本文进一步研究了支座脱空和拉索松弛现象,结果表明,支座脱空和拉索松弛对主梁位移、拉索索力和支座竖向反力等响应的影响较大,不考虑支座脱空和拉索松弛可能会低估梁体位移和拉索的地震响应。

关键词:桥梁工程;独塔斜拉桥;地震频谱特性;地震响应;拉索松弛;支座脱空

1　引言

由于外形美观、结构受力合理,斜拉桥在世界范围内得到广泛应用。目前,国内对斜拉桥抗震性能的研究多集中在双塔斜拉桥,对独塔斜拉桥抗震性能的研究还较少。与常见的双塔斜拉桥相比,独塔斜拉桥的中边跨比、跨高比等设计参数有所不同,边界条件存在差异,在地震作用下结构的地震响应具有自身的特点。黄小国研究了地震作用下独塔斜拉桥的合理约束体系,建议纵桥向采用漂浮体系,并采用弹性索和阻尼器控制梁体位移。在1999年集集地震中,一座独塔斜拉桥——集鹿大桥,遭受了严重的损伤,震害主要包括塔身中部开裂、拉索松弛、过渡墩处梁体与支座分离(支座脱空)等。黄学漾等结合振动台试验对独塔斜拉桥非线性特性进行了模拟,再现了独塔斜拉桥模型支座破坏和拉索脱锚现象。

另外,结构的地震响应受地震动频谱特征的影响很大。近年来数次大地震,如1995年日本阪神地震、1999年我国台湾集集地震和2008年汶川地震,都记录到了一定数量的近断层地震动。此类地震动通常含有长周期的速度脉冲、较大的速度峰值以及丰富的长周期谱值成分等。而由于斜拉桥自振周期较大,近断层地震动长周期成分将会对结构的地震响应产生显著的影响。近年来,部分学者对斜拉桥在近断层地震作用下的抗震性能做了一系列研究。如 M. J. Wesolowsky 研究了近场地震作用下采用铅芯橡胶支座对斜拉桥的减震效果；蔡茂江针对斜拉桥半漂浮体系分析了近场地震作用下粘滞阻尼器合理的参数；徐艳提出了脉冲型地震输入时斜拉桥纵向地震响应的简化计算方法。

但以上研究还存在一定的局限性：①大多只关注塔底弯矩、梁端位移的地震响应，缺乏对主梁、拉索和支座等受力和变形的研究；②分析时还较少考虑独塔斜拉桥可能出现支座脱空和拉索松弛的现象。为了揭示独塔斜拉桥在近断层地震作用下的地震响应特点，本文以一座实际的独塔斜拉桥为背景，研究了独塔斜拉桥结构地震响应与地震频谱特性的关系，重点探讨不同地震动频谱特性下独塔斜拉桥支座脱空和拉索松弛现象以及支座脱空和拉索松弛对结构抗震性能的影响。

2 背景工程与动力模型

2.1 工程背景

背景工程是跨径布置为(230 +230)m 的双索面独塔斜拉桥，主塔为“A”型混凝土桥塔，塔底至横梁、横梁至塔柱交叉点以及塔柱上部分别高 34m、62m 和 54m，总高 150m；主梁为流线型扁平钢箱梁，采用 Q345 钢材，桥宽为 33m；全桥共采用 2 ×34 根拉索，故据与原文不一致根拉索，并对一侧拉索从梁端至塔侧按 C1—C17 进行编号，以便于后续说明；主塔、桥墩均采用纵向活动支座。背景工程的总体布置图和桥塔立面图如图 1 所示。

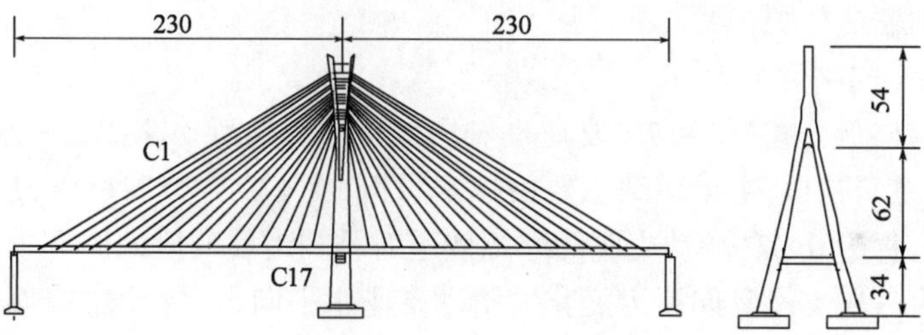

a) 总体布置图　　b)桥塔立面图

图 1　某实际独塔斜拉桥布置图 (尺寸单位：m)

2.2 基准模型

首先，不考虑支座脱空和拉索松弛，采用有限元软件 SAP2000，建立背景工程的三维有限元基准模型。主塔、主梁、过渡墩均采用空间弹性梁单元模拟。主塔和过渡墩单元长度约为 3m，主梁单元长度约为 6m，全桥共建立了 105 个主塔单元、48 个过渡墩单元和 80 个主梁单元；主塔、过渡墩和主梁的质量与自重均通过赋予截面面积和密度来实现，主梁二期恒载以线质量形式加在梁单元上。拉索采用空间杆单元模拟，采用 Ernst 等效弹模来考虑拉应力和自重垂度的影响。塔、墩基础为群桩，采用空间六弹簧模型模拟群桩基础的刚度，弹簧刚度根据土层状况和桩的布置形式按静力等效原则确定(“m 法”)。模型中总体坐标系以顺桥向为 x 轴，横桥向为 y 轴，竖向为 z 轴。过渡墩和主塔处支座在竖向固定处理，纵向滑动支座用双线性理想弹塑性弹簧连接单元代表，主要的力学参数包括屈服力 F_y 和屈服位移 X_y，X_y 一般取 2mm。屈服力 F_y 计算公式为：

$$F_y = \mu N \tag{1}$$

式中：N——支座的成桥压力；

μ——摩擦系数,一般取为0.02。

为了考虑恒载的影响,赋予主塔、过渡墩和主梁等弹性梁单元恒载轴力,形成恒载下的几何刚度,对弹性梁单元刚度进行修正。其中,恒载内力根据斜拉桥施工过程,采用Midas计算获得。

2.3 支座脱空和拉索松弛的模拟

为了研究支座脱空和拉索松弛对独塔斜拉桥地震反应的影响,在上述基准模型的基础上,对支座脱空和拉索松弛现象进行了模拟。

2.3.1 支座脱空的模拟

在成桥状态下,支座在竖向承担一定的压力。在地震作用下,支座竖向反力由支座成桥压力和地震反力组成。地震中,当支座受到的地震竖向拉力小于支座成桥压力(相当于预压力),支座可以承受地震拉力,当地震作用下支座所受拉力大于支座成桥压力,支座将会脱空,不能继续承受压力,如图2a)所示。考虑支座成桥压力,地震作用下支座脱空的竖向力—位移关系如式(2)所示:

$$R = \begin{cases} K_1 x & x \leqslant R_1 / K_1 \\ R_1 & x > R_1 / K_1 \end{cases} \tag{2}$$

式中:R——地震作用下支座的竖向反力(受拉为正,受压为负);

x——地震位移;

R_1——支座成桥压力;

K_1——支座竖向刚度。

需要注意的是,从公式(1)可知,支座动轴力变化会影响滑动摩擦支座水平向力学特性。但对于半漂浮体系斜拉桥,主梁恒载主要由拉索承担,支座成桥竖向反力较小;同时,支座滑动摩擦系数较小,仅为0.02,滑动支座的摩擦效应对结构地震响应的影响较小。为了便于计算,上述模型没有考虑支座竖向反力变化对滑动支座水平向力学特性的影响。

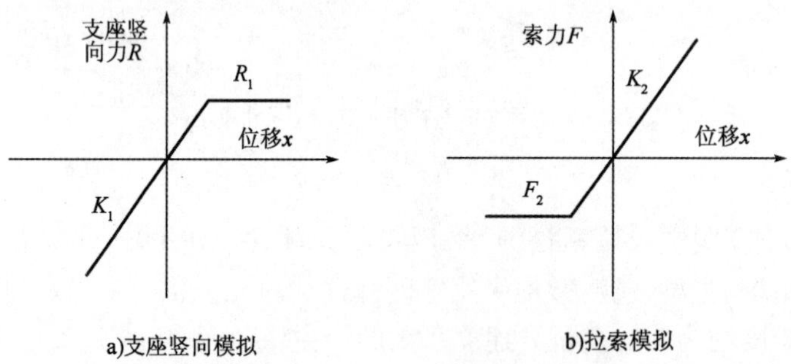

图2 地震作用下支座脱空和拉索松弛的模拟

2.3.2 拉索松弛的模拟

斜拉桥在成桥状态,斜拉索都有预拉力(拉索成桥索力)。在地震中,当地震作用产生的斜拉索压力小于拉索成桥索力,斜拉索可以承受压力,当地震作用下产生的斜拉索压力大于拉索成桥索力,斜拉索将产生松弛,不能继续承受压力,如图2b)所示。考虑拉索成桥索力、拉索松弛,地震作用下拉索的力和位移关系如式(3)所示:

$$F = \begin{cases} -F_2 & x \leqslant -F_2/K_2 \\ K_2 x & x > -F_2/K_2 \end{cases} \tag{3}$$

式中：F——地震作用下拉索轴力（受拉为正，受压为负）；

x——拉索轴向变形；

F_2——拉索成桥索力；

K_2——拉索轴向刚度，$K_2 = E_e A/L$，其中 E_e 为 Ernst 公式修正的等效弹性模量；

A——拉索截面面积；

L——拉索长度。

拉索采用空间杆单元模拟，根据索的长度，将一根拉索划分为 3～5 个空间杆单元，杆单元的轴向力—位移关系采用式（3）来描述拉索的松弛现象。需要注意的是，虽然理论上拉索轴向刚度随着拉索轴力的改变而变化，但研究表明，斜拉索索力变化对结构的地震响应影响较小，可忽略不计，因此本文没有考虑拉索轴力对轴向刚度的影响，公式（3）中拉索的轴向刚度取定值。

根据基准模型，表 1 给出了该桥前 8 阶模态分析的结果。从表 1 可知，该桥第一阶纵漂周期较长，达到了 5.97s，结构的前几阶高阶振动主要是主梁的竖向振动。

模态分析结果 表 1

编　号	周期（s）	振型描述	编　号	周期（s）	振型描述
1	5.97	主梁纵漂	5	1.02	主梁横向振动
2	2.83	主梁反对称竖弯	6	1.00	主梁反对称竖弯
3	1.47	主梁对称竖弯	7	0.91	主梁对称竖弯
4	1.12	主梁横向振动	8	0.7	主梁横向振动

3　地震动输入

研究表明：地震动频谱特征可以通过地震动峰值速度 V_P（peak ground velocity）与地面运动峰值加速度 A_P（peak ground acceleration）的比值 V_P/A_P 来衡量。一般来说，近场脉冲型地震动 V_P/A_P 值较大，特征周期较长；而常规远场地震动 V_P/A_P 值较小，特征周期较短。为了深入探讨地震动频谱特性对独塔斜拉桥地震响应的影响，采用了如下两组地震动作为地震输入，输入方向为纵桥向。

第一组地震动为模拟的速度脉冲波。这类波具有形式简单且计算方便的特点，可以用来快速甄别地震频谱特性与结构响应之间的关系，确定结构在地震作用下的薄弱部位。其中，具有代表性的速度脉冲波模型是 Makris 等提出的 Type-B 模型。该模型能模拟近场地震动的双向速度脉冲，应用较广泛，表达式为：

$$V(t) = V_p \sin(\omega t) \quad (0 \leqslant t \leqslant T_g) \tag{4}$$

式中：$V(t)$——近断层速度脉冲时程；

V_p——地面峰值速度；

ω——脉冲圆频率；

T_g——脉冲周期，$T_g = 2\pi/\omega$。对速度脉冲时程进行求导则可得地面运动的加速度时程 $A(t)$：

$$A(t) = \omega V_p \cos(\omega t) \quad (0 \leqslant t \leqslant T_g) \tag{5}$$

由式（4）可得地面运动峰值加速度 A_p：

$$A_p = \omega V_p \tag{6}$$

故 V_P/A_P比值：

$$V_p/A_p = V_p/\omega V_p = 1/\omega = T_g/2\pi \tag{7}$$

考虑实际地震动可能的频谱特性，本文根据 Type－B 模型模拟了 6 条速度脉冲波，V_P/A_P的取值为0.05、0.1、0.2、0.3、0.4 和0.5，对应的脉冲周期 T_g 为0.314s、0.628s、1.256s、1.885s、2.513s 和3.142s。假设$A_P=0.6g$，可得6 条波速度时程和加速度反应谱曲线(3%的阻尼比)如图3 所示。从图3a)可见，随着 V_P/A_P值的增加，不仅速度脉冲波对应的周期 T_g增加，而且速度时程峰值也相应增加。从图3b)看到，随着 V_P/A_P值的增加，加速度反应谱的峰值保持不变，但峰值向长周期偏移。

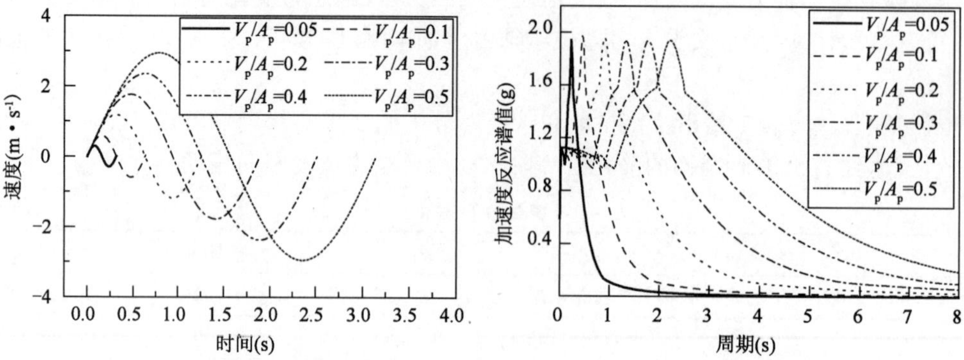

a)速度时程　　b)加速度反应谱

图3　模拟的速度脉冲波

第二组地震动采用实际的地震波，从太平洋地震工程中心的地震波数据库和台湾地区气象局的灾害地震库选择了10 条实际地震波，并将10 条波的加速度峰值统一调整至0.6g作为水平地震输入。10 条地震波的具体信息如表2 所示，V_P/A_P取值在0.059～0.472s 之间。图4 给出了其中5 条将 PGA 调整至0.6g 后的地震波加速度反应谱(3%的阻尼比)。由图4 可见，当 V_P/A_P值较小时(如#7、#9 波)，地震波的特征周期较小；而当 V_P/A_P值较大时(如#1、#3 号地震动)，地震波的特征周期较长，在长周期部分谱值较大。可见，第一组和第二组地震动加速度反应谱随 V_P/A_P值的变化特征相似。

选择的实际地震波　　表2

编　号	地　震	站　点	A_p(g)	V_p(cm·s^{-1})	V_p/A_p(s)
#1	ChiChi	TCU052	0.349	164.9	0.472
#2	ChiChi	TCU102	0.169	71.9	0.425
#3	ChiChi	TCU053	0.132	44.85	0.340
#4	ChiChi	TCU054	0.143	45.7	0.320
#5	Imperial Valley-07	EL Centro #5	0.379	90.6	0.239
#6	Northridg	Rinaldi	0.825	160	0.194
#7	Northridg	Newhall.	0.583	74.9	0.128
#8	Tabas	Tabas	0.836	97.7	0.117
#9	Imperial Valley-02	EL Centro #9	0.313	29.6	0.095
#10	Whittier Narrows	Sun Valley	0.223	13.2	0.059

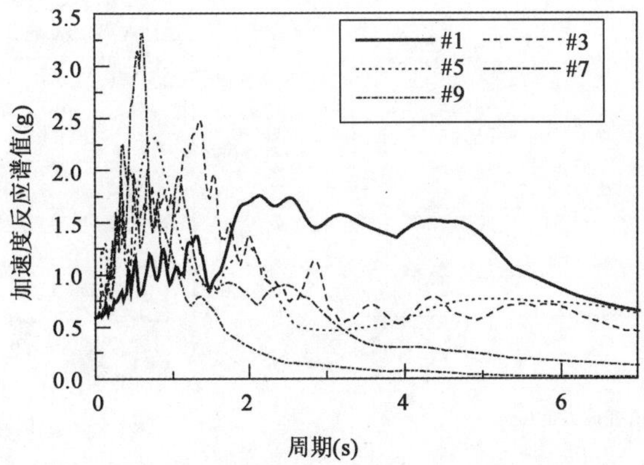

图 4　选择的 5 条典型地震动加速度反应谱

4　独塔斜拉桥地震反应特点

根据建立的基准模型(不考虑支座脱空和拉索松弛效应的模型),研究了独塔斜拉桥塔柱、主梁、拉索和支座等地震响应特点及其与地震动频谱特征的关系。

4.1　塔柱

图 5 给出了不同速度脉冲波输入下塔柱弯矩和剪力包络图。图中,在塔柱交叉处以下的塔柱均取单个塔柱的地震响应,因而在塔柱交叉处塔柱截面的弯矩和剪力加倍。图 5 结果表明,塔柱的弯矩和剪力响应均随 V_P/A_P 值增加而增大,特别是当 $V_P/A_P>0.3$s 后,塔底弯矩增加较快,如 $V_P/A_P=0.4$s 时塔底弯矩约为 $V_P/A_P=0.3$s 时的 2.3 倍。同时,当 $V_P/A_P>0.3$s后,塔身的弯矩和剪力也有较大的增加。以塔高 $H=50$m 处截面为例,当 $V_P/A_P=0.2$s 时,该截面的弯矩和剪力分别为塔底 40% 和 51%,而当 $V_P/A_P=0.4$ 时,以上比例达到 81% 和 70%。

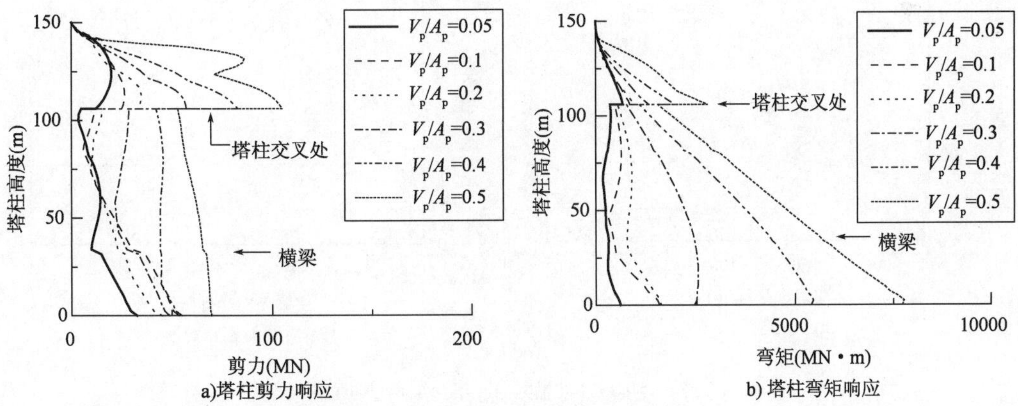

图 5　速度脉冲波输入时塔柱弯矩和剪力响应

图 6 给出了在 10 条实际地震动输入下塔底、塔身截面的剪力和弯矩响应,其中塔身截面以塔高 50m 处的塔柱截面为例进行说明。与速度脉冲波作用的结果相似,在实际地震波作用下,塔柱的弯矩和剪力响应总体上均随 V_P/A_P 值的增大而增加。同时,随着 V_P/A_P 值的增加,塔身剪力增加很快,接近塔底剪力,表明近断层地震作用下不仅是塔底,而且塔身截面的地震响应也需要引起重视。

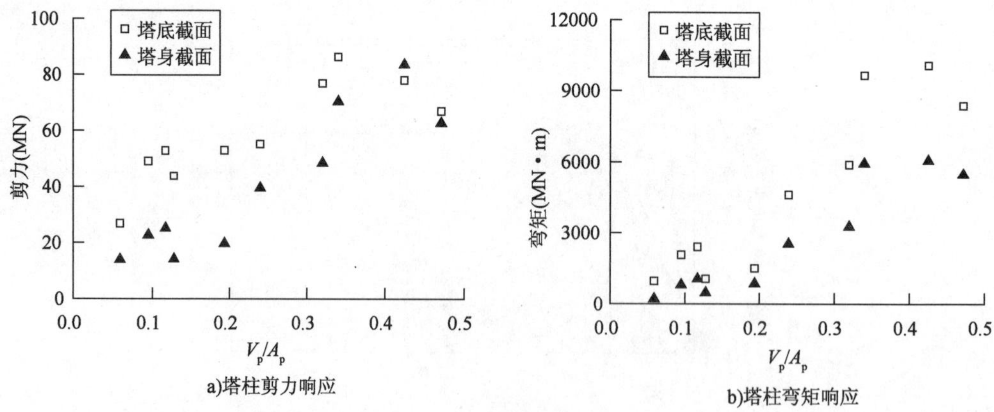

图6　实际地震波输入时塔柱地震响应

注：塔身截面对应于塔高50m处截面。

4.2　主梁

图7给出了速度脉冲波输入下主梁绕 y 轴弯矩(以下简称为主梁弯矩)和竖向位移与 V_P/A_P 值的关系；由于对称性，这里仅给出了左跨主梁的响应。由图7可以看出，随 V_P/A_P 值的增大，主梁的弯矩和位移响应均迅速增加，这是因为当 V_P/A_P 值较大时，速度脉冲波的激励周期与主梁第一阶竖弯振型的周期($T=2.81$s)接近。如当 $V_P/A_P=0.4$s 时，速度脉冲波的周期 $T_g=2.513$s，接近2.81s(主梁第一阶竖弯振动周期)。同时，图7还表明，主梁弯矩和竖向位移最大值均出现在距梁端约1/4跨附近。可见，对于背景工程，在近断层地震作用下，主梁地震响应研究时应重点关注距梁端1/4跨的位置。

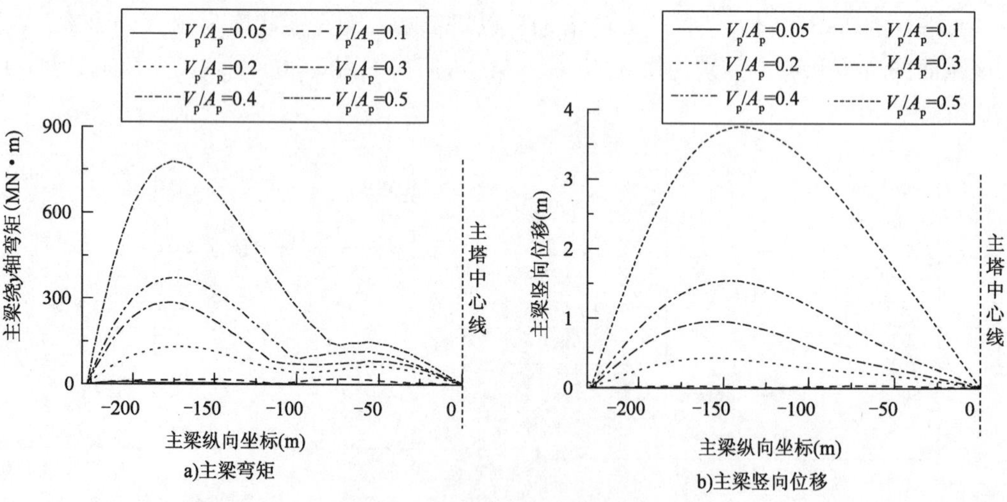

图7　速度脉冲波输入时主梁弯矩和竖向位移

图8给出了在实际波输入下主梁弯矩、主梁纵向位移和竖向位移与实际地震动频谱特性的关系，其中主梁弯矩和竖向位移均取距梁端1/4跨处的响应，主梁纵向位移取梁端位移，图8a)也给出了主梁恒载弯矩最大值。结果表明，主梁弯矩、纵向位移和竖向位移均随 V_P/A_P 值的增大而增加。当 $V_P/A_P<0.2$s 时，主梁的地震响应较小。其中梁体弯矩响应在300MN·m以内，与恒载弯矩相差不大；梁体纵向位移和竖向位移在1m以内。当 $V_P/A_P>0.2$s时，由于地震波引起主梁第一阶竖弯阵型的共振，主梁的弯矩和竖向位移响应均大幅度

增加。其中,主梁弯矩最大达到 1200MN · m,约为恒载弯矩的 10 倍,主梁竖向最大位移约达到5m。同时,当 $V_P/A_P>0.2$s 时,由图 4 可知,结构纵漂周期对应的地震波谱值增加,梁体纵向位移也较大;当 $V_P/A_P\approx0.4$s 时,梁体纵向位移达到5m。如此大的梁体位移已超出滑动支座及伸缩缝的容许位移,在实际工程中需要采取措施来对梁体位移进行控制,如在塔梁间设置黏滞阻尼器、减震支座等。可见,当 $V_P/A_P>0.2$s,地震对主梁地震响应的影响较为明显,这与 Loh C H 得到的结论相吻合。

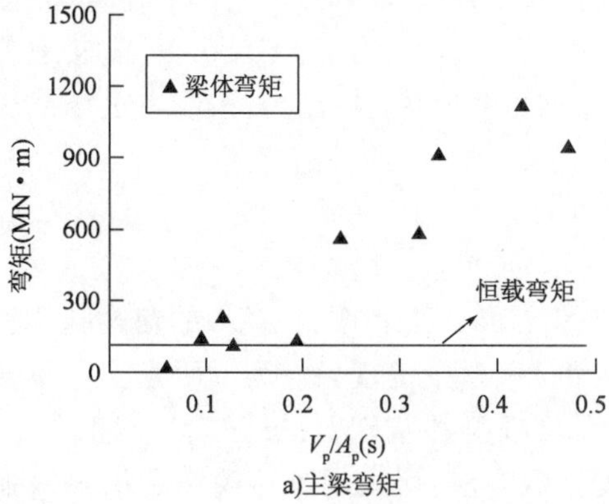

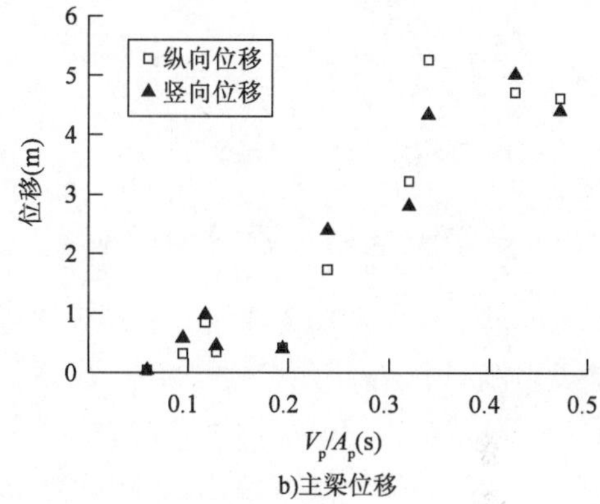

图 8　实际地震波输入时距梁端 1/4 跨位置地震响应

4.3　拉索

图 9 给出了速度脉冲波输入下拉索地震索力随 V_P/A_P值变化的情况。由图 9 可以看出:①拉索地震索力随 V_P/A_P值的增加而变大,这是因为 V_P/A_P值较大时,速度脉冲波的激励周期与主梁竖弯振型的周期接近,导致索力有较大增加;②当 V_P/A_P大于 0.3s 后,由于梁体竖弯振动的影响,梁端拉索(C15-C17)的地震索力急剧增加,明显大于其余拉索地震索力的变化;③在 V_P/A_P值较大时,中间部分拉索和端锚索(C17)的地震索力均超过了成桥索力,说明这些拉索都可能出现松弛现象。

图 10 给出了实际波输入下 C9 和 C17 拉索压力随 V_P/A_P值变化情况。C9 索和 C17 索地震索力均随 V_P/A_P的增大而增加;同时,当 $V_P/A_P>0.2$s 时,C9 和 C17 索均出现了地震索力大于拉索成桥索力的现象,表明拉索产生了松弛现象。相对而言,C17 索在 $V_P/A_P>0.2$s 后地震索力增加幅度远大于 C9 索,且更容易出现拉索松弛现象。

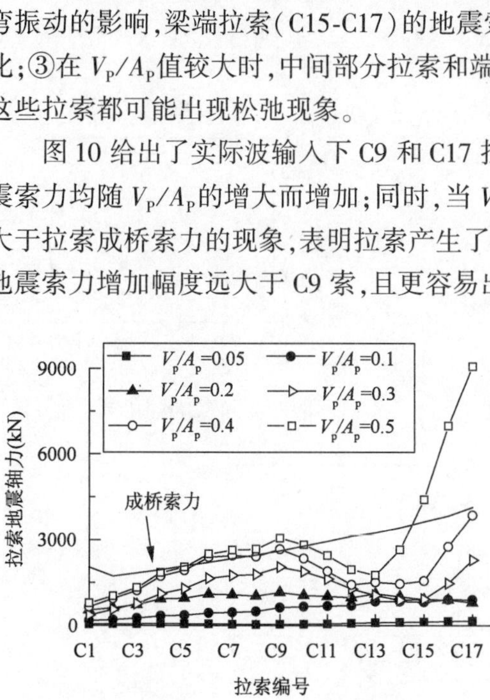

图 9　速度脉冲波输入时拉索地震索力

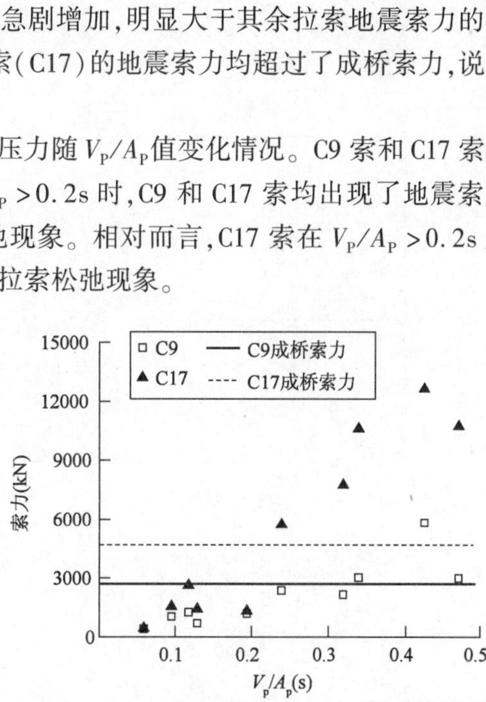

图 10　实际地震波输入时部分拉索压力响应

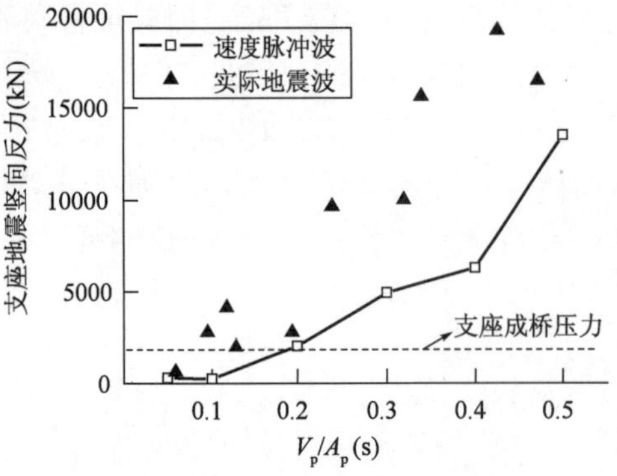

图11　过渡墩处支座竖向地震反力变化

4.4　支座

图11给出了速度脉冲波和实际地震波输入下过渡墩处支座竖向反力与 V_P/A_P 值的关系。两种地震波输入下，支座地震反力均呈现随 V_P/A_P 值增加而增大的趋势，且均出现了支座拉力超过支座成桥压力的情况，表明如果没有采取抗拉措施，在过渡墩处梁体可能会与支座脱离，产生支座脱空现象。另外，当 $V_P/A_P < 0.2s$，支座地震反力也可能大于支座成桥压力，表明在远场地震作用下，支座也可能出现脱空现象。

5　支座脱空和拉索松弛效应

基准模型没有考虑支座脱空和拉索松弛效应，但计算结果表明，在模拟的速度脉冲和实际地震动作用下，独塔斜拉桥均出现了支座脱空和拉索松弛的现象。为了研究支座脱空和拉索松弛对独塔斜拉桥结构抗震性能的影响，在基准模型的基础上，根据式(1)和式(2)对支座脱空和拉索松弛进行模拟，采用非线性时程分析方法，研究了支座脱空和拉索松弛效应。图12为10条实际地震动输入下考虑和不考虑支座脱空、拉索松弛塔柱、梁体、拉索与

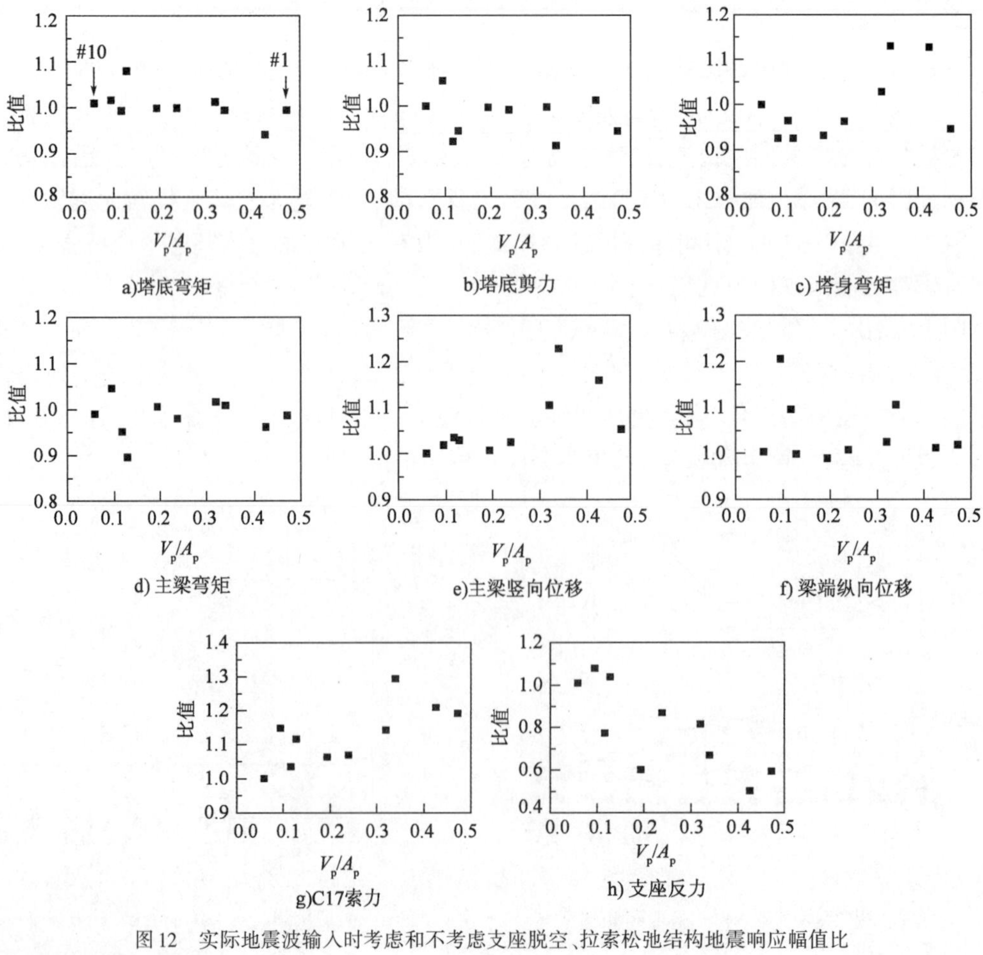

图12　实际地震波输入时考虑和不考虑支座脱空、拉索松弛结构地震响应幅值比

支座的地震响应幅值比；其中塔身弯矩取塔高 50m 处的响应，主梁弯矩、主梁竖向位移均取距梁端 1/4 跨位置的地震响应。

由图 12a)、b)、c) 可知，塔柱的地震响应受支座脱空和拉索松弛的影响较小，与不考虑支座脱空和拉索松弛的结果相差在 20% 以内。图 12d)、e)、f) 表明，主梁弯矩受支座脱空和拉索松弛的影响较小，但主梁竖向位移、梁端纵向位移受支座脱空和拉索松弛的影响较大，如 3 号波作用下主梁竖向位移增加了 23%，9 号波作用下梁端纵向位移增加了 20%。图 12g) 表明，C17 索力在考虑支座脱空和拉索松弛后响应普遍增加较多，3 号波作用下 C17 索力增加了 30%。图 12h) 表明在 V_P/A_P 较大时，支座竖向反力有所减小，如在 2 号波作用下支座反力减小了 50%。上述分析表明，不考虑座脱空和拉索松弛可能会低估主梁位移和拉索索力响应。

图 13 给出了 3 号波输入下考虑和不考虑支座脱空和拉索松弛独塔斜拉桥地震响应时程曲线。可见，C9 拉索在 55s 附近出现了拉索松弛现象，C17 索在 39s 后出现了多次拉索松弛现象，过渡墩支座从 37s 开始出现了多次且持时较长的支座脱空现象。总体来看，在 3 号波输入下，当出现支座脱空和拉索松弛后，除了支座反力响应有所减小外，其余响应均有一定程度的增加，其中塔底弯矩、梁体弯矩、梁端位移和 C9 索力等响应时程曲线变化较小，而 C17 索和支座响应时程曲线变化较为明显。

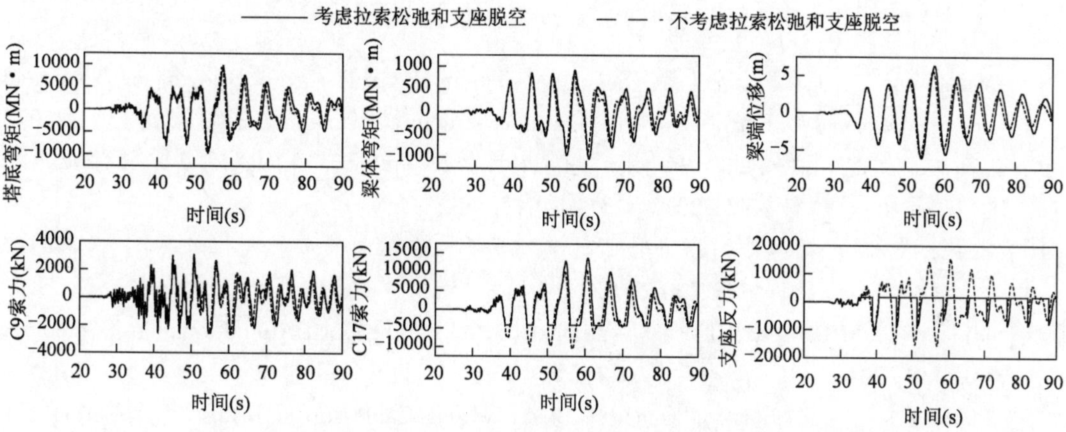

图 13　3 号波输入时独塔斜拉桥部分构件地震响应时程曲线（梁体弯矩取距梁端 1/4 跨梁体截面响应）

6　结语

本文针对独塔斜拉桥，研究了不同频谱特性地震输入下桥塔、梁体、拉索以及支座的地震响应特点，并对研究中出现的支座脱空和拉索松弛现象进行了分析，结果表明：

（1）随着 V_P/A_P 值增大，塔柱、梁体、拉索和支座的响应均呈增加的趋势。特别是当 $V_P/A_P > 0.2$s 时，脉冲波的周期与主梁第一阶竖弯振型接近，主梁的弯矩和位移响应均大幅度增加；

（2）在部分模拟的速度脉冲和实际地震动作用下，独塔斜拉桥出现了支座脱空和拉索松弛的现象。当 $V_P/A_P > 0.2$s 时端锚索和中间拉索可能产生松弛现象，而当 $V_P/A_P > 0.2$s 和 $V_P/A_P < 0.2$s 时支座均可能出现脱空现象；

(3)与不考虑支座脱空和拉索松弛效应相比,考虑支座脱空和拉索松弛后,主梁位移、拉索索力和支座竖向反力等时程响应改变较大,误差最大分别达到23%、30%和50%,在设计时应特别注意。

参考文献

[1] 李晓莉. 独塔斜拉桥的设计理论研究[D]. 上海:同济大学, 2007.

[2] 黄小国, 李建中, 郭磊. 地震作用下独塔斜拉桥合理约束体系[J]. 结构工程师, 2008, 24(6): 29.

[3] Chang K C, Mo Y L, Chen C C, et al. Lessons learned from the damaged Chi-Lu cable-stayed bridge[J]. Journal of Bridge Engineering, 2004, 9(4): 343.

[4] Chadwell C B. Seismic Response of Single Tower Cable-stayed Bridges [D]. Berkeley: University of California, Berkeley, 2003.

[5] 黄学漾, 宗周红, 夏坚,等. 强震作用下独塔斜拉桥模型的非线性动力响应分析[J]. 东南大学学报: 自然科学版, 2015, 45(2): 354.

[6] Jangid R S, Kelly J M. Base isolation for near-fault motions[J]. Earthquake Engineering and Structural Dynamics, 2001, 30(5): 691.

[7] 李勇, 闫维明, 陈彦江,等. 大跨斜拉桥的近断层地震响应及减震控制[J]. 防灾减灾工程学报, 2010, 30(5):479.

[8] Wesolowsky M J, Wilson J C. Seismic Isolation of Cable-stayed Bridges for Near-field Ground Motions[J]. Earthquake engineering & structural dynamics, 2003, 32(13): 2107.

[9] 蔡茂江, 徐艳, 李建中. 近场地震作用下斜拉桥黏滞阻尼器参数分析[J]. 上海应用技术学院学报:自然科学版, 2013, 13(01):17.

[10] 徐艳, 黄永福, 李建中. 脉冲型地震作用下斜拉桥纵向响应的简化计算[J]. 华南理工大学学报:自然科学版, 2015(02):41.

[11] Midas I T. MIDAS/CIVIL User's Manual[M]. Beijing: MIDAS Information Technology Co. Ltd, 2010.

[12] Fleming J F, Egeseli E A. Dynamic Behavior of a Cable-stayed Bridge[J]. Earthquake Engineering & Structural Dynamics, 1980, 8(1): 1.

[13] Dicleli M, Bruneau M. An Energy Approach to Sliding of Single-span Simply Supported Slab-on-girder Steel Highway Bridges with Damaged Bearings [J]. Earthquake Engineering and Structural Dynamics, 1995, 24(3):395.

[14] Makris N, Chang S P. Effect of Viscous, Viscoplastic and Friction Damping on the Response of Seismic Isolated Structures[J]. Earthquake Engineering & Structural Dynamics, 2000, 29(1): 85.

[15] Loh C H; Wan S; Liao W I. Effects of Hysteretic Model on Seismic Demands: Consideration of Near-Fault Ground Motions[J]. The Structural Design of Tall Buildings, 2002, 11(3): 155.

7. 斜拉桥横向减震振动台试验

易　江　李建中

（同济大学 土木工程防灾国家重点实验室）

摘　要：为了研究弹塑性阻尼器对斜拉桥横向地震反应的减震效果，以一座独塔斜拉桥为研究对象，设计了 1:20 大比例缩尺的全桥振动台模型，采用一条远场波和一条近场波作为地震输入，对该模型进行了全桥横向振动台试验。试验结果表明，与塔梁、墩梁横向固定连接相比，塔梁、墩梁横向采用弹塑性阻尼器连接能有效减小桥塔横向地震响应，如在远场和近场地震输入下，塔底截面钢筋应变分别最大减小了 40% 和 10%；但在近场地震输入下，弹塑性阻尼器变形约为远场地震输入时的 3.6～4.6 倍，加载完成后产生了明显的残余变形。

关键词：斜拉桥；横向减震；振动台试验；弹塑性阻尼器

1　引言

斜拉桥作为交通运输的枢纽工程，其抗震性能一直得到关注和研究。在纵桥向，我国的斜拉桥普遍采用飘浮体系，并在塔梁间设置黏滞阻尼器进行减震，因而斜拉桥纵向的抗震性能一般较好。在横桥向，为满足正常使用下的性能要求，斜拉桥通常在塔梁间设置横向抗风支座，结构横向刚度较大；在地震作用下，结构横向地震响应较大，结构可能出现损伤。如在 1999 年 Chi-Chi 地震中集鹿大桥的桥塔在横向产生了严重震害。因此，在高烈度地区，如何减小斜拉桥横向地震反应成为斜拉桥抗震设计的重点。

弹塑性阻尼器具有稳定的滞回特性、较好的疲劳特性和易于更换等优点。在正常使用状态下，阻尼器不屈服，并提供较大的弹性刚度来满足抗风和使用荷载要求；在强震作用下，阻尼器产生屈服，通过塑性变形来耗散地震能量，达到减震的目的。目前，国内已有数座斜拉桥采用弹塑性阻尼器来控制结构横向地震响应。

另一方面，在最近的数次大地震中，如 1995 年日本阪神地震、1999 年台湾集集地震和 2008 年汶川地震，都记录到了一定数量的近场地震动。与常见的远场地震动相比，近场地震动通常含有长周期的速度脉冲、较大的速度峰值和丰富的长周期谱值成分，将会对斜拉桥产生显著的影响。近年来，一些学者对近场地震作用下斜拉桥的抗震性能进行了研究。李勇研究了大跨斜拉桥在近场地震作用下的响应特点及铅挤压阻尼器和粘滞阻尼器等装置的减震效果；蔡茂江针对斜拉桥半漂浮体系分析了近场地震作用下粘滞阻尼器合理的参数。但这些研究多集中在近场地震作用对斜拉桥纵向地震响应的影响，还较少涉及横向地震响应。

为此,本文以一座高烈度区的独塔斜拉桥为工程背景,设计并建造了一座 1:20 缩尺比的微粒混凝土斜拉桥全桥模型,在同济大学多功能振动台实验室对该模型进行了横桥向振动台试验。试验中分别采用了一条远场地震动和一条近场地震动作为地震动输入,探讨了远场和近场地震作用下弹塑性阻尼器对斜拉桥横向地震反应的减震效果。

2 试验模型设计

2.1 背景工程

背景工程为一座跨径分布为 230m + 230m 的独塔斜拉桥,如图 1 所示。该桥采用"A"型 C50 混凝土桥塔,塔高 150m,其中塔底至横梁、横梁至斜塔柱交叉点、塔柱交叉点至塔顶高度分别为 34m、72m 和 44m。过渡墩为门式框架双柱墩,墩高 34m,混凝土材料为 C40。加劲梁为全封闭流线型扁平钢箱梁,梁高 3.2m,宽 37.3m。

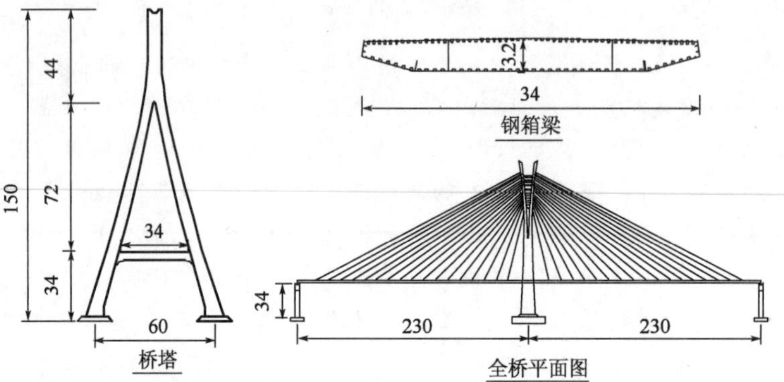

图 1 某斜拉桥总体布置图(尺寸单位:m)

2.2 模型设计

2.2.1 相似比

考虑到振动台面尺寸及承载能力等条件,本试验模型缩尺比最终确定为 1:20。模型中桥塔、桥墩等采用微粒混凝土、镀锌铁丝和铁丝网来模拟原型混凝土和钢筋,混凝土构件弹性模量相似常数为 0.3。主梁采用钢材制作,弹性模量相似常数为 1。为了考虑重力的影响,加速度相似常数取为 1。应用量纲分析法推导其余物理量的相似常数,见表 1。按照上述相似常数设计得到试验模型总长为 23m,模型振动台布置图见图 2。

模型相似常数 表 1

构件	长度	弹性模量	加速度	密度	质量	频率	弯矩	惯性矩
量纲	L	FL^{-2}	LT^{-2}	FL^{-3}	F	T^{-1}	FL	L^4
混凝土	0.05	0.3	1	6	7.50×10^{-4}	4.47	3.75×10^{-5}	6.25×10^{-6}
钢构件	0.05	1.0	1	6	7.50×10^{-4}	4.47	3.75×10^{-5}	1.88×10^{-6}

2.2.2 截面设计

若严格按 1:20 几何相似比,桥塔、主梁、墩柱等截面将会非常小,不利于模型加工以及后期安装。为此,采用刚度等效原则进行截面设计,即保证桥塔、主梁、墩柱等截面的抗弯刚度严格相似,忽略了略轴向刚度和抗扭刚度不能严格相似的影响。桥塔和墩柱配筋依据抗弯能力和抗剪能力等效的原则进行设计。主梁采用空心矩形断面,采用 10 mm 钢板焊接拼装。图 3 给出了桥塔、主梁、墩柱截面设计图。斜拉索采用 8mm 钢丝绳模拟。为了满足试验模型索间距的构造要求和便于施工,斜拉索按照索力相似、模型成桥线型与原桥一致的原则进行并索,将 34 对斜拉索缩减为 8 对拉索。

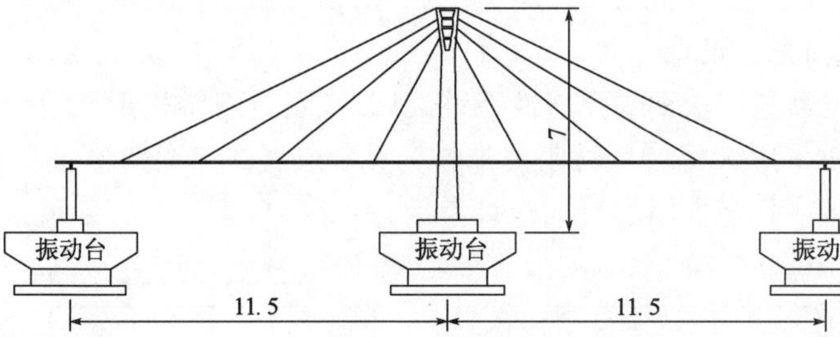

图 2　试验模型振动台布置图(尺寸单位:m)

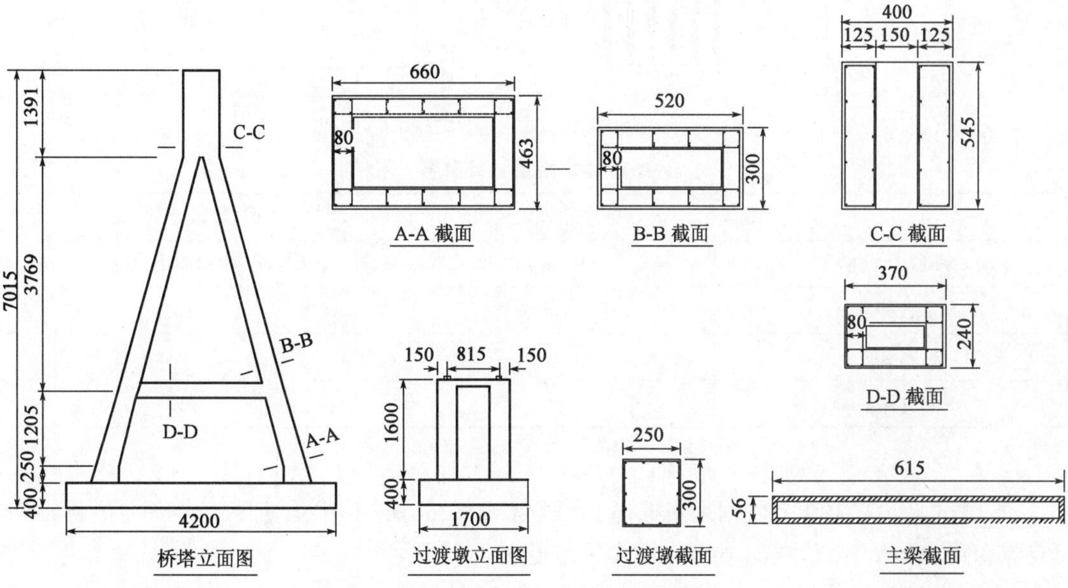

图 3　模型截面设计图(尺寸单位:mm)

2.2.3　配重设计

在振动台试验中,结构本身惯性力通常是作用在结构上的主要荷载,试验时需要满足模型质量相似比。但依靠试验模型自重是达不到根据相似比计算出试验模型的理论质量,因而需要在对模型增加配重,各部位配重质量如表 2 所示。其中塔柱和墩柱的配重通过安装配重箱来实现,箱中盛放 24 块尺寸为 15cm × 8cm × 5cm 的铸铁块或铅块,单个铸铁块或铅块质量分别为 5kg 和 7kg。主梁配重采用成对的半圆钢块来实现,单个半圆钢块质量为 25kg。全桥振动台试验模型全貌见图 4。

图 4　振动台全桥试验模型

模型配重设计　　表2

构　　件	自重(kg)	附加质量(kg)	总质量(kg)
塔柱	3336	15200	18536
主梁	2453	6216	8669
墩柱	1440	4200	5640

2.2.4　弹塑性阻尼器设计

X型弹塑性阻尼器利用软钢的弹塑性特性滞回耗能，具有结构形式简单、便于产品模数化等优点。本试验中采用X型弹塑性阻尼器作为减震装置。X型弹塑性阻尼器细部尺寸如图5所示。表3给出了弹塑性阻尼器的设计参数。

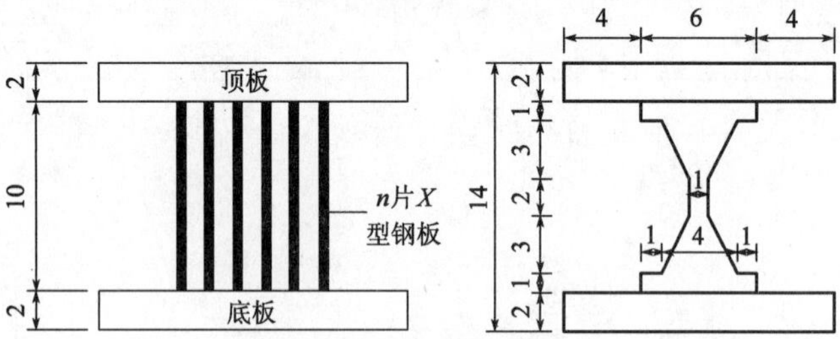

图5　X型弹塑性阻尼器设计图(尺寸单位:mm)

弹塑性钢阻尼设计参数　　表3

项　　目	主塔处阻尼器	过渡墩处阻尼器
屈服力(kN)	5.25	1.875
屈服位移(mm)	1.2	1.2
屈后刚度比	0.02	0.02
极限位移(mm)	12.5	20

2.3　数据采集

本次试验共有190个数据采集通道，采样频率为256Hz.其中加速度计35个，位移计35个，应变片104个，力传感器16个，具体分布见表4。

全桥模型测点布置　　表4

测试项目	测点布置区域	传感器数量	合　　计
加速度	主梁	15	35
	桥塔	12	
	桥墩	8	
位移	主梁	15	35
	桥塔	12	
	桥墩	8	
力	斜拉索	16	16
应变	桥塔	104	104
测试通道数合计	190		

3 试验工况确定

3.1 横向约束体系

塔梁、墩梁的连接方式对桥梁的静、动力性能有很大的影响，地震作用下斜拉桥的受力和位移很大程度上取决于塔梁、墩梁间的连接方式。本文考虑了如下两种横向约束方式对斜拉桥横桥向地震响应的影响：①固定体系：塔—梁、墩—梁横向固定约束；②阻尼体系：塔—梁、墩梁横向采用弹塑性阻尼器连接。试验没有考虑桩土的相互作用，塔底、墩底均采用固接约束；纵桥向为半漂浮体系，采用滑动板式橡胶支座模拟纵向活动支座。

3.2 地震波

为研究近场、远场地震作用下斜拉桥横向地震响应，试验分别采用一条远场波和一条近场波对模型进行激励。其中，远场波是实桥场址处地震安全性评价报告提供的对应于E2概率水平（50年超越概率为2%）的人工拟合地震波，加速度峰值为0.4g；近场波选择了1999年台湾集集地震在TCU056测站记录的实际地震波，加速度峰值为0.349g。图6给出了分别两条波的加速度、速度时程曲线和反应谱。可见近场波包含了明显的速度大脉冲和丰富的长周期谱值成分，代表了典型的近场地震动；而远场波特征周期在0.4s左右，代表了典型的中远场地震动。

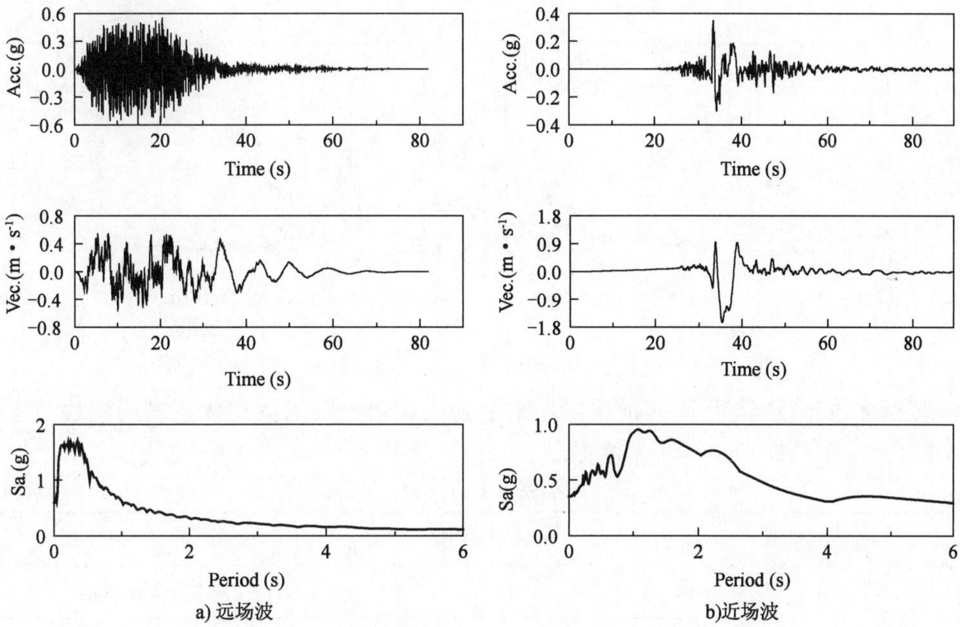

图6 试验采用的地震波

3.3 试验工况

试验中，同时对固定体系和阻尼体系进行两条地震动加载试验，试验工况如表5所示。试验中输入远场波的加速度峰值为0.1g ~ 0.4g，近场波的加速度峰值为0.1g ~ 0.3g。考虑到相似比关系，对输入地震波的时间轴按照时间相似常数 s = 0.2236 进行压缩。在每条地震波开始前和结束后均对模型进行白噪声扫频试验，测量结构自振频率等动力特征参数。

试验加载工况 表5

体　　系	试 验 工 况	输入地震波	峰值加速度
固定体系	A1、A6、A10	白噪声	0.1g
	A2-A5	远场波	0.1g ~ 0.4g
	A7-A9	近场波	0.1g ~ 0.3g
阻尼体系	B1、B6、B10	白噪声	0.1g
	B2-B5	远场波	0.1g ~ 0.4g
	B7-B9	近场波	0.1g ~ 0.3g

4　试验结果分析

4.1　动力特性

针对固定体系和阻尼体系，本试验在不同地震动输入前后均采用地面运动加速度PGA = 0.1g 的白噪声对试验模型横向进行扫频试验。以桥塔塔顶测点、桥塔处主梁测点的加速度反应对台面白噪声输入信号做传递函数，得到传递函数的幅频图如图7所示。通过图7可以确定全桥模型的自振频率，结果见表6。

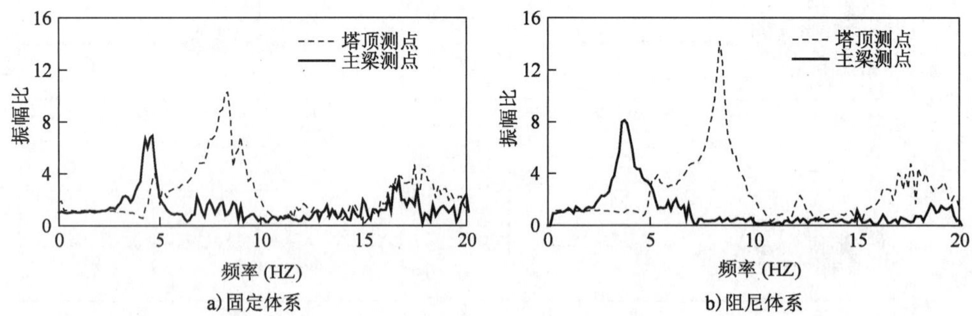

图7　白噪声工况传递函数幅频图

从表6可知，固定体系第一阶为主梁横向振动，主要是因为固定体系横向挡块与主梁没有完全贴合，主梁横向产生了小幅度振动。

自振频率的比较 表6

结 构 体 系		试验结果(HZ)	阵　　型
固定体系	第一阶	4.76	主梁横向振动
	第二阶	8.26	主塔横向振动
阻尼体系	第一阶	3.88	主梁横向振动
	第二阶	8.26	主塔横向振动

4.2　位移反应

图8为远场波和近场波输入下(PGA = 0.2g)固定体系和阻尼体系桥塔横向位移沿塔柱高度的包络图。从图8可以看出，在远场波输入下，阻尼体系塔柱位移响应均大于固定体系；在近场波输入下，阻尼体系塔柱中部(2 ~ 5.5m)位移响应比固定体系小，但塔顶位移比

固定体系增大。

图 9 给出了塔顶测点最大位移与输入地震动加速度峰值 PGA 关系。图 9 表明,在远场波和近场波输入下,固接体系和阻尼体系塔顶位移总体上均呈现随输入 PGA 的增大而线性增加的趋势。对于相同的输入 PGA,远场波作用下阻尼体系塔顶位移响应小于固定体系,而近场波作用下阻尼体系的塔顶位移大于固接体系。

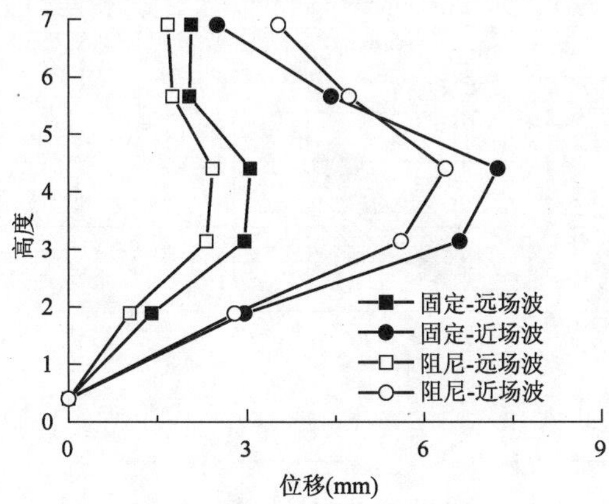

图 8　桥塔位移包络图(PGA = 0.2g)

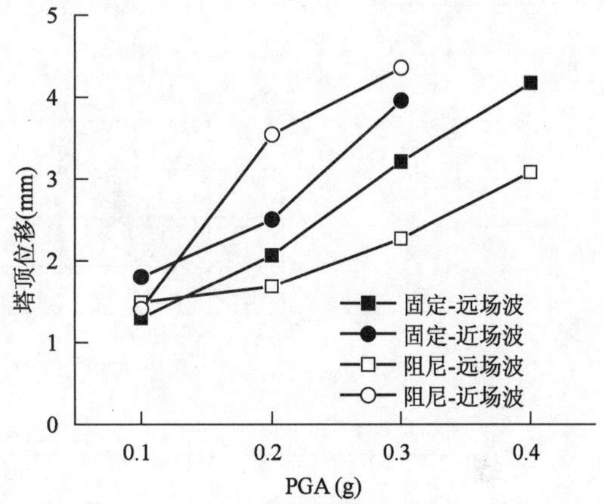

图 9　塔顶最大位移随台面输入 PGA 变化曲线

4.3　钢筋应变响应

图 10 给出了远场波和近场波输入下固定体系和阻尼体系塔底纵向钢筋应变随台面输入 PGA 的变化关系。从图 10 可知,远场波和近场波地震输入下,阻尼体系塔底钢筋应变均小于固定体系,表明近场和远场地震输入下弹塑性阻尼器均能有效减小桥塔的横向地震响应。在远场波输入下,随着输入 PGA 的增加,阻尼体系塔底钢筋应变相对于固定体系减小程度更明显,当 PGA = 0.4g 时,阻尼体系塔底钢筋应变相对于固定体系减小了 40%;在近场波输入下,随着输入 PGA 的增加,阻尼体系对塔底钢筋应变的减小程度基本不变,当 PGA = 0.3g 时,阻尼体系塔底钢筋应变约减小了 10%。

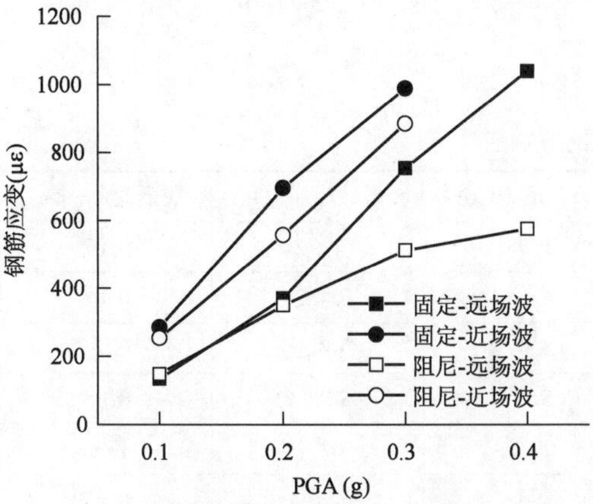

图 10　塔底钢筋应变随台面输入 PGA 的变化曲线

4.4　阻尼器响应

图 11 给出了远场波和近场波输入下阻尼体系主塔处弹塑性阻尼器的滞回曲线,表 7 给出了各工况弹塑性阻尼器的地震响应。从图 11 和表 7 可知,在远场波和近场波输入下,当 PGA 较小时,阻尼器屈服程度较小,阻尼器变形、阻尼力和累计耗能均较小;随着 PGA 的增大,阻尼器变形和累计耗能迅速增加,而由于阻尼器屈服,阻尼力增加不多。另外,图 11 表明,在远场波输入下,滞回曲线包含了多个大面积滞回环,滞回环中心在原点附近,震后残余变形较小,最大不超过 0.25mm。而在近场波输入下,阻尼器变形较大,如在 PGA = 0.1g、0.2g和 0.3g 时阻尼器变形分别达到了远场波作用时的 3.6 倍、4.3 倍和 4.6 倍;同时滞回曲线出现了单个较大且不闭合的滞回环;当不闭合滞回环出现后,滞回环中心从原点转移到其他位置,导致震后阻尼器出现较大的残余变形,最大达到 10.8mm。

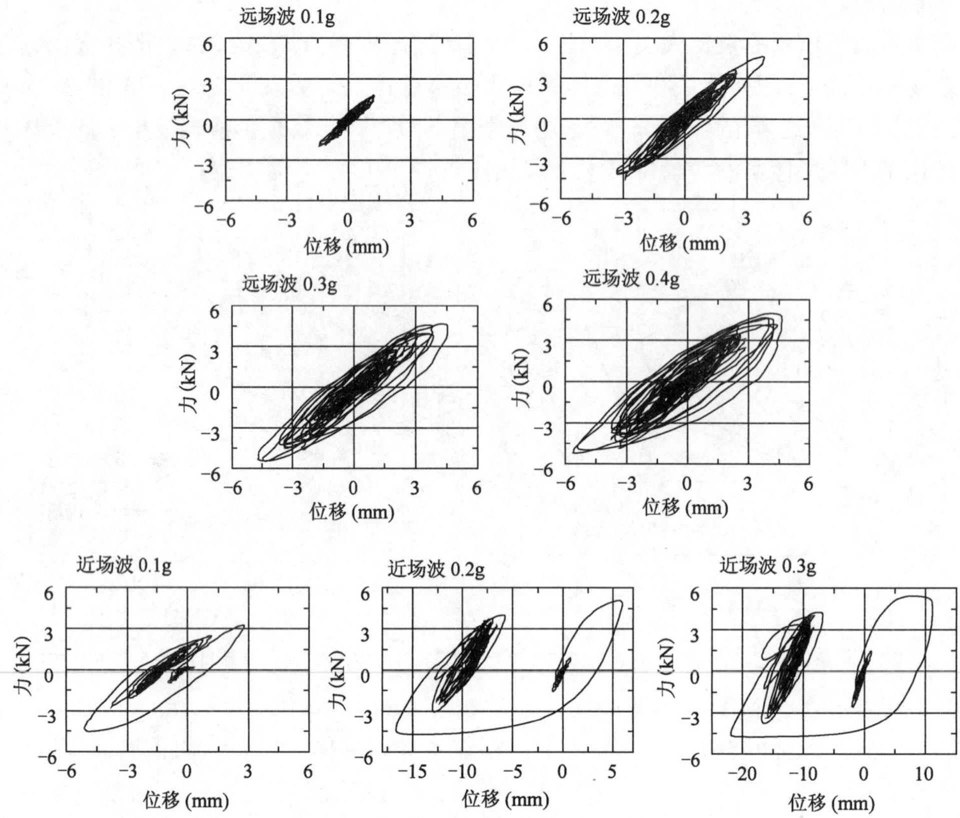

图 11　各工况弹塑性阻尼器的滞回曲线

弹塑性阻尼器的地震响应　　表 7

地震波	PGA(g)	最大变形(mm)	最大阻尼力(kN)	累计耗能(J)	残余变形(mm)
远场波	0.1	1.41	1.95	11.2	0.07
	0.2	3.85	4.64	64.2	0.08
	0.3	4.71	5.47	149.2	0.23
	0.4	5.61	5.22	242.3	0.13
近场波	0.1	5.11	4.52	32.1	1.36
	0.2	16.6	5.08	151.3	8.47
	0.3	21.9	5.43	292.1	10.8

5　结论

以一座独塔斜拉桥为研究对象，设计了 1:20 大比例缩尺的全桥振动台模型，进行了横向固定体系和阻尼体系的振动台模型试验，研究了远场和近场地震波输入下阻尼体系的减震效果，主要结论如下：

（1）在远场波输入下，阻尼体系塔顶位移相对于固定体系有所减小，而在近场波输入下，阻尼体系塔顶位移有所增加。

（2）在远场波和近场波输入下，阻尼体系塔底钢筋应变响应均小于固定体系。其中，在远场波输入下，阻尼体系塔底钢筋应变相对于固定体系最大减小了 40%，而在近场波输入下,阻尼体系钢筋应变约减小了10%。

(3)在远场波和近场波输入下,弹塑性阻尼器的变形和累计耗能均随输入PGA的增大而快速增加。在远场波输入下,阻尼器滞回曲线包含了多个较大的滞回环,加载完成后阻尼器残余变形较小,可忽略不计;而在近场波输入下,阻尼器滞回曲线出现一个较大但不闭合的滞回环,加载完成后阻尼器残余变形较大。

参考文献

[1] Chang K C, Mo Y L, Chen C C, et a1. Lessons learned from the damaged Chi-lu cable-stayed bridge[J]. Journal of Bridge Engineering, 2004, 9(4):343-352.

[2] 徐艳红.新型软钢阻尼器及其结构理论和试验研究[D].南京:东南大学,2013.

[3] 管仲国,李建中,朱宇. 弹塑性阻尼支座用于自锚式悬索桥减震设计[J]. 同济大学学报:自然科学版, 2009, 37(1): 6-12.

[4] 童申家,谢祥兵,袁世营, 等. 高烈度区斜拉桥横向约束方案优化分析[J]. 土木建筑与环境工程, 2015, 37(4): 36-44.

[5] 王雷,梁立农,罗霞, 等. 柔梁矮塔斜拉桥抗震体系和减隔震措施研究[J]. 广东公路勘察设计, 2015, 28(2): 13-18.

[6] Mavroeidis G P, Dong G, Papageorgiou A S. Near - fault ground motions, and the response of elastic and inelastic single-degree-of-freedom (SDOF) systems[J]. Earthquake Engineering & Structural Dynamics, 2004, 33(9): 1023-1049.

[7] Wesolowsky M J, Wilson J C. Seismic isolation of cable-stayed bridges for near field ground motions[J]. Earthquake Engineering & Structural Dynamics, 2013, 32(13): 2107-2126.

[8] 李勇,闫维明,陈彦江,等. 大跨斜拉桥的近断层地震响应及减震控制[J]. 防灾减灾工程学报, 2010, 30(5): 479-486.

[9] 蔡茂江,徐艳,李建中. 近场地震输入时斜拉桥黏滞阻尼器参数分析[J]. 上海应用技术学院学报:自然科学版, 2013, 13(1): 17-23.

[10] Garevski, M. A, Severn, R. T. Damping and response measurement on a small-scale model of a cable-stayed bridge[J]. Earthquake Engineering & Structural Dynamics, 1993, 22(1): 13-29.

[11] Vasseghi A. Energy dissipating shear key for precast concrete girder bridge [J]. Scientia Iranica, 2011, 18(3): 296-303.

[12] 叶爱君,胡世德,范立础. 斜拉桥抗震结构体系研究[J]. 桥梁建设, 2002, 32(4): 1-4.

[13] Mavroeidis G P, Papageorgiou A S. A mathematical representation of near-fault ground motions [J]. Bulletin of the Seismological Society of America, 2003, 93(3): 1099-1131.

8. 强震作用下独塔斜拉桥拉索松弛现象研究

易　江　莫金生　李建中

（同济大学土木工程防灾国家重点实验室）

摘　要：为考虑地震作用下斜拉桥拉索的垂度效应，常规方法是将拉索模拟为弹性单元，根据恒载索力来修正单元材料的弹性模量。但该方法忽略了索力变化对拉索轴向刚度的影响，也未考虑强震中可能出现的拉索松弛现象。本文先给出了三种不同的拉索应力—应变方程，然后以一座独塔斜拉桥为背景，通过赋予拉索不同的应力—应变关系建立了三个非线性有限元模型，研究了强震作用下拉索的地震响应和拉索松弛现象。结果表明，在近场地震作用下，拉索索力变化幅度较大，部分拉索有可能出现松弛现象；拉索松弛后，出现松弛的拉索最小索力不再减小，最大索力继续增加；对于整个结构而言，拉索松弛只是局部响应的变化，对梁体位移和塔柱受力等地震响应的影响有限；但地震中不考虑索力变化对拉索轴向刚度的影响可能低估结构的地震响应，最大偏差可达到20%。

关键词：斜拉桥；抗震分析；拉索非线性；拉索松弛；强震作用

1　引言

由于外形美观、结构受力合理，斜拉桥被广泛应用于交通运输工程，其抗震性能得到较多关注和研究。拉索是斜拉桥重要传力构件，在地震作用下，主梁部分乃至全部惯性力通过拉索传递给塔柱，拉索力学性能对斜拉桥抗震性能影响较大。拉索是柔性材料，在自重和轴力作用下将产生垂度；张拉时，索的伸长量包括弹性伸长以及克服垂度所带来的伸长，造成索拉力与伸长量呈几何非线性，即垂度效应。许多学者研究了地震作用下拉索的垂度效应，并取得了较成熟的模拟方法：把拉索模拟为弹性单元，根据成桥索力采用 Ernst 公式修正单元材料的弹性模量。该方法不考虑地震中拉索索力变化对轴向刚度的影响，假定地震中拉索轴向刚度保持不变。

近年数次大地震，如阪神（1995）、集集（1999）和东海（2011）地震，都记录到了一些加速度峰值较大、可能包含明显速度脉冲的强烈地震动。在强震作用下，拉索索力变化幅度增大，拉索可能出现松弛或损伤现象。如在 1995 年日本阪神地震中，Higashi-Kobe 斜拉桥的拉索出现了松弛现象；在 1999 年集集地震中集鹿大桥的一根拉索锚固失效；另外，在一座独塔斜拉桥振动台试验中，拉索锚头出现损伤现象。当拉索索力变化较大时，拉索轴向刚度变化幅度增加；特别是当拉索出现松弛后，拉索的轴向刚度大幅度降低。文献[11-13]研究了单根拉索的松弛现象;文献[14]进一步研究了拉索松弛现象对混凝土斜拉桥地震响应的影响,但对拉索模拟时没有考虑拉索轴向刚度随轴力变化的影响。本文首先基于不同的假定,给出了地震作用下三种拉索应力—应变方程;然后以一座独塔斜拉桥为工程背景,通过赋予拉索不同的应力—应变关系建立了三个非线性有限元模型;采用非线性时程分析方法对背景工程进行抗震分析,研究了强震作用下拉索的地震响应和拉索松弛现象;最后,探讨了地震中拉索轴向刚度变化和拉索松弛对斜拉桥地震响应的影响。

2 拉索应力应变方程

拉索在自重和轴力作用下的曲线为悬链线,如图1所示。为了简便计算,目前常用的方法是用图1中连接拉索两端的等效直线代替拉索实际变形曲线,利用Ernst公式修正拉索的弹性模量来考虑拉索的垂度效应。Ernst公式为:

$$E_{eq} = E/\left(1 + \frac{\gamma^2 L^2 E}{12\sigma^3}\right) \tag{1}$$

式中,E_{eq}为索的等效弹性模量;E为索材料的弹性模量;γ为索的重度;L为索的水平投影;σ为拉索的拉应力。研究表明Ernst公式满足式(2)时,具有足够高的精度:

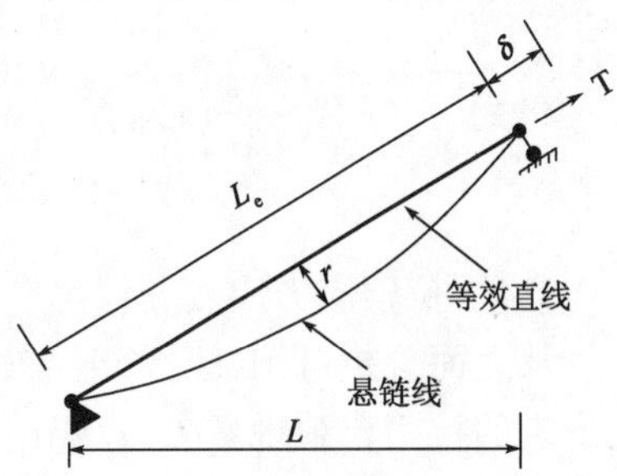

图1 拉索的垂度效应

$$r/L < 0.4 \tag{2}$$

式中,r为拉索的垂度,计算公式为:

$$r = \gamma L^2/8\sigma \tag{3}$$

2.1 线性方程

考虑到斜拉桥在成桥状态,拉索承担一定的拉应力。目前常规方法是假设地震中拉索的索力变化对拉索刚度的影响较小,拉索刚度保持为拉索成桥时的刚度:

$$E_{eq0} = E/\left(1 + \frac{\gamma^2 L^2 E}{12{\sigma_0}^3}\right) \tag{4}$$

式中,E_{eq0}为拉索成桥状态的等效弹性模量;σ_0为拉索成桥状态时的拉应力。

定义拉索的等效应变(以下简称为应变)为$\varepsilon = \delta/L_e$,式中,δ为拉索伸长量;L_e为拉索无应力长度。由式(2)可得拉索线性应力—应变关系:

$$\sigma = E_{eq0}\varepsilon \quad -\infty < \varepsilon < +\infty \tag{5}$$

2.2 松弛方程

在采用式(5)定义拉索应力—应变关系时,当拉索应力变化幅度较大时,拉索将出现负应力。但实际上,拉索不能承担压力,当拉索应力降为0时,拉索将出现松弛现象。拉索松弛产生的机理是:在成桥状态,拉索都有预拉力(成桥索力);地震作用下,拉索可能产生动压力或动拉力;当地震作用产生的拉索动压力小于拉索成桥索力时,拉索可以承受动压力;当地震动压力大于拉索成桥索力,拉索将产生松弛,不能继续承受动压力。考虑拉索松弛效应,拉索应力—应变关系为:

$$\sigma = \begin{cases} 0 & \varepsilon \leqslant 0 \\ E_{eq0}\varepsilon & \varepsilon > 0 \end{cases} \tag{6}$$

2.3 变刚度方程

线性方程和松弛方程均只考虑了成桥索力对拉索弹性模量的影响,忽略了索力变化对拉索轴向刚度的影响。而实际上,在地震作用下,拉索索力是在不断变化的,拉索的等效弹性模量随之改变。根据式(1),对于任意的拉索应力 σ 有:

$$\frac{d\sigma}{d\varepsilon} = E_{eq} = E/\left(1 + \frac{\gamma^2 L^2 E}{12\sigma^3}\right) \tag{7}$$

即:

$$\mathrm{d}\varepsilon = \frac{\mathrm{d}\sigma}{E}\left(1 + \frac{\gamma^2 L^2 E}{12\sigma^3}\right) \Rightarrow \varepsilon = \frac{\sigma}{E} - \frac{\gamma^2 L^2}{24\sigma^2} + C \tag{8}$$

以斜拉桥成桥状态拉索应力 σ_0 和应变 ε_0($\varepsilon_0 = \sigma_0/E_{eq0}$)为基准,可得:

$$C = -\frac{\sigma_0}{E} + \frac{\gamma^2 L^2}{24{\sigma_0}^2} + \varepsilon_0 \tag{9}$$

将式(1.9)代入式(1.8),可得变刚度的拉索应力—应变关系为:

$$\varepsilon = \frac{\sigma - \sigma_0}{E} + \frac{\gamma^2 L^2}{24}\left(\frac{1}{{\sigma_0}^2} - \frac{1}{\sigma^2}\right) + \varepsilon_0 \tag{10}$$

2.4 拉索应力应变方程比较

从上面分析可知,线性方程忽略了索力变化对拉索轴向刚度的影响,也未考虑强震中可能出现的拉索松弛现象。松弛方程考虑强震中可能出现的拉索松弛现象,但忽略了索力变化对拉索轴向刚度的影响。变刚度方程可同时考虑强震中可能出现的拉索松弛现象和索力变化对拉索轴向刚度的影响。

根据表1所给拉索设计参数(图3的C17索),图2给出了三个方程计算得到的拉索应力—应变曲线。可见,线性方程的拉索等效弹性模量不随拉索应力的改变而变化,拉索应力可以达到负值;但实际上拉索不能承受压力的,这说明线性方程与拉索实际力学特性有偏差。松弛方程是在线性方程基础上,考虑了拉索不能受压的特点:当线性方程拉索应力 $\sigma > 0$ 时,松弛方程应力应变关系与线性方程相同;当线性方程拉索应力 $\sigma < 0$ 时,松弛方程拉索应力取为0。变刚度方程的拉索应力均大于0:当拉索应力很小时,等效弹性模量接近于0;随着拉索应力的增加,等效弹性模量逐渐增大;当拉索应力较大时,由式(1.1)可知等效弹性模量接近于材料实际弹性模量 E。对比变刚度方程和常规方程,当 $\sigma = 200 \sim 800\mathrm{MPa}$ 时,两个方程的拉索应力—应变曲线差别较小;当 $\sigma < 200\mathrm{MPa}$ 或 $\sigma > 800\mathrm{MPa}$ 时,对于同样的拉索应变,变刚度方程对应的拉索应力大于线性方程。

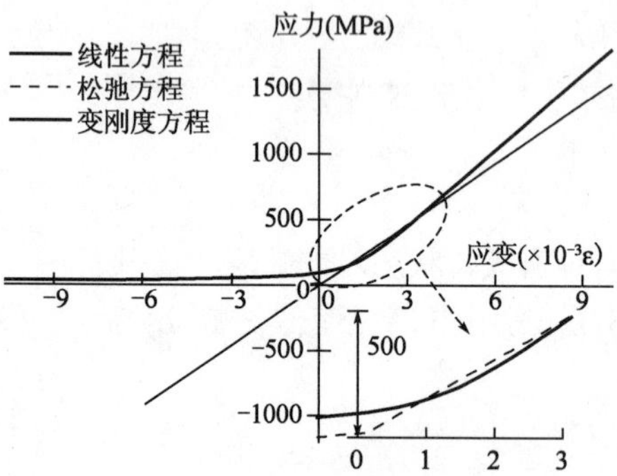

图2 拉索应力—应变方程比较

拉索设计参数 表1

E(MPa)	L(m)	A(m^2)	F_0(kN)	σ_0(MPa)
1.95×10^5	206.5	8.12×10^{-3}	4129.9	509

3 背景工程和有限元模型

3.1 背景工程

某独塔斜拉桥为采用半漂浮体系的等跨双索面斜拉桥,跨径分布为230m+230m。桥塔为倒 Y 形 C50 混凝土塔,塔高 150m,塔底两塔柱中心距为 60m。主梁为全封闭流线型扁平钢箱梁,梁高 3.2 m,宽 34m。过渡墩为门式框架双柱墩,墩高 34m,混凝土材料为 C40。主梁在主塔和过渡墩处均设置纵向滑动摩擦支座,主梁横向被抗风支座约束。全桥采用(4 × 17)68 根拉索支承主梁,拉索为平行钢丝索,拉索抗拉强度为 1670MPa。图 3 给出了背景工程的总体布置图,为了便于后续说明,图 3 对单侧拉索从塔柱至过渡墩进行了 C1 ~ C17 编号。表 2 给出了拉索的设计参数,其中,拉索成桥应力均在 450 ~ 550MPa 之间。

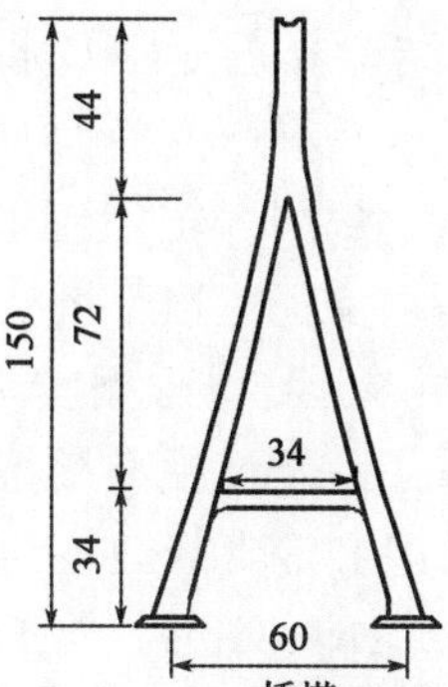

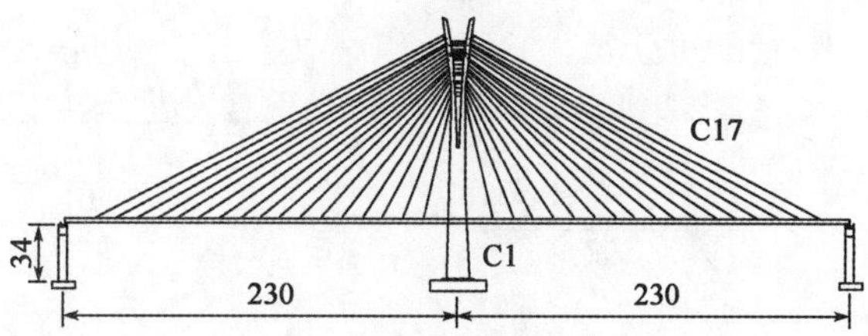

图 3　背景工程总体布置图(尺寸单位:m)

全部拉索的设计参数　　表 2

拉 索 编 号	L(m)	A(m^2)	F_0(kN)	σ_0(MPa)
C1	17.1	4.20×10^{-3}	2034.3	485
C2	29.0	3.50×10^{-3}	1724.2	492
C3	40.8	3.50×10^{-3}	1836.8	525
C4	52.7	4.20×10^{-3}	1947.1	464
C5	64.6	4.20×10^{-3}	2079.4	496
C6	76.4	4.89×10^{-3}	2199.1	450
C7	88.3	4.89×10^{-3}	2331.3	477
C8	100.1	4.89×10^{-3}	2459.4	503
C9	111.9	5.81×10^{-3}	2602.6	448
C10	123.7	5.81×10^{-3}	2768.5	476
C11	135.5	5.81×10^{-3}	2934.5	505
C12	147.3	5.81×10^{-3}	3112.9	536
C13	159.1	7.20×10^{-3}	3240.4	450
C14	170.8	7.20×10^{-3}	3423.9	476

续上表

拉索编号	L(m)	A(m^2)	F_0(kN)	σ_0(MPa)
C15	182.6	7.20×10^{-3}	3631.9	505
C16	194.3	8.12×10^{-3}	3835.0	472
C17	206.0	8.12×10^{-3}	4129.9	509

3.2 有限元模型

采用加州大学伯克利分校开发的结构分析程序 Open System for Earthquake Engineering Simulation (OpenSees)建立背景工程的全桥有限元模型,具体建模方法如下:

由于大桥场地条件较好,主塔塔底、各墩底均固定约束,不考虑基础对全桥地震响应的影响。为了考虑材料非线性的影响,桥塔交叉点以下塔柱、过渡墩采用基于力的非线性纤维梁柱单元(Force-Beam-Column)来模拟,单元纤维根据实际截面的配筋情况分别赋予钢筋和混凝土的本构关系。其中,钢筋本构采用双线性模型模拟,屈服强度为400MPa,弹性模量为200GPa,硬化率为0.01;混凝土本构采用 Kent-Scott-Park 应力应变关系模拟。图4给出了钢筋和约束混凝土本构关系。另外,为考虑剪切效应,对纤维梁柱单元截面赋予剪切刚度,其值为混凝土剪切模量和截面剪切面积的乘积。

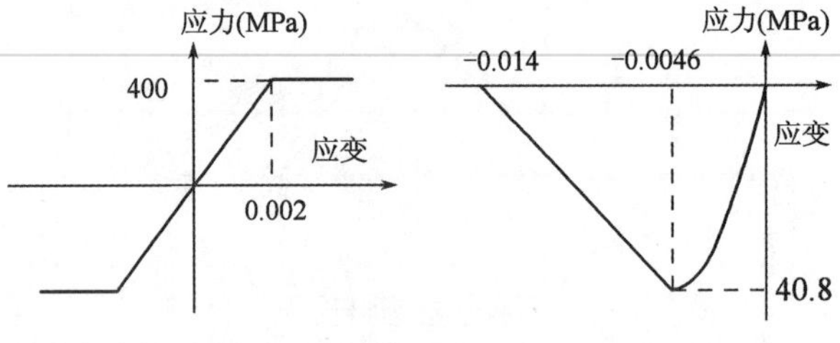

a)钢筋　　b)约束混凝土

图4　钢筋和混凝土本构关系

桥塔交叉点以上的塔柱、主梁等采用空间弹性梁单元模拟,单元长度为3~5m。主梁、过渡墩和主塔均考虑了单元初始内力对几何刚度矩阵的影响(P-Delta 效应)。过渡墩和主塔处的纵向滑动支座均用理想弹塑性连接单元模拟,支座摩阻系数取0.02;支座横向和竖向全部固定。

拉索采用杆单元模拟。为了考虑拉索模拟方法对结构地震响应的影响,本文通过赋予拉索材料不同的应力应变关系建立了如下三个有限元模型:

(1)线性模型,拉索材料的应力—应变关系由线性方程定义;

(2)松弛模型,拉索材料的应力—应变关系由松弛方程定义;

(3)变刚度模型,拉索材料的应力—应变关系由变刚度方程定义。

全桥有限元模型如图5所示。最终,全桥共建立了208个节点、108个非线性梁柱单元、109个弹性梁单元和68个桁架单元。在模型中,总体坐标系以顺桥向为 x 轴,横桥向为 y 轴,竖向为 z 轴。

3.3 成桥状态的模拟

在进行时程分析前,先进行自重分析,确保时程分析初始状态为斜拉桥的成桥状态。在自重分析时,通过调整拉索初始应变的方法将索力调到成桥状态时的索力,拉索初始应变的计算方法如下:

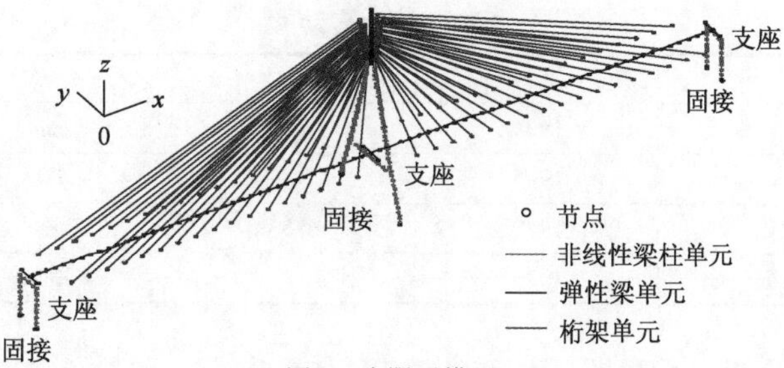

图5　有限元模型

(1)去除已有斜拉桥模型中的拉索,将索力施加到索—梁锚固点和索—塔锚固点处,计算恒载作用下索—梁锚固点与索—塔锚固点的节点位移。

(2)将模型中的节点坐标(x,y,z)与节点位移叠加,得到变形后的节点坐标(x_1,y_1,z_1),通过变形后的节点坐标求恒载作用下的索长l_1。

(3)由$l_1 = Nl_0/E_{eq0}A + l_0$得无应力索长$l_0$,式中$E_{eq0}$为根据式(2)计算得到的拉索等效弹性模量。

(4)计算拉索初应变$\varepsilon_1 = -(l - l_0)/l_1$,其中$l$为模型节点坐标(建模时的坐标)所求的索长。

在施加拉索初应变后,对背景工程进行自重分析,三个模型计算得到的成桥索力与设计索力误差均在0.5%范围内。

3.4　动力特性

根据2.2节建立的线性模型,对背景工程进行模态分析,表3给出了模型前5阶的动力特性。可见,背景工程斜拉桥除了第一阶为主梁纵飘外,其他的前几阶阵型均为主梁竖弯。

斜拉桥动力特性　　表3

阶　次	周期(s)	阵型描述	阶　次	周期(s)	阵型描述
1	5.97	主梁纵飘	4	1.00	主梁反对称竖弯
2	2.83	主梁反对称竖弯	5	0.91	主梁对称竖弯
3	1.47	主梁对称竖弯			

4　地震动输入

为研究强震作用下斜拉桥的地震响应,根据实际桥址场地类型,本文从太平洋地震工程中心的Ⅱ类场地地震波数据库,选择了4条地面加速度峰值较大的实测记录作为地震输入,如表4所示。其中,北岭(Northbridge)和阪神(Kobe)地震波是具有较为明显速度脉冲的近场地震动,而帝谷(Imperial Valley)和加兹利(Gazli, USSR)地震波是典型的中远场地震动。图6给出了4条地震波加速度峰值调整至1g的加速度反应谱(5%阻尼比)。地震分析时,将每一条地震波的地面加速度峰值从0.1g逐步调整到1.0g,对背景工程进行非线性时程分析。

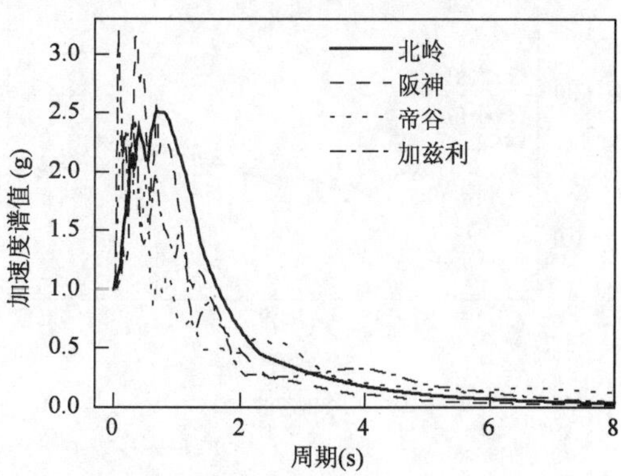

图6　加速度峰值调整至1g的加速度反应谱(阻尼比5%)

选取的地震动　　表4

地　　震	年份(年)	震级	站点	PGA(g)
北岭(Northbridge)	1994	6.7	Rinaldi	0.825
阪神(Kobe)	1995	6.9	KJMA	0.821
帝谷(Imperial Valley)	1979	6.53	El Centro #5	0.519
加兹利(Gazli, USSR)	1976	6.8	Karakyr	0.608

5　地震响应结果

5.1　拉索的地震响应

首先确定拉索的整体地震响应特点。图7给出了不同地震波1.0g作用下规则化索力包络图,其中规则化索力是将各拉索的索力响应分别除以该拉索的成桥索力。从图7可以看出,在北岭波和阪神波作用下,松弛模型计算得到的部分拉索最小索力为0,表明这些拉索出现了松弛现象;其中,北岭波作用下,C2~C8索出现了松弛现象,在阪神地震作用下,C3~C7索出现了松弛现象。在帝谷波和加兹利波作用下拉索索力均大于0,没有出现松弛现象。可见,由于速度脉冲的影响,近场地震动对拉索索力激励程度明显,使得拉索索力变化幅度大于远场地震动。

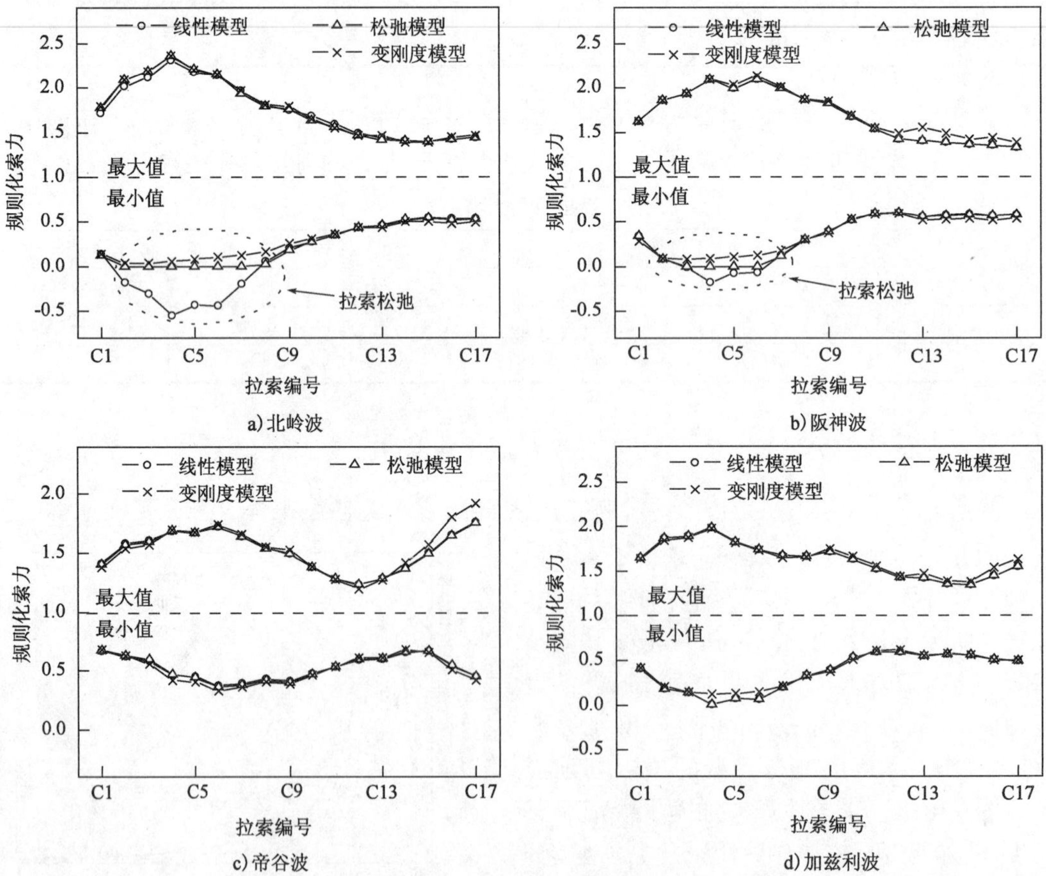

图7　各地震波作用下拉索规则化索力包络图(PGA=1.0g)

另外,从图7可知,对于出现松弛的拉索,三个模型计算得到的拉索索力最小值有较大的差别:变刚度模型索力最小值为略大于0的正值;松弛模型的索力最小值保持为0,接近于变刚度模型的计算结果;而线性模型索力最小值小于0,且可能出现远小于0的情况,如北岭波作用下C4索最小索力达到-0.5倍的成桥索力。由于拉索实际上是不能承受压力的,线性模型没有正确模拟拉索的力学特性。而对于未出现松弛的拉索,三个模型计算出的索力包络图相似,其中松弛模型计算结果和线性模型一致,但变刚度模型计算结果与线性模型略有差别。

需要注意的是,根据变刚度模型计算结果,C4索最小索力为107kN,对应的拉索应力为25.5MPa,由式(1.3)可知 $r/L = 0.0025 < 0.4$,满足Ernst公式适用条件,说明可以采用变刚度方程模拟斜拉索的应力应变曲线。

以北岭波为例,图8给出了C4索规则化索力随PGA地面运动加速度的变化关系。从图8可知,C4索在PGA≥0.7g时拉索将出现松弛现象。在拉索松弛前(PGA<0.7g),三个模型计算得到的拉索索力最小值基本相同。拉索松弛后(PGA>0.7g),三个模型计算得到的最小索力差别较大,如PGA=1.0g时,线性模型和松弛模型分别较变刚度模型相差0.60倍和0.06倍的成桥索力。另一方面,在拉索松弛前和松弛后,三个模型计算得到的拉索最大索力基本相同,均随输入PGA的增大而增加,在PGA=1.0g时,约达到2.5倍的成桥索;此时线性模型和松弛模型分别比变刚度模型约小0.07和0.01倍的成桥索力。可见,拉索松弛对拉索最大拉力的影响较小。

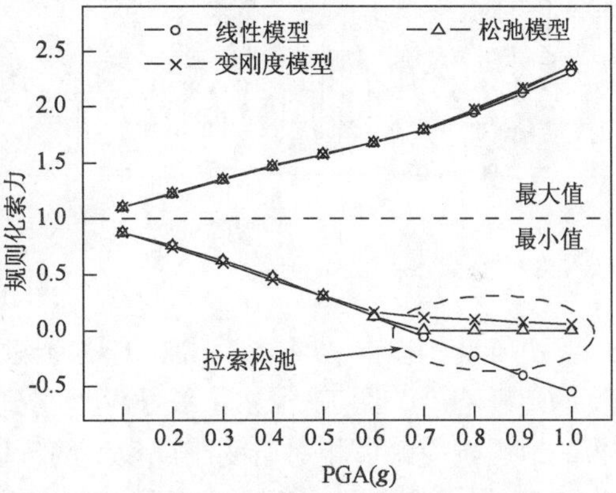

图8　北岭波作用下C4规则化索力与PGA的关系

图9给出了北岭波作用下C4索的规则化索力时程。图9a)表明,PGA=0.5g时拉索不松弛,线性模型和松弛模型振动保持一致,略滞后于变刚度模型。图9b)表明,PGA=1.0g时,C4索出现了4次拉索松弛现象。在拉索松弛阶段,线性模型振动与变刚度模型有较大的差异,松弛模型振动接近于变刚度模型;在拉索未松弛阶段,线性模型和松弛模型振动基本一致,均略偏离于变刚度模型。但总体上看,拉索松弛前后,三个模型计算得到的索力时程变化特征相近,振动峰值相差不大。

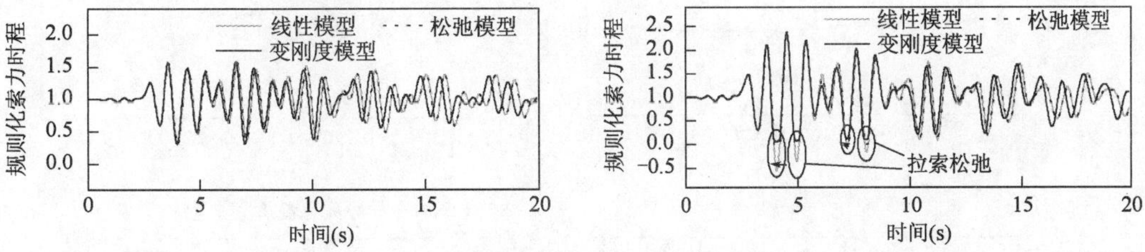

a)PGA=0.5g　　b)PGA=1.0g

图9　北岭波作用下C4规则化索力时程

5.2　结构的地震响应

图10给出了北岭波1.0g作用下梁体纵向位移、竖向位移、塔底弯矩和塔底剪力等响应时程。在北岭波1.0g作用下,根据图9可知拉索出现了松弛现象,但图10表明,线性模型和松弛模型的各时程响应基本一致,表明拉索松弛对梁体位移、塔柱受力等地震响应无明显的影响。出现这种现象的原因主要有如下两个方面:①由图7a)可知,出现松弛现象的拉索仅局限于部分拉索;②对于整个结构而言,拉索松弛只是局部响应的变化,对结构整体地震

响应的影响有限。另一方面，线性模型和变刚度模型的时程响应结果有一定的差别，线性模型振动略滞后于变刚度模型，表明地震中拉索刚度随索力的变化会对梁体位移和塔柱受力等地震响应产生一定的影响。

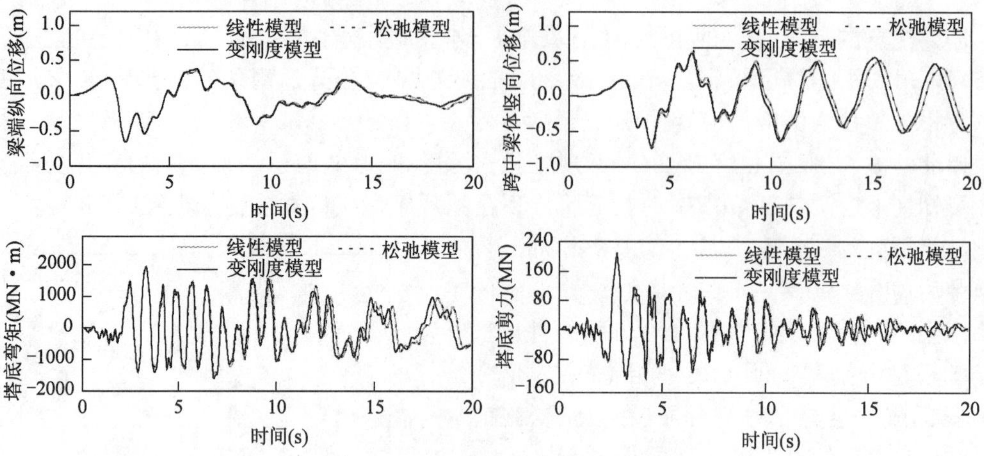

图 10　北岭波作用下(1.0g)结构时程响应

由于变刚度方程反映了拉索实际的应力—应变关系，变刚度模型计算得到的是结构真实的地震响应。图 11 给出了线性模型得到的梁端位移、梁体竖向位移、塔底弯矩和塔底剪力等地震响应幅值相对于变刚度模型的比值。从图 11 可知，对于不同地震波和在不同 PGA 作用下，线性模型与变刚度模型偏差的离散型较大，没有明显的规律。总的来看，在所有地震波作用下，线性模型计算得到的梁端纵向位移与变刚度模型偏差在 -10% ~10% 之间，跨中梁体竖向位移偏差在 -10% ~5% 之间，塔底弯矩偏差在 -20% ~10% 之间，塔底剪力偏差在 -20% ~5% 之间。由于最大偏差达到 20% 左右，可见，线性模型由于不考虑地震中索

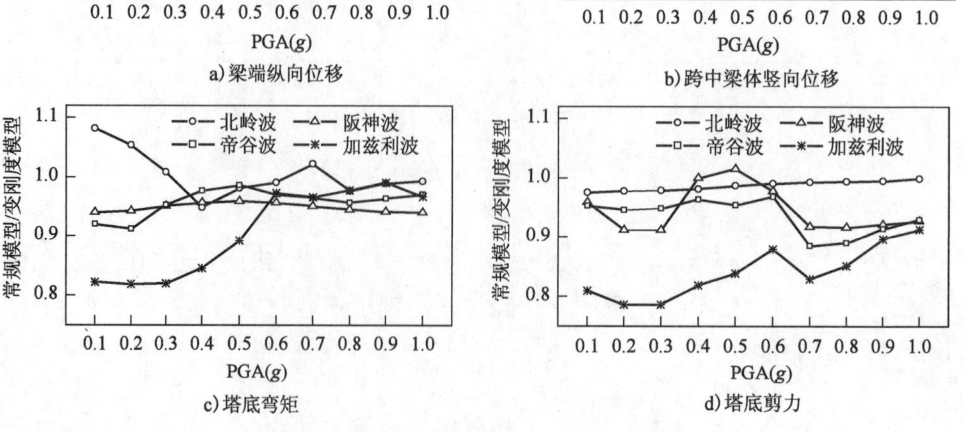

图 11　线性模型计算结构地震响应的偏差

力变化对拉索刚度的影响,可能在一定程度低估结构的地震响应。

6 结语

本文主要研究了地震作用下拉索的松弛现象及其对斜拉桥地震响应的影响,得到如下的结论:

(1)由于垂度效应的影响,拉索的等效弹性模量随着拉索应力的变化而改变。常规方法采用基于成桥索力的等效弹性模量,忽略了拉索等效弹性模量的变化,也未考虑可能出现的拉索松弛现象。当拉索应力变化较大时,常规方法模拟的拉索应力—应变关系与实际存在较大的偏差。

(2)由于速度脉冲的影响,近场地震动作用下拉索索力变化幅度较大,部分拉索出现松弛现象。而远场地震动作用下拉索索力变化幅度小于近场地震动,拉索未松弛。

(3)拉索松弛后,拉索实际最小索力基本不再减小,但最大索力随输入 PGA 的增大继续增加,最大可能达到2.5 倍的成桥索力。对于整个结构而言,拉索松弛只是局部响应的变化,对梁体位移和塔柱受力等地震响应的影响有限。

(4)地震中不考虑索力变化对拉索轴向刚度的影响可能低估梁体位移、塔柱受力等地震响应,最大偏差达到20%左右。因此,在结构精细化分析时,有必要考虑地震中索力变化对拉索轴向刚度的影响。

参考文献

[1] 姚玲森. 桥梁工程[M]. 2 版. 北京:人民交通出版社, 2008:445-454.

[2] 吴庆雄, 王文平, 陈宝春. 多索—梁结构固有振动特性分析[J]. 工程力学, 2017, 34(1): 109-116.

[3] Nazmy A S, Abdel-Ghaffar A M. Non-linear earthquake-response analysis of long-span cable-stayed bridges: Theory[J]. Earthquake engineering & structural dynamics, 1990, 19(1): 45-62.

[4] Nazmy A S, Abdel-Ghaffar A M. Non-linear earthquake-response analysis of long-span cable-stayed bridges: Applications[J]. Earthquake engineering & structural dynamics, 1990, 19(1): 63-76.

[5] Ren W X, Obata M. Elastic-plastic seismic behavior of long span cable-stayed bridges[J]. Journal of Bridge Engineering, 1999, 4(3): 194-203.

[6] Ernst H J. Der E-Modul von Seilen unter berucksichtigung des Durchhanges[J]. Der Bauingenieur, 1965, 40(2): 52-55.

[7] Mavroeidis G P. A Mathematical Representation of Near-Fault Ground Motions[J]. Bulletin of the Seismological Society of America, 2003, 93(3):1099-1131.

[8] Gheorghiu C, Yamazaki F, Ishizaki H. Seismic Response of the Higashi-Kobe Bridge in the 1995 Hyogoken -Nanbu Earthquake[J]. Japan Earthquake Engineering Symposium, 1998, 98(31): 23-39.

[9] Chang K C, Mo Y L, Chen C C, et al. Lessons Learned from the Damaged Chi-Lu Cable-Stayed Bridge[J]. Journal of Bridge Engineering, 2004, 9(4):343-352.

[10] 宗周红, 黄学漾, 黎雅乐, 等. 强震作用下斜拉桥模型的倒塌破坏模式[J]. 中国科技

论文, 2016, 11(7):721-727.

[11] Wu Q, Takahashi K, Nakamura S. Non-linear response of cables subjected to periodic support excitation considering cable loosening[J]. Journal of Sound and Vibration, 2004, 271(1): 453-463.

[12] Wu Q, Takahashi K, Nakamura S. Non-linear vibrations of cables considering loosening[J]. Journal of Sound and Vibration, 2003, 261(3): 385-402.

[13] Arena A. Free Vibration of Flexible Cables[C]// International Design Engineering Technical Conferences and Computers and Information in Engineering Conference. Boston, American Society of Mechanical Engineers, 2015: V008T13A08201-05.

[14] Wu Q, Takahashi K, Nakamura S. The effect of cable loosening on seismic response of a prestressed concrete cable-stayed bridge[J]. Journal of sound and vibration, 2003, 268(1): 71-84.

[15] Mazzoni S, McKenna F, Scott M H, Fenves G L. Open System for Earthquake Engineering Simulation (OpenSees): OpenSees Command Language Manual [M]. Pacific Earthquake Engineering Center, University of California, Berkeley, 2007.

[16] Kent D C, Park R. Flexural Members with Confined Concrete[J]. Journal of the Structural Division, 1971, 97(1):1969-1990.

[17] 中华人民共和国行业标准. CJJ 166—2011 城市桥梁抗震设计规范[S]. 北京:中国建材工业出版社,2011.

[18] 夏修身, 李建中, 管仲国,等. 斜拉桥桥塔非线性抗震性能研究[J]. 中国公路学报, 2016, 29(3):66-72.

9. 大跨度桥梁桥面风环境试验及行车稳定性分析

周　奇[1]　张　春[1]　刘　闯[2]　吴敬武[3]　孙平宽[3]

（1. 汕头大学；2. 海南省交通运输厅；3. 中国公路工程咨询集团有限公司）

摘　要：采用大比例节段模型风洞试验方法，对大跨度桥梁不同结构状态下桥面各车道中心处风速剖面进行了测试。提出用风速折减系数和力矩折减系数评价桥面行车风环境，并给出了基于上述参数的车辆侧倾临界风速和侧滑临界风速计算公式，结合规范相关规定给出了行车稳定性评价方法。研究结论表明：风速折减系数反映了侧向来流风在桥面上产生的侧向风速大小，力矩折减系数反映了侧向来流风在桥面上产生的侧倾力矩大小；基于风速折减系数和力矩折减系数可以方便地计算出车辆侧倾临界风速和侧滑临界风速，进而对行车安全性进行评价；设置风障可以明显地提高车辆侧倾临界风速和侧滑临界风速，有效地改善桥面行车风环境。

关键词：大跨度桥梁；风洞试验；风障；侧倾临界风速；侧滑临界风速

1　引言

随着社会经济和交通运输业的迅速发展，越来越多的大跨度桥梁得以建立，其中相当一部分属于跨越宽阔江河或海湾的桥梁。由于通航需求，这种大跨度桥梁往往桥面高程高，桥面设计风速高，这意味着桥上行驶的车辆将遭受更大的侧风作用。在侧风作用下，行驶的车辆不仅舒适性大大降低，同时还存在侧倾和侧滑等安全问题。大跨度桥梁往往属于一级公路，通行车辆种类繁多、行驶速度快，这使得侧风对车辆行驶稳定的影响变得非常突出。资料统计表明，车辆侧倾在所有交通事故中仅次于汽车碰撞，是造成巨大损失的交通事故之一。

国内外学者对桥面风环境下行车安全性问题进行了研究，并取得了一些研究成果。S. Charuvisit 通过风洞试验研究了强横风作用下车辆通过桥塔尾流时的空气动力学特性，提出了非均匀风下行车稳定的预测方法。日本 Minoru 等通过实车测试侧风下车辆气动力特性的和模型风洞试验对比，发现风洞试验结果与实车测试结果吻合得较好。张佳文等采用风障—车—桥模型风洞试验方法测试高速列车的气动力，研究表明桥梁上设置风障可明显减小列车气动力，并且列车位于迎风侧线路运行时所受气动荷载较大。艾辉林等采用数值模拟方法，模拟了不同工况下桥塔区域的风环境，结果显示合理布置风障能达到桥面行车风速折减目标，但仅布置栏杆不能。李波等研究了风障高度对桥面风速的影响，结果表明风障有效挡风高度约为风障高度的 2 倍。刘永乐等测试了不同高度处各车道中心的风速分布，获得了不同风障的阻力系数、力矩系数以及风速折减系数。王达磊等通过桥塔附近桥面汽车测力风洞试验,对比分析了设置风障前后汽车气动力系数,结果显示风障可显著减小汽车侧向力系数和横摆力矩系数。周奇等采用 CFD 方法对桥梁标准断面的风障减风效果进行模拟,研究表明风障减风效果与风障透风率大小、来流风攻角以及风障高度密切相关。

风障是解决桥面行车安全和舒适性的有效手段之一,而设置风障后桥面行车风环境的改善以及行车稳定性评价方法仍值得进一步研究。为此,本文以国内某跨海大桥为工程背景,通过大比例节段模型风洞试验方法测试了设置风障前后的桥面风速剖面,得到风障的速度折减系数和力矩折减系数。推导了基于速度折减系数和力矩折减系数的车辆侧倾临界风速和侧滑临界风速的计算公式,并探讨了设置风障对桥面行车稳定性的改善效果。

2 风洞试验介绍

本文以位于强台风多发地区的海南铺前跨海大桥为工程背景,该桥为单塔双索面钢箱梁斜拉桥,跨度为 230 + 230m,塔高 151.8m,桥面高度设计基准风速接近 60m/s,主梁断面为扁平钢箱梁,梁高 3.3m,宽 37.3m,主梁断面布置如图 1 所示。桥面行车风环境试验在华南理工大学风洞实验室进行,该风洞为单试验段回流型风洞,试验段长 24m,宽 5.4m,高 3m,风速范围 0 ~ 30m/s。模型几何缩尺比为 1:25。经过前期风洞试验选型,选定与检修道栏杆相结合的曲线风障,栏杆高度为 1.25m,风障高度为 3m,透风率 75% 。试验中分别对施工状态、栏杆状态和风障状态的桥面风速剖面进行了测试。风速采集使用 5 个 Cobra 探头同时进行,采样频率为 200Hz,样本长度为 1024m,试验风速为 10m/s,试验风攻角和风偏角均为 0°,见图 2。

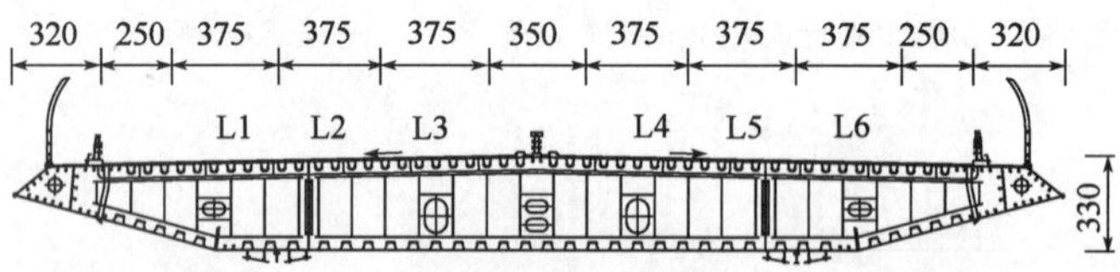

图 1 主梁标准断面(尺寸单位:cm)

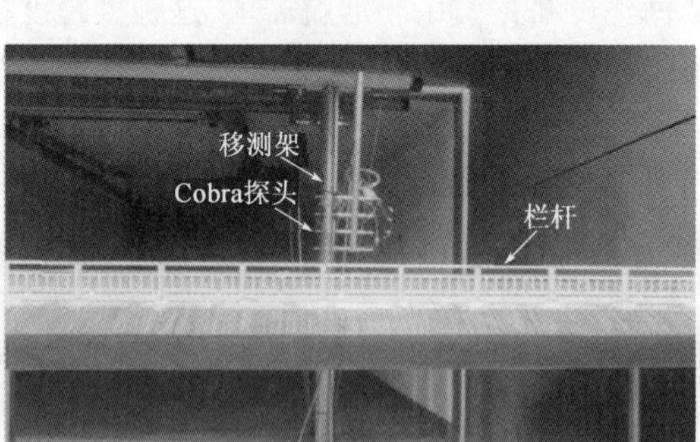

图 2 风洞中的试验装置

3 试验结果分析

根据气流扰流理论,空气流经桥梁主梁断面时,往往会形成一定厚度的附面层,空气流速也随之发生改变。桥面上方侧向风速呈不均匀分布,在距离桥面一定的高度范围内,形成特定的风速剖面。此外,栏杆、防撞栏、风障等桥面附属结构会进一步改变主梁断面空气扰流情况，桥面附面层厚度也将显著增大，风速剖面更加复杂。

图3为不同结构状态下桥面一定高度范围内的各车道中心处风速剖面测试结果。图中横坐标为折减风速，定义为远端侧向来流风速与桥面风速比值。从图中可以看出，施工状态由于没有桥面附属结构，其上游车道（L1～L3）附面层低于1m，而随着气流流动的发展及桥面横坡的影响，下游车道（L4～L6）附面层高度要略高于上游车道，但也低于1.5m。附面层高度范围内，折减风速明显小于1，而附面层以上，折减风速基本保持不变，略大于1。这说明由于主梁的存在，气流流经主梁断面后有一定的加速效果，附面层显著增大，附面层范围内风速呈不均匀分布。

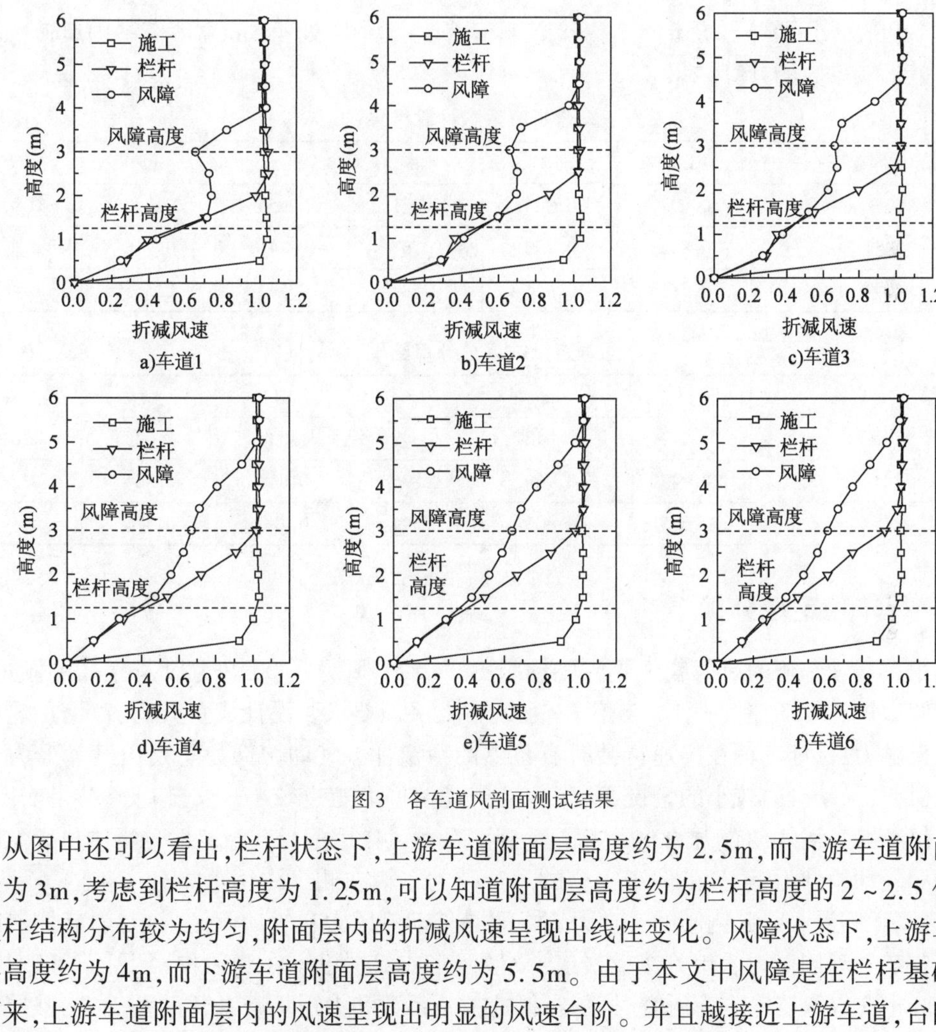

图3 各车道风剖面测试结果

从图中还可以看出，栏杆状态下，上游车道附面层高度约为2.5m，而下游车道附面层高度约为3m，考虑到栏杆高度为1.25m，可以知道附面层高度约为栏杆高度的2～2.5倍。由于栏杆结构分布较为均匀，附面层内的折减风速呈现出线性变化。风障状态下，上游车道附面层高度约为4m，而下游车道附面层高度约为5.5m。由于本文中风障是在栏杆基础上设计而来，上游车道附面层内的风速呈现出明显的风速台阶。并且越接近上游车道，台阶现象越明显。而下游车道由于距离风障较远，附面层内风速变化较为平缓，且接近线性变化。总体而言，栏杆或风障等桥面附属结构可以显著地增大桥面风速附面层，有效地降低桥面风速。

为了便于快速评价桥面附属结构的减风效果，本文引入风速折减系数的概念。根据侧向气动力等效原则，桥面一定高度范围内的等效风速可以按下式计算：

$$U_e = \sqrt{\frac{1}{z_r}\int_0^{z_r} u^2(z)\,\mathrm{d}z} \tag{1}$$

式中，z_r 为等效高度，考虑到车辆高度一般不超过 4.5m，等效高度可取 4.5m；$u(z)$ 为 z 高度处的平均侧向风速。无量纲的风速折减系数可以表示为：

$$\lambda = \frac{U_e}{U} = \sqrt{\frac{1}{z_r}\int_0^{z_r} r^2(z)\,\mathrm{d}z} \tag{2}$$

式中，U 为侧向来流风速；$r(z) = u(z)/U$；λ 为 z 高度处的折减风速。

此外，考虑到侧向风还会产生一定的侧倾力矩，类似地，我们还引入了力矩折减系数的概念。根据气动侧倾力矩等效原则，无量纲的力矩折减系数可以表示为：

$$\gamma = \frac{1}{z_r^2}\int_0^{z_r} r^2(z)\,z\,\mathrm{d}z \tag{3}$$

表 1 和表 2 分别列出了不同结构状态下车道 1 ~ 6 中心处 4.5m 高度范围内风速折减系数和力矩折减系数的计算结果。

风速折减系数计算结果 表 1

结构状态	L1	L2	L3	L4	L5	L6
施工	0.997	0.963	0.971	0.956	0.947	0.936
栏杆	0.852	0.790	0.767	0.741	0.715	0.673
风障	0.711	0.624	0.584	0.542	0.515	0.487

力矩折减系数计算结果 表 2

结构状态	L1	L2	L3	L4	L5	L6
施工	1.041	1.042	1.048	1.037	1.026	1.010
栏杆	0.945	0.909	0.876	0.848	0.804	0.733
风障	0.675	0.604	0.544	0.480	0.436	0.394

4 行车稳定性分析

作用在行驶车辆的风荷载主要有气动阻力、气动侧风力、气动升力以及气动侧倾力矩、气动俯仰力矩和气动摇摆力矩。现代车辆设计中，一般要求要设计成负升力，以增加轮胎与地面的接触力，保证车辆在高速行驶时有足够的稳定性。气动俯仰力矩是由气动升力分布不均匀引起，气动升力较小的情况下，相应的气动俯仰力矩也较小。文献研究结果表明，气动升力仅影响车辆气动合力的5%左右。因此，在侧风作用下行车稳定性分析中可以忽略气动升力和气动俯仰力矩，且是偏于安全的。行驶的车辆在侧风作用下将会产生两类稳定性问题：侧倾和侧滑。引起侧倾的气动力矩主要是气动侧风力和气动侧倾力矩；引起侧滑的气动力主要是气动侧风力。相关文献报道，微型客车或双层巴士在侧风作用下行车稳定性最差，为此，本文以双层巴士为研究对象，在风速折减系数和力矩折减系数的基础上，推导了车辆发生侧倾和侧滑时的临界风速计算公式。

5 侧倾临界风速 U_0

双层巴士的外形近似矩形，因此，在行车稳定性分析中可以用矩形块代表车辆作为受力分析对象。图 4 为车辆发生侧倾时的受力示意图。图中，B 为车辆宽度，H 为车辆高度；M_S 为气动侧风力和气动侧倾力矩引起的车辆侧倾力矩，M_G 为车辆自重提供的车辆稳定力矩。在车辆行驶过程中保持平稳，不发生侧倾的条件是：

$$M_S \leqslant M_G \tag{4}$$

车辆发生侧倾的临界状态即为上式等号成立时,相应的侧向风速为侧倾临界风速 U_0。基于本文提出的风速折减系数和力矩折减系数,车辆侧倾力矩 M_S 和车辆稳定力矩 M_G 可分别表示为:

$$\begin{cases} M_S = \dfrac{1}{4}\rho U^2 H^2 L(C_S\gamma + C_R^m\lambda^2) \\ M_G = \dfrac{B}{2}G\cos\alpha \end{cases} \tag{5}$$

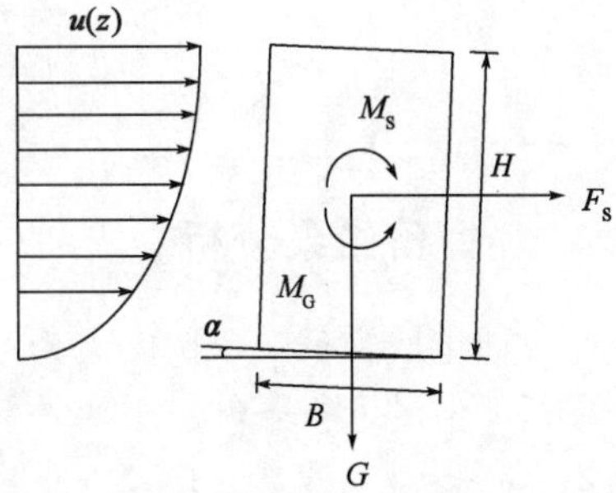

图4　车辆侧倾受力示意图

式中,ρ 为空气密度,可取 1.225kg/m³;G 为车辆自重;C_S 为车辆侧风力系数;C_R^m 为车辆侧倾力矩系数;α 为桥面横坡;L 为车辆长度。将公式(5)代入公式(4)即可得到侧倾临界风速 U_0,表达式如下所示:

当 $M_S = M_G$

$U = U_0$

则

$$U_0 = \frac{M_G}{M_S} = \sqrt{\frac{2BG\cos\alpha}{\rho H^2 L(C_S\gamma + C_R^m\lambda^2)}} \tag{6}$$

6　侧滑临界风速 U'_0

图5为车辆发生侧滑时的受力示意图。图中,F_{SW} 为车辆所受到的侧风力,主要与来流侧风风速和车辆侧向迎风面积有关。F_D 为行驶车辆所受到的气动阻力,主要与车辆行驶风速和车辆正向迎风面积有关。F_f 为车辆轮胎所受到的桥面附着力,主要与车辆自重及桥面附着系数有关。在车辆行驶过程中保持平稳,不发生侧滑的条件是:

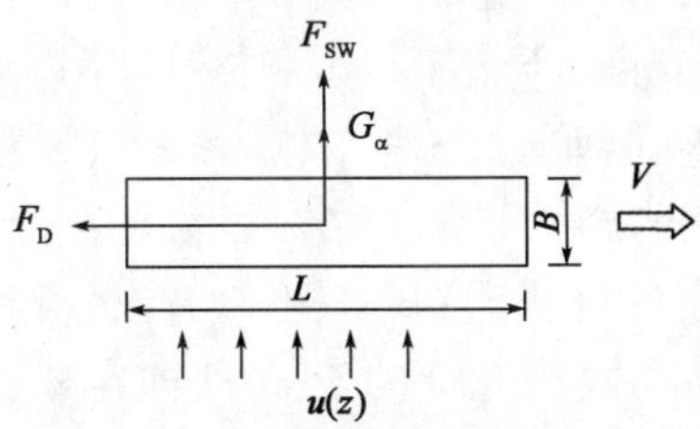

图5　车辆侧滑受力示意图

$$\sqrt{F_D^2 + F_S^2} \leqslant F_f \tag{7}$$

式中,F_S 为车辆受到的侧向合力,主要由侧风力和车辆自重分量引起,可按下式计算:

$$F_S = F_{SW}\cos\alpha - G\sin\alpha \tag{8}$$

车辆发生侧滑的临界状态即为上式等号成立时,相应的侧向风速为侧滑临界风速 U'_0。基于本文提出的风速折减系数,气动侧风力 F_S 和气动阻力 F_D 可分别表示为:

$$\begin{cases} F_{SW} = \dfrac{1}{2}\rho U^2 C_S A_s \lambda^2 \\ F_D = \dfrac{1}{2}\rho V^2 C_D A_f \end{cases} \tag{9}$$

式中,A_s 为车辆侧向迎风面积;A_f 为车辆正向迎风面积;V 为车辆行驶速度;C_D 为车辆气动阻力系数。车辆受到的桥面附着力可按下式计算:

$$F_f = \mu_s G\cos\alpha \tag{10}$$

将式(9)、式(10)和式(7)代入式,即可得到车辆侧滑临界风速 U'_0,如下式所示:

当 $\sqrt{F_D^2 + F_S^2} = F_f$

$U = U_0$

则

$$U'_0 = \frac{1}{\lambda}\sqrt{\frac{2G\sin\alpha + \sqrt{(2\mu_s G\cos\alpha)^2 - (\rho U_v^2 C_D A_f)^2}}{\rho C_S A_s \cos\alpha}} \tag{11}$$

7 评价结果分析

下面选取文献中双层巴士为计算对象,分析不同结构状态下行车稳定性,并给出双层巴士在桥梁上的通行条件。主要计算参数取值为:双层巴士长度为12m,宽度为2.48m,高度为4.5m,空载质量为14.42吨,侧风力系数为1.24,阻力系数为-0.11,侧倾力矩系数为0.17,上游车道桥面横坡为0.2%,下游车道桥面横坡为-0.2%。《公路桥梁抗风设计规范》中规定,当侧向风速超过25m/s时,高速公路必须封闭停止运营。为此,综合考虑规范中允许运营侧风风速、侧倾临界风速和侧滑临界风速,桥面安全通行的判定标准为:

当 $U_e > 25\text{m/s}$ 时,高速公路封闭;

当 $U_e < 25\text{m/s}$,$U < U_0$ 且 $U < U'_0$,公路开放,且车辆安全通行;

当 $U_e < 25\text{m/s}$,$U > U_0$ 且 $U < U'_0$,公路开放,但存在侧倾可能的车辆须降速通行;

当 $U_e < 25\text{m/s}$,$U < U_0$ 且 $U > U'_0$,公路开放,但存在侧滑可能的车辆须降速通行。

8 车辆侧倾分析

图6为基于试验结果的双层巴士侧倾临界风速及其桥面等效风速的计算结果。从图中可以看出,所有结构状态下,车道L1~L6中心处侧倾临界风速依次增大,这表明最易发生侧倾的车道为上游最外侧车道L1处。此外,施工状态下侧倾临界风速最小为35.7m/s,栏杆状态最小为38.0m/s,风障状态最小为45.0m/s。由此可见,相比于施工状态和栏杆状态,桥面设置风障后车辆侧倾临界风速分别提高26%和18%。综上所述,三种结构状态下,风障状态侧倾临界风速最大,栏杆状态次之,施工状态最低,这表明施工状态下最易发生侧倾,且风障结构可以明显地提高车辆侧倾临界风速,改善行车稳定性。从图6b)中可以看出,所有结构状态下侧倾临界风速对应的桥面等效风速均已明显高于规范允许的25m/s,即在桥面正常运营时均不会发生双层巴士侧倾事故。

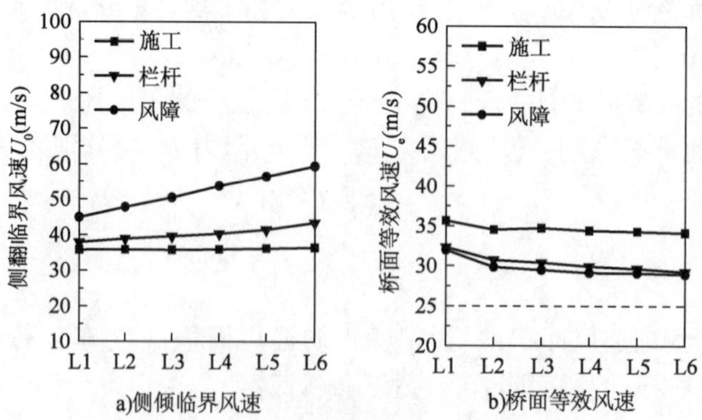

图6 侧倾临界风速及其桥面等效风速计算结果

综上所述,考虑到双层巴士最易发生侧倾事故,因此可以推断本文算例中桥梁正常运营时不会发生侧倾事故。此外,桥面上游最外侧车道最易发生车辆侧倾事故,且风障结构可以有效地提高侧倾临界风速,改善行车稳定性。

9 车辆侧滑分析

本文车辆侧滑分析中考虑四种路况,分别是干路面、湿路面、雪路面和冰路面。不同路面状况下桥面附着系数取值如表3所示。《中华人民共和国交通道路安全法》规定高速公路或一级公路冰雪天气车辆限速为60km/h,因此本文分析中干路面和湿路面车辆行驶速度取值100 km/h,而雪路面和冰路面车辆行驶速度取值60km/h。

不同路面状况下附着系数　　表3

路面状况	干路面	湿路面	雪路面	冰路面
附着系数	0.7	0.5	0.15	0.07

图7为基于试验结果的双层巴士在不同路面状况下侧滑临界风速及其桥面等效风速的计算结果。从图中可以看出,与车辆侧倾结果类似,所有工况下,车道L1～L6中心处侧滑临界风速依次增大,这表明最易发生侧滑的车道为上游最外侧车道L1处。以干路面为例,施工状态侧滑临界风速最小为49.3m/s,栏杆状态最小为57.7m/s,风障状态最小为69.2m/s,由此可见,相比于施工状态和栏杆状态,桥面设置风障后车辆侧滑临界风速分别提高40%和20%。与侧倾结果类似,三种结构状态下,风障状态侧滑临界风速最大,栏杆状态次之,施工状态最低,这表明施工状态下最易发生侧滑,且风障结构可以明显地提高侧滑临界风速,改善行车稳定性。此外,从图7b)可以看出,干路面和湿路面的侧滑临界风速对应的桥面等效风速均明显大于25m/s,这表明在本文行车速度下,双层巴士不会发生侧滑事故。然而,雪路面和冰路面的侧滑临界风速对应的桥面等效风速均小于25m/s,这表明当桥面等效风速大于侧滑临界风速时会发生侧滑事故,但小于侧滑临界风速时可以安全通过。

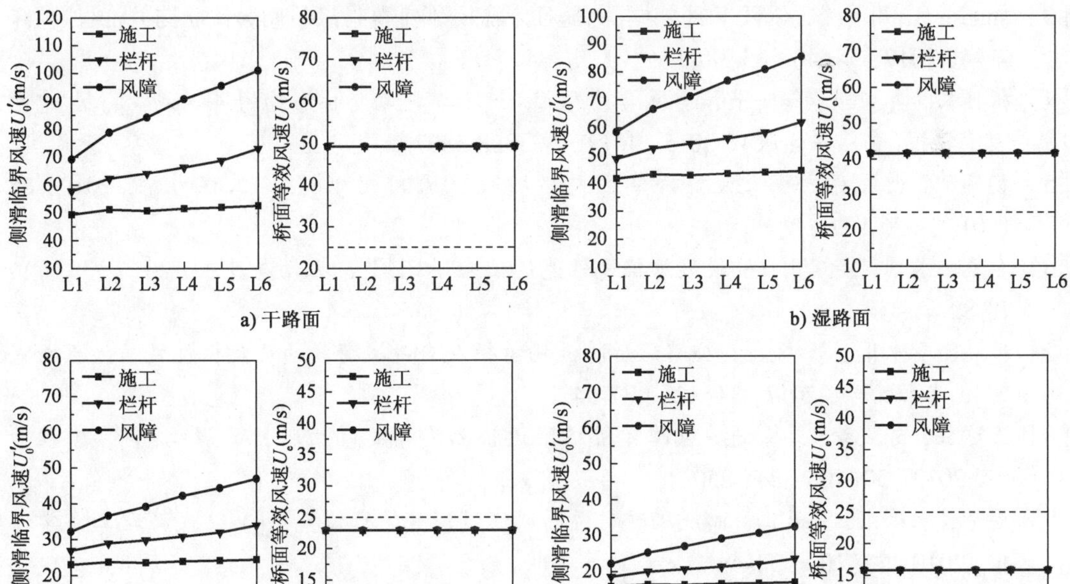

a) 干路面　b) 湿路面　c)雪路面　d)冰路面

图7 侧滑临界风速及其桥面等效风速计算结果

10 结语

本文通过大比例节段模型风洞试验方法对铺前跨海大桥不同结构状态下桥面风速剖面

进行了测试,提出用风速折减系数和力矩折减系数评价桥面行车风环境,推导了基于上述参数的车辆侧倾和侧滑临界风速的计算公式,并结合规范有关规定,给出了桥面行车稳定性评价方法。主要研究结论总结如下:

(1)通过风速折减系数和力矩折减系数可以描述桥面一定高度范围内等效风速及其产生的侧倾力矩与侧向来流风速及其产生的侧倾力矩之间的关系。

(2)获得桥面风速折减系数、力矩折减系数以及车辆自身相关参数后,可以方便地通过侧倾临界风速和侧滑临界风速对桥面行车稳定性进行评价。

(3)设置风障可以有效地减小桥面侧风风速,改善桥面行车风环境。本文算例中,相比于设置栏杆的成桥状态,设置风障后车辆侧倾临界风速可以提高18%,侧滑临界风速可以提高20%。

(4)从上游车道至下游车道行车稳定性逐渐提高,上游最外侧车道行车稳定性最差,下游最外侧车道行车稳定性最好。

参考文献

[1] Cortes C E, Jayakrishnan R. Design and operational concepts of High-Coverage Point-to-Point Transit system[J]. Transportation Research Record Journal of the Transportation Research Board, 2001, 1783(1): 178-187.

[2] Charuvisit S, Kimura K, Fujino Y. Experimental and semi-analytical studies on the aerodynamic forces acting on a vehicle passing through the wake of a bridge Tower in cross wind [J]. Journal of Wind Engineering & Industrial Aerodynamics, 2004, 92(9): 749-780.

[3] Minoru S, 周贤全. 侧风下列车/车辆气动力特性的实车测试和风洞试验[J]. 国外铁道车辆, 2017, 54(4): 33-38.

[4] 张佳文, 郭文华, 熊安平, 等. 风障对桥上高速列车气动特性影响的风洞试验[J]. 中南大学学报(自然科学版), 2015, 46(10): 3888-3897.

[5] 艾辉林, 陈艾荣. 跨海大桥桥塔区风环境数值风洞模拟[J]. 工程力学, 2010, 26(a01): 196-199.

[6] 李波, 张剑, 杨庆山. 桥梁风障挡风性能的试验研究[J]. 振动与冲击, 2016, 35(8): 78-82.

[7] 苏洋, 李永乐, 彭栋, 等. 公路风屏障流场特性及自身风荷载的足尺模型风洞试验研究[J]. 工程力学, 2017, 34(12): 87-94.

[8] 王达磊, 陈艾荣, 马如进. 风障对桥塔附近桥面汽车气动力特性的影响[J]. 工程力学, 2013, 30(10): 244-250.

[9] 周奇, 朱乐东, 郭震山. 曲线风障对桥面风环境影响的数值模拟[J]. 武汉理工大学学报, 2010, 32(10): 38-44.

[10] 陈晓冬. 大跨桥梁侧风行车安全分析[D]. 同济大学, 2007.

[11] 曾峰. 侧风下车桥气动力系数数值模拟及行车安全研究[D]: 中南大学, 2010.

[12] 李磊. 侧风下典型车辆气动力系数及桥塔和主梁干扰效应研究[D]: 同济大学, 2009.

10. 海南省海洋环境下大体积承台温控关键技术研究

刘　闯[1]　冯忠居[2]　吴敬武[3]　董芸秀[2]　王　振[2]

(1. 海南省交通运输厅;2. 长安大学;3. 中国公路工程咨询集团有限公司)

摘　要:为研究海南省海洋环境下大体积承台的水化热,通过数值模拟的方法,研究不同管距、不同流量作用下承台温度场分布特征,并结合现场温控措施提出了海南热带季风气候大体积混凝土温控施工关键控制技术。结果表明:冷却水管横向及竖向间距为 1.0m、冷却水流量为 $1.5m^3/h$ 时,混凝土降温速率适中,产生的主应力最小;由于海南地区独特的热带季风气候,昼夜温差较大,通过蓄水养护、侧面覆盖棉被、洒水并采用升温炉进行养护的方法,有效避免大体积混凝土产生温度裂缝。研究成果可为类似工程提供经验。

关键词:大体积混凝土;承台;冷却水管;流量;温度裂缝

1　引言

自上世纪 90 年代,我国公路桥梁建设进入高速发展时期,大体积混凝土被广泛应用于大跨度桥梁等主要部位,由于混凝土在凝结过程中释放大量水化热,当内外温差所导致温度应力大于混凝土龄期相对应的抗拉强度时,极易产生承台裂缝,一旦产生裂缝,使得保护层的有效厚度降低。尤其是在海洋环境下,内部钢筋极易受到腐蚀,对于结构的整体性、耐久性都是极大的挑战。目前国内外学者对于大体积混凝土裂缝产生的机理以及防护技术进行了一定的研究。Gerge Earl Troxelle 通过对混凝土中水泥矿物成分对混凝土绝热升温的影响进行研究,认为水泥中发热量最高的是铝酸三钙。Abdllah 采用 ANSYS 有限元软件研究了碾压混凝土重力坝的热结构模拟及温度控制,并以实际工程 Tannur 坝为基础分析温度应力,为控制混凝土裂缝提供了依据。余建杰以 MIDAS 为平台,考虑冷却水管作用,对施工期大体积混凝土水化温度场进行应力分析,研究发现:温度等值线呈圈状分布,各测点的最高温度一般出现在混凝土养护 60h 左右,混凝土内部温度最高至 63℃,通过对冷却水管进行调整,可有效控制内外温差在 25℃以内,具有明显的降温抗裂效果。朱登远以福建琅岐大桥承台为依托工程,采用 MARC 有限元软件开展大体积承台温控关键技术研究,介绍了混凝土水化热的理论基础,针对 4#、5#主墩分别进行了数值计算,并给出不同的解决方案,提出了冷却水管 1.5m 时温控效果最佳。张永健针对洞庭湖大桥桥塔承台大体积混凝土的现象,从原材料的选取、混凝土配比试验、温度场模拟等各环节进行分析,采用低热水泥可以有效降低最高温度并延缓温度峰值出现的时间。岳著文综合考虑对流边界条件、水泥水化放热、混凝土强度时变增强等因素，采用 Midas 有限元软件对厚度为 3m 底板水化热进行数值计算，并通过算例提出了控制水泥用量降低混凝土开裂风险的建议。

铺前跨海大桥位于海南省北部湾，是海南省第一座跨海湾大桥，大桥主墩位于强风、强腐蚀海洋环境中，主墩桩基础为群桩基础，为双承台设计，单个承台尺寸为 34.2m×34.2m×7m，混凝土设计用量 8000 余方，属大体积混凝土结构，承台于 12 月浇筑，由于海南省特定的热带季风气候，以及浇筑期间昼夜温差较大等问题，导致大体积混凝土温度裂缝控制相对较难。本文以铺前跨海大桥主墩承台为基础，采用 MIDAS 将承台冷却水管布设间距、冷却水流量为变量，分析混凝土温度应力变化规律，并结合现场温控实际措施进行介绍，以期为类似工程提供参考。

2 承台模型建立与参数选取

2.1 承台模型建立

铺前跨海大桥 34#墩处承台外轮廓尺寸为 34.2m×34.2m×7m，承台四角设半径为 3.6m 的圆倒角，由于承台尺寸规则，根据结构对称的特点选取 1/4 承台进行建模分析计算。几何尺寸如图 1 所示。

按照冷却水管不同的布置位置，为保证单元之间的耦合性以及冷却水管模拟的可操作性，需要建立不同网格间距划分方案，网格划分如图 2 所示。

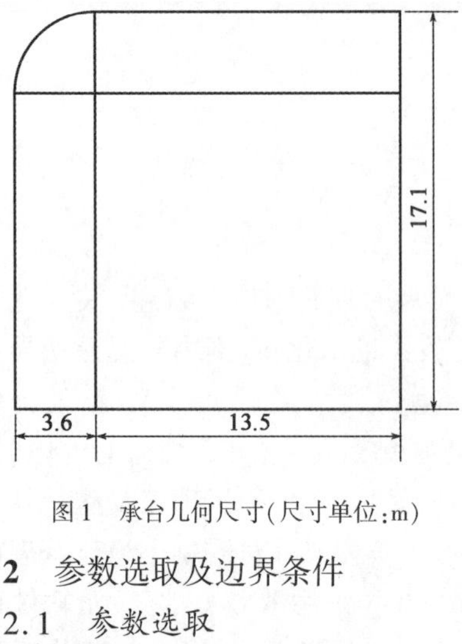

图 1 承台几何尺寸(尺寸单位：m)

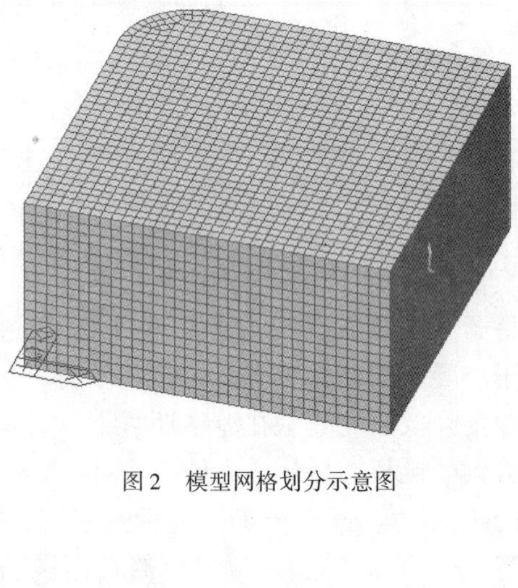

图 2 模型网格划分示意图

2.2 参数选取及边界条件

2.2.1 参数选取

为反映实体工程特性，模型分为承台与冷却水管两部分，承台混凝土配比及热学参数指标见表 1 和表 2。

承台混凝土配合比 表 1

单位体积原材料用量(kg/m^3)			
水泥	粉煤灰	矿粉	细集料
176	176	88	696
粗集料	拌和水	外加剂	—
1044	140	4.4	—

混凝土凝土物理热学参数 表2

最终弹模(MPa)	热胀系数(1/℃)	导热系数[kJ/(m·d·℃)]	比热(kJ/kg·℃)	绝热温升(℃)
4.2×10^{4}	8.0×10^{-6}	235.0	0.95	45.8

选用MIDAS中ACI设计标准中混凝土抗压强度发展函数模拟承台混凝土28d抗压强度,强度发展规律采用ACI经验公式:

$$f_c(t) = \frac{t}{\alpha + \beta t} f_{c,28} \tag{1}$$

式中,t为时间变量;α、β为混凝土抗压强度系数,分别取4.5、0.95。

在进行水化热分析计算时,需对水化热分析控制参数进行计算,最大绝热升温按式2计算:

$$Q_{\max} = \frac{Q_0(W + KF)}{c\rho} \tag{2}$$

式中,c为混凝土比热;ρ为混凝土密度;Q_0为水泥最终水化热(kJ/kg);W为混凝土水泥用量(kg/m^3);F为混凝土混合材料用量(kg/m^3);K为混合材料水化热折减系数,粉煤灰取$K=0.25$。

已知混凝土浇筑温度为28℃,通过计算混凝土最大绝热升温为45.8℃。

2.2.2 边界条件

根据铺前跨海大桥实体承台的实际情况,将承台表面节点设置为对流边界,承台底部由于C25强度等级的混凝土作为封底混凝土,取为绝热边界,固定其温度为20℃。静力学模型中,底面及土层侧面边界条件为x、y、z位移固定,对称面分别在x、y方向位移固定。混凝土表面对流系数是一个重要的影响参数,其计算根据同济大学试验研究,按式(3)取值:

$$\alpha = 3.66v + 5.44 \tag{3}$$

式中,α为混凝土表面对流系数($w/m^2 \times k$);v为风速,取6m/s。

2.3 计算工况

为研究不同管距对于大体积混凝土的影响程度,选取横向及竖向不同管距开展大体积混凝土场分析,数值仿真工况如表3所示。

加载工况 表3

管距(m)	管径(cm)	流量(m^3/h)	管距(m)	管径(cm)	流量(m^3/h)
无	—	—	1.2	5	1.2
0.8	5	1.2	1.5	5	1.2
1	5	0.8,1.2,1.5,2.0			

3 管距不同时混凝土温度变化规律

3.1 温度变化

不同管距混凝土温度时程如图3所示。

从图3可以看出:混凝土水化热曲线总体走势保持一致,承台内部温度在混凝土浇筑之后,由于水泥的水化,混凝土内部温度骤升,在50h左右出现温度峰值,之后温度缓慢降低,在混凝土浇筑完成800h之后,内部温度逐渐趋于稳定,1400h之后,水化热产生的热量完全消散,承台内部温度基本达到外部环境温度;随着冷却水管的横向及竖向距离减小,承台混凝土最高温度随之降低,在无冷却水管时,承台内部最高温度达到69.2℃。当内部布设冷却水管时,由于水流温度较低,承台内部热量被带走,混凝土的温度峰值降低,同时混凝土在降温阶段的降温效果较为显著。当冷却水管间距为1.5m或1.2m时,承台内部最高温分别66.2℃和64.9℃,二者的冷却效果差距较小,均具有较好的降温效果。当冷却水管间距为1m时,承台内部最高温度为62.2℃,在整个降温过程中,降温速率适中,温控效果明显;当冷却水管间距为0.8m时,承台内部最高温度为53.1℃,较无冷却水管温度下降了15.1℃,承台在降温阶段迅速,仅在300h就完成了总水化热54.8%的消散,其降温速率过快可能会导致承台内部产生裂缝。因此,选用1.0m管距相对来说降温效果最佳,满足使用要求。

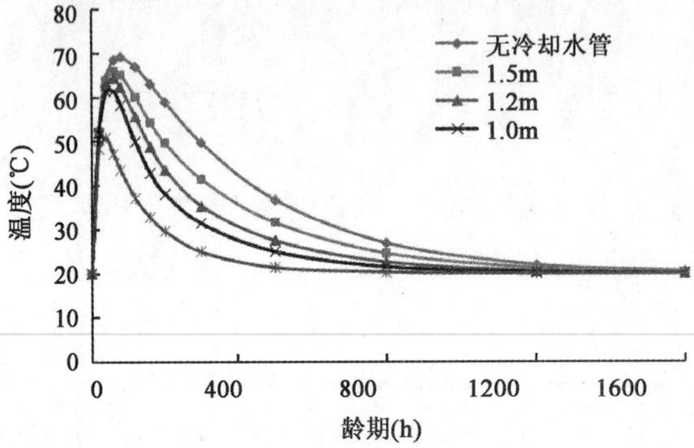

图3　不同管距混凝土温度时程

3.2　应力变化

对冷却水管设置为1.0m工况下的承台温度应力进行计算,混凝土在浇筑完成后,混凝土内部由于温度骤升,导致内部产生压应力;随着水化热的消散,压应力逐渐变为拉应力;承台外表面暴露在大气中,温度相对较低,与内部温度的温差导致混凝土应力呈现出边缘大、中间小的趋势,如图4所示。结果表明:冷却水管在布置间距为1.0m时,大体积混凝土在整个水化热消散过程中产生的应力值较小,均未超过对应龄期混凝土的抗拉强度,仍然具有1.33的安全系数(见表4),因此,混凝土在采用管距为1m满足铺前跨海大桥大体积承台温控标准。

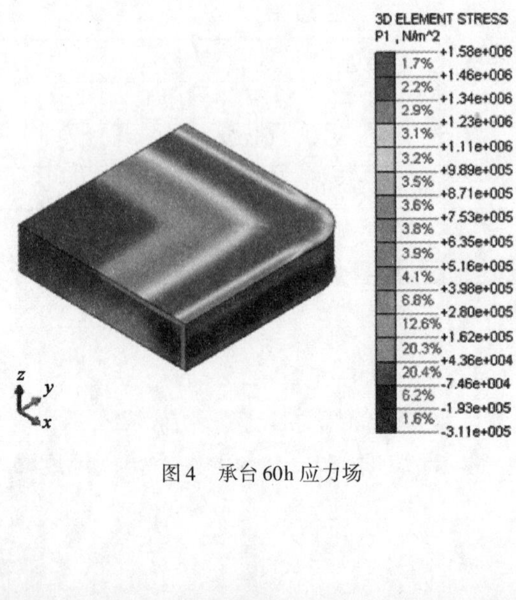

图4　承台60h应力场

承台塔座温度应力场计算结果(MPa)　　表4

浇筑层	60h	140h	70h	1600h	最小安全系数
第一层	1.41	1.49	1.87	2.26	1.49
第二层	1.58	2.09	1.78	2.39	1.33

4　流量不同时混凝土温度变化规律

通过对冷却水管的参数进行控制,将流量控制为0.8、1.2、1.5、2.0m^3/h,研究冷却水管间距为1.0m时不同流量下大体积混凝体温度场如图5所示。

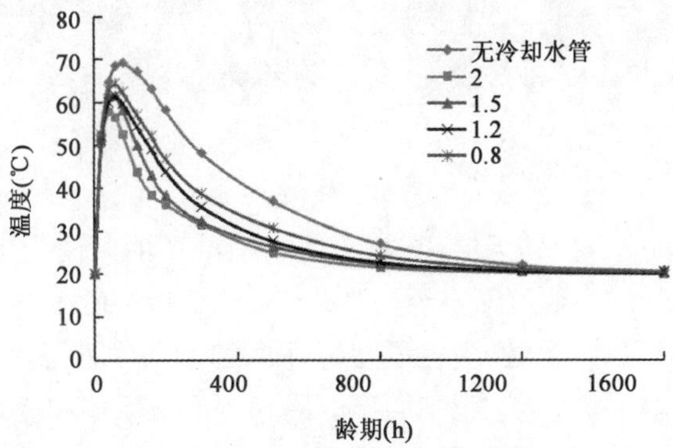

图5　不同流量混凝土温度时程

在不同流量的几种工况下,混凝土内部温度走势基本保持一致,同样经历了快速升温、快速降温、趋于稳定三个阶段,冷却水管在混凝土浇筑时开始通水,通水时间设置为200h,承台内部最高温随着通水流量的增加而降低,在无冷却水管、0.8、1.2、1.5、2.0m^3/h工况下,承台内部最高温分别为69.2℃、64.5℃、61.7℃、61.1℃、57.3℃,冷却水流量对承台内部升温影响显著;0.8m^3/h作用下降温效果较差,不能满足大体积承台内部温度控制的要求;在冷却水流量为2.0m^3/h时,混凝土降温最为显著,但降温速率过快,200h内温度降低了21℃,使得内外温差过大,超过温控标准的25℃;当流量为1.2m^3/h和1.5m^3/h时,最高升温相差较小,1.2m^3/h流量下,混凝土降温速率较为缓和,同时1.2m^3/h小流量满足经济环保的要求,可以作为铺前跨海大桥大体积承台温控的最佳工况。

5　铺前跨海大桥承台浇筑温控措施

5.1　浇筑温度控制

控制混凝土的入模温度对控制混凝土裂缝非常重要。对于相同配合比的混凝土,入模温度高的相对来说升温更为显著,对此,铺前跨海大桥现场施工对大体积混凝土浇筑温度的要求不高于28℃。

5.1.1　骨料冷却

介于铺前跨海大桥桥址区阳光充足,日均温度较高,现场砂石温度及含水率受环境影响较大,采用遮阳棚遮蔽阳光,利用蒸发吸热来降温(如图6)。

5.1.2　拌和水冷却

铺前跨海大桥12月份白天温度较高,控制混凝土入摸温度采用低温冷却水拌和方法,可降低温度,混凝土搅拌前,将碎冰投入到水池中,降低拌和水的温度,如图7。但由于其降温幅度有限，所以必要时还需要增加其他措施。

图6　遮阳棚

图7　拌和水降温

5.1.3　其他措施

(1)胶凝材料放置至充分冷却后使用，禁止使用刚出厂的新鲜水泥，采取多次倒仓的措施降温，在多次倒仓冷却后，一般可降温约10℃，但会受场地和胶凝材料筒仓数目的限制；

(2)利用温度较低时段施工。避免在温度超过30℃的条件下浇筑混凝土；

(3)减少混凝土在运输和浇筑过程中的温度回升。加快运输和浇筑速度，如气温过高可在混凝土罐车运输时车厢顶部设活动遮阳棚；

(4)避免模板和新浇筑混凝土受阳光直射，入模前的模板与钢筋温度以及附近的局部气温不超过36℃，仓面降温采取仓面喷雾机喷雾等措施以降低浇筑面环境温度；

(5)严格控制混凝土入模温度不超过28℃，同时上下层之间浇筑间隔期最好不超过7d，原则上不超过10d。

5.2　养护控制

混凝土养护包括湿度和温度两个方面，结构表层混凝土的抗裂性和耐久性在很大程度上取决于施工养护过程中的温度和湿度养护，因为水泥只有水化到一定程度才能形成有利于混凝土强度和耐久性的微结构。为防止承台、塔座出现表面裂缝，要特别注意施工时混凝土的表面保温工作。在保温期间，由专人对各保温部位进行检查，并根据气象预报在寒潮来临前加强保温措施检查。

承台、塔座施工季节为冬季，应按冬季施工要求对承混凝土进行保温养护，具体保温措施见表5。养护时间根据温度监测结果进行确定，混凝土内表温差小于15℃、混凝土表面温度与最低气温(棚内气温)差小于15℃方可拆模。

承台大体积混凝土冬季养护保温措施表　　表5

工程结构	养护方式	持续时间
第一层	初凝后覆盖薄膜+土工布； 凿毛时揭一块凿一块，凿毛清理完毕后继续覆盖保温； 初凝后覆盖薄膜+土工布	直至第二层混凝土浇筑前
第二层	顶面待混凝土初凝后先进行多次抹面，至抹不动后洒水(采用冷却水出水)并覆盖薄膜+土工布进行养护	14d

由于海南省为热带季风气候，白天温度约为20℃，晚上海风较为明显，气温呈现出昼夜

温差大的现象,混凝土表面的热量和水分极易被海风吹走,此时混凝土内外温差出现明显差异,若不采取保温保湿的措施,将会导致裂缝的产生。施工现场对承台表面进行蓄水养护,在承台四周采用棉被覆盖,并洒水进行保温保湿(如图 8 所示),根据现场实际情况采取用升温炉给承台侧面升温。

图 8　混凝土养护

5.3　防裂附加措施

对抗裂安全系数较小、存在较严重应力集中的部位,可根据结构特征、施工特点等采取一定的防裂附加措施:体积混凝土一般钢筋保护层较厚,因保护层内基本无骨料,多为水泥砂浆,水化放热较高,收缩变形较大,可于钢筋保护层外、承台与塔座连接处增设防裂钢筋网片,抑制混凝土收缩变形,避免混凝土表面开裂。

6　结语

铺前跨海大桥大体积混凝土承台温控存在诸多难点,通过数值模拟研究了冷却水管的布设以及通水流量对温度场的影响,得出结论如下:

(1)冷却水管在布置为 1.0m 间距时,温度时程曲线降温平缓,混凝土温度应力小于混凝土对应龄期的抗拉强度,是大体积混凝土温控冷却水管的最佳布置方案。

(2)1.2m3/h 流量下,大体积混凝土降温速率较为缓和,降温效果较好,可以作为铺前跨海大桥大体积承台温控冷却水管流量控制的最佳工况。

(3)海南省处于热带季风气候,在 12 月进行施工,风速大且昼夜温差明显,应根据现场实际情况对混凝土进行针对性养护,避免产生表面裂缝。

参考文献

[1] 田卫国, 令狐延, 管聪聪, 等. 合肥恒大中心 C 地块高强大体积混凝土施工技术[J]. 施工技术: 2017, 46(24): 1-7.

[2] 刘继, 周勇军, 杨勃, 等. 连续刚构桥承台水化热有限元分析与控制[J]. 中外公路: 2017, 37(04): 121-125.

[3] 江尧, 刘文佳, 梅明荣. 基于 ANSYS Workbench 的混凝土冷却水管优化[J]. 扬州大学学报(自然科学版), 2017, 20(03): 75-78.

[4] George Earl Troxelle, Harmer E. Davis. ComPosition and ProPerties of Concrete[M]. New York, 1956.

[5] Abdallah I. Husein Malkawi, Saad A. Mutasher, TOny J. Qiu. Thermal-StructuralModeling and TemPerature Control of Roller ComPacted Concrete Gravity Dam[J]. Journal of Performance of Constructed Facilities, Nov 2003, 17(4): 177-187.

[6] 余建杰, 宋固全, 吴浪. 基于MIDAS的大体积混凝土桩承台温度场有限元分析[J]. 混凝土与水泥制品, 2012(05): 34-37.

[7] 朱登远. 海洋环境特大型桥梁基础大体积承台温控技术研究[D]. 西安: 长安大学, 2014.

[8] 张永健,李鸥. 洞庭湖大桥承台大体积混凝土温控试验研究[J]. 桥梁建设, 2016, 46(04): 45-50.

[9] 岳著文, 孙学锋, 张德财, 等. 大体积混凝土底板水化热数值计算研究[J]. 施工技术, 2017, 46(04): 128-133.

[10] 王振, 冯忠居, 吴敬武, 等. 超配筋超大直径桩基完整性综合评价[J]. 筑路机械与施工机械化, 2017, 34(10): 119-122+128.

[11] 冯忠居, 尹洪桦, 李孝雄, 等. 海洋环境强震区超大直径桩基钢护筒下沉问题与处理技术[J]. 中国港湾建设, 2016, 36(11): 39-41+60.

[12] 朱伯芳. 大体积混凝土温度应力与温度控制[M]. 北京: 中国电力出版社, 1999.

[13] 刘照球. 混凝土结构表面对流换热研究[D]. 南京:同济大学, 2006.

11. 我国海洋环境桥梁大直径深长桩基的应用现状

冯忠居[1]　刘　闯[2]　戴良军[3]　王增贤[4]　李孝雄[1,5]　孙平宽[6]

(1. 长安大学;2. 海南省交通运输厅;3. 安徽建工集团有限公司;4. 福建省交通运输厅;
5. 滁州学院地理信息与旅游学院;6. 中国公路工程咨询集团有限公司)

摘　要:为了更好地设计海洋环境桥梁大直径深长桩基,通过调研与分析我国具有代表性的跨海大桥桩基础的总体设计及后期运营中病害,阐明了海洋环境桥梁桩基础的主要设计指标、耐久性设计及防撞措施,系统了解施工工艺。结果表明,海洋环境桥梁大直径深长桩基:①桩基础几何尺寸不断增大,其中平潭跨海大桥钢护筒直径达到4.9m,对桩基施工工艺提出更高要求;②桩基础耐久性腐蚀主要是通过增加自身防腐及设置保护层、钢护筒;③海洋环境中桩基础防撞措施主要采用钢套箱。

关键词:桥梁工程;海洋环境;桩基础;设计指标;耐久性设计;防撞设计

1　引言

我国海岸线总长达3.2万公里,由岛屿海岸线(1.4万公里)与大陆海岸线(1.8万公里)组成,因此,沿海地区基础设施建设需加大对高技术、高投入及大跨径的跨海大桥的修建。我国首座跨海大桥厦门大桥于1991年5月建成通车,现国内已建通车跨海大桥达29座,跨海大桥主要跨越海湾、海峡、近海及连接岛屿。

跨海大桥跨越通航海面,其跨径远大于一般桥梁,桥梁主墩处桩基础需提供较大荷载。因此,为了满足桥梁设计要求,海洋环境桥梁桩基础需设计为大直径深长桩基。海洋环境大直径深长桩基础由于所处环境复杂、几何尺寸过大,施工及后期运营过程中会出现以下主要问题:①海域中桩基础由于不断受到海水、海风腐蚀,导致其承载力下降,严重影响桥梁的使用年限,如图1所示。因此,桩基础在设计时充分考虑了防腐措施,通过增加钢护筒防腐、预留一定桩基础混凝土保护层达到目的,但各海域环境变化较大,不同跨海大桥大直径深长桩基础采取防腐方法不尽相同。②船舶运输业的崛起。数万吨级特大型船舶数量急剧增加,且海水流速较大、自然环境复杂等各种因素,导致船撞桥梁事故一再发生,世界范围内每年均会发生船撞桥梁事件,严重危害了人民自身安全并给国民经济带来了巨大的损失,同时破坏了海洋生态环境,如图2所示。

图1　水域中桩基腐蚀

图2　桩基遭遇船舶撞击

虽然大直径深长桩基础在工程应用已十分普遍,并在实际工程中积累了丰富的设计、施工经验,但大直径深长桩基础施工、运营受海洋性气候特征及工程环境影响依然显著。因此,本文通过收集及分析我国已建、在建跨海大桥桥梁桩基础的几何尺寸、防腐措施及防撞措施方面材料,总结出我国海洋环境桥梁大直径深长桩基础的应用现状,为后期深入、系统研究海洋环境桥梁大直径深长桩基础提供了一定的借鉴。

2　海洋环境桥梁大直径深长桩基础设计指标

20 世纪 50 年代,在修建武汉长江大桥时,世界范围内首次采用了大型管柱基础代替气压沉箱基础施工方法,之后推广并发展了该深水基础形式,并出现了大直径钻孔灌注桩基础。在十一届三中全会后我国桥梁建设得到突飞猛进的发展,从桥梁大国迈向了桥梁强国,桥梁所采用钻孔灌注桩基础桩径不断增大。我国部分跨海大桥桩基础主要指标见表 1。

跨海大桥桩基础设计主要指标　　表 1

桥　名	通车时间(年)	桩基础几何尺寸			钢护筒几何尺寸		混凝土标号
		桩长(m)	桩径(m)	长度(m)	直径(m)	厚度(mm)	
铺前跨海大桥	2018	38	4.0	25.7	4.3	45	C35
港珠澳大桥	2017	86	2.3	78	2.5	22	C45
南澳大桥	2015	117	2.8	46	3.1	22	C35
嘉绍大桥	2013	111	3.8	45	4.1	32	—
平潭跨海大桥	2010	81	4.7	45	4.9	25	C35
杭州湾跨海大桥	2008	125	2.8	52	3.1	22	C30
西湾大桥	2005	40	2.2	—	2.4	12	—
汕头礐石大桥	1999	55	2.5	53.3	2.7	20	C35
厦门海沧大桥	1999	70	2.0	—	2.3	10	C30

由表 1 可见,随着我国跨海大桥建设的快速发展,桩基础径不断地增大,由厦门海沧大桥桩径 2.0m 增加到正在建设中铺前跨海大桥桩径 4.0m。桩长变化同样较大,桩长的确定与桥址区地质情况有关。为满足上部荷载作用下桥梁的安全,跨海大桥桩基础均为嵌岩桩。钢护筒的厚度变化范围较大,其中铺前跨海大桥钢护筒厚度最大,达到 45mm。

3　海洋环境桥梁大直径深长桩基础

海洋环境复杂，影响大直径深长桩基础设计的因素较多。桩基础设计主要指标影响参数：桩基几何尺寸（上部荷载、地质情况）；钢护筒长度（海水深度、地质情况）；钢护筒厚度（海水腐蚀性）；钢护筒直径（桩基直径）；混凝土标号（上部荷载）。在桥梁运营过程中，海水腐蚀及船舶撞击严重会影响桩基础安全。因此，在桩基础设计时，还需充分考虑耐久性设计及防撞措施。

3.1　大直径深长桩基础耐久性设计

3.1.1　海洋环境桩基础腐蚀机理

海洋环境桩基础主要组成分为混凝土和钢筋。桩基础的腐蚀与海水特性及化学成分密切相关，图3为海水中桩基础腐蚀破坏的示意图。

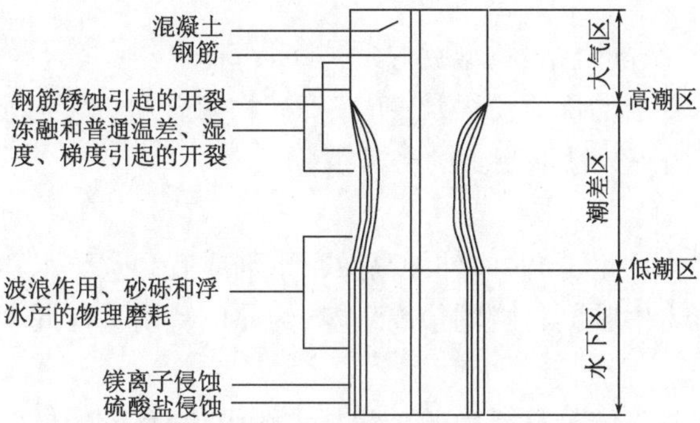

图3　海水中桩基础腐蚀破坏示意图

海水对混凝土的腐蚀主要分为溶出性腐蚀、阳离子交换性腐蚀及膨胀性腐蚀。当海水入渗混凝土内部时，表层的 Mg^{2+} 和 CO_3^{2-} 呈结合状态，并沉淀出大量的 $CaSO_4 \cdot H_2O$，并在海水与混凝土接触处积累，且海水中含有大量的 NaCl 以及一些 $CaCl_2$、$CaSO_4$ 等盐类能够溶解水泥中大多数组成部分；海水中镁盐与混凝土中的阳离子产生交换，新生成的物质不能起到“骨架”作用；混凝土与外界硫酸盐离子相接触时，生成膨胀性盐而引起膨胀，使表层开裂或软化。裂缝又增加了含有硫酸盐和其他离子的侵蚀性水的渗透，进一步加剧混凝土的腐蚀。当海水与钢筋接触时，钢筋形成的钝化保护膜在高 pH 值环境下开始脱落，使钢筋失去了保护，发生电化学反应开始锈蚀。

3.1.2　海洋环境跨海大桥桩基础环境类别及等级分类

跨海大桥桥址区海水中含盐量及含氯量决定着海洋氯化物环境对混凝土结构腐蚀强度，规范中一般依据海水中氯离子浓度进行环境作用等级划分。我国沿海地区海水含盐量及含氯量差异较大，依据《公路工程混凝土结构防腐蚀技术规范》（JTG/T B07-01—2006）对我国部分跨海大桥环境等级进行划分，划分结果见表2。

3.1.3　海洋环境跨海大桥桩基础耐久性设计

海洋环境中桩基础耐久性设计主要分为通过改善混凝土自身结构、提高密实度和抗渗能力及附加防腐措施三种。

跨海大桥桩基环境等级划分　　表2

项　目	跨海大桥	桩　基	Cl^-(g/L)
环境等级	铺前跨海大桥	Ⅲ-C(D)	11.6
	港珠澳大桥	Ⅲ-C(D)	10.7~17.0
	杭州湾大桥	Ⅲ-C(D)	5.6~8.2
	青岛海湾大桥	Ⅲ-C(D)	17.7
	厦漳跨海大桥	Ⅲ-C(D)	11.2~14.9
	东海大桥	Ⅲ-C(D)	4.9~17.5
	连云港跨海大桥	Ⅲ-C(D)	16.5~18.0
	平潭跨海大桥	Ⅲ-C(D)	16.9

1)改善混凝土自身结构

(1)选用低水化热和含碱量偏低的水泥,尽可能避免使用早强水泥和高 C_3A 含量的水泥。

(2)选用坚固耐久、级配合格、粒型良好的洁净骨料。

(3)使用符合技术要求的优质粉煤灰、矿渣等矿物掺合料或复合矿物掺合料;除特殊情况外,矿物掺合料应作为耐久性混凝土的必需组分。

(4)优质的引气剂。

(5)尽量降低拌和水用量,同时应外加高效减水剂或有高效减水功能的复合外加剂。

(6)限制单方混凝土中胶凝材料的最高用量,为此应特别重视混凝土骨料的级配以及粗骨料的粒型要求。

(7)尽可能减少混凝土胶凝材料中的硅酸盐水泥用量,且胶凝材料的总量也不能过高。

(8)混凝土中最大水灰比、最小水泥用量、最大氯离子含量、最大碱含量及抗渗要求满足《公路工程混凝土结构防腐技术规程》(JTG/T B07-01—2006)的要求。进场骨料需做碱活性检测。

2)附加防腐措施

从氯离子在混凝土中的扩散规律来看,混凝土结构的使用寿命不仅与混凝土材料本身的氯离子扩散系数有关,而且与钢筋的保护层厚度密切相关。理论上,钢筋的保护层厚度越大,氯离子扩散到钢筋表面的时间越长,结构的寿命也越长。但是保护层过大不利于结构裂缝控制,同样会造成结构的耐久性降低。因此只有合理地确定保护层厚度,才能有效地保护钢筋,增强结构的耐久性。我国跨海大桥钢筋保护层最小厚度见表3。

钢筋保护层厚度　　表3

跨海大桥	铺前跨海大桥	港珠澳大桥	厦漳跨海大桥	杭州湾大桥	东海大桥	青岛海湾大桥	琅岐大桥	平潭跨海大桥	连云港跨海大桥
保护层厚度(mm)	80	65	75	75	75	75	105	85	80

海洋环境桩基础施工中常通过下放钢护筒来稳定桩基钻孔孔壁,因后续施工需要及护筒埋深较大,钢护筒在成桩后一般不再回收。因此,桩基础后期运营过程中钢护筒起到一定防腐作用,且实体工程中对钢护筒采取一定的防腐措施,从而保证桩基础在使用年限内能够安全使用。目前,海洋环境钢护筒防腐主要从材料的选择、涂层改性、防腐涂料及电化学保

护等方面进行防治。

防腐涂料主要作用是阻止海水中的腐蚀介质与钢护筒直接接触,发生化学或电化学腐蚀。但是防腐涂料在短期内防腐效果较好。随着时间的增加,表层涂料(环氧树脂、环氧煤沥青底漆、环氧煤沥青面漆、环氧沥青防锈漆、厚浆型铝粉环氧沥青防锈漆、厚浆型环氧沥青防锈漆、环氧煤沥青管道专用漆、沥青清漆、耐高温防腐涂料 ZS(1800℃)、无机防腐涂料等)的防腐效果逐渐减弱,因此,在海洋桥梁工程中钢护筒的长期防腐最好采用防腐涂料与电化学保护相结合的方法,如图 4 所示。

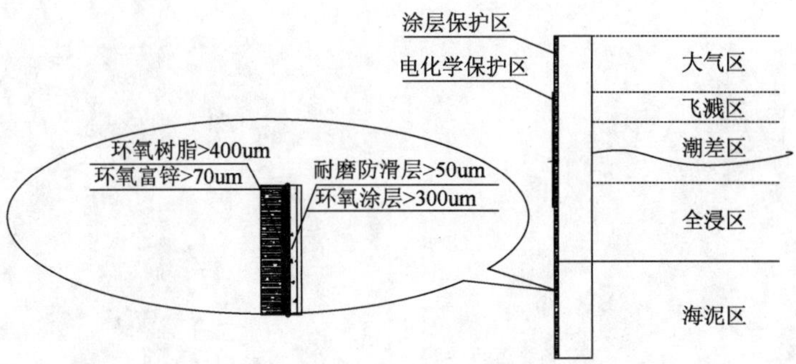

图 4　防腐涂层及电化学保护

3.2　大直径深长桩基础防撞设计

国内新建的跨海大桥主通航孔均是针对承台部分进行防撞设计,且船舶撞击以桩基础部位较多。防撞设计时需充分考虑桥址区气象、水文及地质资料、航道几何尺寸、通航等级、通航密度、航速及船舶类型等。防撞措施主要分为两大类:阻止船舶与桥梁直接撞击接触;船舶撞击桥梁后,通过消能缓冲的方式降低撞击力。经对我国跨海大桥防撞措施调研与分析,归纳出桥梁的典型防撞措施类型应用情况,见表 4。

我国跨海采用的防撞设施结构形式统计　　表 4

桥　　名	通航跨径(m)	通航等级(t)	防 撞 装 置
杭州湾跨海大桥	448	35000	防撞钢套箱
金塘大桥	620	50000	防撞钢套箱
嘉绍大桥	428	3000	防撞钢套箱
象山港跨海大桥	688	50000	防撞钢套箱
平潭海峡大桥	180	5000	防撞钢套箱
厦漳跨海大桥	780	30000	防撞钢套箱
青岛海湾大桥	260	10000	防撞钢套箱
铺前跨海大桥	230	1000	浮式钢套箱
港珠澳大桥	1150	300000	复合材料防撞护舷

4　海洋环境桥梁大直径深长桩基础施工工艺

跨海大桥桥址区风大、流急、浪高、潮差大,水文条件复杂,且受到海洋环境的影响。桩基础直径大、桩孔深,施工环境恶劣,对桥梁桩基的施工提出更高的要求。桩基础施工工序主要分为:钢护筒下沉、成孔、钢筋笼下放及混凝土灌注。在国内外已建成特大型桥梁桩基施工经验的基础上，结合铺前跨海大桥工程实际，对海洋环境特大型桥梁超长桩基的成孔及成桩工艺进行系统研究。

4.1 钢护筒下沉技术

钢护筒采用打桩船“桩9”沉放，并在打桩船船首桩架的底座上焊接安装固定式双层导向架定位导向，配备2台YZ300高频液压振动锤以联动激振的方式振动下沉。钢护筒顶高程现场应控制在5.3m±0.1m范围内，平面偏位控制在50mm以内，垂直度控制在1/200以内。如图5所示。

图5 钢护筒下沉

4.2 桩基础成孔技术

铺前跨海大桥桩基施工过程中，钻机需要穿过淤泥层、粉质黏土层、微风化花岗岩层等地层，34号主墩从钻孔平台顶面至桩孔底部最大深度为38余米、桩径为4.0m的大直径桩，研究根据桥址处的具体工程地质条件，并结合以往类似工程的成孔经验，主桥34号墩选用动力头输出扭距大、提升能力强、速度快、移动方便的ZJD-5000，钻头选取球齿滚刀钻头。如图6所示。

a)ZJD-5000　　b)球齿滚刀钻头

图6 楔齿刮刀钻头及球齿滚刀钻头

桩基础钻进过程中，为保证孔壁稳定性及利于钻渣的排出，需在钻进过程中配置良好的泥浆。钻孔护壁泥浆采用膨润土造浆，根据施钻地层的特点，在钻孔施工过程中，为防止发生流砂及软流塑地层扩孔、塌孔、缩径等现象，保持孔壁稳定，应使用不分散、低固相、高黏度泥浆进行护壁。不同土层中泥浆性能有所差异，具体指标见表5。

回旋钻在软弱地质泥浆的性能指标表　　表5

地质情况	泥浆指标						
	相对密度 (g/cm^3)	黏度 (s)	胶体率 (%)	含砂率 (ml/30min)	泥皮厚 (mm/30min)	静切力 (Pa)	酸碱度 (pH)
一般地层	1.02 ~ 1.06	16 ~ 20	≥95	≤4	≤3	1 ~ 2.5	8 ~ 10
易塌地层	1.06 ~ 1.10	18 ~ 28	≥95	≤4	≤3	1 ~ 2.5	8 ~ 10
卵石层	1.10 ~ 1.15	20 ~ 35	≥95	≤4	≤3	1 ~ 2.5	8 ~ 10

4.3　桩基础成桩技术

1)钢筋笼制作与下放

34号左幅承台区域桩基钢筋笼分成4节,共40m,即(3×12+4)m,重约107.63t。钢筋笼分节制造安装,根据钢筋笼的全长及吊装能力,左幅分为4段、右幅分为3段吊装入孔对接。钢筋笼在加工车间下料,采用长线法台座制作,如图7所示。

a)钢筋笼制作

b)钢筋笼下放

图7　钢筋笼制作与下放

2)混凝土灌注

水下混凝土灌注使用设备为大料斗、小料斗、导管和灌注平台。灌注时混凝土由拖泵传送至大料斗储存,大料斗汇集从滑槽流下来的混凝土,通过小料斗使之顺利进入导管。直至灌注混凝土结束。如图8所示。

a)混凝土灌注

b)拔导管

图8　灌注水下混凝土

5 结论

(1)海洋环境桥梁桩基础设计主要设计指标主要由上部荷载、桥址区岩土体物理力参数及周边环境决定。桩基础几何尺寸的不断增大,对钢护筒下沉、成孔及成桩技术提出了更高的要求。

(2)海洋环境中富含的 NaCl、$CaCl_2$ 及 $CaSO_4$ 等盐类严重腐蚀桥梁桩基础,严重危害了桥梁桩基础的使用年限。实体工程中通过改善混凝土自身结构、提高密实度、抗渗能力、设置一定厚度混凝土保护层及对钢护筒表面使用防腐涂料与电化学保护联合的方法进行一定防腐措施,有效防止桩基础在使用过程中遭受海水的腐蚀。

(3)海洋环境中桩基础防撞措施主要采用钢套箱,该措施有效保障了桩基础在船舶撞击作用下的安全。但撞击过程中对船舶、桥梁均产生不同程度损坏。因此,不仅充分考虑对通航等级的设计,应加强对船舶管理。

参考文献

[1] 李维洲. 跨海大桥深水桩基础防船撞能力及安全评估研究[D]. 西安:长安大学,2014.

[2]《中国公路学报》编辑部. 中国桥梁工程学术研究综述·2014[J]. 中国公路学报,2014(05):1-96.

[3] 冯忠居,谢永利,上官兴. 桥梁桩基新技术[M]. 北京:人民交通出版社,2005.

[4] 冯忠居. 基础工程[M]. 北京:人民交通出版社,2001.

[5] 冯忠居,陈景星,付长凯,等. 在役桥梁桩基础受冲刷作用影响的安全评价与分析[J]. 公路,2016(03):205-210.

[6] 姚玲森. 桥梁工程[M]. 北京:人民交通出版社,2008.

[7] 杜洪彦,邱富荣,林昌健. 混凝土的腐蚀机理与新型防护方法[J]. 腐蚀科学与防护技术,2001(03):156-161.

[8] 蔡光汀. 钢筋混凝土腐蚀机理和防腐措施探讨[J]. 混凝土,1992(01):18-24.

[9] 中华人民共和国行业标准. JTG/T B07-1—2006 公路工程混凝土结构防腐蚀技术规范[S]. 北京:人民交通出版社,2006.

[10] 董海明. 沿海混凝土桥梁的防腐耐久性设计[J]. 公路,2012(07):174-177.

[11] 余波,毋铭,杨绿峰. 混凝土保护层对钢筋腐蚀机理及腐蚀速率的影响[J]. 工业建筑,2014(07):112-119+169.

[12] 李家伟. 连云港海滨大道跨海大桥耐久性设计研究[J]. 公路交通科技(应用技术版),2015(02):156-160.

[13] 张敏,马建林,苏权科,等. 考虑剪力环、泥皮和防腐涂层作用的钢管复合桩工作性能模型试验研究[J]. 岩土力学,2014,35(02):389-396.

[14] 上海钢研究所. 海洋用钢腐蚀研究[M]. 上海:上海科技出版社,1978.

[15] 侯保荣. 海洋构筑物的阴极保护[J]. 海洋科学,1979(03):42-47.

[16] 中华人民共和国行业标准. JG/T 502—2016 环氧树脂涂层钢筋[S]. 北京:中国标准出版社,2016.

[17] 范彬,王林. 船桥碰撞及桥梁防撞结构研究[J]. 华东船舶工业学院学报(自然科学

版),2005(04):1-5.

[18] 叶俊能.海上大直径超长钻孔灌注桩基础施工技术[J].湖南工业大学学报,2008(02):17-20.

[19] 冯忠居,尹洪桦,李孝雄,等.海洋环境强震区超大直径桩基钢护筒下沉问题与处理技术[J].中国港湾建设,2016(11):39-41+60.

12. 海洋环境钢护筒的应用现状分析

冯忠居[1]　陈慧芸[1]　袁枫斌[1,2]　李孝雄[1,3]　王富春[1]　李　哲[1]
孙平宽[2]　吴敬武[2]　王蒙蒙[1]　冯　凯[1]
(1. 长安大学;2. 中国公路工程咨询集团有限公司;3. 滁州学院地理信息与旅游学院)

摘　要:为了充分了解钢护筒在跨海大桥中的应用情况,本文通过对我国跨海大桥总体设计资料的收集与分析,阐明了海洋环境钢护筒几何参数设计、下沉机械选择与定位及钢护筒防腐技术。分析表明:①钢护筒设计可保证其下沉不会产生变形、失稳,且预留一定腐蚀厚度;②钢护筒下沉中,根据土体动摩阻力选取适宜的振动锤;③海洋环境钢护筒中的飞溅区、潮差区腐蚀最严重,采用环氧树脂等防腐涂料(厚度大于400μm)与电化学保护联合的方法,从而取得了良好的防腐效果。

关键词:海洋环境;钢护筒;设计指标;施工机械;防腐措施

1　引言

钢护筒在海洋环境下的工程建设中是不可缺少的构件之一,钢护筒在使用过程中受海况条件如水深、台风、潮差、波浪、海流及腐蚀等因素的影响,这些因素严重影响着工程进度及工后钢护筒的使用寿命。

钢护筒生产有近百年的历史。德国人曼尼斯曼兄弟于1885年首先发明了二辊斜轧穿孔机,1903年经瑞士人施蒂费尔(R. C. Stiefel)改进开始形成近代钢管工业,钢护筒从此大面积投入工程建设。20世纪50年代,在修建武汉长江大桥时,世界范围内首次采用了大型管柱基础代替气压沉箱基础施工方法。目前,随着钢护筒制作技术与施工工艺的发展,钢护筒直径不断增大,港珠澳大桥采用直径达8.0m的钢圆筒,刷新了由平潭跨海大桥采用的重达197t、直径4.9m的大型钢护筒及安庆长江大桥直径3.6m、重105t的钢护筒的国内纪录,钢护筒制作技术与施工工艺越发成熟。

钢护筒在海洋工程中的应用极为广泛。高桩码头水上冲孔灌注桩施工过程中,利用钢护筒进行水上施工平台搭设;跨海大桥建设中,采用钢护筒进行栈桥搭设及桩基础施工;钢护筒亦可作为跨海大桥施工中钢栈桥的防撞措施;钢护筒作为海洋环境钻孔灌注桩附加防腐措施得到广泛应用,既有利于桩基上部混凝土形成良好的保护层厚度,又能给部分混凝土穿上一层防护服,能保证桩基础在设计年限内正常运营;另外,钢护筒在施工完成后不予拔出,并与桩基础形成了钢管混凝土复合桩,提高了桩基础承载能力;人工挖孔施工工艺中采用钢护筒护壁，在滨海相基岩埋藏不深的浅海区基桩施工中是切实可行的；设置永久性钢护筒，采用钢护筒与承台有效连接的构造措施，有效解决了超长联大跨连续梁桥桩基抗震的技术难题；海洋石油钻井平台长期处于恶劣的海洋环境中，采用钢护筒建设钻井平台可保证其安全作业；地铁施工过程中，采用钢护筒明洞解决了盾构施工安全性的问题。

综上所述，钢护筒在跨水域桥梁中应用极其频繁，本文基于我国现有跨海大桥钢护筒应用情况，注重分析海洋环境桥梁工程中钢护筒设计、施工及防腐技术的应用现状。

2　海洋环境钢护筒主要设计指标

在水域桥梁桩基础施工中，由于受桥位处不利水文地质条件的影响，需将钢护筒打入河床足够深度。钢管直径、壁厚以及埋深等设计参数的合理确定直接决定了桩基础的质量和承载能力，同时也是保证桩基础设计经济、合理的前提条件。

2.1　钢护筒长度

钢护筒总体结构及埋设情况如图1所示。设钢护筒顶端至海底距离为 h，埋入海底为 l，总长为 L；潮差为 h_1，钢护筒顶端高出最高潮水线的距离为 h_2，最大水深为 h_3，最低潮水线与海底的距离为 h_4（潮水线在海底以下取正值，以上取负值）。

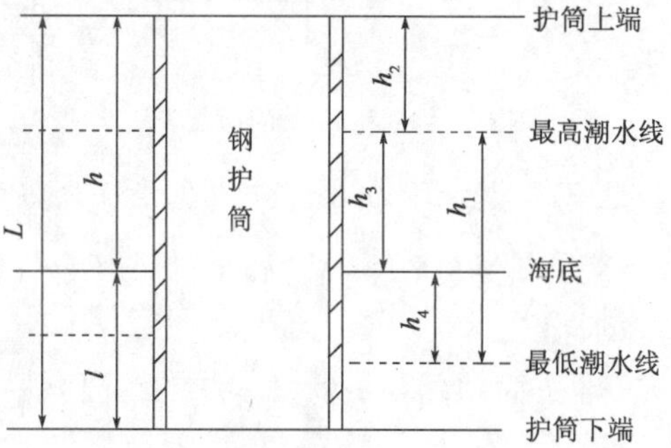

图1　钢护筒总体结构及埋设情况

海洋环境桥梁桩基施工中，钢护筒是维持孔内泥浆压力的重要设施。为使钻进作业可持续进行，孔内泥浆压力要满足以下关系式：

地层压力 < 泥浆压力 < 地层破裂压力

如果地层压力大于孔内泥浆压力，孔壁将开裂并产生塌孔；当泥浆压力大于地层破裂压力时，泥浆压力将使地层破裂造成泥浆流失。

（1）h_2 的确定

确定泥浆特性，并且设置好钢护筒之后，泥浆压力成为一个不受潮差影响的定值。当海水处于最高潮时，为了满足泥浆压力大于地层压力的条件，需要增高 h_2，泥浆压力将随 h_2 增高而增大。若 h_2 增加得太高，落潮之后泥浆压力将压裂地层而产生泥浆流失；并且此时钢护筒所承受的海况荷载会增加，费用也会随着施工平台高度的增长而增加。因此，h_2 应选取一个最佳值。

考虑最高潮的影响，h_2 可按下式确定：

$$h_2 = \text{平台甲板厚度} + \text{泥浆槽高度} + \text{安全储备高度} \tag{1}$$

（2）l 的确定

钢护筒的入土深度不仅要使钢护筒自身保持稳定，还要保证渗透性能平稳，不允许出现管涌现象。当钢护筒入土深度不足时，由于护筒内外存在的泥浆水头差 h_1+h_2 的存在，导致钢护筒内的地下水会绕过护筒底部向海里渗透。当渗流力足以克服土的有效重力时，土颗粒就会随水流向上流走而导致钢护筒失稳。验算抗渗流稳定和管涌的基本原则是，使护筒底部土体的有效压力大于地下水的渗流力。海底渗透与管涌示意图如图 2 所示。

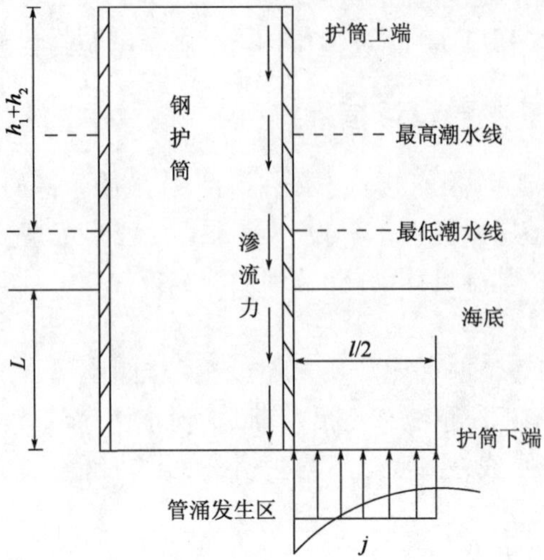

图 2　海底渗透与管涌示意图

验算公式为：

$$l \geqslant [K(h_1+h_2)\gamma_w - \gamma'(h_1+h_2)]/(2\gamma') \tag{2}$$

式中：l——钢护筒插入海底的深度；

h_1+h_2——护筒内外水头差(即护筒顶部与最低潮水线的距离)；

γ'——土的有效重度；

γ_w——地下水的重度；

K——管涌安全系数，应大于 1.2。

若钢护筒埋入海底的深度满足上述条件，那么钢护筒是安全的。

(3) h_1 的确定

根据《公路桥梁施工技术规范》(JTG/T F50—2011)，h_1 取施工区域 50 年来所遇到的最大潮差。

(4) L 的确定

$$L = h_2 + h_3 + l \tag{3}$$

2.2　钢护筒内径

钢管内径的确定需要综合考虑桩基础的成孔工艺、桩基础所处位置的工程地质和水文地质条件等因素，如使用旋挖钻时，应大于设计桩径 20cm 左右，使用冲击钻时，应大于设计桩径 40cm 左右。钢护筒内径应满足：

$$D_1 \geqslant (D/2 + H \cdot i - d_2) \times 2 \tag{4}$$

式中：D_1——钢护筒内径(m)；

D——设计桩径(m)；

H——钢护筒长度(m)；

i——护筒设置倾斜率(%);

d_2——护筒平面位置允许误差(m)。

2.3 钢护筒壁厚

钢管壁厚应包括有效厚度和预留腐蚀厚度,其中有效厚度为参与桩基础受力所需要的厚度,预留腐蚀厚度为桩基础使用年限内管壁腐蚀的厚度。钢护筒壁厚计算公式如下:

$$t \geqslant \frac{\beta N}{f} \tag{5}$$

式中:t——钢护筒壁厚;

β——折减系数;

N——钢护筒截面上作用的压力,$N = p \cdot D/2$,p 为土及地下水对护壁的最大压力,D 为钢护筒内径;

f——钢板抗压强度设计值。

钢管壁厚的确定需要综合考虑钢管周围岩土体产生的围压、钻孔桩径、埋深、埋设方法、钢管下沉过程中受力情况以及周围环境的腐蚀情况、防腐措施等因素的影响,通过计算确定钢管壁厚。当钢护筒长度大于10m时,钢护筒的径厚比应不大于20。

3 海洋环境钢护筒施工技术

海洋环境风高浪急,水文条件复杂,时常会受到台风、潮汐等自然现象的影响,钢护筒在运输、定位及下沉过程中可能遭受严重威胁。随着跨海大桥建设不断发展,桩长、桩径不断增大,钢护筒的直径、长度也不断增长。因此,对钢护筒的制作、运输、定位及下沉提出了更高的要求,且钢护筒在定位及下层过程中易产生定位不准确、无法下沉至设计高程、钢护筒变形等施工病害,对施工质量及工期将产生极大影响。因此,海洋环境中钢护筒施工需选取适宜的下沉机械、施工工艺及相应的病害防治措施。

3.1 钢护筒下沉机械选择

钢护筒的下沉本质是钢护筒、振动锤及土体相互作用的体系。钢护筒在下沉过程中需克服土体对钢护筒的摩阻力。因此,选取振动锤需综合考虑钢护筒几何尺寸、土体物理力学性质指标及钢护筒需下层的深度。

(1)下沉阻力计算

钢护筒在振动锤激振作用下进行下沉,钢护筒所受侧摩阻力为土体的动摩阻力值,国内对于动摩阻力确定是依照桩侧静摩阻力进行推算的。当振动锤加速度达到10倍重力加速度后,动摩阻力为定值,下沉阻力由钢护筒与土体接触面积及土体动摩阻力决定。钢护筒下层阻力如下式:

$$T_v = L \sum \tau_i H_i \tag{6}$$

式中:T_v——土体对钢护筒总的动摩阻力;

τ_i——钢护筒 i 段的单位长度动摩阻力,$\tau_i = \eta \tau_j$,其中:η 为动摩阻力折减系数,τ_j 为桩侧静摩阻力;

L——钢护筒内、外壁周长之和;

H_i——i 段的钢护筒下沉深度。

$$P > T_V - G \tag{7}$$

式中:P——振动锤激振力;

G——护筒和振动锤自重。

(2)振动锤选取

钢护筒下沉阻力确定后,选取振动锤,需综合考虑振幅、激振力、频率及功率等参数,我国部分跨水域大桥下沉钢护筒振动锤见表1。

下沉钢护筒振动锤选取

表1

桥 梁 名 称	钢护筒几何参数			振动锤选取	钢护筒穿越土层
	长度(m)	直径(m)	壁厚(mm)		
铺前跨海大桥	20	4.3	35	2台YZ300高频液压振动锤	淤泥质黏土、黏土、砂砾
平潭跨海大桥	45	3.0	25	ICEV360振动锤	粉砂、亚黏土、黏土
杭州湾跨海大桥	52	3.1	18	ICEV360振动锤	淤泥质黏土、黏土
肇庆大桥	20.5	3.15	25	ICEV360振动锤	粉细砂层、中砂层、粗砂层、角砾层
石龟山大桥	9	5	8	160t振动锤	粉砂、淤泥质黏土
马鞍山长江公路大桥	16.2	2.8	22	ICEV360振动锤	粉土、淤泥质亚黏土、粉砂
灌河大桥	22	2.8	14	ICEV360振动锤	粉土、淤泥质黏土
苏通大桥	53	2.85	25	ICEV360振动锤	黏土、亚黏土、淤泥、粉细砂
嘉绍大桥	45	4.1	32	ICEV360振动锤	粉质黏土、粉细砂、亚黏土
港珠澳大桥	40.5	22	18	APE-600型液压振动锤	淤泥质黏土、黏土、粉细砂

由表1可见,我国桥梁钢护筒下沉所选用振动锤主要是ICEV360振动锤(图3),其中海南铺前跨海大桥钢护筒直径、壁厚最大,所选取的是2台YZ300高频液压振动锤联动激振下沉钢护筒(图4)。桥梁钢护筒设置的主要作用是为桩基础施工提供安全、有利施工环境,因此,钢护筒下沉仅穿越柔软地层将钢护筒底端至于较硬土层。

图3 ICEV360振动锤

图4 YZ300振动锤

3.2 钢护筒定位

海洋环境复杂,钢护筒在下沉过程中遭受台风、潮差、波浪及海浪的影响,给钢护筒下沉带来了一定困难。因此,保证钢护筒下沉顺利,且平面位置及垂直度等指标均满足设计要求,必须选取适宜下沉时机及定位方法。应用于实体工程中钢护筒定位方法见表2,图5。

钢护筒定位方法 表2

桥 梁 名 称	定 位 方 法
铺前跨海大桥	双层导向架 + GPS
港珠澳大桥	可调整体式导向架 + GPS
杭州湾大桥	预留孔 + GPS
苏通大桥	刚性导向架 + GPS
平潭海峡跨海大桥	组合式导向架 + GPS
灵江铁路大桥	导向架 + 导线测量
琅岐闽江大桥	钢护筒定位器 + GPS
港珠澳大桥	全站仪 + 计算机系统 + 适配反射棱镜 + 液位计 + GPS

图5 钢护筒定位下沉

3.3 钢护筒下沉中的问题与防治措施

由于前期设计不当、海洋环境复杂等因素,导致钢护筒下沉过程中出现钢护筒偏位、倾斜、筒底漏浆、钢护筒底部以下土层塌孔、变形(图6)及下沉困难等问题。常见下沉中病害及防治措施见表3。

图6 钢护筒变形示意图

钢护筒下沉中问题及防治措施　　表3

下沉中问题	产 生 原 因	防 治 措 施
钢护筒偏位	放样位置不准确;放样后,放样坐标点移动;埋设钢护筒时,埋设基点与放样坐标点有偏差	严格按照钢护筒设计图纸坐标放样,多次进行放样坐标复核,并定期对仪器进行校核;采用固定式保护好坐标点
钢护筒倾斜	钢护筒由于受力不均匀导致下沉速度不一致;钢护筒在初始埋设时倾斜;钢护筒焊接相邻节不垂直;钢护筒四周地层存在软硬偏差;钢护筒振动下沉时碰到漂石、异物	在埋设钢护筒时采用导向架;在焊接接长时,保证后续加长节的垂直度;当穿过地质情况不均匀的地层时,应减慢振动入土速度;若碰到漂石等异物,应减慢入土速度,同时多次上下往复提拔、振动入土
筒底漏浆及钢护筒底部以下土层塌孔	地质条件复杂、钢护筒埋设深度不够	仔细分析地质条件资料,对不同的地质地层需具体分析,埋设不同深度的钢护筒,埋设深度以穿透不良地质层为宜
钢护筒变形	钢护筒刚度不足;加劲箍焊接强度不够导致脱落	增加第一节钢护筒壁厚;对第一节钢护筒底部部分的加劲箍作全断面焊接
护筒下沉困难	遇到坚硬底层而插打困难;护筒下沉时外壁摩阻力过大;振动锤激振力、振幅过小	辅助高压射水;吸泥措施以降低护筒内部的土塞厚度;钻孔护筒跟进

4　海洋环境钢护筒防腐技术

钢护筒作为海洋环境下桥梁桩基础附加防腐措施得到广泛应用,同时在海洋环境下,钢护筒的使用依旧面临极其严峻的海水腐蚀问题,如图7～图9所示。

图7　铺前跨海大桥钢护筒腐蚀

图8　琅岐闽江大桥钢护筒腐蚀

图 9　平潭跨海大桥钢护筒腐蚀

4.1　海洋环境钢护筒腐蚀机理

钢护筒的腐蚀与海水的化学成分、海水特性及浪高密切相关。位于海洋环境中的钢护筒，由于海洋环境从上到下的差异较大，可将其划分为 5 个区带：大气区、飞溅区、潮差区、全浸区和海泥区，而每个区带的温度、阳光、水流、盐度、溶解氧量等的不同，直接导致位于不同区带的钢护筒出现差异较大的腐蚀情况，如图 10 所示，各个腐蚀区的腐蚀速率有很大的差别。

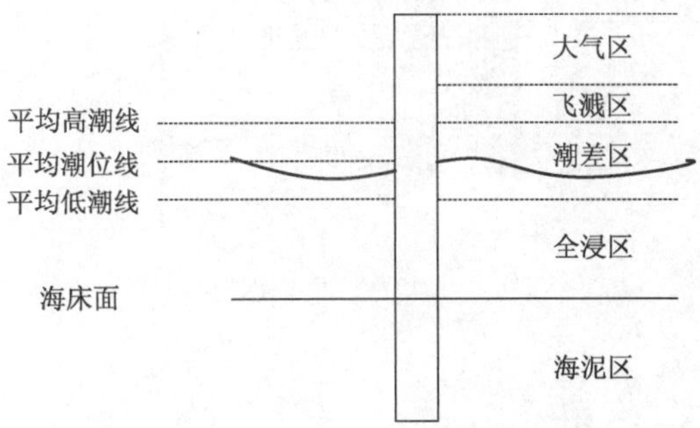

图 10　海洋环境钢护筒区带划分

由图 10 可看出，处于平均高潮线以上的飞溅区、潮差区及平均低潮线以下 0.5～1.0m 处的钢护筒发生腐蚀最为严重，这是由于该区域海水溶解氧充分，流速较大，水温较高，海洋微生物繁殖快等。而位于全浸区钢护筒的腐蚀速率明显低于前两者，呈现出腐蚀抑制现象。

4.2　海洋环境钢护筒防腐措施及指标

海水腐蚀导致钢护筒不能更好地服务于海洋桥梁工程的问题极为严峻，因此针对海洋环境钢护筒腐蚀防治是十分必要的。目前，海洋环境钢护筒防腐主要从材料的选择、涂层改性、防腐涂料及电化学保护等方面进行防治。

(1)材料选择

钢护筒本身材料的耐腐蚀性对其使用寿命影响较大。在海洋桥梁工程中采用耐腐蚀性较好的材料进行钢护筒制作可以取得更好的防腐效果。

(2)涂层改性

随着表面改性技术的广泛应用，可在海洋环境钢护筒表面生成耐腐蚀性较好的表面层，将钢护筒与海水中的腐蚀介质隔离开，进而达到防腐的目的。比较常见的如镀锌、镀铝等，镀锌层厚度指标见表4。

海洋环境钢护筒防腐体系技术指标 表4

涂层材料	环氧树脂涂层	镀锌环氧树脂涂层
涂层外观	平整、色泽均匀、无气泡、无开裂及缩孔，允许有轻度橘皮状花纹	
涂层厚度(μm)	大于400μm	镀锌层厚度大于35μm，固化后总厚度大于400μm
涂层连续性	涂层固化后应连续，不应有孔洞、裂隙或肉眼可见的其他涂层缺陷	

(3)防腐涂料及电化学保护

防腐涂料的主要作用是阻止海水中的腐蚀介质与钢护筒直接接触，发生化学或电化学腐蚀。但是防腐涂料在短期内防腐效果较好，随着时间的增加，表层涂料[环氧树脂、环氧煤沥青底漆、环氧煤沥青面漆、环氧沥青防锈漆、厚浆型铝粉环氧沥青防锈漆、厚浆型环氧沥青防锈漆、环氧煤沥青管道专用漆、沥青清漆、耐高温防腐涂料ZS(1800℃)、无机防腐涂料等]的防腐效果逐渐减弱，因此，在海洋桥梁工程中钢护筒的长期防腐最好采用防腐涂料与电化学保护相结合的方法，如图11和图12所示，防腐体系技术指标(以环氧树脂为例)见表3。

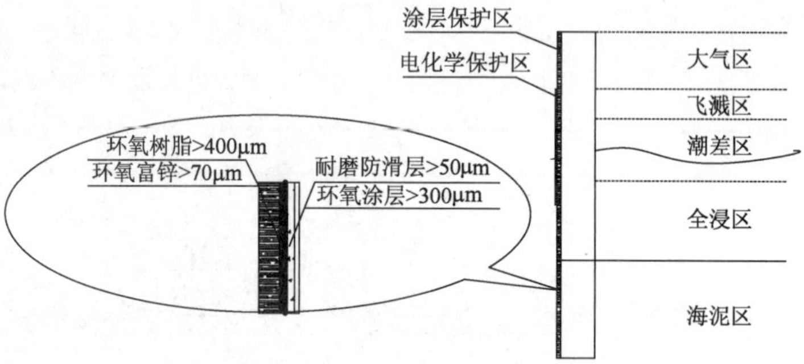

图11 防腐涂层及电化学保护

图12 钢护筒防腐涂层

5 结论

(1)进行钢护筒长度设计时应充分考虑管涌、海浪等因素。进行钢护筒壁厚设计时，应保证钢护筒具有足够刚度和一定腐蚀厚度。在满足设计永久荷载要求前提下，应尽量减短钢护筒长度，适当增加壁厚，确保必要的刚度，提高材质质量，提高永加工精度。

(2)钢护筒下沉施工中振动锤需提供足够动力保证其下沉至设计高程，且避免机械选取过于保守；在钢护筒下沉过程中遇到问题时，应结合工程的经济性和工程进度进行处理，在比较多种备选方案后采用最优的解决方案。

(3)位于海洋环境中的钢护筒，可将其划分为5个区带：大气区、飞溅区、潮差区、全浸区和海泥区。其中位于飞溅区、潮差区及平均低潮线以下0.5～1.0m处的钢护筒发生腐蚀最为严重，而位于全浸区钢护筒的腐蚀速率明显较低，呈现出腐蚀抑制现象。

(4)海洋环境钢护筒防腐措施主要分为材料选择、涂层改性、防腐涂料及电化学保护三个方面。为保证海洋环境下钢护筒的耐久性，可采用耐腐蚀性较好的材料进行钢护筒制作，同时在钢护筒表面使用适宜的防腐措施，从而取得良好的防腐效果。

参考文献

[1] 左宏志. 无缝钢管百年史话. 近日出版[J]. 钢管，2008(06)：54.

[2] 妖玲森，桥梁工程[M]. 北京：人民交通出版社，2008.

[3] 王增贤，林柏章，张建中，等. 海水对桥梁桩基础质量影响评价与防护技术[J]. 公路交通科技（应用技术版），2010(11)：157-161.

[4] 杨清平，邱和生. 灌注桩钢护筒在高桩码头施工平台中的应用[J]. 中国港湾建设，2014(06)：34-36，87.

[5] 冯忠居，尹洪桦，李孝雄，等. 海洋环境强震区超大直径桩基钢护筒下沉问题与处理技术[J]. 中国港湾建设，2016(11)：39-41，60.

[6] 冯忠居，谢永利，上官兴. 桥梁桩基新技术[M]. 北京：人民交通出版社，2005.

[7] 冯忠居，陈祥宝，上官兴. 基础工程[M]. 北京：人民交通出版社，2001.

[8] 李家伟. 连云港海滨大道跨海大桥耐久性设计研究[J]. 公路交通科技（应用技术版），2015(02)：156-160.

[9] 孟凡超，吴伟胜，刘明虎，等. 港珠澳大桥桥梁钢管复合桩设计方法研究[J]. 工程力学，2015(01)：88-95.

[10] 何开兆. 钢护筒护壁人工挖孔在海上基桩施工中的应用[J]. 广西地质，2002(04)：51-54.

[11] 刘新宝，程龙，王威，等. 海洋石油钻井平台建造焊接质量检验和控制方法探索[J]. 中国造船，2010(S1)：102-106.

[12] 余远红. 钢护筒在盾构接收井中的应用[J]. 市政技术，2016(02)：75-78.

[13] 中华人民共和国行业标准. JTG/T F50—2011 公路桥梁施工技术规范[S]. 北京：人民交通出版社，2011.

[14] 李业勋，张奎，沈永兴，等. 海上高频振动打桩的动侧摩阻力及可打性[J]. 中国港湾建设，2015(03)：33-36.

[15] 崔雪梅，吴泽和. 大直径钢护筒下沉施工设备及其应用[J]. 桥梁建设，2006(S1)：123-124，130.

[16] 上海钢研究所. 海洋用钢腐蚀研究[M]. 上海：上海科技出版社，1978.

[17] 侯保荣. 海洋构筑物的阴极保护[J]. 海洋科学，1979(03)：42-47.

[18] 中华人民共和国行业标准. JG/T 502—2016 环氧树脂涂层钢筋[S]. 北京：中国标准出版社，2016.

13. 海洋环境大直径深长桩基钢护筒设计作用组合的计算与分析

冯忠居[1]　袁枫斌[1,4]　李孝雄[1,5]　尹洪桦[1]　张福强[2]　刘　闯[2]
马晓谦[3]　吴敬武[4]　孙平宽[4]　蒙超荣[1]
(1. 长安大学;2. 海南省交通运输厅;3. 海南省公路勘察设计院;
4. 中国公路工程咨询集团有限公司;5. 滁州学院地理信息与旅游学院)

摘　要:本文以铺前跨海大桥工程项目为依托,采用理论分析的方法对海洋环境特大型桥梁大直径深长桩基钢护筒海况横向组合荷载进行计算,为铺前跨海大桥桩基所采用钢护筒的设计方法提供相应理论支撑。结果表明:①铺前跨海大桥大直径钢护筒承受波浪荷载中速度分力大于惯性分力,超出了11%。②海洋环境中,钢护筒影响因素更加多样化,包括风力荷载、波浪荷载、水流荷载等。为防止钢护筒发生形变,在第一节顶部设置环钢带,并在之后管节设置剪力环。

关键词:海洋环境;大直径钢护筒;风荷载;波浪荷载;水流力

1　引言

随着跨海桥梁日益增多,桥梁的大直径桥梁桩基及其相关设施的作用组合计算逐渐成为热点问题。近年来,相关专家对海洋环境下桥梁墩柱承受的风荷载、波浪荷载、水流力等的计算进行了相关探索与总结。1983 年 Troesch 等人对 1∶115 的半潜式海洋平台模型进行了风洞试验,计算了其上的风荷载作用。时军利用简谐波叠加法计算了平台上的脉动风荷载,得到了风作用时段内平台构件的瞬时风荷载,并对其做了统计分析。陈小波、李静、陈建云基于 Morison 方程和流函数理论计算了近海风机非线性波浪荷载,并研究了波浪自由面对近海风机非线性波浪荷载的影响,同时探讨了不同桩径时浅水区非线性波浪荷载的特性。刘德辅、王超、林欣在大量试验和海上实测资料的基础上,对 Morison 公式中的速度力系数、惯性力系数的取值进行了不确定性分析,并得到了相应的协方差,该值对海洋工程概率设计及可靠性分析具有重要意义。李玉成探讨了将环境条件差异而造成水动力系数的变化,归化为 kc 数的恰当定义和不规则波特征波的恰当选用,从而得到规则波与不规则波、纯波与波流共存不同条件下归一化的水动力系数 C_d、C_m 与 Kc 数的相关结果。张建龙运用流场分析软件 Fluent 对洪水期水流形态下桥梁下部桩柱结构进行三维流场数值模拟分析,得到了超临界区雷诺数水流形态情况下单桩以及不同 L(桩净距)/D(桩直径)时串联双桩和串联三桩的桩周水流特征。陈云鹤、赵晶考虑锚链受到的水流力和弹性变形的影响因素,将各点的静力平衡方程相互叠加,建立了锚链力方程并进行了算例的计算。姚文伟、刘贞飞重点讨论了承台对桩基上波浪力的影响,给出了承台下桩柱上波浪力的变化规律,同时针对某典型桩基结构布置形式给出了承台效应系数和群桩系数随相对水深、无量纲承台半径、相对吃水深度等参数的变化规律。

在海洋环境中的桥梁桩基础一般均采用钢护筒,钢护筒在桩基成桩前,综合分析其承受的多种作用组合是确保桩基础顺利施工的关键。

2 工程概况

铺前跨海大桥路桥工程跨越铺前湾,于后溪村西北角进入北港岛,沿岛西北部展线,二次跨越铺前湾,在塔市落地,穿过养殖场后,同海口市规划江东大道二期相接,路线总长 13.551km,其中铺前跨海大桥全长 3.959km。为该项目的控制性工程,铺前跨海大桥主墩采用(230 +230)m 两跨独塔钢箱梁斜拉桥,其中主墩基础采用两个分离式承台基础,桩基在单个承台下呈行列式布置,每个承台下采用 16 根 D4.3m/D4.0m 钢管复合桩,左侧桩长 38m,右侧桩长 29m,按端承桩设计,桩尖持力层为微风化花岗岩,并嵌入微风化岩层不小于 13m。钻孔桩采用 C35 混凝土,单桩混凝土设计方量 511.7m^3/388.9m^3,钢管与钢筋混凝土共同组成桩基础结构主体共同受力。主筋为 HRB400 的 ϕ36mm 钢筋,主筋间采取滚扎直螺纹连接,单根桩最大钢筋笼重:85t(主墩钻孔桩具体参数见表 1)。

主墩钻孔桩具体参数 表 1

墩位号	桩位数(根)	桩径(m)	桩顶高程(m)	钢护筒底高程(m)	桩底高程(m)	桩长(m)	钢筋(t)
34 号左侧	16	4.3/4.0	-3.0	-20.5	-41.0	38	85.0
34 号右侧	16	4.3/4.0	-3.0	-15.5	-32.0	29	73.2

铺前湾全年以风浪为主,涌浪次之,两年中风浪频率均为 100%,涌浪频率为 16.2% ~ 16.5%,各月风浪、涌浪频率变化见表 2。

风浪、涌浪频率统计(%) 表 2

月份		1	2	3	4	5	6	7
1984 年	风浪	100	100	100	100	100	100	100
	涌浪	8	7	30	16	25	13	9
1985 年	风浪	100	100	100	100	100	100	100
	涌浪	20	14	12	25	19	18	4

月份		8	9	10	11	12	全年
1984 年	风浪	100	100	100	100	100	100
	涌浪	17	19	28	21	15	16.5
1985 年	风浪	100	100	100	100	100	100
	涌浪	30	23	25	2	6	16.2

波向:以偏北向浪为主,N—NNE—NE 方向的波浪出现率为 64%,其中 NNE 向浪最多,占 29%;其次为 N 向和 NE 向,分别为 18% 和 17%;其他方位波浪出现较少,各向频率均小

于5%。累年各波向频率统计见表3。

累年各波向频率统计(%)　　表3

波向	N	NNE	NE	ENE	E	ESE	SE	SSE	S
频率	18	29	17	3	3	4	3	4	5
波向	SSW	SW	WSW	W	WNW	NW	NNW	C	
频率	1	0	0	3	3	3	4	4	

波高:海域波浪平均高以NNE、NE和W为大,为0.7m,其余各向平均波高较小,为0.3～0.6m,最大波高以N向最大,波高达3.5m;而SSW、ESE和SE向较小,为0.6～1.0m。累年月平均波高、最大波高统计见表4。

累年月平均波高、最大波高统计(单位:m)　　表4

波向	N	NNE	NE	ENE	E	ESE	SE	SSE
平均波高	0.6	0.7	0.7	0.6	0.5	0.5	0.5	0.5
最大波高	3.5	2.2	2.5	1.5	1.6	1	0.8	1.1
波向	S	SWW	SW	WSW	W	WNW	NW	NNW
平均波高	0.4	0.3	0.6	0.6	0.7	0.4	0.5	0.4
最大波高	1.8	0.6	4.1	2.1	1.9	1.9	1.9	0.5

周期:偏北向浪周期较长,为3.7～4.0s,偏南向浪周期较短,为2.7～3.3s。累年月平均波高、最大波高、月平均周期、最大周期见表5。

累年月平均波高、最大波高、平均周期、最大周期统计　　表5

月份	1	2	3	4	5	6	7
平均波高(m)	0.9	0.8	0.6	0.5	0.4	0.6	0.4
最大波高(m)	2	2.1	2.2	1.8	1.3	1.9	1.3
平均周期(s)	4	3.8	3.7	3.5	3.3	3.3	2.7
最大周期(s)	5.7	4.8	4.6	4.5	4.5	4.7	4.5
月份	8	9	10	11	12	全年	
平均波高(m)	0.4	0.6	0.6	0.7	0.3	0.6	
最大波高(m)	1.8	2.4	3.5	1.9	2	3.5	
平均周期(s)	3	3.4	3.5	3.7	3.8	3.5	
最大周期(s)	4.6	5.5	6.5	0.7	5.8	6.5	

重现期波浪要素,根据2年波浪观测资料,按港工规范要求推算出的50年重现期的波浪要素:波浪($H4\%$)=3.4m,周期$T=6.6$s;20年重现期的波浪要素:波高($H4\%$)=3.2m,周期$T=6.3$s。

3　铺前跨海大桥大直径深长桩基钢护筒海洋环境作用的计算

当钢护筒埋置在软土层中,仅考虑保护井壁之用,忽略了海水浮力以及由地层自重产生的桩侧土压力时,钢护筒在地下受力状态如图1所示。

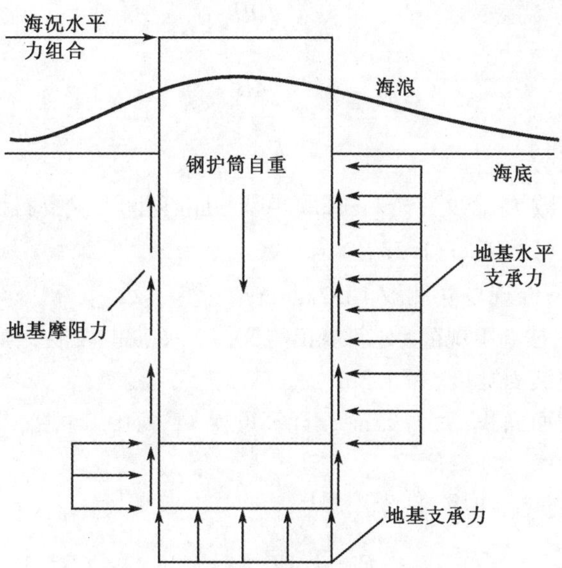

图1　钢护筒受力状态

铺前跨海大桥大直径钢护筒所承担的横向荷载主要与所处的海洋环境有关,包括风力荷载、波浪荷载、洋流荷载、冰荷载等荷载的组合。海洋环境水平荷载组合的抗力为地基对护筒的横向支承力。本文主要对铺前跨海大桥大直径钢护筒所承担的横向荷载进行计算分析。

查阅文献[7]可知,大直径钢护筒所受海洋环境荷载组合 H 的计算采用下面的公式计算:

$$H_{max} = F_D + f + P + F_1 \tag{1}$$

式中:H_{max}——护筒最大横向荷载;

F_D——护筒平均风荷载;

f——波浪荷载;

P——护筒冰荷载;

F_1——水流力。

3.1　平均风荷载计算

依据文献[3]可知,铺前跨海大桥钢护筒承受平均风荷载:

$$F_D = \beta_z \mu_z \mu_s \omega_0 \tag{2}$$

其中:由于钢护筒高度小于30m,风振系数 β_Z 近似取1;钢护筒表面为圆柱形,风荷载体型系数 μ_S 取0.8;铺前跨海大桥钢护筒所处区域为B类场地,风压高度变化系数 μ_Z 取1;查《建筑结构荷载规范(GB 5009—2001)》可知,海南地区海口市基本风压 ω_0 取0.75kN/m^2;计算可得 F_D 为0.6kN/m^2。

3.2　波浪荷载计算

采用Morison法对铺前跨海大桥钢护筒承受的波浪荷载进行计算。计算中假定钢护筒尺寸相比于波长较小,并不影响波浪场。波浪荷载由两部分组成,即惯性力和速度力。其中迎波面宽度与波长比值大于0.2,故采用流体的绕射理论计算,计算中认为钢护筒全宽上流体压力梯度不变,其计算公式如下:

速度分力 $$P_D = C_D \times \frac{\gamma DH^2}{2} \times K_1 \tag{3}$$

惯性分力 $$P_1 = C_M \times \frac{\gamma AH^2}{2} \times K_2 \tag{4}$$

式中：C_D——速度力系数；

C_M——惯性力系数，综合文献资料，选取飓风 Edith 期间实测资料计算所得 $C_D \times K_1$、$C_M \times K_2$ 值，分别为 0.77、1.53；

γ——海水容重，经现场实测取 1032kg/m^3；

H——计算波高，按港工规范要求推算出的 50 年重现期的波浪要素，波浪(H4%)=3.4m；

D——钢护筒迎波面宽度，为 4.3m；

A——钢护筒截面面积，为 1.95m^2。计算可得 P_D 为19.75kN，P_1 为 17.80kN。

3.3 水流压力计算

铺前跨海大桥大直径钢护筒承受水流力：

$$F_1 = krAV^2/(2g) \tag{5}$$

式中：k——形状系数取 1；

r——海水容重，经现场实测取 1032kg/m^3；

A——构件截面面积 37.68m^2；

V——水流流速，经现场测试取 0.9m/s；

g——常数 9.8，计算可得 F_1 为 1.607kPa/s。

4 作用组合计算

对铺前跨海大桥大直径钢护筒进行承载能力极限状态计算，选用基本作用组合类型，即永久作用标准值效应与可变作用标准值效应的组合，其表达式为：

$$\gamma_0 S_d = \gamma_0 \left(\sum_{i=1}^{m} \gamma_{Gi} S_{Gik} + \gamma_{Q1} S_{Q1k} + \phi_c \sum_{j=2}^{n} \gamma_{Qj} S_{Qjk} \right) \tag{6}$$

式中：γ_0——桥梁结构的重要性系数，按结构设计安全等级采用，特大桥取 1.1；

γ_{Gi}——第 i 个永久作用效应的分项系数 S_{Gik} 为第 i 个永久作用效应的标准值，由于钢护筒施工期间未有横轴向永久荷载，因此本次作用组合不考虑永久作用效应；

γ_{Q1}——汽车荷载效应分项系数；

S_{Q1k}——汽车荷载效应的标准值，本次作用组合不考虑汽车荷载；

ϕ_c——其他可变作用效应的组合系数，本次作用组合选取 0.6；风荷载 γ_{Qj} 取 1.1，其余可变作用 γ_{Qj} 取 1.4。

对风荷载、波浪荷载及水流压力进行作用组合计算得海洋环境大直径深长桩基钢护筒承载能力极限状态的作用效应组合设计值为 43.59kN · m。

5 结语

本文依托铺前跨海大桥实体工程，对海洋环境特大型桥梁大直径深长桩基钢护筒荷载组合进行计算，主要结论如下：

(1)规范中给出的风荷载计算方法其结果的准确性主要取决于大直径钢护筒所处区域

场地土类型的判别及其基本风压值的选取。

(2)采用 Morison 法对铺前跨海大桥钢护筒承受的波浪荷载进行计算,计算结果表明,铺前跨海大桥大直径钢护筒承受的波浪荷载中速度分力大于惯性分力,超出了 11%。由此可见,海水波浪速度大小对大直径钢护筒所承受的波浪荷载影响较大。

(3)海洋环境中,钢护筒所承受的横向荷载更加复杂,影响因素更加多样化,包括风力荷载、波浪荷载、洋流荷载等。为防止钢护筒发生形变,提高钢护筒抵抗横向变形的能力,可在第一节顶部设置环钢带,并在之后的管节设置剪力环。

参考文献

[1] 冯忠居.大直径钻埋预应力混凝土空心桩承载力的试验[J].长安大学学报(自然科学版),2005,25(2):50-54.

[2] Troesch A. W. ,Van Gunst R. W. ,and Lee S. ,"Wind Loads on a 1:115 Model of a Semisubmersible" Marine Teehnol, 20(July 1983), 283-289.

[3] 时军.海洋平台上的风荷载计算研究[D].大连理工大学,2009.

[4] 陈小波,李静,陈健云.基于流函数理论的近海风机非线性波浪荷载计算[J].湖南大学学报(自然科学版),2011(03):22-28.

[5] 刘德辅,王超,林欣.波浪力系数 Cd、Cm 的不确定性分析[J].中国造船,1991(02):31-39.

[6] 李玉成.Morison 方程水动力系数归一化的探讨[J].水动力学研究与进展(A 辑),1998(03):329-337.

[7] 吴永盛.海洋环境大直径钢护筒沉放的施工技术及工艺[J].福建建筑,2013(05):71-73.

[8] 张建龙.冲刷后结合洪水期水流力对连续梁桥进行静力与地震响应分析[D].长安大学,2015.

[9] 陈云鹤,赵晶.考虑水流力作用的锚链力计算方法[J].解放军理工大学学报(自然科学版),2016(02):116-120.

[10] 姚文伟.桩基结构物波浪力的工程计算方法[D].上海交通大学,2009.

[11] 刘贞飞.海底管道冲刷及波浪力试验研究[D].中国海洋大学,2007.

14. 海洋环境强震区超大直径桩基钢护筒下沉问题与处理技术

冯忠居[1]　尹洪桦[1]　李孝雄[1]　袁枫斌[1]　张福强[2]　刘　闯[2]　马晓谦[3]　吴敬武[4]　孙平宽[4]

(1. 长安大学公路学院;2. 海南省交通运输厅;3. 海南省公路勘察设计院;
4. 中国公路工程咨询集团有限公司)

摘　要:海南省铺前跨海大桥主桥墩桩基础设计桩径4m,桩基施工过程中采用的钢护筒直径4.3m,长度25.7m。如此超大直径的深长钢护筒目前在国内外钻孔灌注桩中鲜有应用。受桥址区砂砾、卵石土、微风化花岗岩等岩土地质条件限制,钢护筒在下沉过程中出现下沉困难的情况时有发生。本文根据铺前跨海大桥海洋环境及强震区的场地条件、桥址区岩土地质情况,对解决铺前跨海大桥主桥墩 ϕ4.3m 超大直径钢护筒下沉困难的三种技术方案进行比较,并提出了对不能下沉就位的钢护筒可通过采取减小钢护筒长度、适当增加桩基础配筋率等措施,以增强桩基础的抗弯、抗剪能力,满足强震作用下桩基础的抗震性能,可为类似超大直径钢护筒下沉提供技术经验和借鉴。

关键词:海洋环境;强震区;超大直径桩基础;钢护筒;下沉

1　引言

随着大跨度深水桥梁工程的不断建设,大直径钻孔灌注桩被广泛应用于桥梁桩基工程领域。钢护筒是一种常用的钻孔灌注桩施工的成孔围护措施。实际中永久性钢护筒也可以作为桩基础承受荷载的一部分。目前桥梁桩基础直径 ϕ2.5m 左右的较为常见,桩径超过 ϕ3.5m 的桩基础并不多见,为满足特殊承载能力直径超过 ϕ4.0m 的桩基础也有存在。随着桩基础直径增大,钢护筒的直径也随之加大。通过相关文献资料检索及调研,钢护筒在桥梁桩基实际工程中的应用情况统计见表1。本文描述的超大直径 ϕ4.3m 钢护筒较为罕见。超大直径钢护筒的制作、运输及下沉技术要求更为严格,尤其对于海洋环境中存在较厚的砂砾层、卵石层及中、微风化岩的情况,超大直径钢护筒下沉过程中经常发生下沉困难的问题,往往导致桩基施工停滞。因此钢护筒下沉已成为影响桩基础施工的关键环节之一。

国内具有代表性的桥梁桩基钢护筒使用情况　　表1

桥梁名称	钢护筒参数	钢护筒下沉设备	钢护筒穿越土层情况
广东江村南北大桥	直径1.2m,壁厚0.8cm,长度25~35m	BII-YA 和中-160 型振动打桩机	砂黏土、沙土、黏土
肇庆大桥	直径3.15m,壁厚2.5cm,长度20.5m	ICEV360 型振动锤	粉细砂层、中砂层、粗砂层、角砾层
石龟山大桥	直径5m,壁厚0.8cm,长度6~9m	160t 振动锤	粉砂、淤泥质黏土
襄渝二线铁路大桥	直径2.3m,壁厚1.4cm,长度50m,材料 Q235 钢	DZ120KS 型振动桩锤	碎石土、绢云母片岩
马鞍山长江公路大桥	直径2.8m,壁厚2.2cm,长16.2m	ICEV360 型振动锤	种植土、粉土、淤泥质亚黏土、粉砂
灌河大桥	直径2.8m,壁厚1.4cm 长度22m	ICEV360 型振动锤	粉土、淤泥质黏土
苏通大桥	直径2.85m,壁厚2.5cm,长度53m,材料 Q345C 钢,重量96t	ICEV360 型液压振动锤	黏土、亚黏土、淤泥、粉细砂
杭州湾跨海大桥	直径3.1m,壁厚1.8cm,长度52m,材质 Q235A 钢,重量84.7t	悬挑式导向架 ICEV360 振动锤	淤泥质黏土、黏土
嘉绍大桥	直径4.1m,长度45m,下端12m 壁厚3.2cm,材质 Q345C 钢;上端33m 壁厚2.7cm,材质 Q235C 钢,重量132t	ICE-V360 型液压振动锤;200t 履带吊	粉质黏土、粉细砂、亚黏土

2　工程概况

铺前跨海大桥横跨海南岛东北部的铺前湾海域,全长5.6公里,其基础采用钻孔灌注桩基础形式,该桥34#主墩基础采用两个分离式承台基础,承台尺寸为34.2m×34.2m×7m(厚),桩基在单个承台下呈行列式布置,每个承台下采用16根D4.3m/D4.0m钢管复合桩,左侧桩长38m,右侧桩长29m;按端承桩设计,桩尖持力层为微风化花岗岩,并嵌入微风化岩层不小于13m。34#主墩桩基础周岩土体由上至下主要为淤泥质黏土、砂砾、卵石、(中)微风化花岗岩等,桩端嵌入中、微风化花岗岩约14m。

34#主墩桩基础钢护筒直径为4.3m,长度为25.7m,采用Q345qC钢材制作。钢护筒分为三节,筒顶设置壁厚0.8cm、高50cm、内径428.6cm的环钢带,与第一节护筒焊为一体。第一节长度为5.32m,壁厚2.8cm;第二节长度16.38m,含有剪力环、吊环,壁厚3.5cm;第三节长度4.00m,壁厚4.5cm,与桩端相接。钢护筒的构造设计如图1所示。钢护筒吊装利用100t履带吊,保证钢护筒垂直吊入孔位。插打钢护筒利用120t龙门吊结合大型液压振动锤,起吊钢护筒如图2所示,120t龙门吊如图3所示。值得说明的是,该桥桩基础成桩后钢护筒将作为桩基受力的一部分永久性保留,主要承担该桥穿越区域峰值加速度为0.35g的强震。

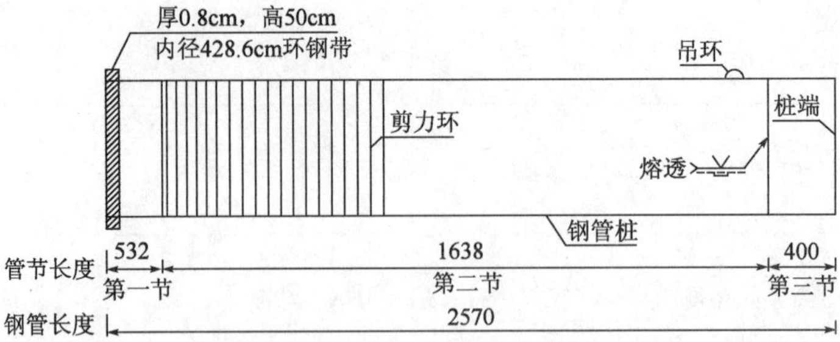

图1 钢护筒设计构造示意(单位:cm)

图2 钢护筒就位

图3 120t龙门吊

3 超大直径桩基钢护筒下沉问题及成因分析

2015年11月30日至2015年12月5日,分别施沉了34#主墩的1#、5#、9#和13#孔位并持续使用振动锤激振下沉护筒,受地层岩土体特性变化,发生钢护筒下沉困难,均无法下沉至设计标高。具体钢护筒孔位平面位置示意如图4所示。具体各桩位下沉后标高情况见表2所示。

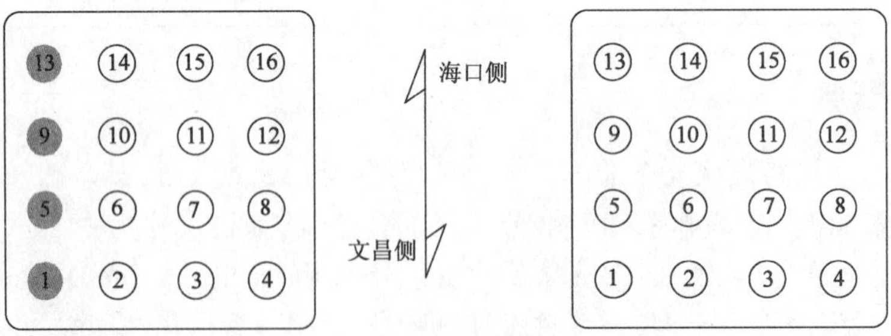

图4 已施沉钢护筒平面示意

34#主墩钢管复合桩永久钢护筒筒底设计标高在左右幅承台下分别为-20.5m和-15.5m,护筒顶设计标高统一为+5.2m,钢护筒长度分别为25.7m和20.7m。由上表2说明,由于钢护筒底口所对应的地层为砾砂/卵石土或卵石土坚硬地层,且1#和5#孔位钢护筒所处岩土情况为砾砂8.6m、卵石土4.9m,9#和13#孔位钢护筒地质情况为砾砂11.1m和卵石土2.9m,可知是坚硬土层厚度较大致使钢护筒下沉困难,因此4个孔位的钢护筒均未下沉至设计标高。

钢护筒施工下沉情况 表2

桩位号	护筒顶设计标高(m)	护筒沉放后顶标高(m)	海床面标高(m)	护筒底设计标高(m)	护筒沉放后底标高(m)	钢护筒底地层
1#	5.2	8.7	-6.13	-20.5	-17.0	砾砂/卵石土
5#	5.2	9.3	-6.13	-20.5	-16.4	砾砂/卵石土
9#	5.2	8.4	-5.53	-20.5	-17.3	卵石土
13#	5.2	8.3	-5.53	-20.5	-17.4	卵石土

4 超大直径桩基钢护筒下沉问题处治技术

分析 ϕ4.3m 超大直径钢护筒沉放施工现场实际地质情况、设计成果,建议采用表3三种方案之一:①先割除高出的钢护筒,形成施工平台后钻进成孔,再跟进接高钢护筒,并对接高的钢护筒与原钢护筒焊接,直至达到钢护筒设计标高;②采用高压双管旋喷桩加固钢护筒外周围土层,提高桩周地层强度,再进行钢护筒施打作业;③对不能打入的钢护筒不再打入,割去高出部分的钢护筒,对坚硬卵石层无法打入的桩基适当增加配筋,以提高抗弯、抗剪的抗震性能。

不同解决方案对比 表3

项目	方案一	方案二	方案三
内容	割除高出的护筒,形成平台先钻孔再接高跟进护筒	采用旋喷桩固化底部覆盖层	割除无法打入护筒,适当增加桩基配筋,提高抗震性能
实施性	先割除高出的护筒,形成平台后钻进成孔,再跟进接高,直至达到设计标高	接高采用高压双管旋喷桩加固护筒外周地层,提高桩周地层强度。	接高割除高出部分护筒,采用桩基内部配筋加强,提高桩基自身抗弯抗剪强度。
相关对比	抬高平台,成孔后需拆除平台才可跟进	需对整板承台及外周区域进行固化处理,旋喷桩范围较大,数量较多,估算约增加1400根旋喷桩。	桩基内部可适当增加配筋,施工较为便利
经济性及工期影响	增加平台安装和拆卸各一次,需增加月3至4月施工周期,经济性较差	施工周期长约4个月,台风期到来之间不能完成桩基施工,增加工程量较多,经济性差	不增加施工周期,增加少量钢筋用量,相对较经济。
推荐			选用方案三

综合比较分析三种方案的可行性、经济性及施工周期,最终确认方案三对不能打入的钢护筒不再继续打入,适当增加钢筋,较为合理,故采用方案三对坚硬卵石层无法打入的桩基通过适当增加配筋提高桩基础的抗震性能。

在提出解决方案的同时应注意如下方面:

(1)紧密跟踪钢护筒沉放过程,并记录备案。钢护筒振动沉放后因地质原因未能达到预期标高的桩基,应对比超前钻探结果进行复核对比,并且由设计方作优化设计,在护筒区内采取钢筋笼配筋加密措施,以提高桩基自身抗弯、抗剪性能达到设计目的。

(2)对设计桩位采取超前、加密钻探,确保地质勘查资料准确无误,便于设计方复核优化主墩基础的设计。

5 结语

铺前湾强潮涌海域大规模采用 ϕ4.3m 超大直径桩基钢护筒尚属首例,对超大直径钢护筒下沉是一次技术考验。针对铺前跨海大桥主桥墩桩基 ϕ4.3m 超大直径钢护筒下沉困难不能达到设计标高的问题,提出对不能下沉就位的钢护筒可以通过减小钢护筒长度,适当增加桩基础配筋率,以增强桩基础的抗弯、抗剪能力,满足强震作用下桩基础的抗震性能。本文的海洋环境强震区超大直径桩基钢护筒下沉问题及处理技术,可为类似工程提供技术借鉴和积累技术经验。

参考文献

[1] 冯忠居,特殊地区基础工程[M],北京:人民交通出版社,2010.

[2] 冯忠居,谢永利,上官兴.桥梁桩基新技术-大直径钻埋预应力混凝土空心桩,人民交通出版社.2005.

[3] 董鹏,毕继红,王海良,等.深水基础施工钢护筒动力打入过程试验研究[J].铁道建筑,2013(2):15-17.

[4] 张立奎,米长江,欧阳祖亮,等.大直径长钢护筒陆地施工方案比选[J].桥梁建设,2009(z1):70-72.

[5] 张帆,柏兴伟,刘博等.灌河大桥主墩钢护筒设计[J].公路,2013(10):113-116.

[6] 高纪兵,何平,何官健,柏争.苏通大桥北索塔墩大直径超长钢护筒施沉工艺[J].施工技术,2005(S1):194-197.

[7] 汪德隆,何旭斌,吴建中,等.大直径钻孔桩钢护筒变形及处理[J].桥梁建设,2006(1):66-69.

[8] 何承海,彭琳琳.嘉绍大桥 4.1m 超大直径钢护筒施工关键技术[J].中国港湾建设,2015(1):55-58.

15. 强震作用下嵌岩型群桩基础动力响应特性研究

冯忠居[1]　尹洪桦[1,4]　刘　闯[2]　张福强[2]　马晓谦[3]　袁枫斌[1,6]
李孝雄[1,7]　吴敬武[5]　孙平宽[5]　熊　英[5]

(1. 长安大学公路学院;2. 海南省交通运输厅;3. 海南省公路勘察设计院;
4. 广东省交通规划设计研究院股份有限公司;5. 中国公路工程咨询集团有限公司;
6. 中咨华科交通建设技术有限公司北京;7. 滁州学院地理信息与旅游学院)

摘　要:结合强震区桥梁群桩基础工程,考虑桩土惯性相互作用,建立了嵌岩群桩基础三维有限元模型,分析不同加速峰值 $0.15g \sim 0.60g$ 地震波作用下嵌岩群桩基础的加速度、位移、弯矩、剪力等动力响应。研究结果表明:不同位置桩基弯矩、剪力峰值不同,边桩和中桩较大,角桩较小;弯矩峰值普遍出现在基岩面附近,剪力峰值普遍出现在桩顶和基岩面附近,研究成果为类似嵌岩群桩基础的科学设计提供了理论依据。

关键词:强震区;大直径;嵌岩群桩基础;动力响应

1　引言

嵌岩型桩基础因其承载能力高、抗震性能强,被广泛应用于抗震设防烈度要求较高的桥梁基础工程中,但强震资料表明,这类嵌岩桩基础也存在许多桩基震害现象,如因剪应力或桩身弯矩过大导致桩头混凝土开裂、桩身环状裂缝甚至断桩现象。针对地震动荷载作用下桩基础的问题,国内外学者开展了大量的研究工作,多采用振动台模型试验和数值仿真技术,其中振动台模型试验相似率制约和岩土体半无限边界条件模拟较困难,试验结果离散性较大,且费用较高,而数值仿真技术因其经济性、可重复性较好一直是研究地震荷载作用下桩基础动力响应的有效手段。

陈清军等采用 Drucker-Prager 理想弹塑性模型,建立桩—土—桩相互作用及土—桩—土—结构相互作用的三维有限元计算模型,分析了 2×3 群桩基础的内力分布规律;杨伟林等对苏通长江公路大桥北塔主墩特大型群桩基础地震反应特性进行了数值模拟研究,探讨了桩—土结构动力相互作用、深软场地地震效应和桩群效应对群桩基础地震反应的影响;Klar 等和 Oka 等利用三维有限元法模拟液化土中桩基的动力特性,分析了液化地基上桩基础的动力响应;沈婷等建立超深桩基础的三维有限元模型,采用有效应力动力计算方法,研究了桩基震陷、地震反应加速度和孔隙水压力等动力特性;张麒蛰等采用三维弹塑性有限元动力模型，研究了地震作用下高桩承台斜桩的地震响应特性，分析了斜桩倾斜角度、自由桩长对高桩承台斜桩基动力反应的影响规律；刘星等针对可液化场地条件桩基础地震响应问题，基于砂土液化大变形本构模型建立可液化地基群桩基础三维计算模型，研究了在地震荷载作用下桩—土相互作用规律和弯矩的分布情况；童立元等建立了两层和三层液化层的桩基础计算模型，分析了液化侧扩地基单桩、群桩的动力响应，探讨了液化地基大变形条件下桩基础的位移与内力变化规律；赫中营等通过建立了高桩承台群桩基础有限元分析模型，分析了群桩效应对高承台群桩基础峰值抗力、桩顶剪力及桩身弯矩分布的影响，讨论了不同桩基自由长度和不同砂土密度对群桩效应的影响；孙兆敬依托汶川地震映秀岷江桥，考虑桩基础—地基土—桥梁共同作用的影响，建立了墩身高度不同的简支梁桥计算模型，分析了在近断层地震波作用下的桥—桩动力响应；王东洋利用有限元软件 OpenSees 建立了液化条件群桩—土体共同相互作用的数值计算模型，通过改变桩基参数分析了液化场地与群桩的动力特性；马亢等利用 ABAQUS 软件对高低承台桩基础的地震响应进行了数值模拟计算。这些研究表明，国内外学者围绕地震作用下桩基础的研究取得了一定的成果，较多围绕液化和软土地基的桩基础开展研究，地震动荷载作用下大直径嵌岩型群桩基础动力响应的研究颇少，目前地震—桩基方面的理论研究、抗震设计方法均尚未成熟。

地震过程中，桩基础变形将导致承台及上部结构运动及产生惯性力，考虑桩—土—上部结构动力相互作用更符合工程实际情况。本文通过建立考虑桩土惯性相互作用的大直径嵌岩型群桩基础三维有限元模型，利用非线性时程分析方法，研究了加速度峰值 $0.15g \sim 0.60g$ 不同强度地震波作用下大直径嵌岩型群桩基础的动力响应特性，分析了群桩不同位置桩基的受力与变形规律，提出了大直径嵌岩型群桩基础抗震设计建议。

2 海南铺前跨海大桥工程概况

海南铺前跨海大桥横跨海南岛东北部的铺前湾海域，路线总长 13.551km，其中跨海大桥长 3.959km，桥头引线长 1.638km，采用双向六车道，一级公路标准，设计速度 80km/h，连接文昌市铺前镇和海口市演丰镇，是海南省迄今为止规模最大的独立跨海桥梁工程。该桥位于 1605 年琼山 7.5 级大地震的震中所在地，也是潜在的震源区，桥址附近存在多处断层，如图 1 所示。根据国家地震局的地震安评结果，海南铺前跨海大桥 50 年超越概率 2% 地震动峰值加速度 $0.59g$，50 年超越概率 10% 地震动峰值加速度 $0.35g$，抗震设防烈度Ⅷ度，其设计地震动峰值加速度为国内最高，抗震问题突出，目前国内公路桥梁抗震设计规范、相关规定不适用于该桥抗震设计。

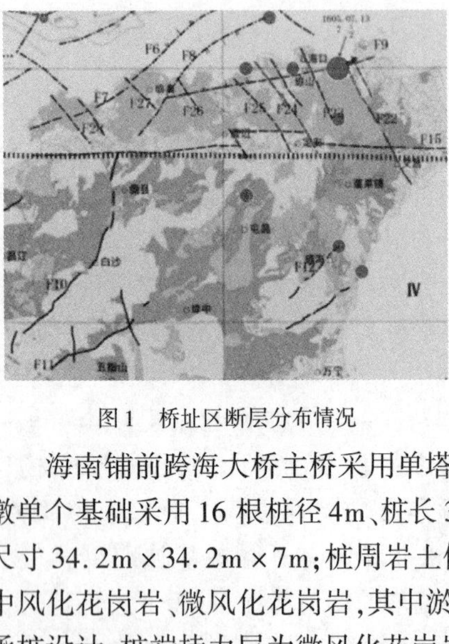

图 1　桥址区断层分布情况

海南铺前跨海大桥主桥采用单塔双索面钢箱梁斜拉桥形式，塔高 151.8m，主桥 34 号主墩单个基础采用 16 根桩径 4m、桩长 30m、桩间距 9m 的群桩基础，其中桩高出地面 2m，承台尺寸 34.2m × 34.2m × 7m；桩周岩土体分布由上至下土层分别为淤泥质黏土（夹砂）、砂砾、中风化花岗岩、微风化花岗岩，其中淤泥质黏土（夹砂）厚度 4m，砂砾厚度 8m。桩基础按端承桩设计，桩端持力层为微风化花岗岩，并嵌入中风化岩层 3m、微风化岩层 13m。34 号主墩群桩桩基础示意如图 2 所示。

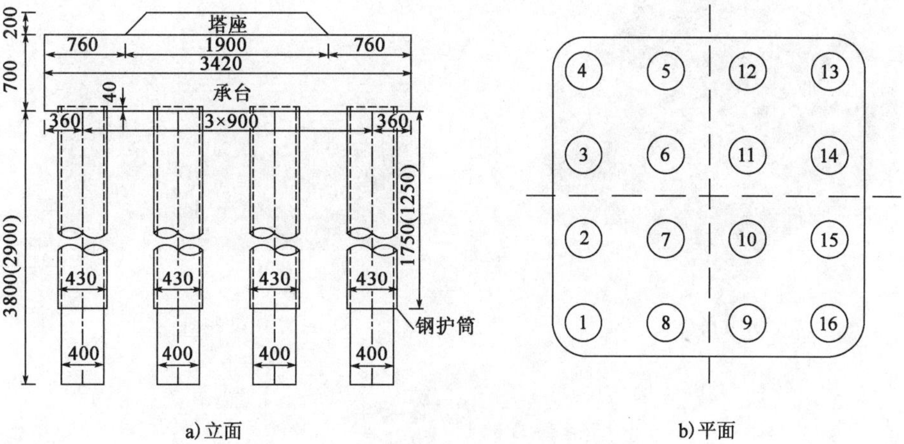

图2　34 号主墩群桩基础示意(尺寸单位:cm)

根据海南铺前跨海大桥桥址区地质勘察报告和相关规范,计算模型各材料取值见表1。

各岩土体力学参数　　表1

材　料	弹性模量(MPa)	泊　松　比	黏聚力(kN/m^2)	内摩擦角(°)
淤泥质黏土	45.68	0.35	48	12
砂砾	85.9	0.30	92	21
中风化花岗岩	40280	0.24	1200	43
微风化花岗岩	60058	0.20	1760	50
钢筋混凝土	40000	0.19	—	—

3　分析模型介绍

3.1　模型建立

考虑模型土尺寸效应对计算结果的影响,模型尺寸 X 方向 100m,Y 方向 90m,Z 方向 60m;由上至下土层分布分别为淤泥质黏土(夹砂)、砂砾、中风化花岗岩、微风化花岗岩,其中淤泥质黏土(夹砂)厚度 4m,砂砾厚度 10m,中风化花岗岩 3m,微风化花岗岩 43m;利用 MIDAS/GTS 软件的"荷载→质量荷载"转换功能,将上部荷载转化为集中质量块,近似模拟上部结构惯性力影响。34 号墩模型如图3 所示。

3.2　网格划分

土体中波传播的数值精度在一定程度上受地震波频率成分和土体波速特性的影响,Kuhlemeyer和 Lysmer(1973)提出网格尺寸 Δl 小于地震波最高频率对应波长的 1/8 ~ 1/10,即:

$$\Delta l \leqslant (1/8 \sim 1/10)\lambda \tag{1}$$

式中,λ 为地震波最高频率的波长;Δl 为网格尺寸。

对桩周附近土体网格加密且网格尺寸符合以上要求,尺寸为 1m,外侧土体网格尺寸按 1 ~ 4m 渐变。

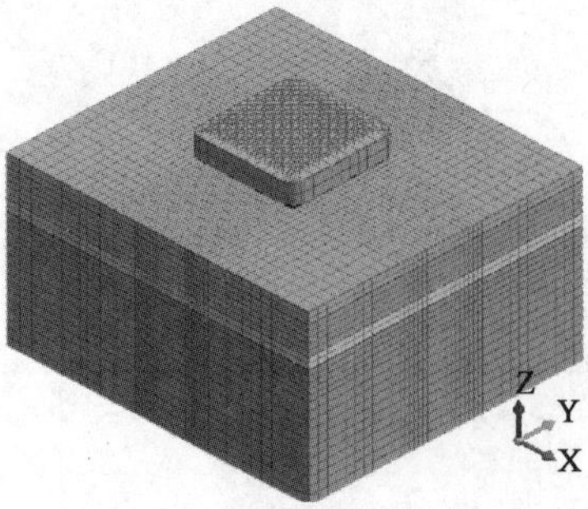

a)立面图

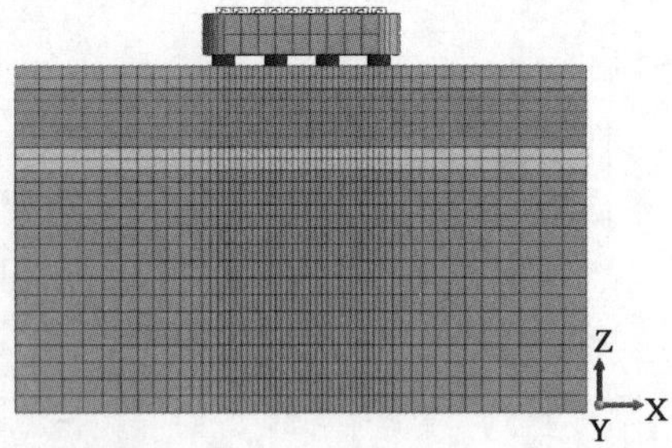

b)正视图

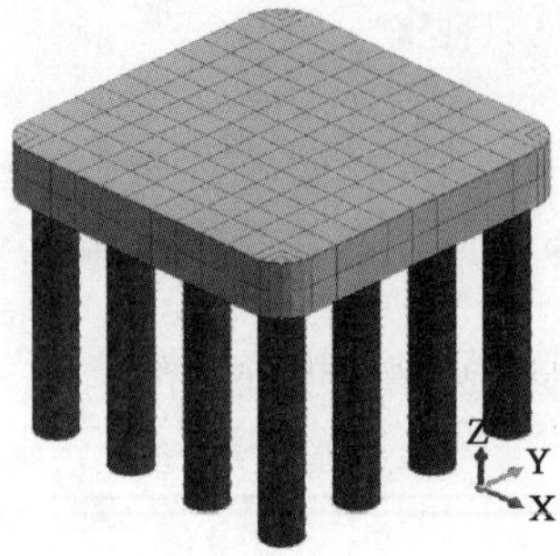

c)群桩模型

图3　3D仿真模型示意

3.3　边界条件

(1)模态分析采用弹性边界条件

要进行地震动力时程分析,首先进行模态分析,求取有限元体系的特征周期,采用曲面弹簧弹性边界条件,曲面弹簧系数计算公式如下:

竖直地基反力系数

$$k_{\mathrm{v}}=k_{\mathrm{v0}}\cdot\left(\frac{B_{\mathrm{v}}}{30}\right)^{-3/4}$$

水平地基反力系数

$$k_{\mathrm{h}}=k_{\mathrm{h0}}\cdot\left(\frac{B_{\mathrm{h}}}{30}\right)^{-3/4}$$

式中,$k_{\mathrm{v0}}=\frac{1}{30}\cdot\alpha\cdot E_0=k_{\mathrm{h0}}$,$B_{\mathrm{v}}=\sqrt{A_{\mathrm{v}}}$,$B_{\mathrm{h}}=\sqrt{A_{\mathrm{h}}}$,$A_{\mathrm{v}}$ 和 A_{h} 分别是计算模型的竖直方向和水平方向面的截面积;E_0 为地基的弹性系数;α 一般取1.0。

(2)时程分析采用黏弹性人工边界

地震动力时程分析时,一般静力边界条件引起波的反射而导致较大误差,故采用Lysmer(1969)提出的黏性边界条件。为定义黏性边界,需要计算岩土体的阻尼比。阻尼比计算公式如下:

P波

$$C_{\mathrm{p}}=\rho\cdot A\cdot\sqrt{\frac{\lambda+2G}{\rho}}=\gamma\cdot A\cdot\sqrt{\frac{\lambda+2G}{\gamma\cdot 9.81}}=c_{\mathrm{p}}\cdot A$$

S 波

$$C_s = \rho \cdot A \cdot \sqrt{\frac{G}{\rho}} = \gamma \cdot A \cdot \sqrt{\frac{G}{\gamma \cdot 9.81}} = c_s \cdot A$$

式中，λ 为体积弹性系数（kN/m²），$\lambda = \frac{\nu E}{(1+\nu)(1-2\nu)}$；$G$ 为剪切弹性系数（kN/m²），$G = \frac{\nu E}{2(1+\nu)}$；$E$ 为弹性系数（kN/m²）；ν 为土体泊松比；A 为截面积（m²）。

3.4 地震波选取及基线校正

根据中国地球物理研究所编写的《海南省文昌铺前桥大桥项目工程场地地震安全性评价报告》选取 50 年超越概率 10%（5010 波）地震波，如图 4 所示，并利用 SeismoSigal 软件进行滤波和基线校正处理，经基线校正和滤波处理的地震波按比例缩放分别为 0.15g、0.20g、0.25g、0.30g、0.35g、0.40g、0.45g、0.50g、0.55g、0.60g 作为地震动加载。

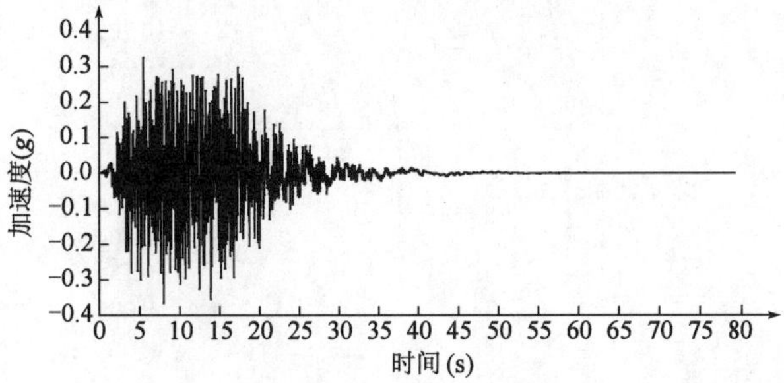

图 4　5010 波 -0.35g

3.5 计算方法

为充分考虑岩土体材料的非线性及计算结果的准确度，采用初始应力—非线性时程计算方法，首先进行重力场条件下初始应力分析，并对其产生的应变清零（应力不变），再加载地震波进行非线性时程响应分析，计算时间步长 0.02s。由于桩基础受水平向地震动影响明显大于竖向地震动，因此只加载水平双向地震动。

4 计算结果分析

选取 34 号墩群桩基础的边桩、中桩和角桩基础为研究分析对象，其编号分别为 8 号、10 号和 13 号桩基础。

4.1 桩基础加速度响应

（1）桩身加速度峰值响应

在 5010 波 0.15g ~ 0.60g 地震波作用下，桩基础加速度峰值变化如图 5 所示。

由图 5 可知，随着加载地震波加速度峰值的增大，桩身加速度峰值近似线性增长，且基岩面内的加速度峰值与输入的地震波峰值相近，从桩底至桩顶加速度峰值逐渐增大。桩顶加速度放大系数趋势图如图 6 所示。

由图 6 可知，随着地震波强度的增大，桩基础桩顶加速度放大系数逐渐减小，并趋于稳定值（1.22），其原因在于地震波加速度峰值增大，桩周岩土体非线性性质逐渐明显，岩土体传递震动的能力降低，且随着地震强度增大，桩基础由起初的线性状态逐渐趋向非线性状态，另外也与地震波的频谱特性、桩基础的基频等因素有关。

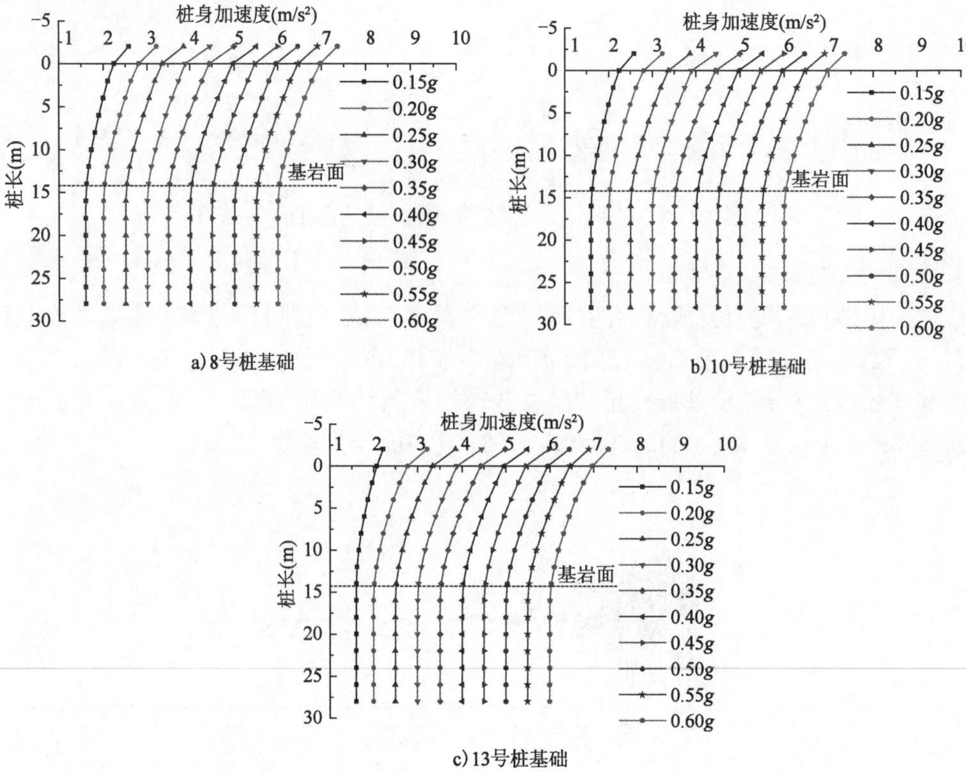

图5　桩基础加速度峰值

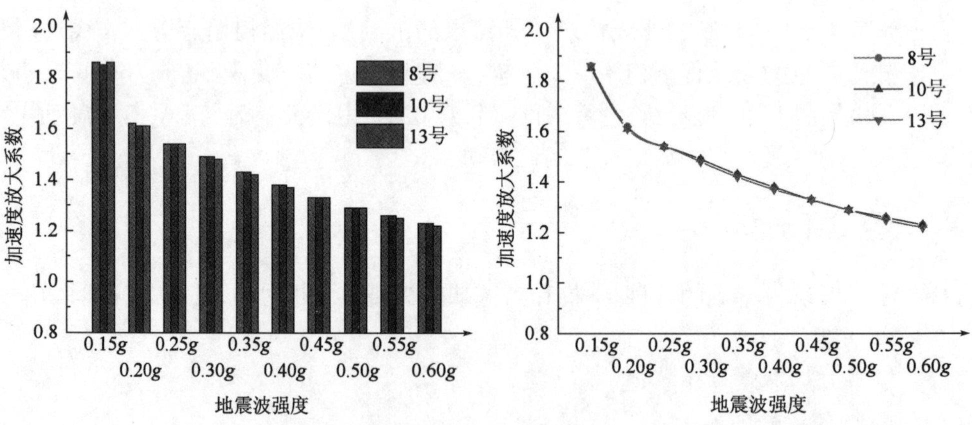

图6　桩顶加速度放大系数趋势

(2)桩基础加速度时程响应

以3号桩基础为例分析在0.35g地震波作用下桩顶和桩底加速度时程响应,如图7所示。

由图7可知,桩顶与桩底的加速度时程响应存在明显差异,桩顶加速度时程曲线线形较“疏”,其频率较低;桩底加速度时程曲线与加载的地震波线形较接近,其高频成分较多,说明上部覆盖层存在显著的滤波效应,滤除了地震波中的高频成分;另外,桩顶加速度峰值时刻明显滞后于桩底加速度峰值时刻4.2s,桩顶加速度峰值时刻滞后现象明显。

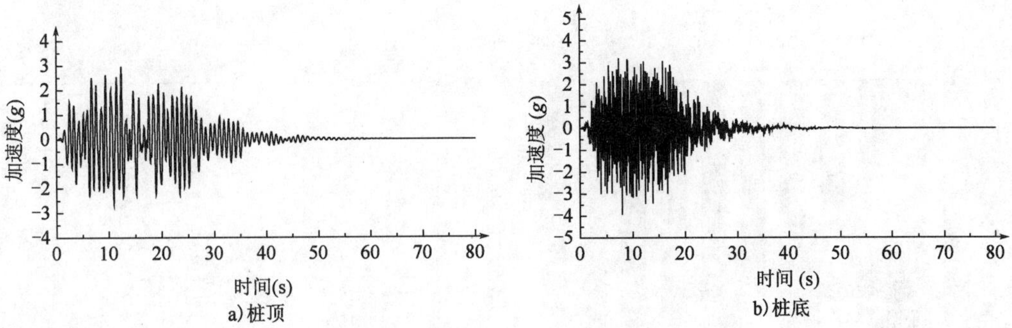

图7　桩顶和桩底加速度时程响应

4.2　桩基础相对位移响应

在 0.15g ~ 0.60g 不同强度地震波作用下，桩基础相对位移峰值如图 8 所示。

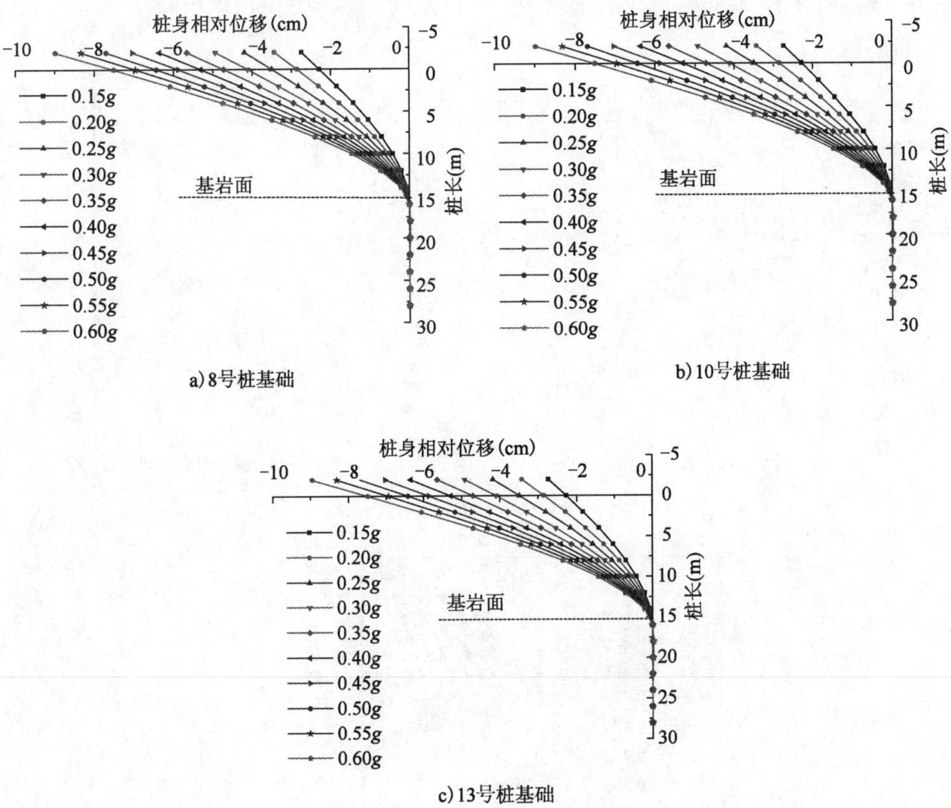

图8　桩基础相对位移

由图 8 可知，随着加载的地震波加速度峰值增大，桩基础相对位移峰值也逐渐增大，桩身相对位移第一零点出现在地面下 15m 位置，即基岩面附近，自基岩面至桩顶桩基础的相对位移近似线性增大。桩顶相对位移峰值变化趋势如图 9 所示。

从图 9 可知，在不同强度地震动荷载作用下，8 号、10 号、13 号桩基础桩顶相对位移峰值相差不明显，且随着地震波强度增大，桩基础相对位移峰值增长逐渐变缓慢。

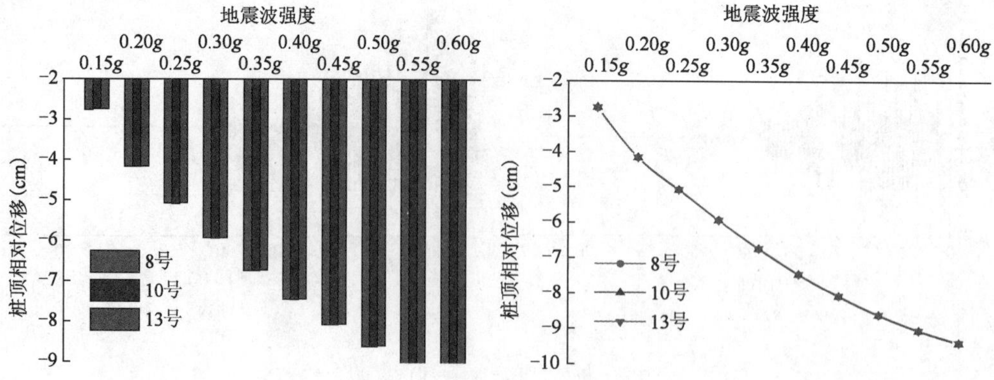

图 9　桩顶相对位移变化趋势

4.3　桩基础弯矩响应

在 0.15g ~ 0.60g 不同强度地震波作用下，桩基弯矩峰值如图 10 所示。

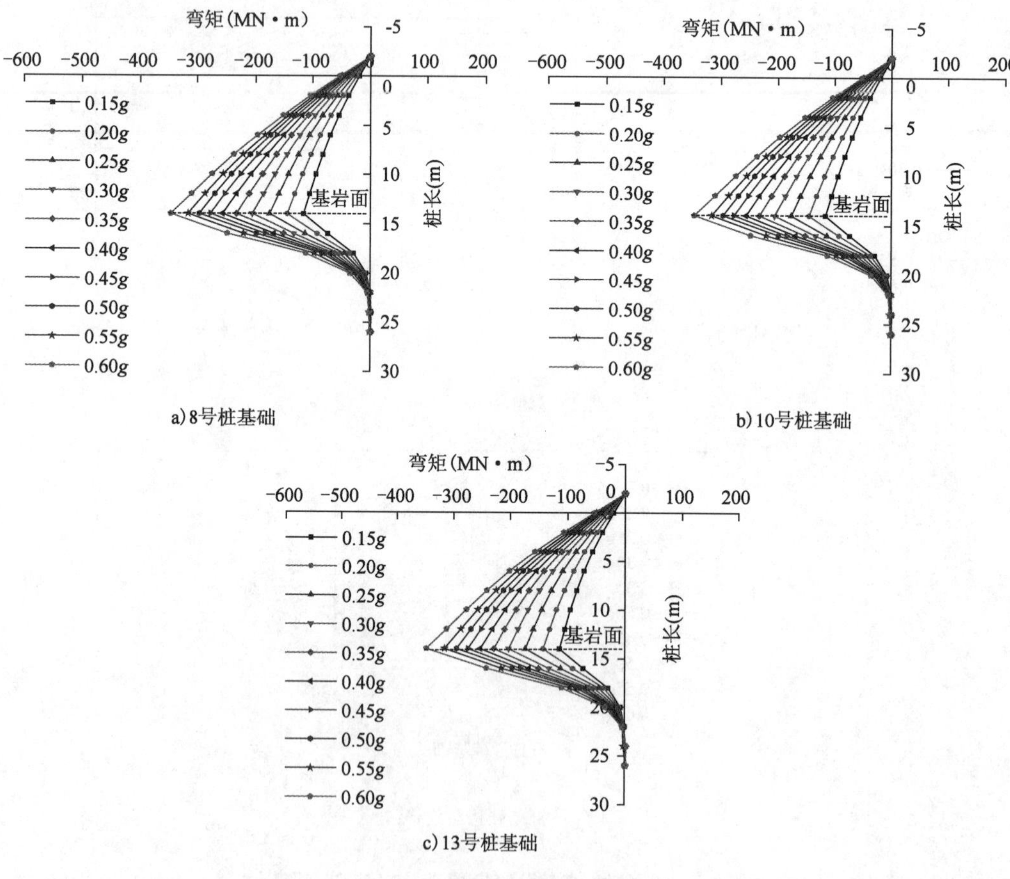

a) 8号桩基础

b) 10号桩基础

c) 13号桩基础

图 10　桩基础弯矩峰值

由图 10 可知，随着地震波强度增大，桩基础弯矩峰值也逐渐增大，桩身弯矩峰值出现在地面下 15m 左右（基岩面附近），自基岩面至桩顶、桩底弯矩峰值逐渐减小。不同强度地震波作用下，桩基础弯矩峰值变化趋势如图 11 所示。

由图 11 可以看出：

在不同强度的地震动荷载作用下，8 号桩基（边桩）、10 号桩基（中桩）的弯矩峰值普遍大于 13 号桩基（角桩）；因此，在嵌岩型群桩基础抗震设计时，应分别考虑不同桩基位置的抗弯承载能力，建议着重考虑边桩和中桩基础；

在 $0.15g \sim 0.55g$ 加速度峰值的地震波作用下，桩基础弯矩峰值未超过抗弯承载能力值，尚有 3.1% ~65.6% 的抗弯承载能力富余；当地震波加速度峰值 $0.60g$ 时，桩基础弯矩峰值超过抗弯承载能力值 5.9% ~6.3%。

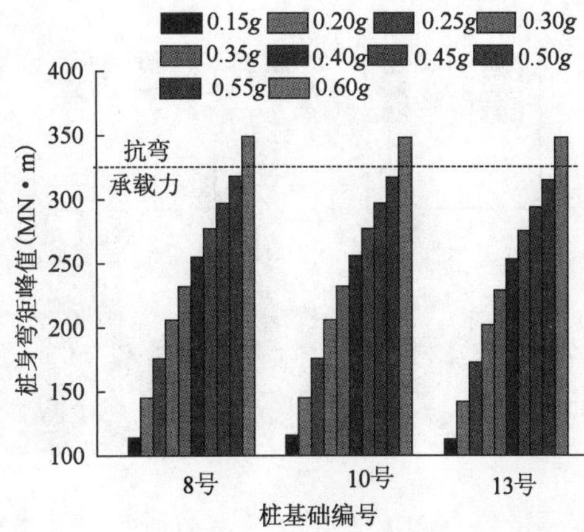

图 11 桩基础弯矩峰值变化趋势

4.4 桩基础剪力响应

在 $0.15g \sim 0.60g$ 不同强度地震波作用下，桩基剪力峰值如图 12 所示。

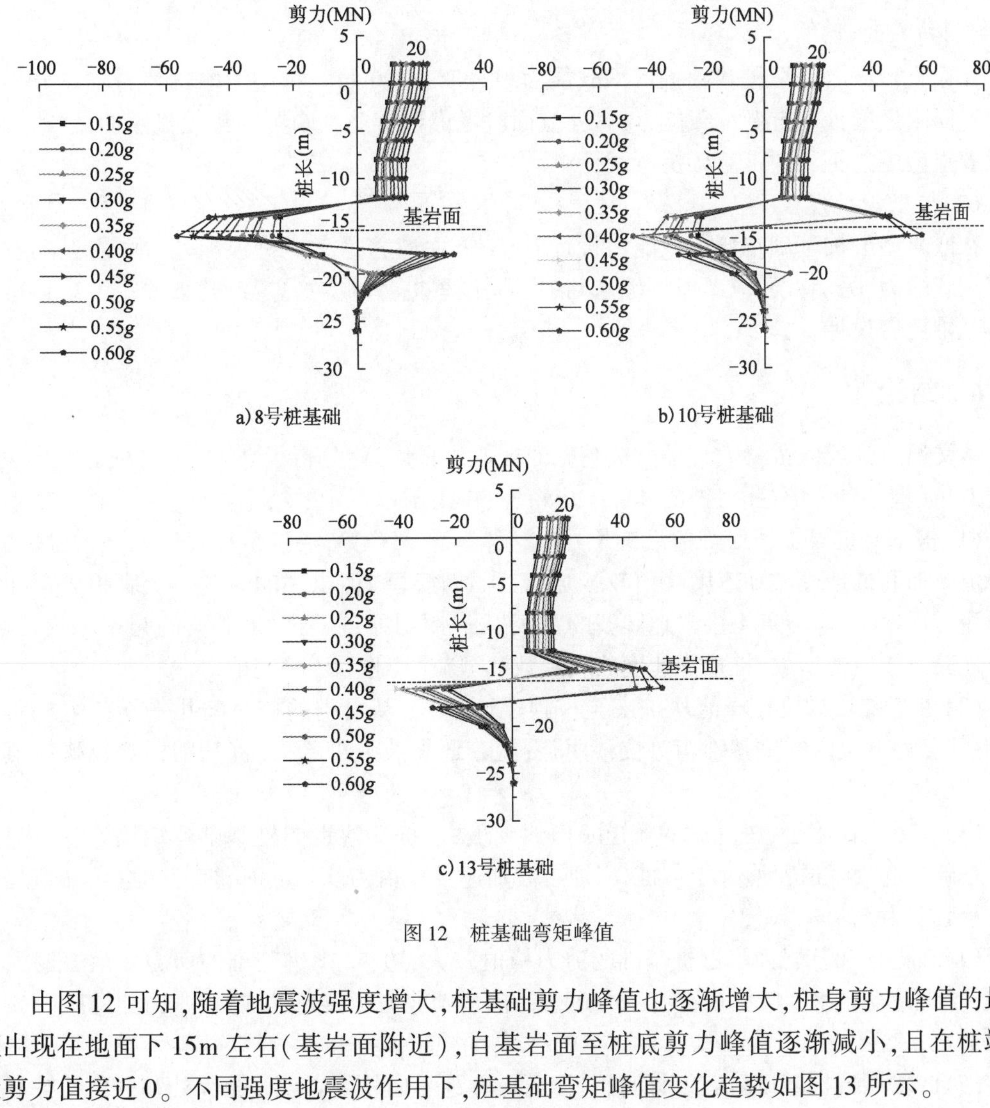

图 12 桩基础弯矩峰值

由图 12 可知，随着地震波强度增大，桩基础剪力峰值也逐渐增大，桩身剪力峰值的最大值出现在地面下 15m 左右（基岩面附近），自基岩面至桩底剪力峰值逐渐减小，且在桩端附近剪力值接近 0。不同强度地震波作用下，桩基础弯矩峰值变化趋势如图 13 所示。

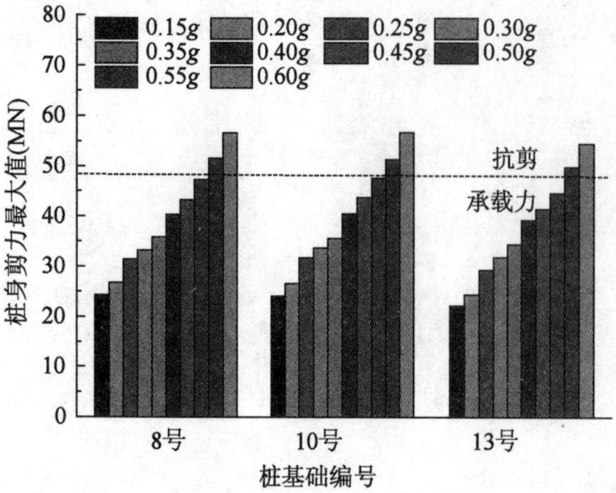

图13　桩基础剪力峰值变化趋势

由图13可以看出：

在不同强度的地震动荷载作用下，8号桩基(边桩)、10号桩基(中桩)的剪力峰值普遍大于13号桩基(角桩)；因此，在嵌岩型群桩基础抗震设计时，应分别考虑不同桩基位置的抗剪力承载能力，建议着重考虑边桩和中桩基础的抗剪设计。

在$0.15g \sim 0.50g$加速度峰值的地震波作用下，桩基础剪力峰值未超过抗剪承载能力值，尚有2.4%～54.5%的抗剪承载能力富余；当地震波加速度峰值$0.55g \sim 0.60g$时，桩基础剪力峰值超过抗剪承载能力值2.1%～16.2%。

5　嵌岩型群桩基础抗震设计建议

(1)抗弯设计建议

在大直径嵌岩型群桩基础抗弯承载能力设计时，一方面应着重考虑软硬岩土体分界处及基岩面附近的桩基抗弯承载能力，另一方面应考虑群桩基础中不同位置桩基的受弯差异，建议着重考虑边桩和中桩基础抗弯设计。

(2)抗剪设计建议

在嵌岩型群桩基础抗弯承载能力设计时，一方面应着重考虑桩顶和基岩面附近的桩基抗剪承载能力，另一方面应考虑群桩基础中不同位置桩基的受剪差异，建议着重考虑边桩和中桩基础抗剪设计。

6　结论

本文通过强震区桥梁大直径群桩基础的数值仿真计算，分析了$0.15g \sim 0.60g$不同强度地震波作用下边桩、中桩、角桩的动力响应特性，得出了以下主要结论：

(1)桩基础桩身加速度峰值沿桩长方向整体呈增大趋势，在桩顶加速度最大，桩底加速度峰值与加载的地震波加速度峰值较接近；桩顶加速度峰值出现的时刻与桩底相比存在明显的滞后现象；上部覆盖土层对地震波的"滤波"作用明显，基岩对地震波的频率影响较小；随着地震波强度的增大，桩顶加速度放大系数逐渐减小，并趋于稳定值(1.22)。

(2)桩基础相对位移峰值从桩底至桩顶逐渐增大，基岩内的桩基础几乎不产生相对位移，上部覆盖土层内的桩基础相对位移明显；随着地震波强度增大，桩基础相对位移峰值增长逐渐变缓慢。

(3)在基岩面附近，桩基础的弯矩峰值达到最大，桩端附近的桩基础弯矩接近零；边桩、中桩基础的弯矩峰值普遍大于角桩；当地震波加速度峰值为$0.60g$时，桩基础弯矩峰值超过抗弯承载能力5.9%～6.3%。

(4)在桩顶和基岩面附近桩基础的剪力峰值较大；边桩、中桩基础的剪力峰值普遍大于角桩；当地震波加速度峰值$0.55g \sim 0.60g$时，桩基础剪力峰值超过抗剪承载能力值2.1%～16.2%。

(5)嵌岩型群桩基础抗震设计时，一方面应着重考虑软硬岩土体分界处和桩顶的桩基抗弯、抗剪承载能力,另一方面应考虑群桩基础中不同位置桩基的受弯、受剪差异,建议着重考虑边桩和中桩基础抗震设计;在桩基础抗震设计时,综合考虑桩基础的抗弯和抗剪要求。

参考文献

[1] 冯忠居,特殊地区基础工程[M]. 北京:人民交通出版社,2010.

[2] 陈清军,姜文辉,楼梦麟. 群桩基础三维非线性地震反应分析[J]. 振动与冲击,2003,22(3):98-101.

[3] 杨伟林,陈国兴,王志华. 深厚场地上特大桥墩—群桩—土相互作用体系地展反应特性的二维和三维分析[J]. 地震工程与工程振动,2004,23(6):124-132.

[4] Klar A. ,Baker R. ,Frydman S. Seismic soil-pile interaction in liquefiable soil[J]. Soil Dyn Earthquake Eng. 2004(24):55-64.

[5] Oka F. ,Lu C. W. ,Uzuoka R. ,et al. Numerical Study of Structure-soil-group Pile Foundations Using An Effective Stress Based Liquefaction Analysis Method[C]. 13th World conference on earthquake engineering. Canada:Vancouver,2004:3338.

[6] 沈婷,李国英,章为民. 超深桩基础的有效应力地震反应有限元分析[J]. 岩土力学,2004,25(7):1045-1049.

[7] 张麒蛰,卓卫东,范立础. 高桩承台斜桩基础的地震反应数值分析[J]. 土木建筑与环境工程,2013(S1):100-104.

[8] 刘星,王睿,张建民,等. 液化地基中群桩基础地震响应分析[J]. 岩土工程学报,2015,(12):2331-2336.

[9] 童立元,王斌,刘义怀,等. 地震地基液化大变形对桥梁桩基危害性三维数值分析[J]. 交通运输工程学报,2007,7(3):91-94.

[10] 赫中营,叶爱君. 群桩效应对砂土地基中高桩承台群桩基础抗震性能的影响[J]. 土木工程学报,2014(01):117-126.

[11] 孙兆敬. 近断层地震动作用下简支梁桥反应分析[D]. 哈尔滨:哈尔滨工业大学,2013.

[12] 王东洋. 液化场地桥梁群桩基地震反应影响因素分析[D]. 哈尔滨:哈尔滨工业大学,2015.

[13] 马亢,许强,李庶林,等. 高低承台桩基地震行为差异研究[J]. 岩石力学与工程学报,2015(06):1250-1258.

[14] 史佩栋. 桩基工程手册[M]. 2 版. 北京:人民交通出版社股份有限公司,2015.

[15] 陈育民,徐鼎平. FLAC/FLAC3D 基础与工程实例[M]. 2 版. 北京:中国水利水电出版社,2013.

[16] 孙文,梁庆国,安亚芳,等. 深埋公路隧道在双向地震动作用下的最大动力反应分析[J]. 西北地震学报,2012(04):369-374,382.

[17] 胡明华,尹洪桦,冯忠居,等. 冲扩桩施工对邻近黄土路堑边坡的动力影响分析[J]. 筑路机械与施工机械化,2016(08):55-58.

16. 超配筋超大直径桩基完整性综合评价

王　振[1]　冯忠居[1]　吴敬武[2]　刘　闯[3]　孙平宽[2]　王定梧[4]　黄　鹏[5]　熊　英[2]

(1. 长安大学;2. 中国公路工程咨询有限公司;3. 海南省交通运输厅;

4. 中交一公局土木工程建筑研究院有限公司;

5. 中交第二航务工程局有限公司第五工程分公司)

摘　要:依托海南铺前跨海大桥主墩桩基础的实际情况,应用超声波对桩径为 4.3m、钢筋笼径向设置为 4 层的桩基础进行完整性分析,分析超声波信号不穿越钢筋、穿越钢筋(分别穿越 2 层、3 层、4 层、6 层钢筋)情况下的声学参数,并结合桩基础取芯结果对桩身完整性进行综合评价。结果表明:声测管在钢筋笼内侧,超声波信号未出现畸变,当超声波穿越钢筋笼时,声速正常,但声幅衰减起伏变化十分明显,且与钢筋笼梯次布置规律具有统一性,结合取芯结果发现混凝土密实。因此,超声波穿透钢筋时,需采用不同方法对桩基完整性进行综合评价。大直径多层钢筋笼桩基完整性综合评价为海南铺前跨海大桥桩基完整性评定提供依据,同时也为类似工程提供一定的借鉴。

关键词:桩基础;超声波检测;综合评价;超大直径;取芯;超配筋

1　引言

随着公路桥梁建设的发展,桩基础朝着深长、大直径方向发展,因此检测环节在桩基础工程中显得尤为重要。超声波检测技术作为桩基完整性检测方法日臻完善,具有操作简单、设备灵活简便、探测距离大、不破坏桩的完整性、检测结果精确度高、定位准确、较钻芯法费用低等优点,在国内众多的大型桥梁桩基完整性检测大多采用该技术。现有桩基超声波检测操作规范中仅对桩基直径大于 2.0m 的声测管进行笼统的叙述,并将声测管置于钢筋笼内侧,不考虑钢筋笼对于桩基超声波检测的影响,故采用一般的方法,得出的桩基质量检测结果无法满足工程要求。因此,采取合理的桩基检测技术对于确保桩基工程质量具有重要意义。吴国勇,刘曙光结合湖北襄樊、宜城两座特大公路桥桩基的检测实践,介绍了用超声脉冲法判定钻孔灌注桩内部缺陷性质、大小的分析方法,以及各类缺陷桩的判别和钻芯验桩的比较结果。2003 年 O' Neill M W 对桩基产生缩颈、夹泥、离析等多种缺陷进行分析,并对超声波检测在发生缺陷时的声学参数进行对比。2006 年赵毅结合孟加拉一座桥梁的桩基检测结果对声测管埋设在双层钢筋笼之间的超声波检测结果进行分析,并对国内外桩基超声波检测评定标准进行了比较,得出其检测结果为超声波信号发生畸变,结合现场施工给桩基检测提出了很多建议。2008年刘洋涛介绍了混凝土超声波检测原理及方法，并结合工程应用实例详细阐述了超声波检测数据处理方法及混凝土缺陷识别理论，利用波形、波幅和声时等声学参数的变化与混凝土质量的相关性，提出了能够准确判定混凝土灌注桩质量缺陷性质、位置和大小的理论方法，在工程实际应用中得到了很好的验证。

本文结合海南铺前跨海大桥主墩桩基现场实际情况，为对其完整性进行评价，布设8根声测管，将钢筋国内外布设的将超声波信号穿越钢筋笼的声学参数进行对比，并结合试验桩取芯试验、回弹试验对其进行综合评价。

2 超声波检测原理及声测管布设要求

超声波检测时，发射换能器放置于充满水的声测管中，将发射系统传送来的电信号转换为脉冲声波向桩身内部辐射。当声波通过混凝土到达另一个声测管时，管中另外一根探头将信号接收并转换为电信号，经过接收放大器放大后，由数据采集系统将数据离散化并存入计算机。接收的超声波信号随混凝土的质量和缺陷等在传输过程中发生折射、绕射等，使信号的振幅、频率、传播时间等声学参数发生变化。根据这些声学参数可以对桩身混凝土的完整性、胶结的优劣、缺陷及其分布做出判断、其声速与声幅作为桩基超声波检测的主要依据。声波在混凝土中的传播波速反映了混凝土的弹性性质，而弹性性质与桩基混凝土的强度具有相关性，因此混凝土声速与其强度存在一定相关性；超声波声波波幅是表征声波穿过混凝土后能量衰减程度的指标之一，一般情况下，接收波幅强弱与混凝土的粘塑性有关。接收波幅值越低，混凝土对声波的衰减就越大。声速波幅简明综合判断见表1。

声速波幅简明综合判断表　　表1

波　幅	声　速		
	正常	偏大	偏小
偏大	强度正常或偏高	强度较高质量较好	混凝土强度较低且离析砂浆多
偏小	强度正常但表面不良或有内部缺陷	强度正常但混凝土离析砂浆少	混凝土出现层状缺陷甚至断桩

根据国内规范，声测管的布设数量取决于桩的直径：桩径小于或等于800mm时应对称布置2根声测管；桩径大于800mm小于2000mm时，不少于3根声测管；桩径大于2000mm时，不少于4根声测管。

3 海南铺前跨海大桥大直径深长桩设计参数及声测管布设

海南铺前跨海大桥主墩有32根嵌岩桩，直径为4.3m，左幅桩长38m，钢筋笼为梯次设计。左幅16根桩在桩顶以下22m范围内是4层钢筋笼，22～27m是3层钢筋笼，27～38m为单层钢筋笼，设计采用C35混凝土。按照初始设计仅埋设4根声测管，并采用RSM-SY8基桩超声波CT成像测试仪进行测试。混凝土浇筑两周后进行超声波检测，探头发出的信号能量几乎接收不到信号，后采用功率较大的超声波探头，虽然可接收到信号，但检测信号出现较大的畸变，若按照此结果对海南铺前跨海大桥主墩桩基进行评定，34号主墩桩基均属于不合格桩。经过分析论证，超声波信号出现畸变可能有三个原因：一是声测管管距过大，信号传输困难；二是钢筋笼过密，超声波在穿过钢筋笼时发生变化；三是混凝土在穿过钢筋笼时，由于钢筋的阻挡作用造成混凝土不密实。但从施工现场记录分析，桩基础灌注时混凝土在同一截面上高差很小,说明混凝土在流动性上满足要求,因此,着重分析前两种原因。为检测桩基钢筋笼是否对超声波信号造成影响,在主墩 18 号桩(桩长 38m、直径 4.3m)钢筋笼内外对称埋设 8 根声测管,内外相邻两根声测管与桩中心呈 45°夹角,其布设图如图 1 所示,声测管编号及检测剖面如图 2 所示。

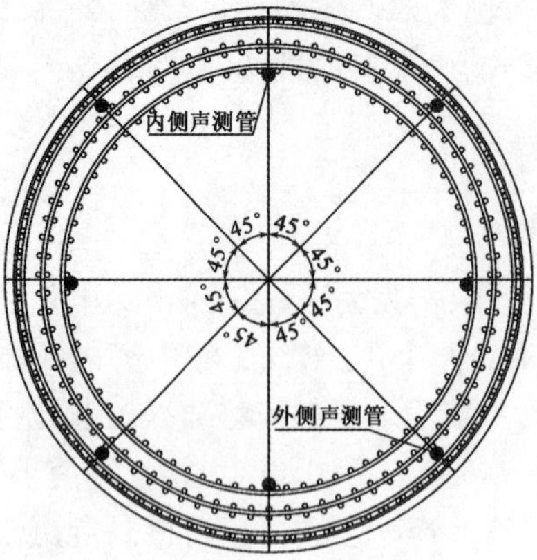

图 1　声测管布设示意图

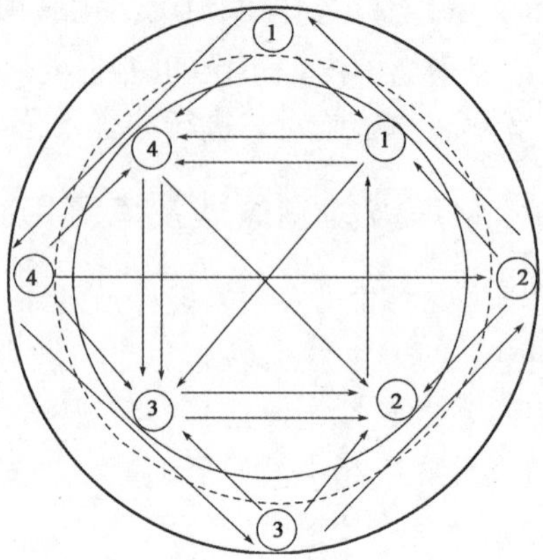

图 2　声测管编号及检测剖面示意图

4　超声波检测结果分析

4.1　内 4 根声测管检测结果分析

主墩 18 号桩基础成桩两周后,使用大功率超声波桩检仪器对 18 号桩进行超声波检测,内部 4 根超声波检测结果如图 3 所示。

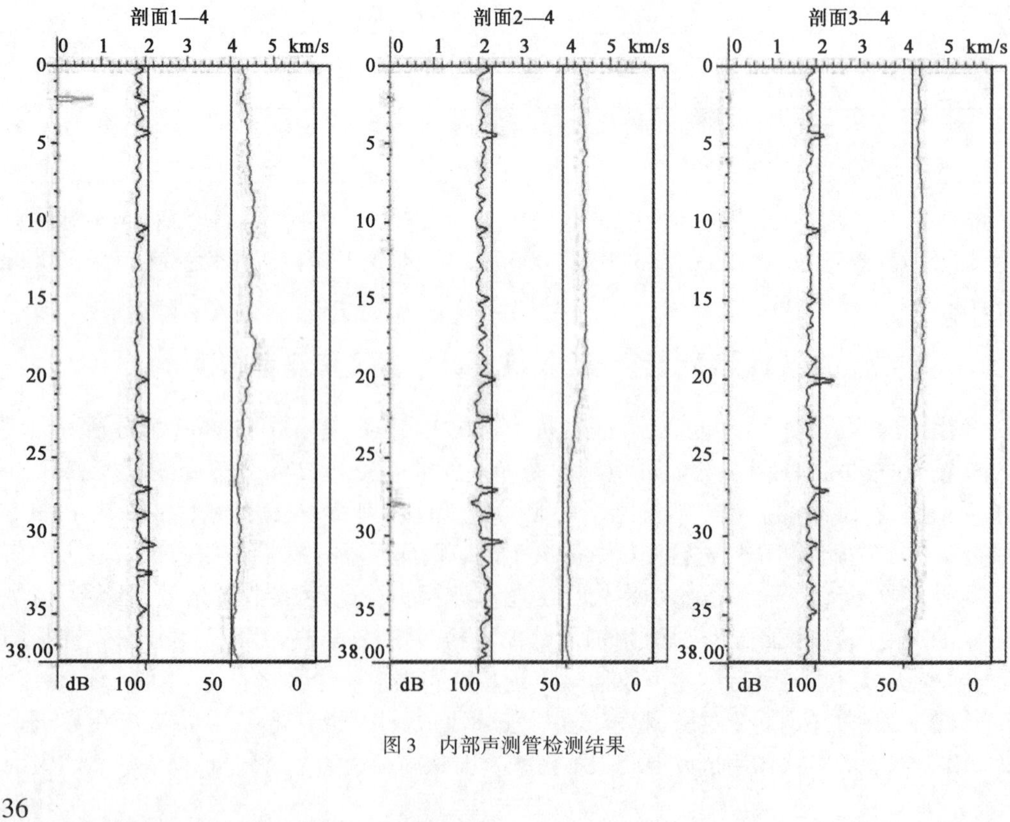

图 3　内部声测管检测结果

从图3中明显发现：内4根声测管检测时信号未穿过钢筋笼，从内4根声测管检测波形图中可发现：该桩超声波检测的声速、声幅较为均匀都未出现明显畸变现象，声速大于4km/h，属于正常范围。有个别点超判，超判点处声速正常、波幅略低，且大致位于声测管接头处，可能是由于声测管接头连接操作不规范所致。因此，单从内4根超声波检测结果来看：18#桩混凝土密实，强度也达到设计要求35MPa。

4.2 外4根声测管检测结果分析

主墩18号桩基础外部4根超声波检测结果如图4所示。

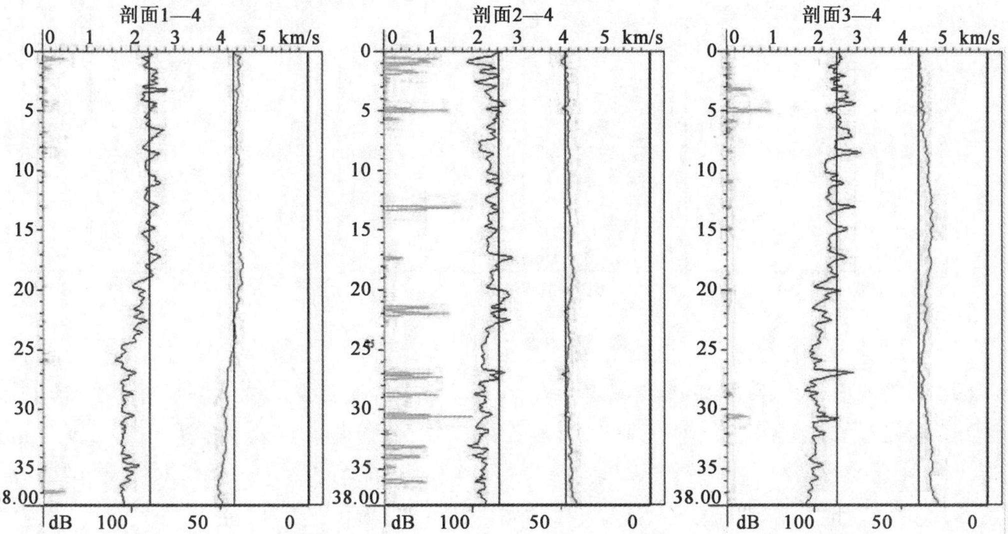

图4 外4根声测管检测结果

从图4中明显发现：该桩超声波检测的声速变化比较均匀，未出现明显畸变现象，但声幅衰减起伏变化十分明显，该声幅的变化大致可分为三个渐变阶段，从桩底38米至25米为第一个阶段，从25米至20米为第二个渐变阶段，从20米至桩顶为第三个渐变阶段。该声幅变化的三个阶段恰好与桩身三层钢筋笼布置的层次相吻合，从上到下为4层、3层、1层钢筋笼。通过声幅衰减变化的规律，钢筋笼层次变化对超声波检测的声幅存在影响，超声波信号穿过的钢筋笼层数越多，其声幅越低，但钢筋笼层数对超声波信号的声速影响较小。

按照表1，外4根声测管检测信号进行判定，18号桩顶至25m位置虽然强度正常但表面不良或有内部缺陷，不能满足设计要求。

4.3 内外交叉声测管检测结果分析

主墩18号桩基础内外交叉超声波检测结果图5所示。

从图5中明显发现：内4根根管呈三角形检测时从上至下超声波依次穿透3、2层及不穿过钢筋笼的结构部分，其穿过钢筋笼的声学参数与外4根声测管检测结果类似，声幅虽有衰减，但衰减幅度比外4根声测管相比较小，原因是外4根声测管最多穿过6层钢筋笼，内4根声测管最多仅穿过3层钢筋笼。通过对比图4、图5，该桩的声速依然变化不大，未出现明显显畸变现象。

通过外管检测、内管检测、内外管交叉检测波形图进行对比，得出如下结论：

(1)影响声幅衰减的结构范围出现在桩基钢筋笼为3层和4层部位。

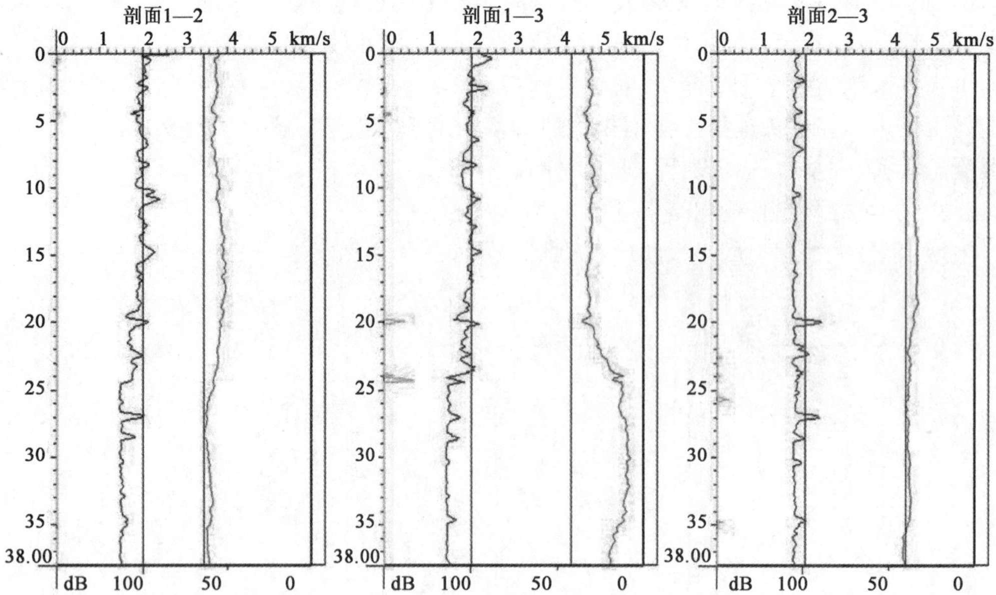

图5　内外声测管检测结果

(2)声测管在呈三角形布置检测过程中,声波穿透3层钢筋笼部分时声幅的衰减要轻于穿透6层钢筋笼的检测信号,其主要原因为:①超声波在桩基础内部传播时,需在多层钢筋、混凝土两种介质反复变化,导致声幅衰减。穿透6层钢筋介质变化多于穿透3层钢筋,因此穿透6层钢筋笼时声幅衰减明显偏大。②在钢筋较为密集的地方可能存在不同程度的混凝土不密实现象导致声幅衰减。在3层钢筋笼的时候出现了声幅衰减而在穿透另外3层钢筋笼的时候,检测信号产生了一个声幅衰减叠加的现象,因此穿透6层钢筋笼时声幅衰减严重。

5　试验桩取芯及回弹试验分析

由于超声波穿透钢筋笼之后信号变化较大,无法判断是由于钢筋笼密集导致混凝土粗骨料无法穿过还是钢筋笼对其产生的影响,都无法对工程桩在钢筋笼间或保护层进行破坏性取芯。故采取钢筋笼内侧取芯以及回弹试验进行判断。试验桩位于陆上,直径为4.3m,长3m,钢筋笼全长为4层,钢筋笼其余参数、混凝土配比、施工工艺等与工程桩一致,如图6所示。试验桩在完成达到设计强度后对其进行取芯,取芯位置与工程桩8根声测管位置一致,芯样如图7所示。

从图6、图7可以看出:试验桩外表面光滑,混凝土密实,无蜂窝麻面等情况;试验桩取芯样本发现,芯样混凝土无蜂窝麻面等混凝土外观质量问题,桩身混凝土较均匀,均符合规范要求。

试验桩在达到14天之后,将试验桩挖出并采用乙炔割除钢护筒,经过回弹试验后,桩基的强度达到39.5MPa,大于设计强度35MPa。

综合超声波测试结果、试验桩取芯结果、试验桩回弹试验,可以看出:海南铺前跨海大桥现有施工工艺以及多层钢筋笼特殊情况下,桩基混凝土在灌注时并不会因为钢筋过密造成混凝土不密实,混凝土强度超过设计强度35MPa,主墩工程桩完全满足设计要求。在后续施工过程中发现,桩头凿完之后,可以看到桩头部位,无论是内部还是保护层,混凝土骨料都是较为均匀的,不存在不密实的现象,混凝土完全满足设计要求。

图6 割除钢护筒的试验桩

图7 试桩部分芯样图

6 工程建议

(1)对于大直径桩基础在进行超声波检测时宜采用功率较大的超声波检测仪器;

(2)若条件允许,钢筋笼过密时,建议采用干打混凝土的方法,并进行人工振捣,以避免此类问题;

(3)在此类桩基础混凝土浇筑时,应适当增大混凝土的流动性,防止因钢筋笼的过密造成桩身夹泥或混凝土离析;

(4)4.3m超大直径桩基础、4层钢筋笼的设计远超桩基检测规范,在检测过程中应根据现场实际施工情况综合多种检测手段对其进行综合判定,以防止单一检测方法对其造成误判。

7 结语

本文以海南铺前跨海大桥桩基超声波检测过程中的实际情况,对特大直径多层钢筋笼下的桩基完整性判定进行了探讨,得出结论如下:

(1)声测管在钢筋笼之间,超声波信号未出现畸变,在桩身25m处超声波信号声速变化比较均匀,声幅衰减起伏变化十分明显,与钢筋笼梯次布置规律具有统一性。

(2)声测管位于2层及3层钢筋笼之间,内部信号清晰,声速正常,仅声幅出现衰减,经内部取芯可以判断:混凝土密实,不存在离析等缺陷,可以看出当声测管布置于钢筋笼之间时,对超声波的声幅造成衰减,但是对声速影响不大。

参考文献

[1] 冯忠居.特殊地区基础工程[M].北京:人民交通出版社,2008.

[2] 冯忠居.基础工程[M].北京:人民交通出版社,2001.

[3] 冯忠居.大直径钻埋预应力混凝土空心桩承载性能的研究[D].西安:长安大学,2003.

[4] 冯忠居,谢永利.大直径钻埋预应力混凝土空心桩承载力的试验[J].长安大学学报(自然科学版),2005(2):50-54.

[5] 段文旭.低应变法和声波透射法在桩基检测中的综合应用研究[D].四川:成都理工大

学,2014.
[6] 吴国勇,刘曙光.超声脉冲法在两座公路大桥桩基检测中的应用.公路交通科技,1992,9(2):23-32.
[7] O,Neill M W,Tabsh S W,Sarhan H A. Response of drilles shafts with minor flaws to axial and lateral loads[J]. Engineering Structures,2003,25(1):47-56.
[8] 赵毅.双层钢筋笼混凝土灌注桩的超声波检测[J].桥梁建设,2007,(S1):155-157.
[9] 刘洋涛. 钻孔灌注桩超声波法检测技术研究[D].重庆:重庆交通大学,2008.
[10] 杨永亮.超声波透射法在桩基完整性检测中的应用[D].湖北:武汉理工大学,2012.
[11] 赵建铧,周崇良.声波透射法检测对桩基质量的分析与判别[J].岩土工程技术,2012(04):200-203.

17. Longitudinal seismic behavior of a single tower cable-stayed bridge subjected to near-field earthquakes

Yi Jiang and Li Jianzhong

(Tongji University)

Abstract: Cable-stayed bridges are quite sensitive to large amplitude oscillations from earthquakes and seismic damage was observed for Shipshaw Bridge and Chi-Lu Bridge during past earthquakes. In order to investigate seismic damage of cable-stayed bridges, a 1:20 scale model of a single-tower cable-stayed bridge with A-shaped tower was designed, constructed and tested on shake tables at Tongji University, China. One typical near-field ground motion was used to excite the model from low to high intensity. Test result showed that severe structural damage occurred at the tower of the model including parallel concrete cracks from bottom to nearly half height of the tower, concrete spalling and exposed bars at top tower 0.2m above the section where two skewed legs intersect. Post-test analysis was conducted and compared with test results. It is revealed that the numerical model was able to simulate the seismic damage of the test model by modeling nonlinearity of different components for cable-stayed bridges, namely the tower, bents, superstructure, cables, and bearings. Nurmerical analysis also revealed that cable relaxation, which was detected during the test, had limited influence on the overall seismic response of the bridge with maximum error of 12%.

Key words: Near-field ground motion; Cable-stayed Bridge; seismic damage; cable relaxation; shake table tests.

1 Introduction

In recent decades, cable-stayed bridges have become popular worldwide due to its aesthetical appearance, structural efficiency and short construction period. This type of structure, usually representing key points of the transportation networks, is normally required to remain nearly elastic under the design seismic action, as recommended in Chinese Code. However, due to low structural damping, cable-stayed bridges are quite sensitive to large amplitude oscillations from earthquakes and nonlinear seismic response is anticipated. For example, during Great East Japan Earthquake (2011), the Yokohama Bay Bridge went through much nonlinearity of the response as evidenced by variations in natural frequencies and mode shapes. Even worse, some structural damage was observed during past earthquakes. The first reported seismic damage of cable-stayed bridges is Shipshaw cable-stayed bridge in 1988 Saguenay Earthquake. An anchorage plate underneath the deck failed due to stress increments during earthquake and the abutment concrete was damaged from pounding of deck against the abutment. During 1999 ChiChi Earthquake, much more severe damage was observed at Chi-Lu cable-stayed bridge. The damage included: 1) bending failure of the superstructure at the superstructure pylon connection, 2) bending failure of the pylon above the pile cap and above the superstructure to pylon connection with concrete spalling, 3) pounding damage at the end span supports, and 4) anchorage failure of a cable stay.

Upon the nonlinear response andstructural damage observed during earthquakes, some cable-stayed bridges have permitted controllable damage at tower legs under extreme seismic event, like Rion-Antirion bridge in Greece and Stonecutters in Hong Kong, China. In Japanese code, the main tower of cable-stayed bridge is allowed with plastic behavior by carefully investigating and designing its plastic ranges. At the meanwhile, several studies have been conducted in an attempt to reveal elastic-plastic seismic response of cable-stayed bridges. A. Camara proposed coupled push-over analysis to estimate the complex inelastic response of cable-stayed bridges and revealed the contribution of higher modes (approximately between 1 Hz and 25 Hz) is significant in seismic response. Li hui conducted damage analysis of a three-tower cable-stayed bridge with rigid system, floating system and passive energy dissipation system, revealing that plastic hinge may form either at the bottom of middle tower or side tower, depending on different systems. However, as highlighted by the damage of Chi-Lu Bridge, all composing parts of cable-stayed bridges, namely the tower, deck, cables and bearings might go through nonlinear stage while current studies mainly focused on one or two parts of the cable-stayed bridges.

On the other hand, near-field ground motions exert a large influence on cable-stayed bridgeswhich have a number of long-period modes. In recent decades, several near-field ground motions have been recorded during past earthquakes as Parkfield (1966), San Fernando (1971), Kobe (1995), ChiChi (1999) and South Napa (2014) Events. Comparing to typical far-field ground motions, near-filed ground motions usually contained long-duration pulses and high peak ground velocities. Cable-stayed bridges are quite sensitive to near-field ground motions since large amplitude spectral accelerations of near-field ground motions usually occurred at long periods where many cable-stayed bridges have significant structural response modes. For instance, it was speculated that damage of Chi-Lu bridges was likely caused by ground motion pulses from the near-field ground motion at the bridge site.

To recognize all nonlinear response of cable-stayed bridges subjected to near-field ground motions, one of the most obvious and effective ways is through shake table tests. Shake table tests can excite structures in such a way that they are subjected to conditions representing true earthquake ground motions and verify the analysis results from different numerical methods, as the case of Jindo Bridge and Taizhou Changjiang Bridge. Several shake table tests have been conductded regarding structural damage of cable-stayed bridges under earthquakes. Duan firstly conducted a 1/20 scale tower model of a cable-stayed bridge. Test results showed that 1) several cracks appeared and extended at the bottom of tower legs and at the middle of tower legs near the lower strut. 2) The bottom of the tower was seriously damaged with concrete spalling and steel bars fractured and exposed approximately 30 cm of the plastic region. But with lack of corresponding cable and deck systems in the model, the applicability of the test results needed to be further verified. So a 1/20 scale full cable-stayed bridge model was designed and tested on shake tables by Ruilong Wang . By exciting the model transversely, the test result showed the damage characteristics of a cable-stayed bridge with H-shaped tower in transverse direction including: 1) severe damage at the upper strut with several steel bars fractured at both ends, 2) repairable damage at the bottom and middle part of tower legs with concrete cover spalling and exposure of steel bars, 3) minimal damage at the lower strut with slight concrete spalling.

This paper introduced another 1:20 full-scale model of a single-tower cable-stayed bridge which was excited longitudinally on shake tables at Tongji University, China. The design details of test model were described and the validation of the test model was conducted. One typical near-field ground motion was used to excite the model from low to high intensity and the observed damage and test results were presented. Post-test model was conducted and analyses results were compared with test results so as to check the adequacy of existing nonlinear analytical techniques in estimating seismic response of cable-stayed bridges under near-field ground motions. The influence of cable relaxation which was detected during the test was also studied. The objective of this test is to study structural damage of cable-stayed bridges under longitudinally excited earthquakes.

2 Bridge model

2.1 Prototype Bridge

The prototype bridge, Puqian Bridge, spans Puqian sea area which lies in the northeast of Hainan province, China. It is a symmetric single tower cable-stayed bridge with two 230 spans, as is shown in Fig. 1. The concrete A-shape tower is 150m high from bottom to tower top and 60m wide at the foundation level. The rectangular crossbeam of the tower is at elevation 34m and two skewed legs intersect at elevation 106m. The deck is composed by a closed steel box, which is 37.5m wide and 3.2m high at middle span. The stay cable arrangement is a two-vertical-plane system and totally 68 cable strands are used to support the deck. The concrete side bent is a portal frame which is 34m high and 25m wide. The deck of the bridge was vertically supported on bents and towers through spherical steel bearings which can slide longitudinally, while transversely fixed to the side bents and towers by shear keys. Tab. 1 lists the material properties of prototype bridge.

Material properties of Puqian Bridge Tab. 1

Structural components	Material	Elastic modulus(GPa)	Yield stress(MPa)	Density(kg/m^3)
Tower and bents	concrete	34.5	32.5	2600
	steel bar	210	400	7850
Deck	steel plate	210	345	7850
Cables	steel strand	195	1860	7850

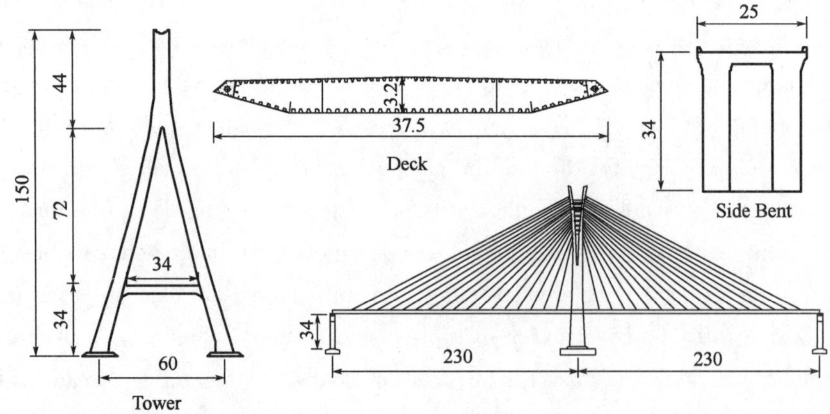

Fig. 1　Schematic of the Puqian Cable-stayed Bridge [m]

2.2　Test Model

2.2.1　Scale factors

According to the available testing system and the prototype of the bridge, the shake-table bridge model is designed as a 1:20 scale geometric model of prototype. With this scale, the total height of the model from the base of the footing to the tower top was 7 m, and the total length was 23 m. Three shake tables, Table A, C, and D, were used to support the test model, as shown in Fig. 2. The payloads of Tables A and D are 30 t and those of Tables C are 70 t. All the tables have the dimension of 6 × 4m and maximum acceleration of 1.0g.

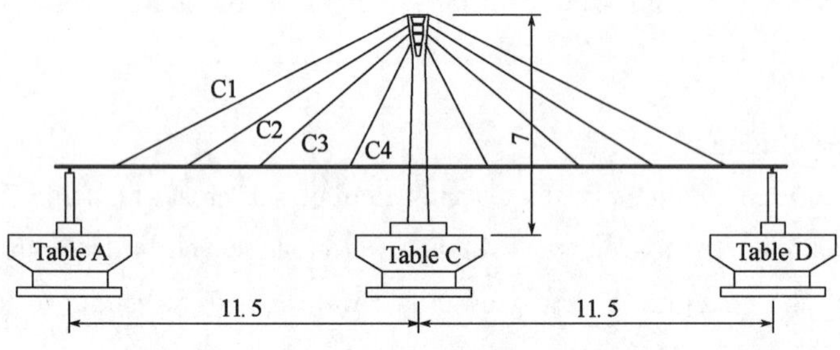

Fig. 2　Bridge model and arrangement of shake tables [m]

In order tosimulate the gravity effect, the acceleration scale factor was set to 1. Therefore, additional mass is added to increase the density of the structure and to produce a realistic dead load and inertial force. Tab. 2 lists the self-weight and the additional mass attached to the model. In total, the test model has a weight of 32871kg, including 7255kg self-weight and 25616kg additional mass.

Self-weight and additional masses of the model　　Tab. 2

Components	Self-weight(kg)	Additional mass(kg)	Total mass(kg)
tower	3336	15200	18536
deck	2453	6216	8669
bents	1440	4200	5640
cables	26	—	26

2.2.2 Tower and bents design

Buckingham π theorem of dimensional analysis was performed to design the model. Basically, the bridge model should provide a realistic representation of the prototype bridge response. However, if strictly following geometric scaling factor of 1/20, the minimum thickness of tower plate would be 40mm, making it too difficult to manufacture the model. To solve the construction problem, the thickness of the tower and bents was enlarged to 80mm while strictly following the scaling factor of flexural stiffness. Meanwhile, in order to reduce the total weight of the model , micro-concrete was used to substitute the prototype concrete and its elastic modulus was designed to be 1/3 of the prototype material. Available rebar with the minimum diameter of 6mm in Chinese commercial market were used to substitute 36mm rebar of the prototype. The number and arrangement of rebar was properly designed so that the towers and bent columns of the test model would have the same shear and bending capacity exactly scaling down from the prototype bridge. Details of designed tower and bents are shown in Fig. 3.

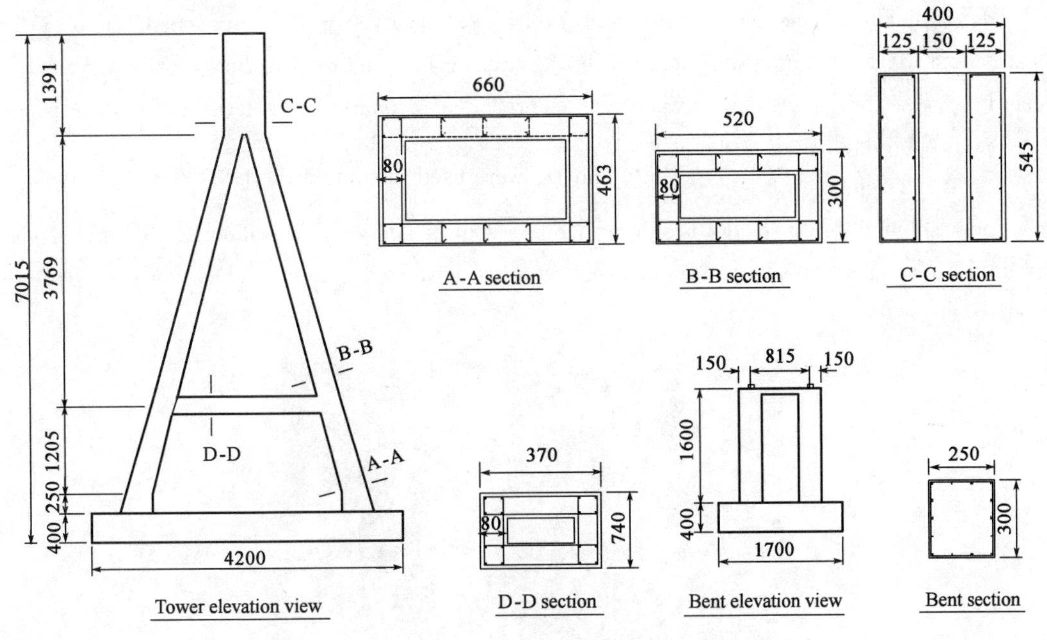

Fig. 3 Details of the tower and bents design [mm]

Before shake table tests, material testsfor micro-concrete were conducted through static modulus of elasticity in compression. Tab. 3 lists the test results of micro-concrete specimens. The testing elastic modulus was 11.6GPa, almost equal to 1/3 of elastic modulus of the prototype material as designed and the average compressive strength of the micro-concrete was 13.4MPa.

Test results of micro-concrete specimens Tab. 3

	Specimen 1	Specimen 2	Specimen 3	Average
Elastic modulus(GPa)	12.80	10.59	11.25	11.6
	Specimen 1	Specimen 2	Specimen 3	Average
Compressive stress(MPa)	13.3	13.8	13.2	13.4

2.2.3 Deck and cable design

To simplify construction, a regular box section composed by 10mm thick steel plate was designed to substitute the streamlined, flat, thin-walled steel box, as showing in Fig. 4. The model steel box had the exact scaling bending moment of inertia about both strong and weak axes from the prototype box. Six Teflon sliding bearings, as also shown in Fig. 4, were distributed to the tower and bents to support the deck.

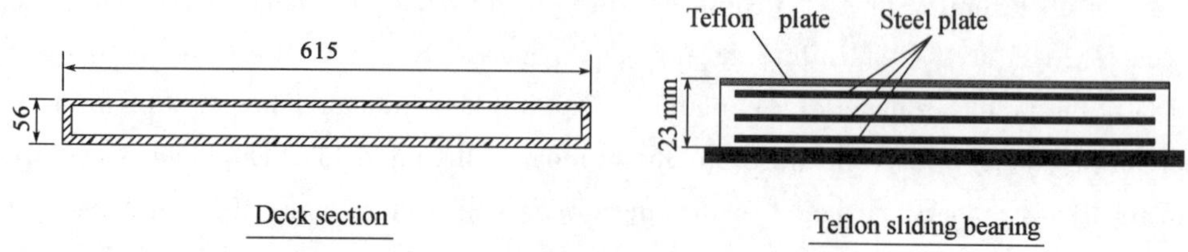

Fig. 4 Details of the deck and sliding bearing design [mm]

High-strength stainless steel wires were used for cablesof test model. In order to simplify the construction, 68 cables from the prototype bridge were condensed to 16 cables for the test model. According to the principles of equivalent cable forces and dynamic characteristics from the prototype, each cable had a cross-sectional area of $7.85 \times 10^{-5} mm^2$.

2.2.4 Assembled bridge model

The assembled bridge model is shown in Fig. 5. Out of safety consideration, a gate-style frame was used above each transition pier to restrain vertical movement at deck end so that end span uplift effect is prevented.

Fig. 5 Assembled bridge model

3 Testing Protocol

In order to study the near-fault effects on the seismic damage of cable-stayed bridges, one typical near-fault ground motion, TCU052 from the 1999 Chi-Chi Earthquake, was used to excite the test model. To account for the scale effect of the test model, the time axis of the prototype motion was compressed by 0.2236 ($1/\sqrt{20}$). Fig. 6 shows the input records with a compressed time axis and scaled amplitude (PGA = 0.1g). During the test, the TCU052 waves were applied with the increasing PGA from 0.05 to 0.80g in the longitudinal direction. In order to determine changes in structural period so as to evaluate the stiffness degradation of the model, white noise excitation was applied at beginning of the test and between each earthquake test after PGA >0.25g.

To check the relevance between actual shake table motions and target motions, achieved PGAs were compared with the target ones. Target and achieved PGAs, and the ratios of the achieved PGAs to target ones were listed in Tab. 4. One can see that the ratios were between 0.99 ~ 1.09 for all cases, indicating that the achieved and target values are quite matched.

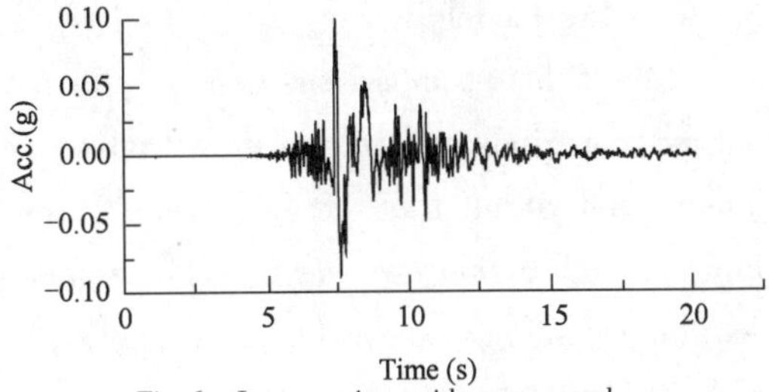

Fig. 6 Input motions with compressed time axis and scaled amplitude

Comparison of target and achieved peak ground accelerations Tab. 4

Cases	Target PGA (g)	Achieve PGA (g)	Ratios	Cases	Target PGA (g)	Achieve PGA (g)	Ratios
Case 1	0.05	0.051	1.02	Case 9	0.45	0.464	1.03
Case 2	0.1	0.103	1.03	Case 10	0.5	0.506	1.01
Case 3	0.15	0.164	1.09	Case 11	0.55	0.547	0.99
Case 4	0.2	0.212	1.06	Case 12	0.6	0.594	0.99
Case 5	0.25	0.265	1.06	Case 13	0.65	0.648	1.00
Case 6	0.3	0.31	1.03	Case 14	0.7	0.728	1.04
Case 7	0.35	0.364	1.04	Case 15	0.75	0.78	1.04
Case 8	0.4	0.418	1.05	Case 16	0.8	0.812	1.02

4 Validation of Test Model against Prototype

The test model is assumed to provide a realistic representation of the prototype bridge response. However, to simplify the construction, several adjustments were made to the test model comparing to theoretical model which is exactly scaling down from the prototype bridge structure. These adjustments included: 1) the plate thickness of the tower was enlarged to 80mm; 2) the deck was a regular box section with 10mm thick steel plate to substitute the streamlined, flat, thin-walled steel box, following the scale factors of flexural stiffness; 3) The number of cables was condensed from 68 to 16 to simplify the construction. Therefore, preliminary linear analysis wasperformed to check the accuracy of the test model representing theoretical model at linear stage.

Two analytical models were conducted for preliminary analysis based on Opensees (open system for earthquake engineering simulation) [21]: Model A, analytical model for test model and Model B for theoretical model. For both models, the tower, piers and the deck were modeled using linear-elastic element with P-Delta effects included. The stay cables were modeled using truss elements and sag effect was accounted for based on Ernst's equivalent elastic modulus concept.

Connections of deck- piers and deck-tower are free for longitudinal floating system while restrained for tranverse direction. Since the tower and bents of the test model were fixed on the shake tables and the soil-structure interaction effect was neglected, fixed constraint was set to the tower and the bents for two models.

Tab. 5 lists comparisons between theoretical model and test modelwith 1st and 2rd longitudinal modal periods and time history analysis results. In Tab. 5, the 1st mode for two models was longitudinal vibration of the deck while 2rd mode was longitudinal vibration of the tower, and the input ground motion used for time-history analysis was Case2 from Tab. 4. From Tab. 5, one can see the maximum error of the natural period between the test model and the theoretical model was within 15% and the maximum error of seismic response was within 10%.

Comparison of the test model and theoretical model Tab. 5

Items		Theoretical model	Test model	errors
Modal analysis	1st longitudinal model Period (s)	1.335	1.149	-13.9%
	2rd longitudinal model Period (s)	0.630	0.545	-13.5%
Time history analysis	Peak displacement at tower top(m)	0.0273	0.0284	4.0%
	Peak displacement at deck end (m)	0.0368	0.0331	-10.0%
	Peak bending moment at tower bottom (kN · m)	52.87	56.5	6.8%

5 Test Results

5.1 Observed Damaged

The observed damage was mainly from the concrete cracks and concrete spalling of the tower while the deck, cables and bents were visually undamaged. The development of observed cracks at RC tower sections subjected to increasing PGA was shown in Tab. 6 and Fig. 7. One can see that severe structural damage occured at the tower of the model including parallel concrete cracks from the bottom to nearly half height of the tower, concrete spalling and exposed bars at top tower 0.2m above the section where two skewed legs intersect. When PGA reached 0.8g, sudden large noise was produced at the time that the concrete spalls and large permanent rotation was observed at top tower after the test. Out of safety consideration and to prevent collapse of the model, no TCU052 waves with larger PGA were applied to the test model after PGA = 0.8g.

Observed damage during the test Tab. 6

PGA	Damage height	description
0 ~ 0.25g	—	No damage.
0.30g	H = 0.65m	First crack appeared at the bottom of tower leg.
0.30g ~ 0.50g	H = 0.65m	First crack extended to gradually form a circle.
	H = 0.80 ~ 1.20m	Several parallel cracks appeared just above the first crack.

continue

PGA	Damage height	description
0.50g ~ 0.60g	H = 0.80 ~ 1.20m	Cracks extended horizontally.
0.6g ~ 0.70g	H = 1.4m ~ 3.5m	Several parallel cracks appeared and were distributed in parallel at a nearly equal distance of tower width (around 0.35m).
	H = 5.8m	Cracks appeared at top tower 0.2m above the section where two skewed legs intersect (Section C—C in Fig. 3).
0.75g	H = 5.8m	Cracks extended and penetrated the Section C—C.
0.80g	H = 5.8m	Considerable concrete spalling and exposed longitudinal bars were observed at Section C—C.

Fig. 7 Observed seismic damage of the bridge model

An immediately survey was conducted concerning the cause of concrete spalling at Section C—C as PGA = 0.8g. It was due to abrupt change of cross section at Section C—C where stress concentration was induced, as shown in Fig. 8.

5.2 Model Period

Along with damage observation, model period shift of the test model was also detected during the test. The stiffness of concrete structure decreased as structural damage occurred and developed. Therefore, modal periods, related to structural stiffness, can be used as a stiffness degradation index of the tested model due to structural damage under earthquake excitation. Based on white noise excitation results, model periods were determined from plots of the Fast Fourier Transform (FFT) utilizing accelerations at tower top and table accelerations.

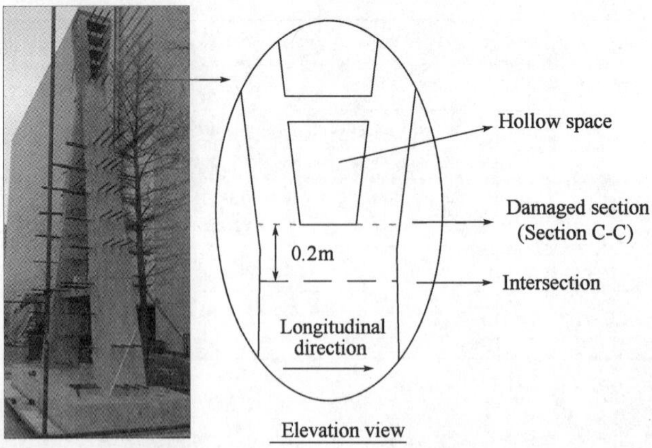

Fig. 8 Configuration of Section C-C

Fig. 9 shows the changes of the first and second modal period of the test model after applying TCU052 waves with varying PGA. Based on FFT results, the first mode of the test model is longitudinal vibration of the deck and the second mode is longitudinal vibration of the tower coupled with vertical vibration of the deck. From Fig. 9, the second modal period gradually increased for three times, namely at PGA = 0.45*g*, 0.7*g* and 0.75g, which fit in with the observed damage in Tab. 6. The first modal period slightly increased only when penetrating cracks occurred at Section C-C at PGA = 0.75*g*. After the test, the period for the first and second longitudinal mode was 1.06s and 0.70s, 3% and 10% longer than that before the test, respectively. The increased modal periods reflected stiffness degradation of the model as damage of tower occurred and accumulated during the test.

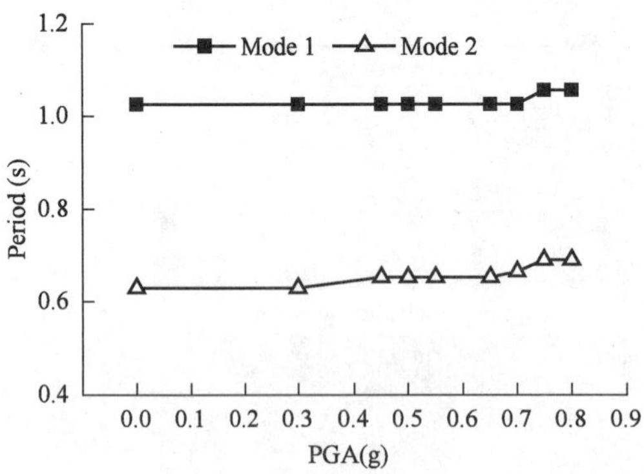

Fig. 9 Period shifts of first and second longitudinal modes

5.3 Acceleration and Displacement response

Fig. 10 presents measured maximum longitudinal acceleration and displacement at tower top and at deck end. From Fig. 10 (a), accelerations at tower top and deck end both increased linearly as PGA increased for most cases. From Fig. 10 (b), the displacement at tower top increased almost linearly with increasing PGA increased when PGA ≤ 0.70*g*. But when concrete spalling appeared at PGA = 0.8*g*, the tower top suddenly went through large displacement response, almost twice of that at PGA = 0.75*g*. Deck displacement linearly increased with increasing PGA, revealing that cracks or concrete spalling of the tower negligibly influenced deck displacement response.

5.4 Cable Response

Fig. 11 shows tension force envelope of C1 ~ C4. When PGA < 0.70*g*, the maximum and minimum tension forces of C1 ~ C4 changed in a linear manner as PGA increased. However, when PGA = 0.7*g*, the minimum tension force of C3 and C4 almost reached 0, and no longer decreased as PGA increased. As cable forces dropped to 0, the cables provided no stiffness to support the deck, reflecting that cable relaxation occurred for C3 and C4 during the test. When PGA >0.7g, little change was observed as PGA increased for the minimum tension force of C1 and C2 and maximum tension force of all cables, clearly indicating influence of cable relaxation on cable force response. When PGA =0.8g, the maximum tension force of C1, C3 and C4 reached about twice of the initial cable force, showing large variation of cable forces during the test.

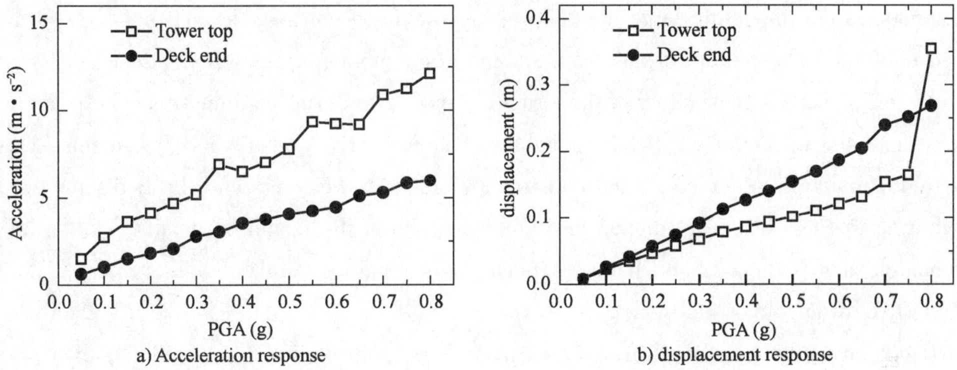

Fig. 10 Measured peak acceleration and displacement response of the model

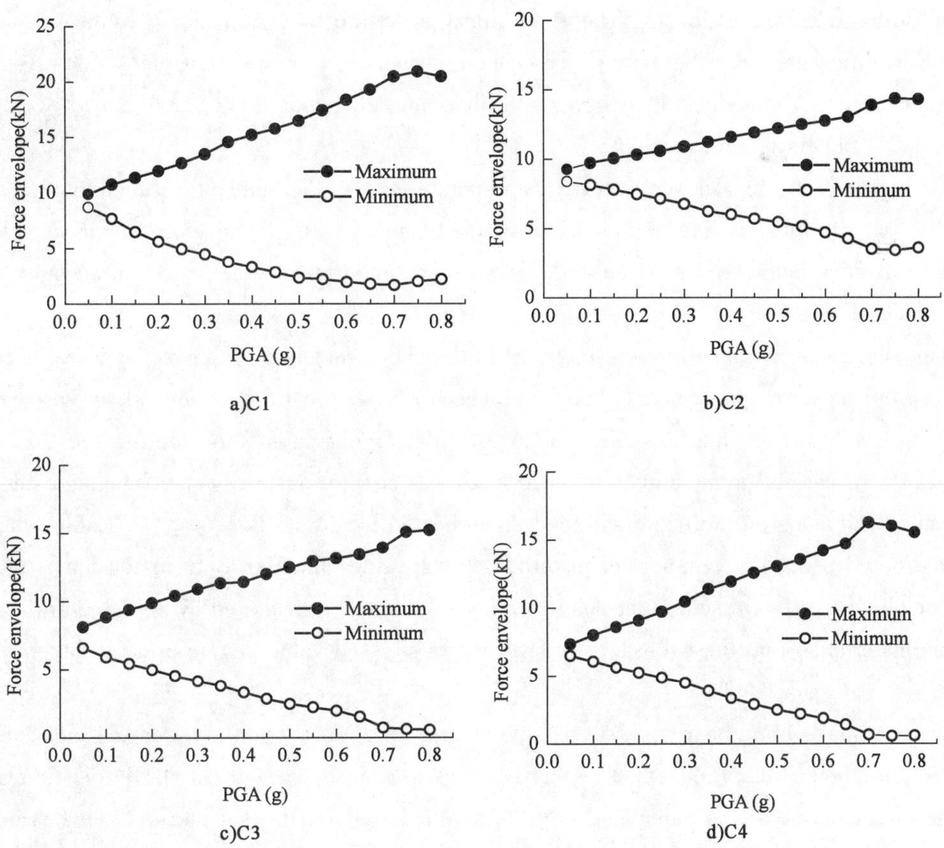

Fig. 11 Cable force envelope of test results

6 Post-test Analysis Results

6.1 Analytical Model for Post-test Analyses

To determine the adequacy of existing nonlinear analytical techniques in estimating the seismic response of cable-stayed bridges, one sophisticated model, Model C, was conducted for the test model based on OpenSees. Both Nazmy A S and Ren W X recommended following nonlinear characteristics when modeling large long cable-stayed bridges for seismic analyses 1) sag effect of inclined cables, 2) combined axial load and bending moment interaction effect of towers and deck, 3) large displacement effect of the structure and 4) material nonlinearity. These nonlinearities were modeled in Model C. Besides, cable relaxation, detected in the experiments, was also considered. Similar to Model A, fixed constraint was set to the tower and the bents for two models, ignoring the soil-structure interaction. Following shows the modeling details of different parts of the model, namely, tower and bents, superstructure, cables, and bearings.

6.1.1 Tower and bents model

To account for material nonlinearity and axial force-moment interaction effect, the tower and bents were modeled using nonlinear beam-column elements whose cross section was discretized into unidirectional confined concrete, unconfined concrete and steel fibers. Both confined and unconfined concrete fibers were represented using the uniaxial Kent-Scott-Park model with degraded linear unloading/reloading stiffness. The steel fibers were represented using a bilinear hysteretic model with kinematic strain hardening. The concrete fibers were at a rectangular patch. As an example, section A-A contained 1,536 concrete fibers and 28 longitudinal bar fibers.

6.1.2 Superstructure model

During the test, no damage occurred at superstructure. Therefore, the superstructure is expected to remain linear during earthquake and was modeled using linear-elastic element. However, its axial force-moment interaction and large displacement effect was taken into account.

6.1.3 Cable model

Two sources of nonlinearity were included in the cable modeling: sag effects and cable relaxation. Sag effects were approximately taken into account based on Ernst's equivalent elastic modulus. In fact, elastic modulus of cables changes with varying cable force during the excitation. However, constant elastic modulus from dead loads was adopted instead since changing cable force had limited influence on the cable stiffness, as indicated by Zárate B A's work. Cable relaxation was considered using no-compression material so that cables function only in tension state. Besides, cables are pre-stressed under dead-load state, which is considered by applying initial strain to cable material so that the cable force resists at pre-stressed value at zero applied force.

6.1.4 Bearing model

Longitudinal sliding bearings were used to connection the deck to the tower and piers. In longitudinal direction, friction effects of sliding bearings were modeled with an elastic-plastic material and the initial stiffness was calculated K = 267kN/m based on the geometry of the bearing. In transverse and vertical direction, the connections between deck-pier and deck-tower were set fixed since transverse displacement of the deck was restrained by the restrainers and vertical movement of deck end at piers were restrained by gate-style frames (see Fig. 5).

6.1.5 Completed model

Fig. 12 shows general configuration of Model C. After modeling, Model C had totally 278 nodes, 108 nonlinear beam-column elements, 109 linear elastic beam-column elements and 16 cable elements. Before nonlinear seismic analysis, dead load was applied to the three FEM models prior to nonlinear dynamic analysis so that nonlinear seismic analysis starts from the equilibrium configuration of dead loads. 5% inherent damping was accounted for using Rayleigh damping based on 1st and 2rd longitudinal vibration period.

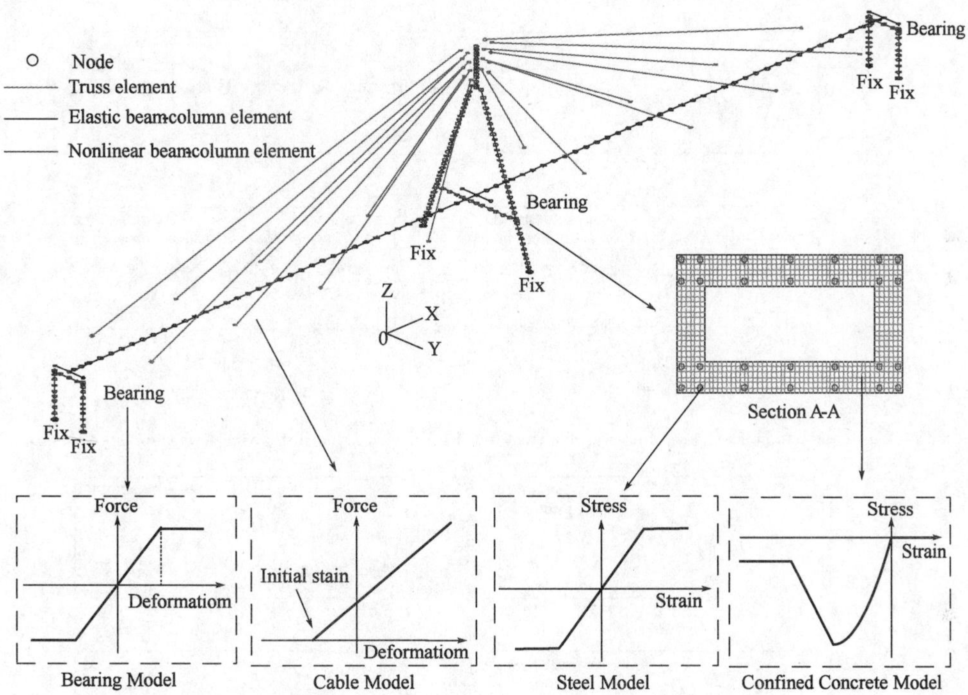

Fig. 12 FEM model of Model C

6.2 Validation of Model C

6.2.1 Acceleration and displacement response

OpenSees analysis of Model C was conducted to evaluate its ability to reproduce the measured test results. Fig 13 and Fig. 14 shows comparison of acceleration and displacement histories at tower top and at deck end between measured and numerical result, respectively. In addition, Tab. 7 shows the comparisons of peak displacement results between measured and numerical results.

From Fig. 13 and Fig. 14, it can be seen that though numerical results of Model C slightly deviated from the test results, numerical results catch the main features of the measured results and the shapes of the time histories fit in well for PGA $<0.8g$. When PGA $=0.8g$, numerical acceleration histories agreeed with test results while numerical displacement hisitories failed to catch tower permanent displacement at $t=9s$ when concrete spalling occurred of test model.

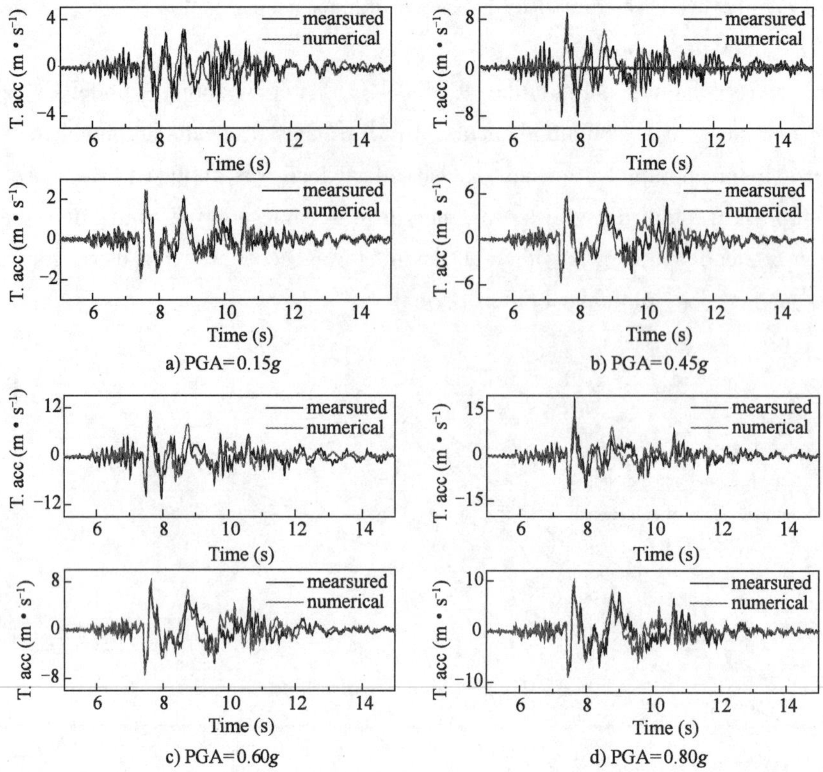

Fig. 13 Comparions between measured and numerical results of acceleration histories at tower top and deck end

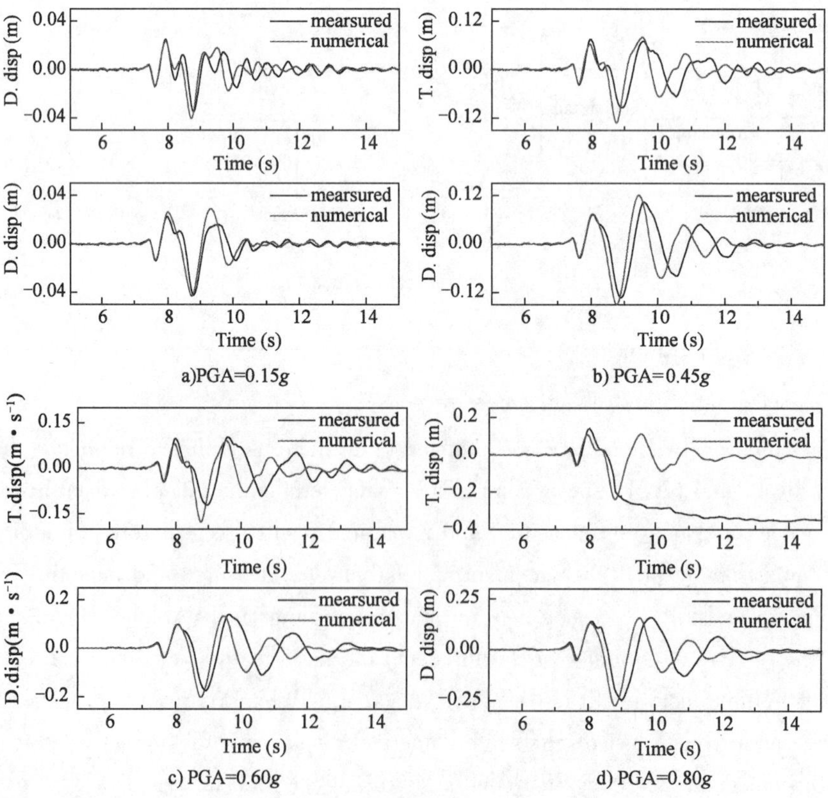

Fig. 14 Comparions between measured and numerical results of displacement histories at tower top and deck end

As seen in Tab. 7, for deck displacement, the correlation between measured and numerical results was good with maximum error less than 10%. For tower displacement, numerical results and measured results agreed quite well at low PGA levels (PGA <0.15g) with maximum error less than 10%, but numerical results were slightly overestimated as PGA increased (0.2g≤PGA≤0.75g) with maximum error up to 46%. And when PGA = 0.8g, numerical results failed to catch the suddenly increased tower displacement of measured results.

Comparions of maximum displacement between measured and numerical results Tab. 7

PGA	Tower top displacement (m)			Deck end displacement (m)		
	test results	numerical	error	test results	numerical	error
0.05	0.0082	0.008931	8.91%	0.0085	0.007804	-8.19%
0.1	0.0228	0.02586	13.42%	0.0261	0.027044	3.62%
0.15	0.035	0.043353	23.87%	0.0413	0.047237	14.38%
0.2	0.0465	0.059795	28.59%	0.0568	0.066117	16.40%
0.25	0.0576	0.077512	34.57%	0.0737	0.086395	17.23%
0.3	0.0679	0.091692	35.04%	0.0917	0.10319	12.53%
0.35	0.0787	0.10177	29.31%	0.1133	0.113957	0.58%
0.4	0.0865	0.11591	34.00%	0.1269	0.130522	2.85%
0.45	0.0937	0.12882	37.48%	0.1403	0.145473	3.69%
0.5	0.1019	0.14146	38.82%	0.1547	0.160204	3.56%
0.55	0.1108	0.15357	38.60%	0.1698	0.174496	2.77%
0.6	0.1212	0.17336	43.04%	0.1871	0.197462	5.54%
0.65	0.1318	0.18981	44.01%	0.2044	0.216463	5.90%
0.7	0.1542	0.21695	40.69%	0.2393	0.248249	3.74%
0.75	0.1644	0.228	38.69%	0.2517	0.261367	3.84%
0.8	0.355	0.23537	-33.70%	0.2687	0.269654	0.36%

The disagreement between measured and numerical results may be from that the concrete model used in the numerical model might deviate from the actual stress-stain relationship of micro-concrete. But based on the overall satisfactory correlation between the measured and calculated results, it was concluded that Model C adequately simulated the acceleration and displacement response of the test model.

6.2.2 Cable force response

Fig. 15 shows a representative sample of measured and numerical cable force histories for C3 which went through cable relaxation during the test. Tab. 8 shows comparison of maximum and minimum cable force betweem measured and numerical results. In Fig. 15 and Tab. 8, the cable forces were normalized by the pre-tension value at completed state of C3 (8.75kN). From

Fig. 14, it can be seen that the numeircal results clearly catch the cable relaxation at PGA $=0.8g$ when minimum cable force drop to zero. And seen from Tab. 8, the numerical results agreed with measured maximum cable force for all PGA levels with maximum difference less than 15%, while the difference of minimum tension force were slightly larger between test results and numerical results, with maximum difference around 25%. Based on the comparison, the numerical model was able to capture large variation of cable tension force and cable relaxation.

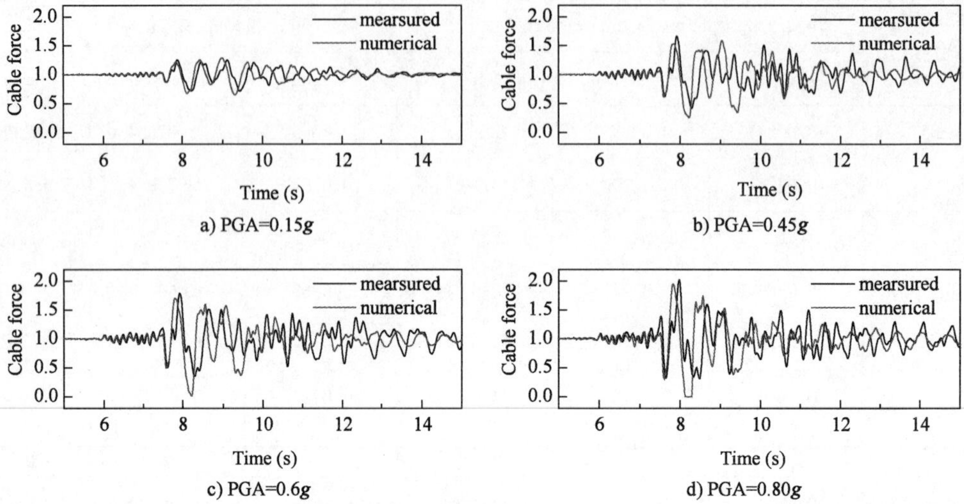

Fig. 15 Comparions of normalized cable force histories between measured and numerical results (C3)

Comparions of normalized maximum and minimum cable forces between measured and numerical results Tab. 8

PGA	Maximum tension force			PGA	Minimum tension force		
	Test result	Numerical result	Difference		Test result	Numerical result	Difference
0.05	1.092	1.098	0.5%	0.05	0.886	0.903	1.7%
0.10	1.189	1.206	1.7%	0.10	0.793	0.771	-2.2%
0.15	1.260	1.285	2.5%	0.15	0.731	0.666	-6.5%
0.20	1.330	1.350	2.0%	0.20	0.670	0.585	-8.5%
0.25	1.398	1.413	1.5%	0.25	0.611	0.508	-10.3%
0.30	1.465	1.451	-1.4%	0.30	0.559	0.454	-10.5%
0.35	1.523	1.505	-1.7%	0.35	0.511	0.393	-11.8%
0.40	1.536	1.568	3.2%	0.40	0.445	0.320	-12.5%
0.45	1.614	1.592	-2.2%	0.45	0.383	0.253	-13.0%
0.50	1.681	1.582	-9.9%	0.50	0.332	0.181	-15.1%
0.55	1.739	1.617	-12.1%	0.55	0.299	0.118	-18.1%

continue

PGA	Maximum tension force			PGA	Minimum tension force		
	Test result	Numerical result	Difference		Test result	Numerical result	Difference
0.60	1.769	1.695	-7.3%	0.60	0.262	0.011	-25.1%
0.65	1.805	1.763	-4.2%	0.65	0.205	0.000	-20.5%
0.70	1.873	1.868	-0.5%	0.70	0.097	0.000	-9.7%
0.75	2.028	1.920	-10.8%	0.75	0.082	0.000	-8.2%
0.80	2.048	1.947	-10.1%	0.80	0.074	0.000	-7.4%

6.2.3 Steel strain response

Fig. 16 shows measured and numerical results of maximum steel strain response for the tower in order to verify that numerical model duplicates the observed damage of the test model. For the test model, steel strain gauges was placed only at Section A-A and Section B-B and no stain gauges was available at Section C-C. Thus, only measured steel strain at Section A-A and B-B was provided in Fig. 16.

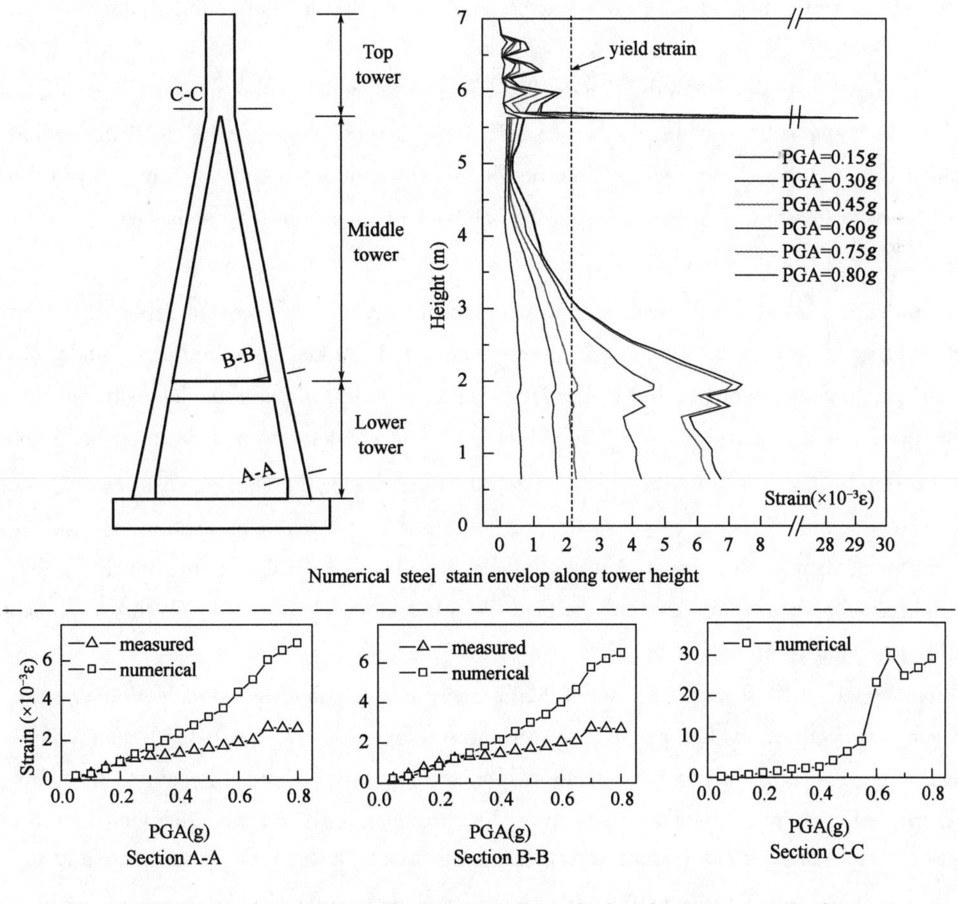

Fig. 16 Measured and numerical results of maximum longitudinal steel strain response for the tower

From Fig. 16, it can be seen from numerical steel stain envelop that before longitudinal steel yielded (PGA < 0.4g), the maximum strain occurred at tower bottom, which agreed with observation during the test that the first cracks occurred at this section. The longitudinal steel first yielded when PGA = 0.4g at Section A-A (Height = 0.65m) and Section B-B (Height = 2m). At this PGA level, steel stains at lower tower almost reached yield limit. After steel first yielded (PGA > 0.4g), steel strain at lower tower and middle tower increased almost linearly as PGA increased at a controllable range. For example, the maximum steel strain of section A-A and B-B was about 3 times of yield strain when PGA = 0.8g. Meanwhile, the yielding sections at middle tower extended to higher height as PGA increased, showing related damage process of the test model. When PGA = 0.8G, the highest section with yielding steel at middle tower was at 3.4m, almost at half height of the tower, agreeing with observation during the test. At top tower, the yielding section only occurred at section C-C where cross section changed abruptly and its steel stain increased substantially after first yielding at PGA = 0.4g. The maximum steel strain was 15 times of yield stain when PGA = 0.8 g, which accordingly depicted concrete spalling at this section.

For section A-A and B-B, numerical steel stain agreed quite well with measured resultswhen PGA < 0.35g. However, after steel yielded at PGA = 0.4g, discrepancy of numerical and measured was observed since steel stain gauges of the test model lose proper function at high strains ($> 2 \times 10^{-3}\varepsilon$).

From above discussion, Model C overall reflected test model of the measured acceleration and displacement response, cable tension force and the observed damage with good agreement. It is concluded that by modelling several nonlinearity of different elements of cable-stayed bridges, Model C is able to simulate the elastic-plastic behavior of the cable-stayed bridge.

6.3 Cable relaxation Effects

In order to study the cable relaxation effects on the seismic response of cable-stayed bridges, a companion model of Model C, Model D, was conducted. Model D is similar to Model C except that cable relaxation was negelected by applying elastic material to cable models with elastic modulu same to Model C at tension state. For Model D, cable elements were able to suspend compression force depite it was against the actual material properties of the cables. In this way, Model D should have the same seismic response to Model C until any of cable relaxation occured. Fig. 17 shows the peak response of Model D including deck and tower displacement, tension force of C3 and bending moment at tower bottom. In Fig. 17, for comparing purpose, all the responses were normalized by that of Model C.

From Fig. 17, the response of Model D, as expected, is exact to that of Model C before cable relaxation first occured at PGA = 0.45g. After cable relaxation (PGA ≥ 0.45g), one can see that Model D experienced slightly larger seismic response than Model C and it becomes more obvious as PGA increased. For tower displacement, tower bending moment, and deck displacement, the maximum difference between two models was less than 4% for all PGA levels while it was less than 12% for maximum cable force of C4. It is concluded that cable relaxation slightly enlarged the seismic response of cable-stayed bridges like tower displacement, bending moment at tower bottom and deck displacement and maximum cable force, but its influence is quite small with maximum error less than 12%.

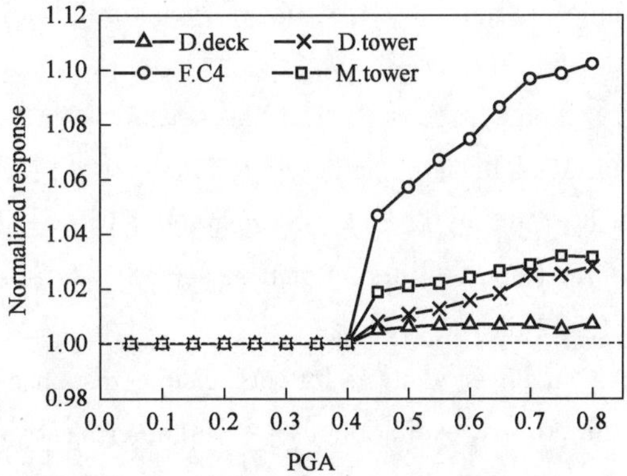

Fig. 17 Normalized seismis response of Model D

Note: D. deck, deck displacement at deck end; D. tower, tower displacement at tower top; F. C4, maximum cable force of C4; M. tower, bending moment at tower bottom.

5 Conclusion

The main objective of this paper was to describeexperimental and analytical studies on seismic damage of cable-stayed bridges in longitudinal direction. From the set of results presented, the following conclusion can be drawn:

(1) Theobserved damage of the test model mainly concentrated at the tower including: 1) several cracks at the bottom region of the tower leg when PGA = $0.3g \sim 0.5g$, 2) parallel horizontal cracks from the bottom to nearly half height of the tower leg distributing at a nearly equal distance when PGA = $0.5g \sim 0.7g$, 3) concrete spalling and exposed longitudinal bars at top tower 0.2m above the section where two skewed legs intersect.

(2) The stiffness of the bridge decreased as damage of the tower occurred and accumulated, leading to gradual elongation of natural period of the model.

(3) By modeling nonlinearity for different components of cable-stayed bridges, numerical model reflected test model of the measured acceleration and displacement response, cable tension force and the observed damage with good agreement. It is thus concluded that nonlinear analytical techniques were able to simulate the elastic-plastic response of the cable-stayed bridge.

(4) Cable experienced large variation of tension force during the test, and cable relaxation was detected. Based on the numerical study, cable relaxation enlarged the seismic response of cable-stayed bridges like tower displacement, bending moment at tower bottom, deck displacement and maximm cable force, but its influence is quite small with maximum error less than 12%.

Acknowledgments

This researchis supported by the National Basic Research Program of China (No. 2013CB036302), and Strategic Study on the Technology Development of Marine Bridge Engineering. The support is gratefully acknowledged.

References

[1] Filiatrault A, Tinawi R, Massicotte B. Damage to cable-stayed bridge during 1988 Saguenay earthquake. II: Dynamic analysis[J]. Journal of Structural Engineering, 1993, 119(5): 1450-1463.

[2] Chang K C, Mo Y L, Chen C C, et al. Lessons learned from the damaged Chi-Lu cable-stayed bridge[J]. Journal of Bridge Engineering, 2004, 9(4): 343-352.

[3] Kite S, Falbe-Hansen K, Vejrum T, et al. Stonecutters Bridge—Design for Extreme Events [C]//IABSE Symposium Report. International Association for Bridge and Structural Engineering, 2005, 90(2): 27-34.

[4] Camara A, Astiz M A. Pushover analysis for the seismic response prediction of cable-stayed bridges under multi-directional excitation[J]. Engineering Structures, 2012, 41(3): 444-455.

[5] Li H, Liu J, Ou J. Investigation of seismic damage of cable-stayed bridges with different connection configuration[J]. Journal of Earthquake and Tsunami, 2009, 3(03): 227-247.

[6] Wesolowsky M J, Wilson J C. Seismic isolation of cable-stayed bridges for near-field ground motions[J]. Earthquake Engineering & Structural Dynamics, 2003, 32(13): 2107-2126.

[7] Ji C, Archuleta R J, Twardzik C. Rupture history of 2014 Mw 6.0 South Napa earthquake inferred from near-fault strong motion data and its impact to the practice of ground strong motion prediction[J]. Geophysical Research Letters, 2015, 42(7): 2149-2156.

[8] Jangid R S, Kelly J M. Base isolation for near-fault motions[J]. Earthquake Engineering & Structural Dynamics, 2001, 30(5):691-707.

[9] Garevski M A, Brownjohn J M W, Blakeborough A, et al. Resonance-search tests on a small-scale model of a cable-stayed bridge[J]. Engineering Structures, 1991, 13(1): 59-66.

[10] Duan X. Experimental study on seismic performance of cable-stayed bridge tower subjected to longitudinal strong ground motions[M], Tongji University, Shanghai, 2012.

[11] Wang R, Xu Y, Li J. Transverse Seismic Behavior Studies of a Medium Span Cable-Stayed Bridge Model with Two Concrete Towers[J]. Journal of Earthquake Engineering, 2017, 21(1): 151-168.

[12] Moncarz P D, Krawinkler H. Theory and application of experimental model analysis in earthquake engineering[M]. Stanford University, 1981.

[13] Mavroeidis G P, Papageorgiou A S. A mathematical representation of near-fault ground motions[J]. Bulletin of the Seismological Society of America, 2003, 93(3): 1099-1131.

[14] H. J. Ernst, Der E-modul von seilen unter berucksichtigung des durchhanges[J], Der Bauingenieur, Berlin,1965,52-55.

[15] Nazmy A S, Abdel-Ghaffar A M. Non-linear earthquake response analysis of long-span cable-stayed bridges: Theory[J]. Earthquake Engineering & Structural Dynamics, 1990, 19(1): 45-62.

[16] Ren W X, Obata M. Elastic-plastic seismic behavior of long span cable-stayed bridges[J]. Journal of Bridge Engineering, 1999, 4(3): 194-203.

[17] Kent D C, Park R. Flexural Members with Confined Concrete[J]. Journal of the Structural Division, 1971(97):1969-1990.

[18] Filiatrault A, Tinawi R, Massicotte B. Damage to cable-stayed bridge during 1988 Saguenay earthquake. I: Pseudostatic analysis[J]. Journal of Structural Engineering, 1993, 119(5): 1432-1449.

18. Shake Table Studies of Seismic Damage and Failure Mode of a Single Tower Cable-stayed Bridge

Yi Jiang and Li Jianzhong

(Tongji University)

Abstract: To investigate seismic damage and failure mode of a single pylon cable-stayed bridge, Puqian bridge with ' A" shape concrete pylon is selected and a 1:20 scale model is designed, constructed and tested on shake tables at Tongji University, China. Concentrating on floating system, the performance of the bridge model was evaluated under increasing levels of seismic excitation in longitudinal direction. Testing results showed that ①first crack appeared at the bottom section of the tower leg and extended nearly to form a cycle; ②cracks gradually appeared above the bottom and spread up to half height of the tower at nearly equal distance; ③final cracks appeared just above the crossing section of tower legs and concrete spalling and exposed longitudinal bars were observed. At the last several stages, the displacement at tower top abruptly increased, and the deck experienced large longitudinal and vertical vibration, and large variation of cable tension force was observed.

Keywords: Shake Table tests, damage and failure mode, single-tower cable-stayed bridge

1 Introduction

In recent decades, cable-stayed bridges have gained much popularity throughout the world due to its aesthetically appearance, structural efficiency and short construction period. However, characterized by large flexibility and low structural damping, cable-stayed bridges are quite sensitive to large amplitude oscillations like earthquakes, and some structural damage was observed during past earthquakes. The first reported damage of cable stayed bridges is Shipshaw cable-stayed bridge during 1988 Saguenay Earthquake. An anchorage plate underneath the deck failed due to stress increments induced by the earthquake and the abutment concrete was damaged due to pounding of deck against abutments. Much more severe damage was observed under 1998 ChiChi Earthquake in Chi-Lu cable stayed bridge. The damage included: 1) flexural hinging of the superstructure and the pylon at the superstructure pylon connection 2) flexural hinging of the pylon above the pile cap and above the superstructure to pylon connection with concrete spalling of the tower above the roadway 3) pounding damage at the end span supports 4) anchorage failure of a cable stay. The seismic damage of the structure and the following loss of life and property have raised the necessity to study seismic fragility of cable stayed bridges under earthquakes.

Endo et al. studied the damage behavior of the steel tower structures of a long span suspension bridge under large earthquakes. Based on pushover analysis in the transverse direction, this paper revealed that the first yielding developed at the first strut, and then shifted to the second and third struts, finally the plastic region extended to the tower leg on compressive side. Wei-Xin Ren studied the elastic-plastic behavior of steel girder of a cable stayed bridge under different earthquakes and showed that elastic-plastic effects tend to reduce the seismic responses but largely depending on the characteristics of input earthquake records. At the meanwhile, seismic controllable damage to the towers of cable stayed bridges has recently been accepted to dissipate energy under extreme earthquake, as is the case of Rion-Antirion in Greece. Li hui conducted damage analysis of the towers for Rigid System, Floating System and Passive Energy Dissipation System, revealing that plastic hinge may form at the bottom of tower.

However, above studies mainly focused on the numerical analysis. Test verification is needed as complementary to excite structures in such a way that they are subjected to conditions representing true earthquake ground motions. Duan firstly conducted a 1/20-scale tower model of a cable-stayed bridge at Tongji University. Test results showed that 1) several cracks appeared and extended at the bottom of tower legs and at the middle of tower legs near the lower strut. 2) The bottom of the tower was seriously damaged with concrete spalling and steel bars fractured and exposed approximately 30 cm of the plastic region. But due to lack of fully-designed cable and deck systems in the model, the applicability of the test results needed to be further verified. This is the purpose of a 1/20 scale full cable-stayed bridge model which was designed and tested on shake tables by Ruilong Wang at Tongji University, Shanghai, China. By exciting the model transversely, the test result shows the damage characteristics of cable-stayed bridges in transverse direction included: 1) the severe damage was observed at the upper strut, with several steel bars fractured at both ends, 2) the repairable damage was observed at tower legs at the bottom and the middle part, with concrete cover spalling and exposure of steel bars, 3) the minimal damage was observed at the lower strut and the both sides of the side bents, with only slightly concrete spalling.

This paper, as a companion paper ofWang R L's, presents another 1:20 full-scale model of a cable-stayed bridge which was excited longitudinally on shake tables also at Tongji University, China. The design, instrumentation, and loading protocol of the test model are described. The test results and observed damage were presented in order to study potential plastic region and possible failure mode of cable-stayed bridges in longitudinal direction.

2 Bridge model

2.1 Prototype Bridge

Lying in the northeast of Hainan province of China, Puqian sea-crossing bridge spans the Puqian sea area to connect Wenchang City with Haikou City. The main bridge is a symmetric cable-stayed bridge with two 230 spans. Fig. 1 show the schematic elevation of the bridge along with A - shaped RC single tower and deck cross section. As seen in the figure, the tower is 60m wide at the foundation level and 150m high. The strut is at elevation 34m and two skewed legs intersect at elevation 106m. The stay cable arrangement is a two-vertical-plane system and totally 68 cable strands are distributed to support an aerodynamically shaped closed box steel deck which is 37.5 wide and 3.2m high.

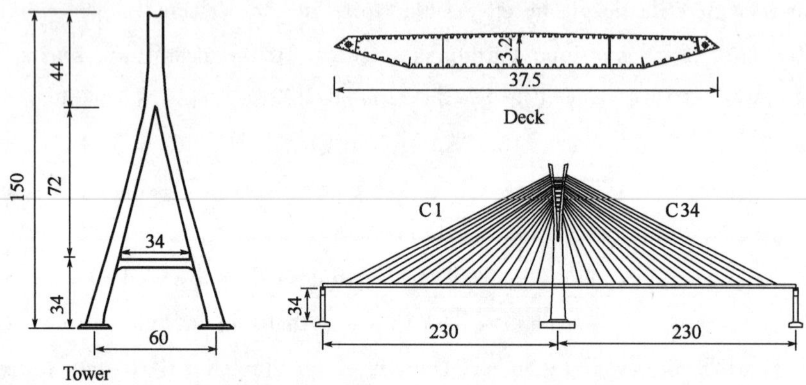

Fig. 1 Schematic of the Puqian Cable-stayed Bridge [m]

2.2 Test model

The shake-table bridge model is a 1:20 scale geometric model of a real cable-stayed bridge. With this scale, the total height of the model from the base of the footings to the top of the tower was 7 m, and the total length was 23 m. Three shake tables, all with the dimension of 6 ×4m and 500mm maximum stroke, were used to support the test model, as shown in Fig. 2. The acceleration scale factor was set to 1 in order to simulate the gravity effect.

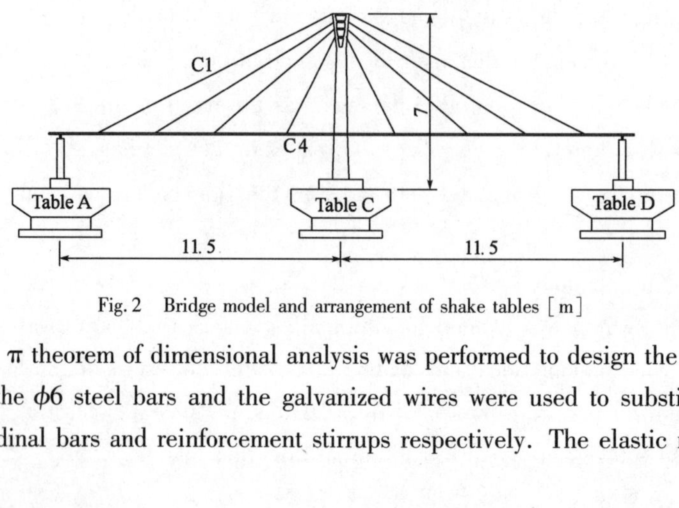

Fig. 2 Bridge model and arrangement of shake tables [m]

Buckingham π theorem of dimensional analysis was performed to design the tower and bents . Micro-concrete, the $\phi 6$ steel bars and the galvanized wires were used to substitute the prototype concrete, longitudinal bars and reinforcement stirrups respectively. The elastic modulus of Micro-concrete was properly designed to be 1/3 of the prototype material. Summary of main scale factors adopted can thus be calculated as listed in Table 1.

Summary of main scale factors for the model Table 1

quantity	length	acceleration	time	modulus	Density	model weight
scale factor	1 : 20	1 : 1	$1:\sqrt{20}$	1 : 3	6 : 1	1 : 133

However, if strictly following geometric scaling factor of 1/20, the minimum thickness of tower plate would be 40mm, making it too difficult to manufacture the model. To solve the construction problem, the approach is to enlarge the thickness of the tower to 80mm while strictly following the scaling factor of flexural stiffness. The same design approach was used to simplify deck construction, which adopts a regular steel box section with the plate thickness of 10mm. To further simplify construction, 34 pairs of cables for the prototype were condensed to 8 pairs for the test model. Based on the principles of equivalent cable forces and the dynamic characteristics from the prototype, the cross sectional area of each cable was calculated 7. 85 × 10-5mm. Teflon sliding bearings are distributed to the tower and bents to support the deck vertically with little friction effect in longitudinal movements. The dimensions of the tower, bents, Teflon sliding bearings and the deck are shown in Fig. 3.

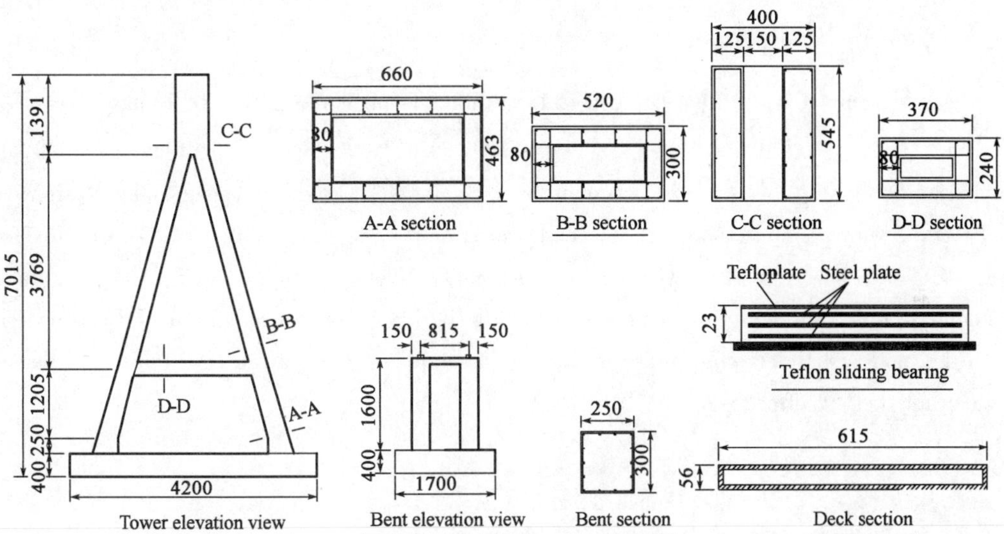

Fig. 3 Details of the tower, bents and deck [mm]

FromTable 1, it can be seen that the density scale factor is 6 : 1, so additional mass is needed to increase the density of the structure and to produce a realistic dead load and inertial force. Table 2 lists the self-weight and the additional mass attached to the model.

Self-weight and additional masses of the model Table 2

part	self-weight(kg)	additional mass(kg)	total mass(kg)
tower	3336	15200	18536
deck	2453	6216	8669
bents	1440	4200	5640

The assembled bridge model is shown in Fig. 4. As seen in Fig. 4, two gate-style frames are used above transition piers to restrain vertical movement of end span so that end span uplift effect is prevented.

Fig. 4 assembled bridge model

3 Testing Protocol

The east component of the 1999 Chi-Chi Earthquake measured at TCU052 station is used to simulate the test model in the longitudinal direction. The time axis of the prototype motion was compressed by 0.2236 ($1/\sqrt{20}$) to account for the scale effect of the test model. Fig. 5 shows the input records with a compressed time axe and scaled amplitude (PGA = $0.1g$). During the test, the Chi-Chi waves were applied with the increasing PGA from 0.05 to $0.85g$ in the longitudinal direction. In order to determine changes in structural period so as to evaluate the stiffness degradation of the model, banded white noise excitation was applied at beginning of the test and between each earthquake test after PGA > $0.25g$.

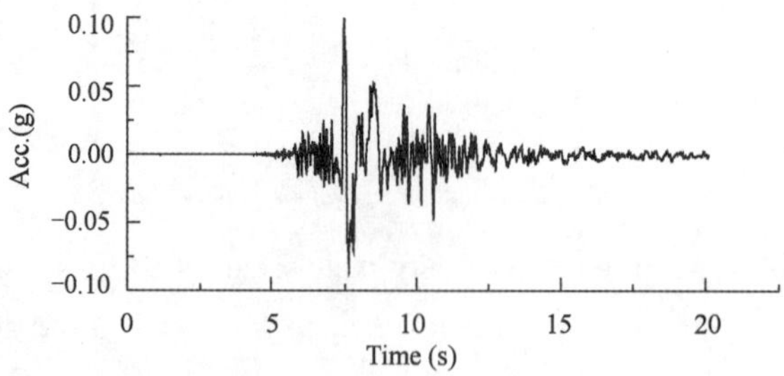

Fig. 5 Input motions with compressed time axis and scaled amplitude

4 Test results

4.1 Observed damage

During the test, the development of cracks at RC tower sections subjected to increasing PGA was observed as follows: 1) PGA = 0-0.25g, no damage was observed; 2) PGA = 0.3g, first crack appeared at the bottom of tower leg; 3) PGA = 0.4g ~ 0.5g, the first crack extended to form a circle with several parallel cracks appeared just above the bottom of tower leg; 4) PGA = 0.6g ~ 0.7g, several horizontal cracks appeared from the bottom to nearly half height of the tower leg and were distributed in parallel at a nearly equal distance of tower width (around 35cm); 5) PGA = 0.75g, penetrating cracks appeared at the upper tower just above the section where two skewed legs intersect; 6) PGA = 0.8g ~ 0.85g, considerable concrete spalling and exposed longitudinal bars were observed at the section just above intersection. Fig. 6 shows the observed seismic damage observed of the bridge model after PGA = 0.85g.

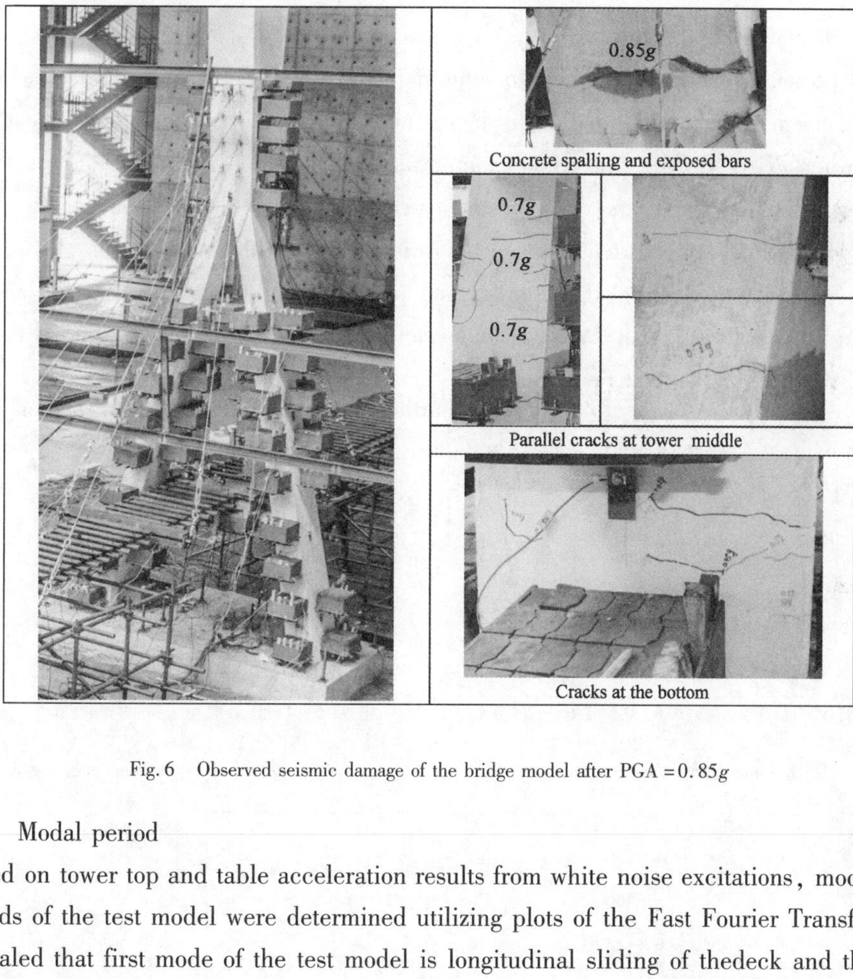

Fig. 6 Observed seismic damage of the bridge model after PGA = 0.85g

4.2 Modal period

Based on tower top and table acceleration results from white noise excitations, model shapes and periods of the test model were determined utilizing plots of the Fast Fourier Transform. Results revealed that first mode of the test model is longitudinal sliding of thedeck and the second mode is longitudinal vibration of the tower coupled with vertical vibration of the deck. Fig. 7 shows the changes of the first and second modal period of the test model after applying Chi-Chi wave with varying PGA. As shown in Fig. 7, the seco nd modal period gradually increased as the damage of the tower occurred and accumulated, while the first modal period slightly increased only when PGA = 0.75g. After the test, the period for the first and second longitudinal mode was 3% and 10% longer than that before the test respectively, showing the stiffness degradation of the test model.

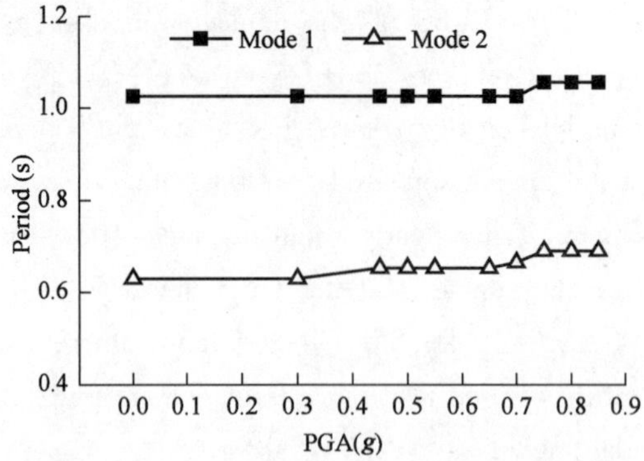

Fig. 7 period shifts of first and second longitudinal modes

4.3 Displacement response

Fig. 8 presents measured maximum longitudinal displacement at tower top, deck end and vertical displacement at deck middle. The displacement at tower top increased almost linearly as PGA increased when PGA≤0.75g. But when concrete spalling appeared at PGA =0.8g, the tower top suddenly went through much larger displacement response, almost twice of that for PGA =0.75g. Both deck longitudinal and vertical displacement linearly increased with increasing PGA, revealing that cracks or concrete spalling of the tower had negligible influence on deck displacement response. And it can also be seen that deck underwent large vertical deformation during the test, almost equal to deck longitudinal response.

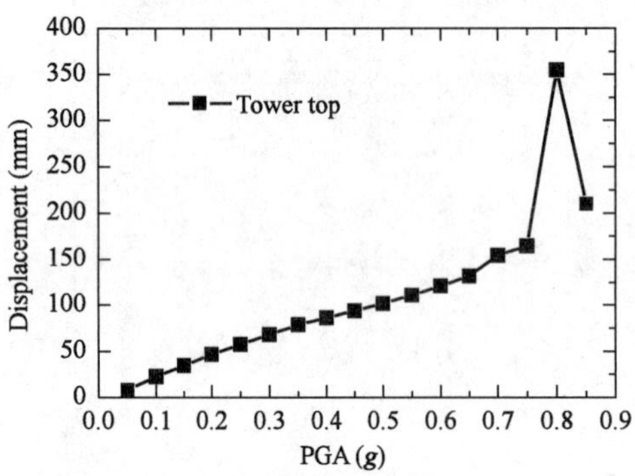

a) Longitudinal displacement at tower top

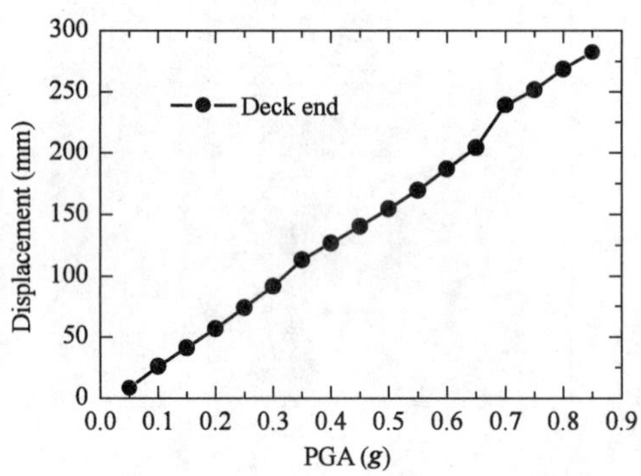

b) longitudinal displacement at deck end

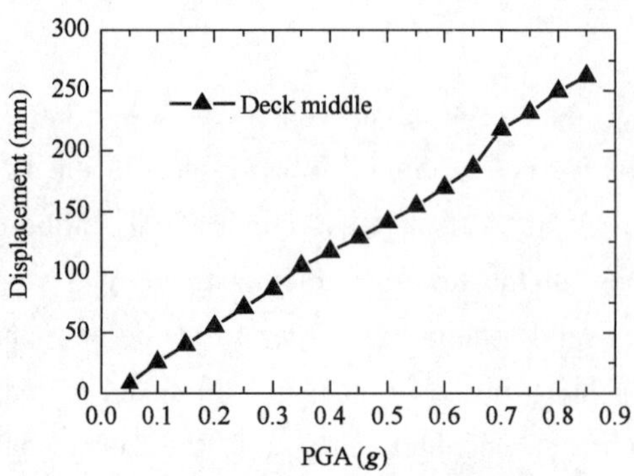

c) Vertical displacement at deck middle

Fig. 8 some measured maximum response of the model

Fig. 9 shows the normalized tower longitudinal displacement at several points. One obtains that 1) when PGA≤0.70g, contribution from each part of the tower to the tower top displacement remained unchanged as PGA increased though cracks appeared at the bottom and middle tower. 2) When PGA = 0.75g, the contribution from the upper part of the tower above intersection height increased as penetrating cracks appeared at the upper tower. 3) When PGA = 0.8g, the contribution from the upper part of the tower above intersection height become 75% , which explains why tower top displacement abruptly increased at this PGA level.

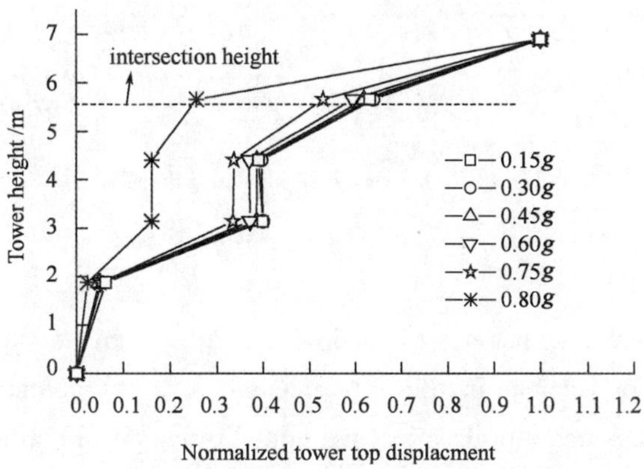

Fig. 9 Normalized tower displacements at some PGA levels

4.4 Cable response

Fig. 10 shows tension force envelope of Cable1 ~ Cable4. When PGA < 0.70g, the maximum and minimum tension forces of Cable1 ~ Cable4 changed in a linear manner as PGA increased. However, when PGA≥0.7g, the minimum tension force of Cable3 and Cable4 almost reached 0, and no longer decreased. Under such condition, the minimum tension force of Cable1 and Cable2 slightly increased as PGA increased while maximum tension force of all cables decreased a little. During the test, the maximum tension force of Cable1, Cable3 and Cable4 reached more than twice of the initial cable force, showing large variation of cable tension forces during the test.

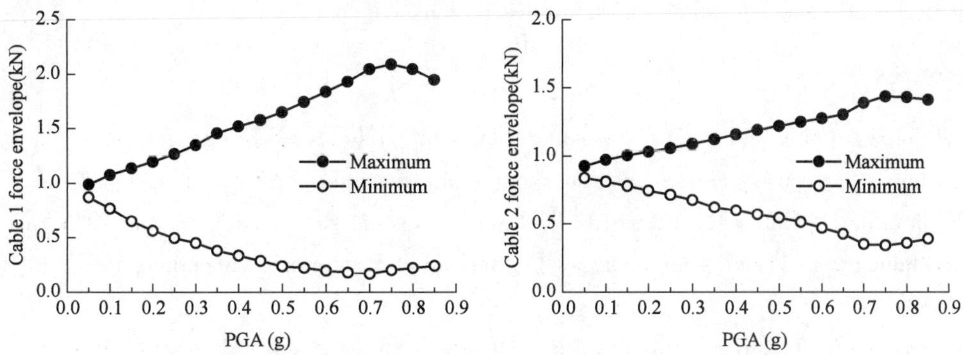

a) Cable1 b) Cable2

Fig 10

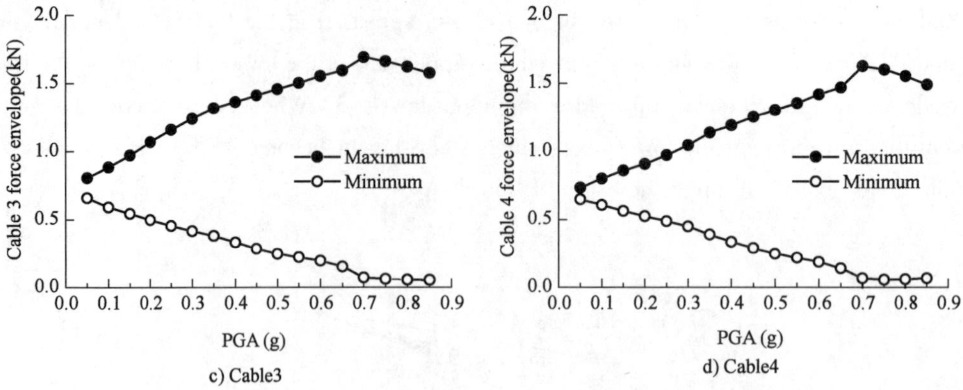

Fig. 10 cable force envelope during the test

5 Conclusion

The main objective of this paper was to describe the design and testing of a cable-stayed bridge model by the author, concerning the experimental study of potential plastic region and possible failure mode of cable-stayed bridges in longitudinal direction. From the set of results presented, the following conclusion can be drawn:

(1) The damage of the bridge mainly concentrated on the tower including: 1) several cracks appeared at the bottom region of the tower leg, 2) several horizontal cracks appeared from the bottom to nearly half height of the tower leg and were distributed at a nearly equal distance, 3) concrete spalling and exposed longitudinal bars were observed at the section just above intersection.

(2) The stiffness of the bridge degraded as damage of the tower occurred and accumulated, leading to elongation of vibration period of the model.

(3) Tower experienced large inelastic displacement when concrete spalling occurred and large longitudinal and vertical displacement of the deck were observed.

(4) Cable tension force may experience large variation of tension force, with minimum tension force dropping to zero while maximum tension force might double. However, when minimum tension force became zero, maximum tension force no longer increased.

References

[1] Wesolowsky M J, Wilson J C. Seismic isolation of cable-stayed bridges for near-field ground motions[J]. Earthquake engineering & structural dynamics, 2003, 32(13): 2107-2126.

[2] Filiatrault A, Tinawi R, Massicotte B. Damage to cable-stayed bridge during 1988 Saguenay earthquake. I: Pseudostatic analysis[J]. Journal of Structural Engineering, 1993, 119(5): 1432-1449.

[3] Filiatrault A, Tinawi R, Massicotte B. Damage to cable-stayed bridge during 1988 Saguenay earthquake. II: Dynamic analysis[J]. Journal of Structural Engineering, 1993, 119(5): 1450-1463.

[4] Chang K C, Mo Y L, Chen C C, et al. Lessons learned from the damaged Chi-Lu cable-stayed bridge[J]. Journal of Bridge Engineering, 2004, 9(4): 343-352.
[5] Ren W X, Obata M. Elastic-plastic seismic behavior of long span cable-stayed bridges[J]. Journal of Bridge Engineering, 1999, 4(3): 194-203.
[6] Li H, Liu J, Ou J. Investigation of seismic damage of cable-stayed bridges with different connection configuration[J]. Journal of Earthquake and Tsunami, 2009, 3(03): 227-247.

第二篇

设　计

19. 海南铺前跨海大桥总体设计

胡　盛　杨华振　罗嗣碧　吴敬武　孙平宽
（中国公路工程咨询集团有限公司）

摘　要：海南铺前跨海大桥是位于强震区、跨越铺前湾及活动断层的的跨海大桥。全桥共分4个区段：主桥采用230m+230m独塔（“文”字形桥塔）钢箱梁斜拉桥；跨断层引桥采用2×58m+60m+5×58m+57m+58m钢箱梁桥；文昌侧引桥与海口侧引桥均采用预应力混凝土箱梁，跨度布置分别为3×(4×30m)+3×(5×30m)+6×50m和4×(5×50m)+4×(4×50m)。在设计过程中，采用了海域浅层地震勘探及钻孔相互验证技术对断裂带进行准确勘探；主桥采用半漂浮与阻尼器的抗震体系，采取减隔震支座、防落梁措施、断层错位调节装置等方式进行抗震设防；针对强风作用采取优化主梁断面、设置横向抗风支座、在桥塔两侧设置风屏障等措施进行设防。

关键词：跨海大桥；斜拉桥；桥位；桥型；强震；断层；强风；总体设计

1　工程概况

海南铺前跨海大桥是连接海口和文昌两市的跨海大桥，项目起点接文昌市滨海旅游公路，以铺前跨海大桥跨越铺前湾，终点与海口市江东大道相接，路线总长13.551km，铺前跨海大桥长约3.959km，是本项目的控制性工程。

铺前跨海大桥桥位受城市总体规划及建设条件限制，需跨越铺前湾，桥址区建设条件复杂，主要体现在以下几个方面：①位于强震区，大桥跨越活动断层；②位于强台风多发区，设计基准风速大；③跨越铺前湾、满足1000t海轮通航要求；④紧邻国家级红树林自然保护区；⑤铺前港为避风良港，设有军用码头和防风水鼓等。

2　技术标准

铺前跨海大桥采用一级公路标准，设计速度为80km/h，桥梁总宽度为32m；铺前湾需满足1000吨级海轮通航要求，单孔单向不小于165m×34m；设计基本地震震动加速度峰值为0.35g，地震烈度为Ⅷ度；设计基本风速为49.5m/s；设计最高通航水位为2.28m(85高程)，最低通航水位为-0.76m。

3　桥位选择

遵循海口市江东组团、文昌市木兰湾的总体规划，结合海南省路网规划、铺前—清澜断裂带走向及航道的航迹线等有关条件，项目工程可行性研究阶段对桥位进行了三个方案比选（见图1）。桥位一：起点与文昌市滨海旅游公路相接，经铺前镇铺渔村与试场村之间的林地，跨铺前湾，经北港岛，在塔市上岸，终点接江东大道。桥位二：起点同方案一，经铺前镇新田村、后坡村，跨东寨港海域，至海口高呼村，通过连接线与海文高速的演丰互通立交相接。桥位三：起点同方案一，在文昌市一侧跨越珠溪河、在南山村以桥跨越东寨港海域、在海口演丰连塘村登陆上岸，路线右转向南通过连接线与海文高速的演丰互通立交相接。

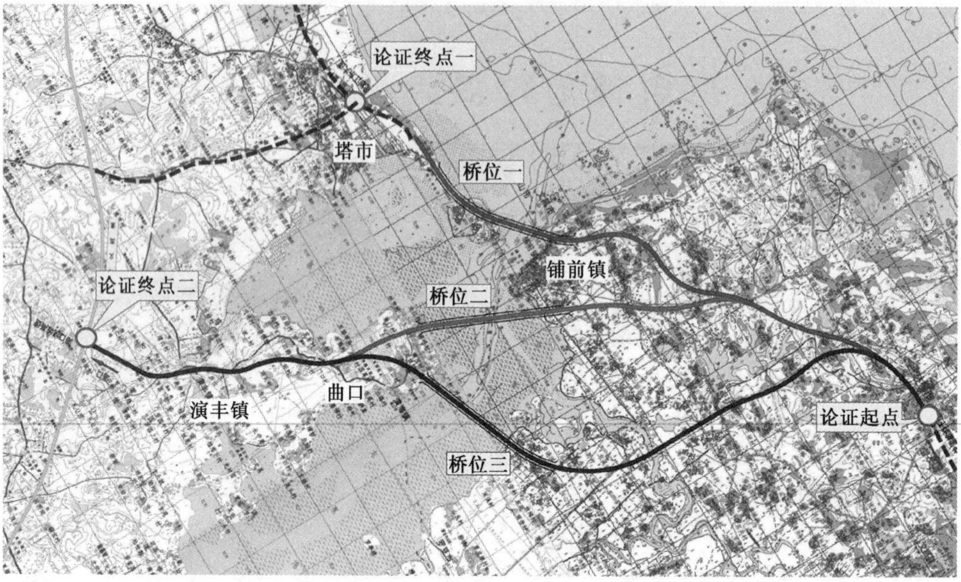

图1 铺前跨海大桥桥位方案平面布置图

桥位方案一与海南国际旅游岛总体规划相协调，桥位两侧顺接海口江东组团和文昌的木兰湾规划区，有利于琼北海岸线的开发和两个城市的同城化发展；避让红树林保护区；连接线长度仅需实施10.669km；沿线拆迁量小；该桥位需跨越铺前—清澜断裂带。

桥位方案二、三均偏离两市规划区；桥位二、三接线长度分别为18.158km和19.032km，接线较长；均对红树林保护区有一定影响；桥位二跨越铺前—清澜断裂带及马袅—铺前断裂，断层影响大；拆迁量较大。

桥位方案在工程可行性研究阶段进行了较为充分的研究论证，征求了相关部门的意见，桥位方案一合理可行，得到了地方政府的大力支持，综合以上因素推荐采用桥位方案一。

4 设计关键技术

铺前跨海大桥桥址区建设条件复杂，设计关键技术体现在以下几个方面。

（1）海底断层准确勘探。铺前跨海大桥位于1605年琼山7.5级大地震的震中所在地，也是潜在的震源区，受活动断层影响。大桥跨越铺前—清澜断裂带，该断裂为全新世活动断层。设计阶段需准确探明铺前—清澜断裂的准确位置、产状及活动情况，为桥位选择、桥跨布置、桥型比选提供可靠的依据；而该断层位于铺前湾海域，在海域中探寻断层在国内桥梁建设中实属罕见，既有的勘探技术实施难度大。特此本项目开展了“海南铺前大桥海域断裂钻孔验证及断层活动性评价”“海南铺前大桥桥位附近断层位置和活动性详细勘察”专项研究,结合本项目特点采用海域浅层地震勘探及钻孔相互验证,采用多道及单道纵波反射法相结合判断基岩埋深分布、断层位置、产状、性质,浅层地震勘探共发现了8个断点。为了验证物探断点,采用对断点两侧按对称布孔,逐步逼近,结合对钻孔位置、钻进、沉积相分析、钻孔柱状图与联合地质剖面图等分析,从而确定铺前—清澜断裂与铺前跨海大桥桥轴线相交部位的断裂位置和上断点埋深,并判断其活动性。在桥位处共发现三处断层(编号为F2、F3、F4),其中F2为活动正断层,F3、F4为非活动断层,桥位与断层的平面及纵断面相对关系分别见图2、图3。

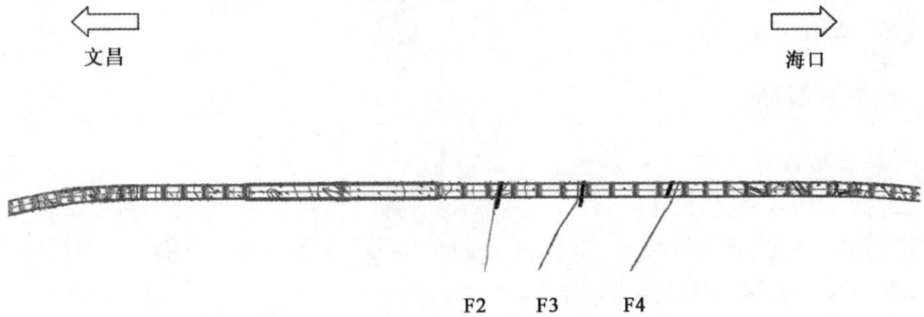

图2 桥位处断层平面布置图

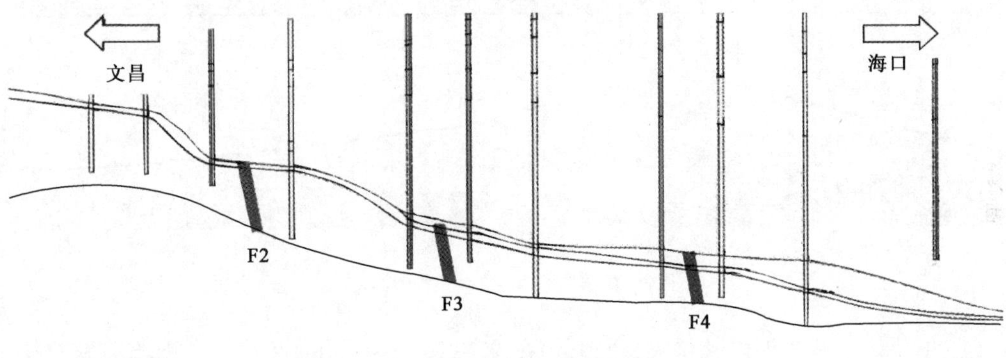

图3 桥位处断层纵断面布置图

(2)跨断层、近断层桥梁结构设计。桥位处对应于50年超越概率10%、2%的场地地震水平向设计地震震动加速度峰值分别为0.35g(西侧引桥为0.31g)和0.59g(西侧引桥为0.51g)。断层上、下盘垂直位错1.4m,水平拉开0.8m,右旋水平错动小于1.4m。跨断层、近断层桥梁结构的设计在国内跨海大桥中未有实施先例,相关的理论、试验研究较欠缺,如何解决和处理好跨断层、近断层桥梁结构设计是本桥设计的关键控制性因素之一。为此项目部开展了"强震区跨断层、近断层桥梁抗震性能及设计关键技术研究""铺前大桥跨越断裂带桥型方案研究""铺前大桥推荐方案抗震性能研究"等多项专题研究,为项目顺利实施提供支撑。主桥采用半漂浮与阻尼器相结合的抗震体系,秉着"多道防线、分级破坏"设计理念,针对性采取减隔震支座、防落梁措施、断层错位调节装置等多项措施进行抗震设防。

(3)强台风区结构设计。铺前跨海大桥位于强台风多发区,铺前跨海大桥设计基准风速

(即桥址处水位10m高处百年一遇的10min平均最大风速)为49.5m/s，是国内已建桥梁中最大的。风荷载以及风致振动效应是影响大桥设计的关键因素之一，如何确保铺前跨海大桥主桥具有足够的颤振稳定性、不会发生明显的涡激共振，同时保证桥面行车安全，开展了"铺前大桥抗风性能和行车风环境专题研究"，结合研究成果，优化主梁断面布置，主桥设置横向阻尼器抗风支座、在桥塔两侧48m范围设置风屏障。

(4)大跨跨海桥设计。铺前跨海大桥跨越铺前湾，需满足1000吨级海轮通航要求。主桥采用230m+230m桥跨布置以满足通航要求，采用消能防撞措施以降低船撞风险，结合国内已建跨海桥成功经验对结构耐久性采用海工混凝土、适当加厚保护层厚度、浪溅区采用环氧钢筋等多项措施进行处理。

5 桥型方案研究

5.1 总体布置

铺前跨海大桥工程总长13.551km，其中铺前跨海大桥全长约3.959km。根据桥位地形、断裂带走向、水文、航道等特点，全桥共分四个区段，分别为主桥、跨断层引桥、文昌侧引桥及海口侧引桥。各区段概况见图4。

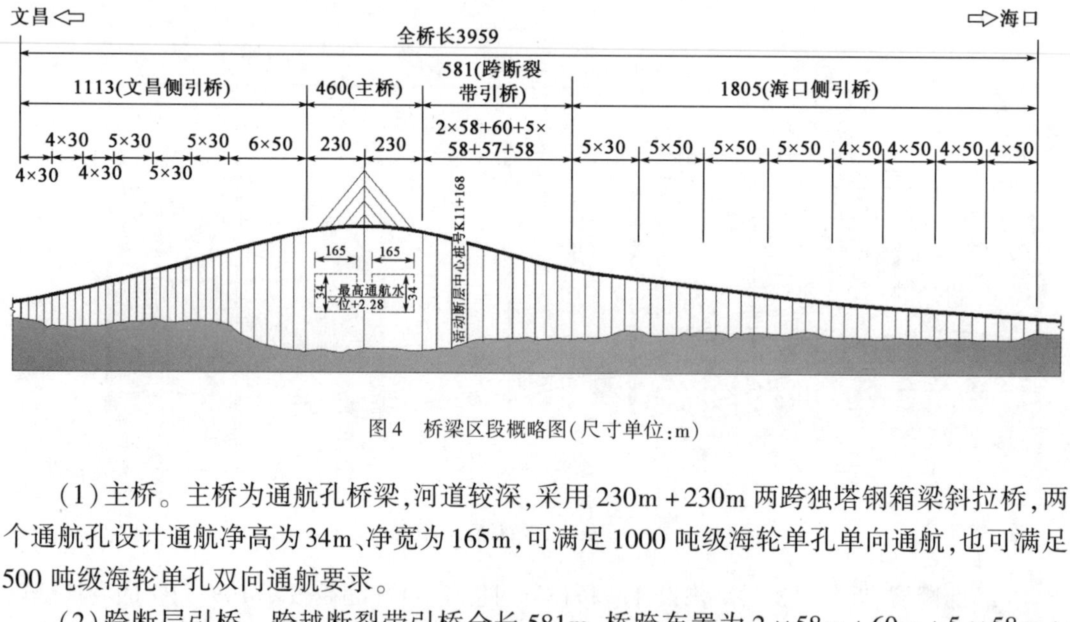

图4 桥梁区段概略图(尺寸单位:m)

(1)主桥。主桥为通航孔桥梁，河道较深，采用230m+230m两跨独塔钢箱梁斜拉桥，两个通航孔设计通航净高为34m、净宽为165m，可满足1000吨级海轮单孔单向通航，也可满足500吨级海轮单孔双向通航要求。

(2)跨断层引桥。跨越断裂带引桥全长581m，桥跨布置为2×58m+60m+5×58m+57m+58m，均为钢箱梁。

(3)文昌侧引桥。东侧引桥全长1113m，其中水上部分引桥长300m，陆上部分引桥长903m。

(4)海口侧引桥。西侧引桥全长1805m，桥跨布置为:4×(5×50m)混凝土箱梁+4×(4×50m)混凝土箱梁，其中水上部分引桥长约1055m，陆上部分引桥长约750m。

5.2 主桥方案研究

主桥跨径选择受1000吨级海轮通航及铺前—清澜断裂带控制，活动断裂带与规划航道中心线的距离仅340m，断裂带与规划航道平面布置见图5。根据断层的地质勘察成果，主桥位于断层下盘，断层上、下盘垂直位错达1.4m，水平拉开0.8m。考虑主桥的跨度较大，为了确保主桥结构安全,降低强震作用对结构的不利影响,主桥基础应位于断层同一盘上。采用230m+230m的桥跨布置,边墩至活动断裂带有150m的安全距离,即可满足航道的通航要求,也避免主桥的基础跨越活动断层。

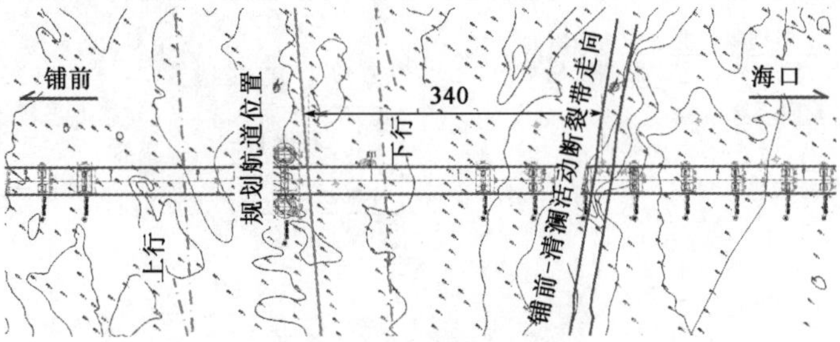

图5 断裂带与规划航道布置(尺寸单位:m)

(1)桥型布置。主墩距离活动断层近,如果辅以边跨、边墩距断层最小距离仅30m,断层适应性较差。为了满足强震区结构的抗震需要,结合地形、地质、通航等条件,经综合比选主桥采用230m+230m独特双索面钢箱梁斜拉桥方案,桥型布置见图6。

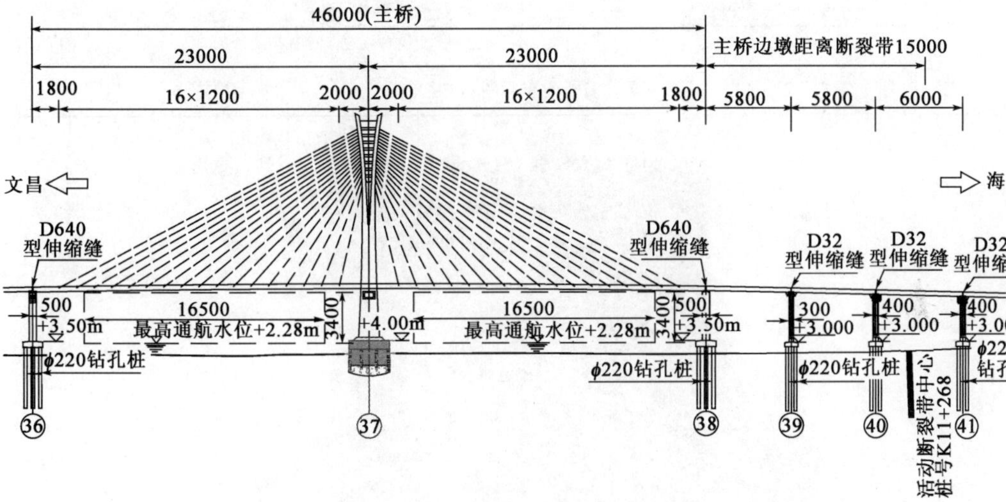

图6 主桥方案一桥型布置图(尺寸单位:cm)

(2)支承体系。由于近断层地震是以高能量脉冲运动为特征的,使结构直接承受高能量的冲击,因而造成建筑结构产生较大的位移和变形。主桥纵向采用半漂浮体系,主塔墩处设置纵向黏滞阻尼器,墩顶设置竖向支座。由于本桥设计风速较大,为满足抗风设计要求,改善结构的横桥向地震响应,主塔墩及边墩横向均设置E型钢阻尼器,主桥支承体系布置见图7。

(3)主梁。主梁采用自重较轻的钢箱梁,以减小地震作用下主梁对主塔的惯性力。主梁选用扁平钢箱梁,梁高3.3m,全宽37.3m,主梁横断面布置见图8。

(4)主塔。主塔采用“文”字形型索塔,以“文”为设计灵感,对传统的倒Y形塔加以优化,造型稳重大气,索塔效果图见图9。

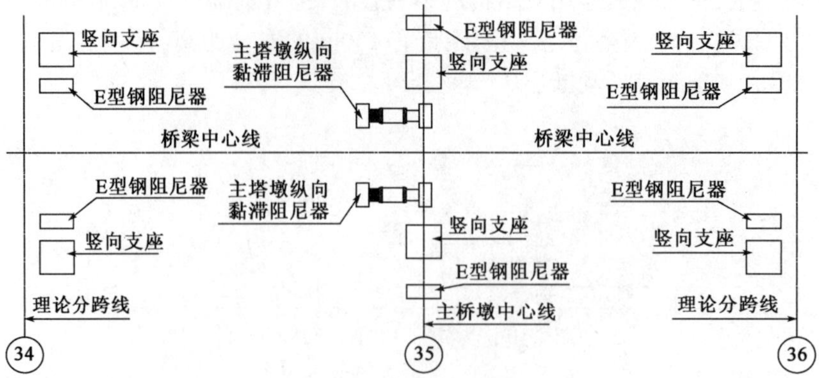

图7　主桥支承体系布置图

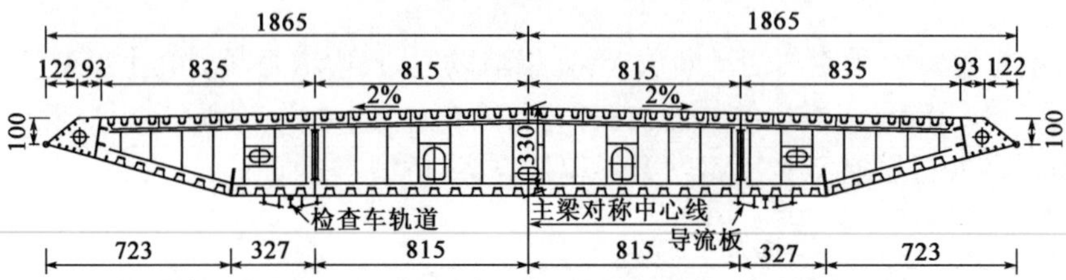

图8　主梁横断面布置图(尺寸单位:cm)

图9　“文”字形索塔效果图

5.3　跨断裂带桥型方案研究

根据对桥位处断层的地震勘探成果,在桥位处共发现三处断层,其中 F2 为活动正断层(断层上、下盘垂直位错 1.4m,水平拉开 0.8m),F3、F4 为非活动断层。

考虑跨断层及近断层地震烈度大、抗震设防等级高,参考国内外相关抗震设防标准及成功的桥梁抗震设计经验,跨断层桥梁应根据修复(抢修)的难易程度和所能承受的桥梁损伤、

破坏的风险,宜采用跨径较小且便于修复的结构。跨断层桥梁桥型及桥跨布置原则:

(1)降低抗震响应及在大震作用下易于修复,跨活动断裂带采用简支钢箱梁结构;

(2)考虑地震发生时对非活动断裂带存在激发可能,跨非活动断裂带也采用简支钢箱梁结构;

(3)跨断层引桥两侧设置缓冲跨,易于后期在大震作用下桥梁及时的修复和保通,考虑断层在大震作用下可能发送错动,设置较长的缓冲跨桥梁结构,桥面线形易于调整过渡;

(4)考虑运营时行车舒适性,尽可能减少伸缩缝,且方便震后的维修,其他跨采用连续结构。

为了确保跨越断层的桥梁基础避开断层的破碎带范围,跨越活动断层及非活动断层桥梁跨径不宜小于50m。综合以上因素,跨断层引桥全长581m,桥跨布置为2×58m+60m+5×58m+57m+58m,均为钢箱梁,除跨越断裂带采用简支结构外,其余均采用连续结构。跨断层引桥立面图见图10。

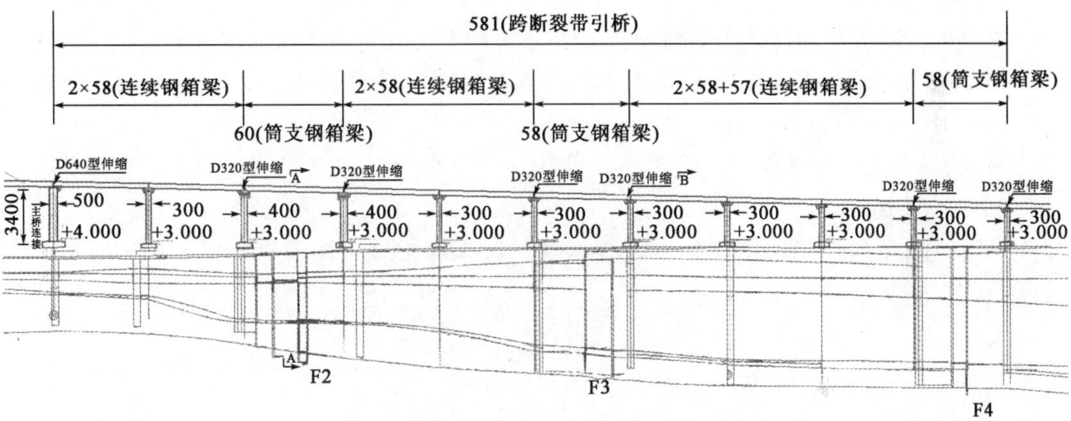

图10 跨断层引桥立面布置图(尺寸单位:m)

5.4 引桥方案

引桥桥梁总长13.551km(含跨断层引桥581m),占总桥长的88.4%。引桥桥型方案的选择不仅对全桥施工可行性、经济合理性、工期控制影响较大,同时应兼顾强震区结构的适应性、滨海环境的耐久性及城市景观的协调性进行综合考虑。经综合比选,引桥上部结构采用预应力混凝土大箱梁,墩身采用板式墩或空心墩,基础采用桩基础。

文昌侧引桥全长1113m,其中陆上部分引桥长813m,水上部分引桥长300m。文昌侧引桥地质较好,基岩埋置较浅,为微风化花岗岩。陆上引桥采用30m跨径较为经济,水中部分墩身较高,采用50m跨径,桥跨布置为3×(4×30m)+3×(5×30m)+6×50m预应力混凝土箱梁。

海口侧引桥总长约1800m,大部分位于水中,且地质较差,覆盖层厚。采用50m跨径较为经济,桥跨布置为4×(5×50m)+4×(4×50m)预应力混凝土箱梁。

30m跨箱梁位于陆上采用支架法现浇施工,50m跨箱梁均采用移动模架现浇施工。

6 结语

铺前跨海大桥在设计过程中解决了断裂带准确勘探、跨断层及近断层桥梁抗震设计、海洋环境下结构耐久性研究、强风作用下结构设计及大桥景观等诸多关键技术和难点。本桥在设计过程中积极探索,取得了一些创新性的成果,可为今后国内类似桥梁工程的建设提供借鉴与参考。铺前跨海大桥已于 2015 年 3 月开始施工,预计 2019 年建成通车。

参考文献

[1] 李爽,谢礼立.近场问题的研究现状与发展方向[J].地震学报,2007,29(1):102-111.

[2] 李西双,刘保华,赵月霞,等.海底活动断裂研究方法及我国近海活动断裂研究[J].海洋地质动态,2008,24(3):8-13.

[3] 项海帆.进入 21 世纪的桥梁风工程研究[J].同济大学学报,2002,30(5):529-532.

[4] 叶爱君,胡世德,范立础.斜拉桥抗震结构体系研究[J].桥梁建设,2002(4):1-4.

[5] 蔡向阳,赵志平,肖威.新疆果子沟大桥设计及技术特点介绍[J].公路交通科技(应用技术版),2012(5):148-154.

[6] 徐秀丽,刘伟庆,王滋军,等.大跨斜拉桥结构消能减震设计方法研究[J].桥梁建设,2005(4):9-12.

[7] 邓玮琳,李闯.中等跨度斜拉桥抗震结构体系研究[J].中国市政工程.2013(6):86-89.

[8] 燕斌,杜修力,韩强,等.减隔震混合装置在独塔斜拉桥抗震设计中的应用[J].桥梁建设,2014,44(6):101-106.

[9] 程龙,孔祥升.高墩桥梁纵桥向减震设计方法研究[J].公路交通科技(应用技术版),2011(9):165-170.

[10] 王胜年,苏权科,范志宏,等.港珠澳大桥混凝土结构耐久性设计原则与方法[J].土木工程学报,2014,47(6):1-8.

20. 海南铺前跨海大桥主桥抗震概念设计研究

戴万江　杨若斌

（中国公路工程咨询集团有限公司）

摘　要：作为国内已建的抗震设防烈度最高且跨越断裂带的跨海桥梁，海南铺前跨海大桥通过抗震概念设计研究，主桥布置于断层下盘，并与断裂带保持合适的避让距离；上部结构采用自重较轻的钢箱梁、半漂浮体系，并设置纵向阻尼器和横向E型钢阻尼器。通过了数值分析结果及模型振动台试验成果验证了该桥抗震概念设计是成功的，为同类型桥梁抗震设计提供参考和借鉴。

关键词：斜拉桥；强震区桥梁；跨断层桥梁；抗震设计；概念设计；半漂浮体系；黏滞阻尼器；E型钢阻尼器

1　引言

海南铺前跨海大桥位于海南省铺前湾出海口处，项目起于规划的文昌市滨海旅游公路，向西南展线，以海南铺前跨海大桥跨越铺前湾，止于海口市江东大道二期；其中，海南铺前跨海大桥全长3959m，主桥为230m＋230m独塔斜拉桥方案。

本桥水平向设计基本地震动加速度峰值（50年超越10%）为0.35g，位居国内已建跨海桥梁之首。工程场地区域内主要的地震断裂带有两条，为东西走向的马袅—铺前断裂带和南北走向的铺前—清澜断裂带；鉴于工程场地近场发生过震级为7.5级的大地震，而近场大震的竖直向成分相对较丰富，接近水平向的反应谱值，因此，竖向设计地震动参数取与水平向相同的数值。因此抗震设计是本桥的设计重点和难点之一。

桥址区位于海南岛东北部强台风多发的琼州海峡沿岸，且靠近风力强劲的海峡东部入口，设计基准风速为49.5m/s。

2　主桥抗震概念设计

抗震概念设计（seismic concept design）是指根据工程抗震理论及工程实践经验编制结构的抗震设计原则和设计思路，从而确定结构的总体方案，是结构抗震设计总的指导纲领。

2.1　主桥桥位选择

工程区域内存在活动断裂带，一般采用避让原则。受路线走廊带制约，海南铺前跨海大桥需跨越铺前—清澜活动断裂带，因此，考虑结构重要性及震后桥梁修复难易程度，对主桥桥位选择提出以下要求：

(1)因主桥结构重要性级别高于引桥，且震后修复难度较大，因此整个主桥结构必须位于断裂带同一错动盘上；

(2)基于断裂带的上盘效应，即断裂上盘地质灾害发育密度大于下盘，主桥尽量布置在断裂带下盘；

(3)主桥桥墩与断裂带的距离应尽可能的大。

基于以上理由，同时考虑通航的要求，本桥主桥布置在断裂带东侧(下盘)，主塔墩边缘距主断层的间距约为360m，主桥边墩边缘距主断层的间距约为130m，其总体布置如图1所示。

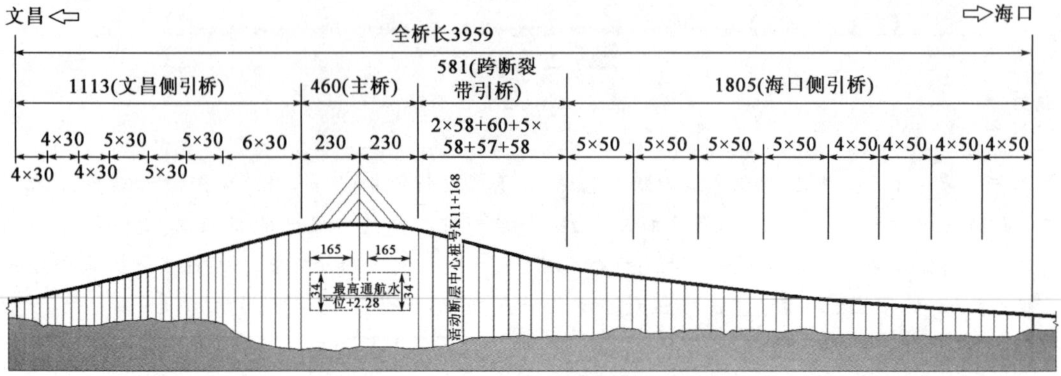

图1　海南铺前跨海大桥总体布置(尺寸单位：m)

2.2　主梁的选择

斜拉桥主梁根据采用的材料类型可分为四种：混凝土梁、钢梁、钢混结合梁、混合梁。

由于本桥抗震问题突出，主梁需自重轻且具有良好的动力特性，以减小地震效应下上部结构传递给下部结构的惯性力。钢梁自重轻、动力特性良好。计算分析表明，相对于混凝土梁、混合梁及钢混结合梁、钢梁能显著降低桥塔及基础的规模，从而降低工程总造价。因此，本桥主梁选择采用钢梁。

由于桥址区位于强台风多发区，综合考虑桥梁抗风设计的要求，主桥主梁选用扁平钢箱梁结构，见图2所示。

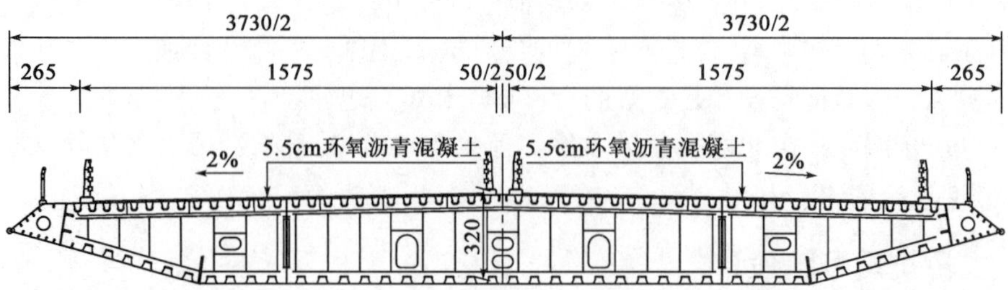

图2　主桥主梁断面(尺寸单位：cm)

2.3　支承体系的选择

从工程设计角度看，结构的抗震性能主要体现为内力响应和位移响应，而结构的地震响应大小主要取决于结构的自振周期。内力响应和位移响应是相互矛盾的，即自振周期长，结构的内力响应小，而位移响应大，反之，结构的内力响应大，而位移响应小。对于斜拉桥，决定结构自振周期的主要为结构支承体系，因此，选用合理的支承体系，是斜拉桥抗震设计的关键。

2.3.1 纵向支承体系

根据墩、塔、梁连接形式的不同，斜拉桥纵向支承体系主要有三类：漂浮体系、固结或铰接体系、半漂浮体系加阻尼装置（半漂体系）。漂浮体系顺桥向刚度小，周期长，地震作用下内力响应小，但位移响应大。对于跨径较小或低地震烈度区的斜拉桥，抗震设计受内力控制，其位移总量不大，漂浮体系是较为合理的选择；但对于大跨径或高烈度区的斜拉桥，位移的矛盾较为突出，漂浮体系不尽适合。固结或铰接体系虽然位移响应小，但因其刚度大、周期短导致内力响应大，因此在高地震烈度区的斜拉桥应避免采用此种支承体系。半漂浮体系加阻尼装置体系是通过较小的结构刚度来减小结构的内力响应，同时通过阻尼装置来控制结构位移，达到位移与内力的协调，兼顾结构的强度和变形能力。

本桥工程场地地震烈度高，半漂浮体系加阻尼装置体系从结构受力以及工程经济性方面考虑均较为合理，且此体系在国内外大跨径斜拉桥已有成功的应用经验。

目前大跨度斜拉桥常用的纵向阻尼装置主要有两种：弹性连接装置和阻尼器。弹性连接装置（如橡胶支座、弹性索等）仅提供弹性刚度而不能耗能，对于桥梁的抗震性能贡献有限，因此，在高地震烈度区此装置难易满足桥梁的抗震需求。阻尼器的耗能效果明显，且在正常使用阶段几乎不影响桥梁的自由变形，因此，本桥纵向阻尼装置拟采用阻尼器。参考国内外已建工程的成功经验，流体非线性黏滞阻尼器应用较多，且技术较为成熟，因此，本桥拟采用流体非线性黏滞阻尼器。

2.3.2 横向支承体系

本桥设计基准风速为 49.5m/s，在正常使用阶段以及结构抗风时，要求本桥横桥向支承需具有一定的刚度；而结构抗震要求横向支承刚度尽可能小，以降低结构横桥向地震响应。因此，横向支承需起到转换装置的功能，即在正常使用阶段以及结构抗风时起常规固定支座的功能，在地震到来时则起到耗能减震的作用。目前常见的横向支承转换装置有横向弹性索、特殊抗震支座、E 型钢阻尼器等。

横向弹性索是通过设置横向索来提供桥梁在正常使用阶段以及结构抗风时的横向刚度；在地震作用下通过所的弹性变形来消能，并在地震响应达到一定值时，弹性索失效，以降低结构横桥向地震响应。此装置消能效果有限，且实际工程中对弹性索的失效控制较难；通常只在地震烈度较小区域的桥梁上应用。

特殊抗震支座即为抗震支座上设置固定栓等装置，在横向水平力达到一定值时，固定栓被剪断，成为支座开始发挥消能减震作用。因本桥抗风要求主塔处水平约束提供不小于 7000kN，对于抗震支座，此种水平约束力偏大，如采用多个支座，其受力的分配难易控制，且不经济，因此采用特殊抗震支座作为本桥的横向支承不太合理。

依据国内外成功的经验，E 型钢阻尼器能兼顾桥梁抗风和抗震的要求，即在风荷载作用下为抗风支座，在强震作用下为阻尼器。国内 E 型钢阻尼器在南京江心洲夹江大桥首次应用。基于本桥抗风抗震的要求，本桥横向支承拟采用 E 型钢阻尼器。

2.3.3 主桥支承体系

（1）纵向阻尼器

流体非线性黏滞阻尼器的参数主要为阻尼常数 C 和速度指数 α，阻尼器恢复力特性可用下式表示：

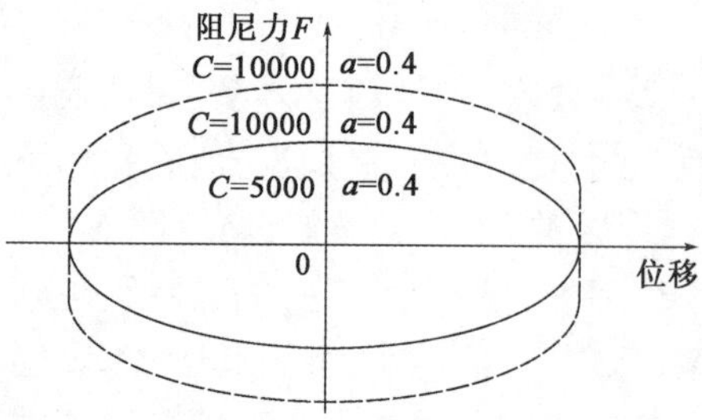

图3　黏滞阻尼器理论滞回曲线

$$F = Cv^{\alpha}$$

式中,F 为阻尼力,kN;C 为阻尼系数,kN/(m/s)$^{\alpha}$,主要与阻尼孔开孔面积有关;v 为阻尼器相对速度,m/s;α 为速度指数(值范围为 0.1 ~ 2.0,工程应用一般在 0.3 ~ 1.0 范围内),主要与硅油物理力学性质有关。

当阻尼力与相对速度成比例时,形状近似椭圆,称为线性阻尼器;当阻尼器阻尼力与相对速度不成比例时,形状趋近于矩形,称为非线性阻尼器,如图 3 所示。

本桥拟在桥塔横梁和主梁纵向之间并联一个非线性阻尼器,通过分析计算成果,黏滞阻尼器(所有阻尼器等效为单个)参数见表 1。

阻尼器设计参数　　表 1

分　类	名　称	阻尼限位装置
动力阻尼参数	力与速度函数	$F = Cv^{\alpha}$
	速度指数 α	0.2
	阻尼系数 C(kN/(m/s)$^{0.3}$)	11000

(2)横向 E 型钢阻尼器

E 型钢阻尼器[11]如图 4 所示,其核心构件为 E 型钢阻尼元件,如图 5 所示,多采用屈服点稍高且塑性较好的钢材。在正常使用阶段和风荷载作用下,E 型钢阻尼元件在弹性状态工作,起到普通支座或抗风支座的功能;在强震作用下,E 型钢阻尼元件发生塑性变形,使结构的自振周期增长,同时起到耗能作用。

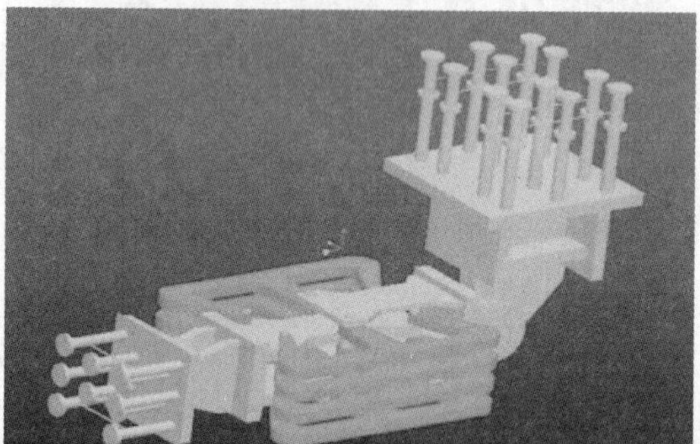
图4　E 型钢阻尼器

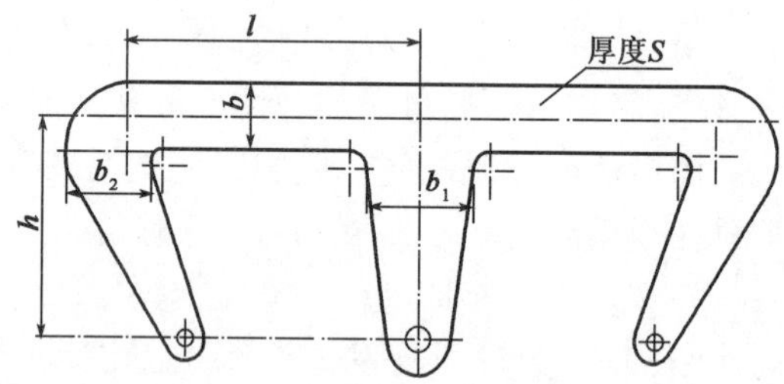

图5　E 型钢阻尼元件结构示意

E 型钢阻尼器主要参数为初始刚度、屈后刚度、屈服力;其中屈服力根据抗风需求来确定,且尽量取小值,以提高抗震性能;屈后刚度的大小决定结构的抗震性能。E 型钢阻尼器的双线性恢复力模型如图 6 所示,图中 K_1 为初始刚度,K_2 为屈后刚度,F_y 为屈服力。

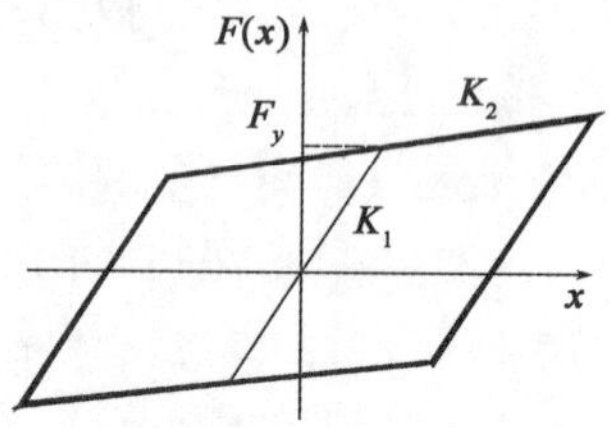

图6　E 型钢阻尼器双线性恢复力模型

根据分析计算成果,主塔横梁与主梁之间、边墩与主梁之间均采用两个横向 E 型钢阻尼器连接,具体参数选用如表 2 所示。

E 型钢阻尼器参数表　　表 2

位　　置	屈服力(kN)	K_1(kN/m)	K_2(kN/m)
主塔处	3500	280000	5600
边墩	1250	50000	1000

(3)主桥支承体系布置

根据以上分析,本桥支承体系布置如图 7 所示。

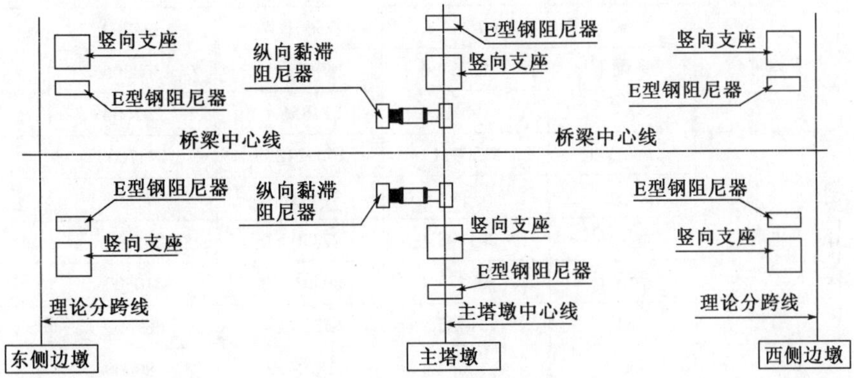

图 7　主桥支承体系布置

3　主桥抗震概念设计的检验

抗震设计的成败最直接的检验是发生地震,但对于 50 年超越 2% 的地震发生是可遇不可求的事,且作为设计工程,最好的结果是在桥梁设计年限内不发生此种地震。因此,对于工程师来说,检验抗震概念设计成功与否,只能通过数值分析和模型振动台试验来决定是否完成。

通过数值分析,在 50 年超越 2% 的地震(E2)作用下,结构各控制截面的能力需求比均能满足受力要求,其分析结果见表 3。

主桥各控制截面的能力需求比　　表 3

地震输入	位　　置		验算轴力(kN)	弯矩需求(kN·m)	等效屈服弯矩(kN·m)	能力需求比
纵桥向+竖向	文昌侧边墩	墩顶	-1342.2	16446.8	268900	16.350
		系梁上	1780.9	149720.3	273800	1.829
		系梁下	2156.6	157879.9	274500	1.739
		墩底	-17356.4	11800.0	16850	1.428
	主塔	分叉点上	57664.4	1102714.8	1633000	1.481
		分叉点下	30765.8	596745.2	777700	1.303
		系梁上	11450.3	1086220.6	1087000	1.001
		系梁下	6494.2	1167404.8	1608000	1.377
		塔底	3406.4	1902794.3	1921000	1.010

续上表

地震输入	位　　置		验算轴力（kN）	弯矩需求（kN·m）	等效屈服弯矩（kN·m）	能力需求比
纵桥向+竖向	海口侧边墩	墩顶	−1030.1	25046.5	289600	11.562
		系梁上	−2136.4	181299.2	288100	1.589
		系梁下	−2190.9	190470.0	288000	1.512
		墩底	−16687.8	12970.0	17390	1.341
横桥向+竖向	文昌侧边墩	墩顶	−1012.2	15299.1	336000	21.962
		系梁上	−1593.8	73601.4	334700	4.547
		系梁下	−12767.0	49678.1	308300	6.206
		墩底	−19640.0	281856.6	295600	1.049
	主塔	分叉点上	61309.1	1609278.5	1737000	1.079
		分叉点下	−63944.0	374331.0	377800	1.009
		系梁上	−201308.0	273708.0	305600	1.116
		系梁下	−199475.0	294218.0	310500	1.055
		塔底	−131425.0	657661.0	669300	1.018
	海口侧边墩	墩顶	−1068.9	25724.9	380000	14.772
		系梁上	−10015.9	69447.9	356900	5.139
		系梁下	−24742.7	46229.6	315000	6.814
		墩底	−24402.5	327156.4	336000	1.027

本项目还委托同济大学进行了模型振动台试验，其试验成果与数值分析结果较为吻合。根据数值分析结果及模型振动台试验成果，本桥抗震概念设计是成功。

4 结语

作为国内的抗震设防烈度最高的跨海桥梁，海南铺前跨海大桥通过抗震概念设计研究，选用了合理的桥位及结构体系，并通过了数值分析结果及模型振动台试验成果的验证。通过本桥的抗震概念设计研究，得到以下结论，为同类型桥梁设计提供参考。

(1)抗震概念设计是对结构抗震性能的总体把握，结构抗震设防措施及数值分析均以概念设计为基础，是对抗震概念设计的补充完善和精确化；因此抗震概念设计在结构抗震设计中起主导作用，对于强震区桥梁的抗震设计尤为重要。

(2)对于跨越断裂带的桥梁，应根据结构重要性及震后修复难度较大，来确定避让原则；结构重要性级别高且震后修复难度较大的结构，应设置于断层下盘，并确保适当的避让距离。

(3)对于强震区大跨径斜拉桥，其上部结构应优先选择结构自重轻的钢结构，以减小结构的地震响应。

(4)对于强震区大跨径斜拉桥，支承体系的选择尤为重要；桥梁纵向采用半漂浮体系，横向采用E型钢阻尼器，能有效减小结构的地震响应，同时满足了抗风要求，是一种不错的选择。

参考文献

[1] 范立础,王志强. 桥梁减隔震设计[M]. 北京:人民交通出版社,2001.

[2] 宋晓东,李建中. 山区桥梁的抗震概念设计[J]. 地震工程与工程振动,2008,24(1):92-96.

[3] 章吉青,詹松. 桥址断裂带工程效应及工程对策[J]. 工程地质学报,2006(14):417-420.

[4] 戴万江,蔡向阳. 大跨径漂浮体系斜拉桥抗震特性分析[J]. 公路,2012(5):186-189.

[5] 闫冬,袁万城. 大跨度斜拉桥的抗震概念设计[J]. 同济大学学报(自然科学版),2004,23(10):1344-1348.

[6] 叶爱君,胡世德,范立础. 斜拉桥抗震结构体系研究[J]. 桥梁建设,2002(4):1-4.

[7] 冯云成,燕斌,牟宗军. 弹性索和阻尼器对斜拉桥横向抗震性能的影响[J]. 工程抗震与加固改造,2009,31(4):24-28.

[8] 王志强,胡世德,范立础. 东海大桥黏滞阻尼器参数研究[J]. 中国公路学报,2005,18(3):37-42.

[9] 张常勇,王文斌,姚宗健. 大跨度斜拉桥顺桥向阻尼约束体系研究[J]. 桥梁建设,2014,44(6):75-80.

[10] 李世珩,陈彦北,胡宇新,等. E 型钢阻尼器及其在桥梁工程中的应用[J]. 铁道建筑,2012(1):1-4.

[11] 郭红锋,黄友剑,李鹏,等. 基于 FEA 技术的 E 型钢阻尼器优化设计[J]. 科学技术与工程,2012,12(5):1191-1194.

21. 海南铺前跨海大桥主桥近断层地震响应及减震设计

彭向东　赵亚龙　杨华振

(中国公路工程咨询集团有限公司)

摘　要:海南铺前跨海大桥主桥为跨度 230m + 230m 的独塔斜拉桥。鉴于工程场地近场发生过震级为 7.5 的大地震,在 PEER 数据库选取 4 组近断层场地震动,进行调幅使之匹配设计目标反应谱。采用 Midas Civil 建立主桥有限元模型,分析主桥在 4 组地震震动输入下的响应,在此基础上进行减震设计。该桥纵向采用半漂浮体系,主梁纵向均设活动支座,在主塔、主梁间设置纵向黏滞阻尼器及横向 E 型钢阻尼器,同时在主梁、边墩间设置横向 E 型钢阻尼器。对减震效果进行验证,结果表明设置阻尼器后有效减小了主桥的地震响应,主桥的抗震性能满足要求。

关键词:斜拉桥;近断层地震;脉冲效应;地震响应;半漂浮体系;阻尼器;减震设计

1　工程概况

海南铺前跨海大桥连接海口和文昌两市,其主桥为跨度 230m + 230m 的独塔斜拉桥,主梁采用扁平钢箱梁,梁高 3.3m,全宽 37.3m,主塔采用倒 Y 的“文”字形桥塔,大桥采用一级公路标准。海南铺前跨海大桥跨越铺前—清澜断裂带,该断裂为全新世活动断层,主桥位于断裂带东侧(下盘),主塔距活动断层约为 380m,边墩距活动断层约为 150m。海南铺前跨海大桥主桥桥型布置如图 1 所示。

工程场地地震安评报告表明:桥位处对应于 50 年超越概率 10%、2% 的场地地震水平向设计地震动加速度峰值为 0.35g 和 0.59g,地震烈度为Ⅷ度;鉴于工程场地近场发生过震级为 7.5 级的大地震,而近场大震的竖直向成分相对较丰富,接近水平向的反应谱值,因此竖向设计地震动参数取值与水平向相同。

2　近断层地震响应分析

近断层地震动是指强烈地依赖于断层的破裂机制、包含明显的破裂方向性效应(rupture directivity effect)和地面永久位移(fling-step)的地震动。近断层地震动具有明显的速度脉冲、显著的竖向地震动、破裂方向性效应以及上下盘效应等,近断层地面运动会显著改变结构的响应特点,使结构产生较大的内力、速度及位移冲击,引起结构破坏,甚至倒塌。

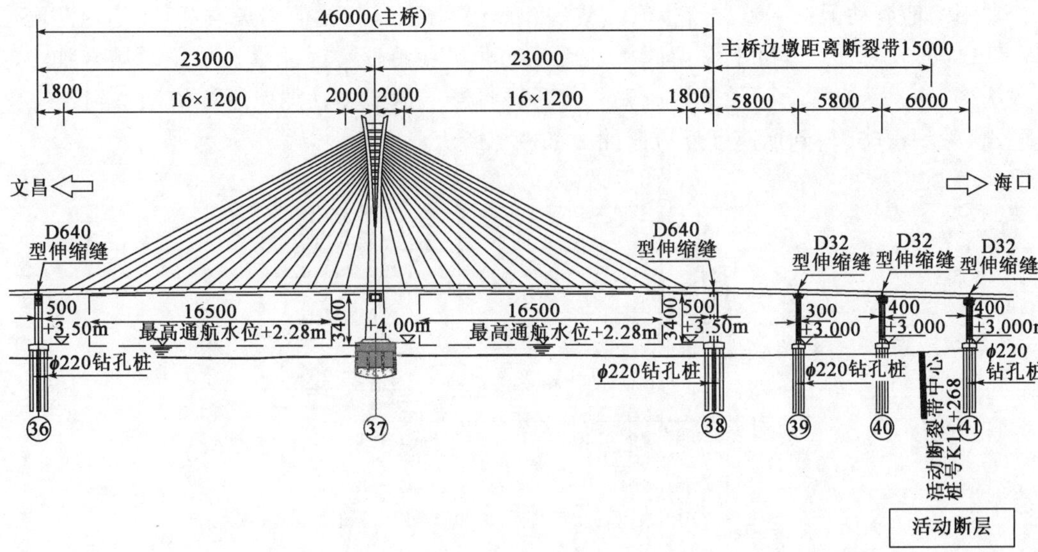

图1　海南铺前跨海大桥主桥桥型布置图(尺寸单位:cm)

2.1　近断层区抗震设规范

我国建筑抗震设计规范中对近场地震的“撕裂作用”,增加了发震断层的避让距离的规定,对处于发震断裂两侧的10km以内的结构,地震动参数计入了近场影响,5km以内宜乘以增大系数1.5,5km以外宜乘以不小于1.25的增大系数。美国UBC97规范比较全面地考虑了近场地震的设防问题,引入了近场因子,加大了加速度敏感区的宽度[8]。《日本建筑法规》标准设计反应谱中加入了大量阪神地震记录,来考虑近场地震设防。我国台湾地区则对长周期建筑物的设计地震力采取下限规定的措施。但是,由于近断层处地震地面运动中的速度脉冲作用,使得传统的基于瞬时加速度反应谱的抗震设计不能有效考虑近断层地震带来的巨大能量耗散和位移需求。

2.2　脉冲地震动的选取与调整

近断层地震动记录的共同特征是脉冲型运动,它具有大的长周期速度和位移脉冲、大的峰值加速度,这种运动在地震的初始就给结构输入很高的能量,从而引起大的结构损伤。近震效应主要通过峰值地面速度与峰值地面加速度之比(PGV/PGA)来识别,当PGV/PGA大于0.2s,近震对结构的效应明显。

本文从太平洋地震工程研究中心数据库peer ground motion database (http://ngawest2.berkeley.edu) 选取4条典型速度脉冲型加速度记录,作为地震动输入,如表1所示。

选取的近断层地震动　　表1

地震名称	时间	台站	震级	断层距(km)	T_p(s)	PGA(g)	PVG(cm/s)	PVG/PVA(s)	断层类型
Chi-Chi	1999	TCU052	7.62	0.66	11.96	0.358	151.21	0.43	Reverse Oblique
Chi-Chi	1999	TCU102	7.62	1.49	9.63	0.304	91.22	0.31	Reverse Oblique
Kobe	1995	Takarazua	6.9	0.27	1.81	0.697	68.41	0.10	Strike Slip
Northridge	1994	LA Dam	6.69	5.92	1.62	0.426	74.84	0.18	Reverse

常用的地震动记录调整法有幅值缩放法和谱值匹配法,与幅值缩放法相比,谱值匹配法的精度更高,并在一定程度上保留原始地震动的非平稳特征。因此本文采用时域叠加小波函数法[10]对上述地震动记录进行调整。将所选近断层的地震动加速度峰值调整到0.35g,阻尼比取$\xi=0.05$,得到加速度反应谱曲线如图2所示。

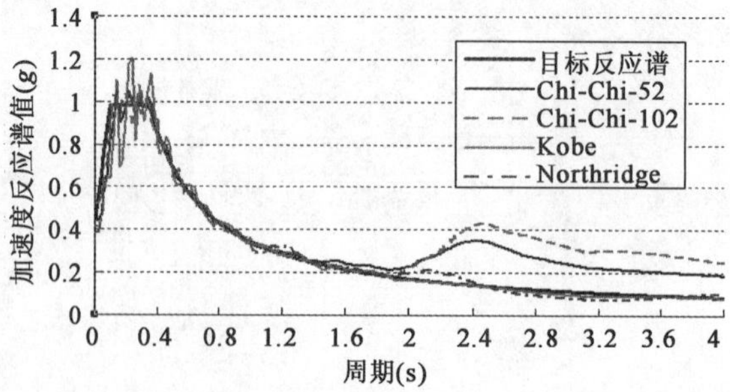

图2　GB 50011—2010设计反应谱(目标谱)和调整后地震记录加速度反应谱

2.3　有限元建模

采用Midas Civil建立海南铺前跨海大桥主桥有限元模型,主梁、主塔为空间梁单元,斜拉索为空间桁架单元,考虑各边界条件的非线性效应,考虑恒载作用对主塔结构几何刚度的影响(P-Δ效应),塔底作固结处理。重点关注由于脉冲效应引起的结构动力响应。主桥模型如图3所示。

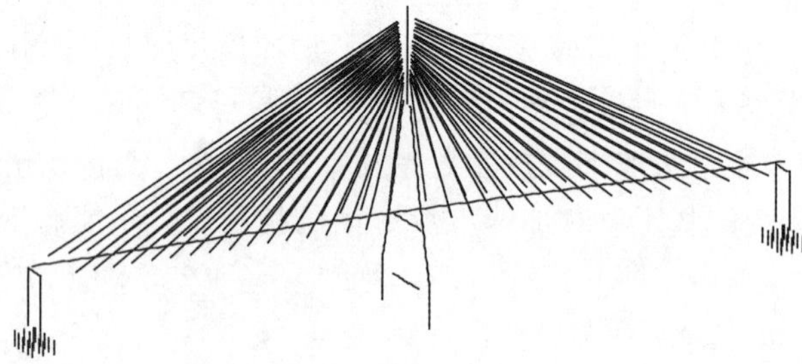

图3　斜拉桥模型

2.4　分析结果

研究认为近断层地震动的速度脉冲对中、长周期结构有较大影响。地震响应如表2所示。由表2可见,TCU052、TCU0102引起的主梁、塔顶纵向位移、塔底纵向弯矩比其他地震动输入明显大,这是由于主塔顺桥向振动模态的周期为2.71s,根据图2可知,在这个周期附近TCU052、TCU0102携带有较大的地震能量;梁端与塔顶的纵向位移相差不大,表明纵向位移主要是由于塔的纵向弯曲振动引起。由于Kobe、Northridge的速度脉冲集中在高频段,因此Kobe、Northridge的、人工波输入引起的结构内力、位移差异不大。

地震响应　　表2

地震动输入	地震响应(未设置阻尼器)			
	塔底弯矩(kN·m)		纵向位移(cm)	
	顺桥向	横桥向	梁端	塔顶
TCU052	5122056	791268	277.04	242.07
TCU102	3041815	10899400	137.51	135.66

续上表

地震动输入	地震响应(未设置阻尼器)			
	塔底弯矩(kN·m)		纵向位移(cm)	
	顺桥向	横桥向	梁端	塔顶
Kobe	886405	801449	35.37	35.81
Northridge	875908	1016062	46.11	30.14
人工波	1173256	894078	54.82	43.36

相对于非近断层地震激励而言,近断层地震由于其长周期速度脉冲的作用,能量的散发是以递增(Increment)的形式进行,难以在短时间内耗散,所以对结构的破坏程度更严重。$T_p \times$ PGV 的乘积可近似表脉冲波的能量大小,计算结果表明脉冲脉冲周期 $T_p \times$ PGV 的乘积越大则地震响应值也相对越大,以 TCU052、Kobe 为例,其能量比值为 14.6,塔底纵向弯矩比值为 5.8。同时,脉冲周期 T_p 持续时间越长,PGV/PGA 的比值越大,则地震响应值也相对越大,计算结果同样也说明了这一点。梁端位移响应时程曲线如图 4 所示,由图 4 可较清楚地看出梁端位移的峰值发生其时间和速度脉冲峰值时刻基本对应,和加速度峰值之间无明显的相关性。

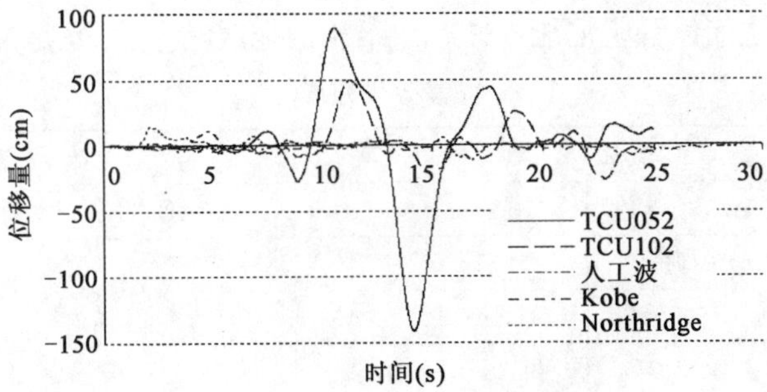

图 4　梁端位移响应时程曲线

3　减震设计

3.1　支撑体系方案设计

斜拉桥基本约束体系按照力学性能可以分为全漂浮或半漂浮体系、塔梁固结体系和刚构体系,与其他体系相比,全漂浮或半漂浮体系的纵桥向刚度最小,周期最长,在地震作用下的位移反应最大,但塔柱的内力反应最小,基础规模小。

海南铺前跨海大桥主桥跨度不大,桥梁的整体刚度相对较大,内力控制设计,采用全漂浮或半漂浮体系是合理的选择。由于本桥在高烈度地震区,为防止地震作用下主梁位移过大,考虑设置阻尼器,通过阻尼器的约束与耗能,在内力和位移之间找到一种平衡,兼顾结构的强度和变形能力。同时,根据主梁运营阶段的计算结果,需要在塔、梁间设置竖向支座。

本桥桥位处地震烈度高、基本风速大(水面以上 10m 高度处,100 年重现期的 10min 平均年最大风速为 49.5m/s),为同时满足抗震、抗风的要求,宜选用金属阻尼器(E 型钢、C 型钢阻尼器)作为横向支承。

综上,海南铺前跨海大桥主桥纵向采用半漂体系,主梁纵向均设活动支座,在主塔、主梁间设置纵向黏滞阻尼器及横向 E 型钢阻尼器,同时主梁、边墩间亦设置横向 E 型钢阻尼器,主桥支承体系布置见图5。主塔处纵向黏滞阻尼器阻尼指数为5500kN/(m/s)0.2;阻尼指数为0.2。主塔和边墩横向 E 钢阻尼器屈服力分别为 3500kN、1250kN; K_1 分别为 280000kN/m、50000kN/m; K_2 分别为5600 kN/m、1000kN/m。

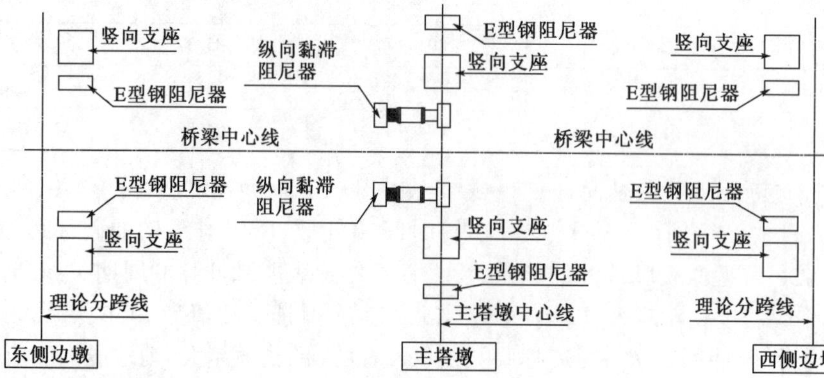

图5 主桥支承体系布置图

3.2 减震效果分析

采用非线性动力时程方法对大桥的减震效果进行分析,如表3所示。根据表3计算结果,在塔(墩)与主梁之间设置阻尼能有效减小结构的地震响应,尤其是位移响应。

减震效果分析

表3

地震动输入	有阻尼器				减震率(%)			
	塔底弯矩(kN·m)		纵向位移(cm)		塔底弯矩		纵向位移	
	顺桥向	横桥向	梁端	塔顶	顺桥向	横桥向	梁端	塔顶
TCU052	3611849	789180	141.19	154.52	29.5%	0.3%	49.0%	36.2%
TCU102	1711521	927545	49.78	64.27	43.7%	14.9%	63.8%	52.6%
Kobe	829480	738436	11.29	17.65	6.4%	7.9%	68.1%	50.7%
Northridge	835590	779561	14.46	21.72	4.6%	23.3%	68.6%	27.9%
人工波	787846	880055	11.31	16.34	32.8%	12.8%	79.4%	62.3%

本项目同时委托同济大学进行了模型振动台试验,其试验成果与数值分析结果较为吻合。根据数值分析结果及模型振动台试验成果,大桥的抗震性能满足要求。

4 结语

海南铺前跨海大桥主桥位于强震区,靠近活动断层,在近断层地震作用下必须进行减震控制设计。通过对大桥在4组近断层地震动输入下的响应分析,提出了海南铺前跨海大桥主桥的减震措施,同时对其减震效果进行了验证,所选取的支撑体系能够有效地耗能,合适的阻尼参数能有效降低结构的内力及位移响应。根据数值分析结果以及模型抗震实验的验证,大桥的抗震性能满足要求。海南铺前跨海大桥已于2015年3月开始施工,预计2019年建成通车。

参考文献

[1] Bray J D, Rodriguez Marek. Characterization of forward-directivity ground motions in the near-

fault region[J],Soil Dynam Earthquake Eng.,2004(24):815-828.

[2] Somerville P,New developments in seismic hazard estimation. Proc. of the Sixth Int. Conf. on Seismic Zonation(6ICSZ)[C]. Palm Springs,Califomia,2000:12-15.

[3] Mavroeidis GP,Papageorgiou,AS. A mathematical representation of near-fault gound motions [J]. Bulletin of the Seismological Society of America. 2003,93(3):1099-1131.

[4] 刘启方,袁一凡,金星,丁海平. 近断层地震动的基本特征[J]. 地震工程与工程振动,2006,26(1):1-10.

[5] Somerville P G. Seismic hazard evaluation[C]//Proceedings of 12th World Congress of Earthquake Engineering. Auckaland:New Zealand,Ea~hquake Commision,2000:12-16.

[6] Malhotra P K. Response of Buildings to Near-Field Pulse-Like Ground Motions[J]. Earthquake Engneering and Structural Dynamics,1999,28:1309-1326.

[7] 黄金伟,卫星,王鹏飞. 桥梁结构跨越断裂带若干问题探讨[J]. 低温建筑技,2009(12):67-69.

[8] Loh C H,Wan S,Liao W I. Effects of Hysteretic Model on Seismic Demands:Consideration of Near-fault Ground Motions[J]. The Structural Design of Tall Buildings,2002(11):155-169.

[9] Hancock J.,Watson-Lamprey J.,Abrahamson N. A.,Bommer J. J.,Markatis A.,McCoy E.,Mendis R.[2006]"An improved method of matching response spectra of recorded earthquake ground motion using wavelets."Journal of Earthquake Engineering,Vol. 10 pp. 67-89.

[10] 韦韬,赵凤新,张郁山. 近断层速度脉冲的地震动特性研究[J]. 地震学报,2006,28(6):629-637.

[11] 李新乐,窦慧娟,孙建刚. 近断层地震动速度脉冲之桥梁地震反应敏感参数分析[J]. 大连民族学院学报,2008,10(3):261-265.

[12] Nicos Makris,Shih-Po Chang. Effect of viscous,viscoplastic and friction damping on the response of seismic isolated structures. Earthquake Engineering and Structural Dynamics,2000,29(1):85-107.

[13] 江辉,朱晞. 近断层强震速度脉冲效应及连续梁桥减隔震特性分析[J]. 中国安全科学学报,2003,13(12):57-62.

22. 浅层地震勘探在跨海桥断裂带探测中的应用

彭向东　彭敬垒　孙平宽　吴敬武

(中国公路工程咨询集团有限公司)

摘　要:本文介绍了海域浅层勘探的分类、仪器设备、原理,由于海南铺前跨海大桥桥址跨越铺前—清澜断裂,为查明这条断裂的基本特征,进行了海域浅层地震勘探工作,采用多道与单道地震相结合的方法,并采用钻探进行验证;探明断裂带的具体位置,并对其产状、性质进行判别,为同类工程提供了成功的经验。

关键词:浅层地震勘探;断裂带;跨海桥;单道地震;多道地震;勘察

1　浅层地震勘探的方法简述

我国位于世界两大地震带:环太平洋地震带与欧亚地震带之间。随着我国经济的发展,越来越多的公路、铁路工程需要跨越断裂带。特别近年来跨海桥梁的修建,海域断裂带探测逐渐引起工程人员的重视。

陆上断裂带探测可以通过三维地震勘探进行物探,并采用钻探、挖探、地质调查的方法进行综合验证,达到较好的探测精度。海域断裂带的探测存在一定的困难,主要原因是海上施工条件有限,钻探作业困难,无法大面积开展钻探工作,需要通过更加灵活方便的物探的方法进行探测。

在众多的物探方法中,浅层地震勘探是目前较为常用的探测方法,是利用人工激发的震源,比较常用的有空气枪、锤击、电火花、爆炸等,激发产生的地震波,由于地震波在不同地层中的传播性质不同,根据费马原理和惠更斯原理,地震波在地层之间的界面产生反射、折射和投射,利用接收装置接收反射波,计算出各地层反射波到达接收装置的时间差,从而揭示出岩层分布、厚度、深度等数据,进而可以进行岩层分层、探查构造带等活动。

根据地震波接收装置的道数,可以将浅层地震勘探分为单道浅层地震勘探(一炮发射,一道接收)和多道浅层地震勘探(一炮发射,多道接收)两种;单道浅层地震勘探可自激自收,仪器设备较为轻便,操作及数据处理均比较简单;多道浅层地震勘探可以利用多次覆盖技术压制干扰,提高地震资料的信噪比,而且可利用剖面上丰富的反射波组特征判定断层的存在并确定其产状等基本参数。结合海南铺前跨海大桥的实践,对两种方法所需仪器、施工方式及数据处理简述如下：

1.1 单道浅层地震勘探

单道浅层地震采用浅地层剖面技术。

1.1.1 仪器设备

采用英国产 AAE 浅地层剖面系统；激发采用 CSP300 发射控制器及 Saparker 电火花震源，接收采用 20 单元组合水听器构成的阵列电缆，记录采用 Geopro 记录笔记本。

1.1.2 施工方式

正式施工采用拖拽式连续观测方式，即将接收电缆与电火花源以 4 ~ 5m 间距并列拖于船尾，实行连续航行，定时激发并接收，发射能量 350J，工作频率 0.1 ~ 3000Hz，记录长度 250ms，发射间隔 1s，作业时尽量保持 2 ~ 3 节速度匀速航行以减小噪声，并通过显示屏直接对观测质量进行控制。单道浅层地震勘探工作原理如图 1 所示。

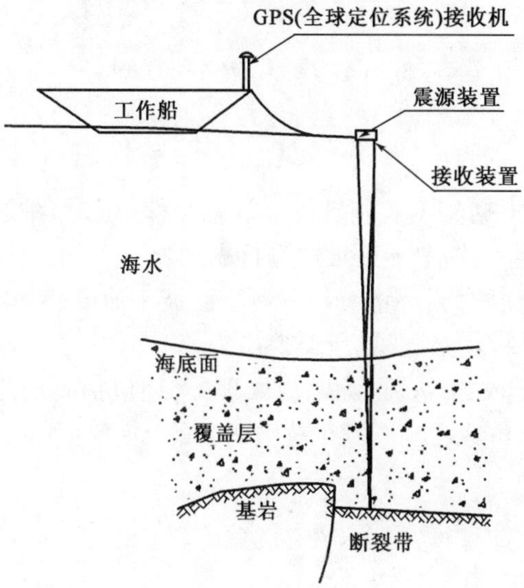

图 1 单道浅层地震勘测工作原理图

1.1.3 资料处理

主要对记录的图像进行带通滤波处理，以突出有效界面反射图像的清晰度。

1.2 多道浅层地震勘探

多道浅层地震采用水域多次覆盖纵波反射技术。

1.2.1 仪器设备

地震仪采用美国产 Geode 数字地震仪；激发采用高压空气枪及与其匹配的空压机；接收采用专用水上漂浮电缆；主频 80Hz，道距 2m，共 24 道。

1.2.2 施工方式

开工前在现场进行激发能量、电缆及震源入水深度、最佳偏移距及航速试验工作，并据此确定以下最佳工作参数。

正式施工采用单端激发单边接收的拖拉式连续航行的定时激发方式，电缆与气枪同挂在船尾，入水深 1 ~ 1.2m，激发气压 8.0MPa，炮间距 4m，偏移距 2m，实行连续航行，定时激发并接收，记录长度 512ms，采样率 0.5ms，采用共反射点叠加技术，叠加次数 6 次。

工作同时，实测水位变化，观测时间间隔为 20min，改正精度为 ±0.1m，用于解释成果的水位改正。多道浅层地震勘探工作原理如图 2 所示。

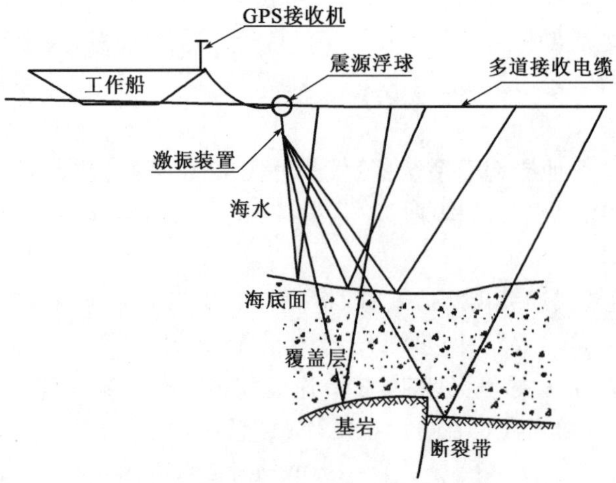

图2　多道浅层地震工作原理图

1.2.3　资料处理

(1)地震记录整理。根据实测航迹进行有效炮文件(记录)抽选,保证6次覆盖次数,重新构成新文件,并对有效炮文件中不正常道进行剔选。

(2)常规处理。一般流程为:频谱分析→频率滤波→速度扫描→动校正叠加等。形成初步反射地震时间剖面,主要作为外业质量监控用。

(3)后期处理。在工作站上进行,除常规处理外,还包括剩余静校正、多次速度分析、去噪等特殊处理,以达到突出有效波、压制干扰波的目的,最终形成反射地震时间剖面,作为成果解释用。

2　应用实例

海南铺前跨海大桥位于海南省海口市演丰镇和文昌市铺前镇,项目起点与规划的文昌市滨海旅游公路相接,采用海南铺前跨海大桥跨越铺前湾,终点同海口市规划江东大道二期相接,路线总长5.6km。

海南铺前跨海大桥位于1605年琼山7.5级大地震的震中区,该地震的发震断裂是北东东向马袅—铺前断裂及北西向铺前—清澜断裂。铺前跨海大桥桥址跨越铺前—清澜断裂,断裂带在海域的具体位置长期以来都是推测的。根据《海口市活断层探测与地震危险性评价》(海南省地震局,2007),铺前—清澜断裂被认为是全新世活动断裂。为查明这条断裂的位置、基本特征和最新活动性,进行了海域浅层地震勘探工作。

2.1　技术思路

采用多道与单道地震相结合的方法,并采用钻探进行验证。完成了多道地震测线9条,单道地震测线8条。布置钻探验证孔14个。铺前跨海大桥断裂带探测技术思路如图3所示。

2.2　断层的识别与分析

根据地震时间剖面中有效反射相位特点,同时结合地质资料加以判别:

(1)有效反射相位出现局部缺失或信号减弱;

(2)有效反射相位存在明显落差、突变或发育绕射波;

(3)有效反射相位特征出现明显不同或出现增减、分叉、合并等异常情况;

(4)有些花岗岩沿断裂风化作用强烈,可形成基岩有效反射波组出现局部凹陷异常;

(5)若覆盖层内界面与基岩有效反射相位异常特征相对应,表明其断点已断至该界面。若基岩断点上部覆盖层内出现局部扰乱异常,表明其断点作用已影响到该地层层位,并间接反映了其活动时代。

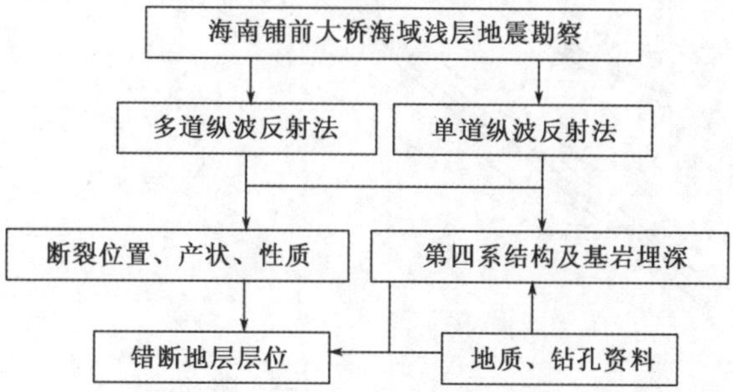

图3　铺前跨海大桥断裂带探测技术思路图

断裂的平面分布是在分析各断点特征的基础上,连接某些相邻测线上特征、性质相似的断点而成,其主要依据是:

(1)各断点的产状、性质一致或相近;

(2)各断点的上断点深度和所断层位大约一致;

(3)各断点位置基本上处于同一直线上。

2.3　单道地震勘探测线布置及结果分析

单道地震测线共布置8条,在东寨港海域共发现异常4处,其中桥梁轴线所在的测线时间剖面图及解释如图4所示。

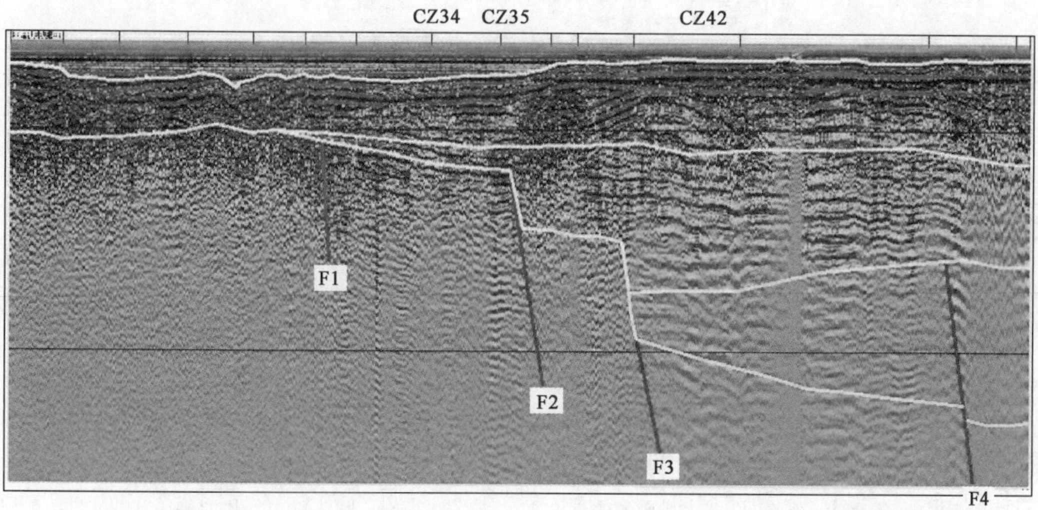

图4　单道地震勘探地震时间剖面图及解释

2.4　多道地震勘探测线布置及结果分析

多道地震测线共布置8条,测线平面分布如图5所示。

L1测线地震时间剖面图与解释剖面图如图6所示。

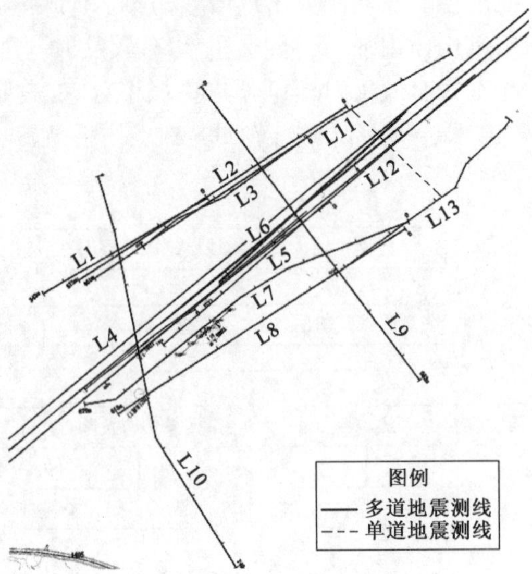

图5　多道地震测线布置图

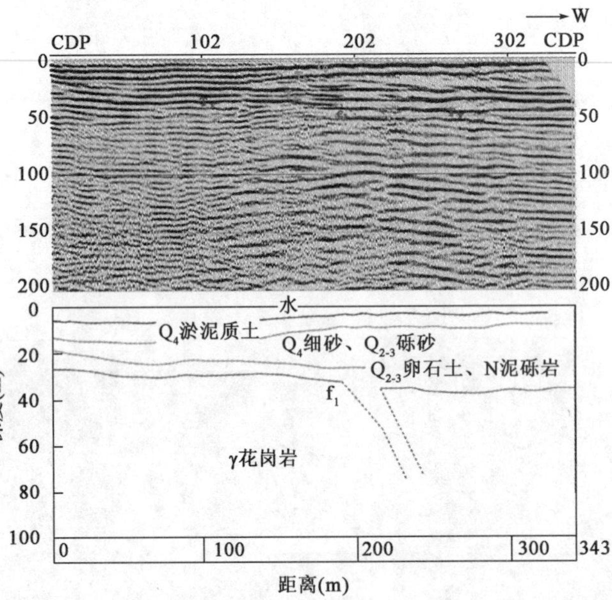

图6　L1 测线地震时间剖面图与解释剖面图

2.5　钻孔探测结果

根据钻探成果，我们对海域的 4 处异常进行了布孔验证，共布设了 14 个验证孔；钻探发现 F1 异常区岩体呈碎石夹泥状，部分呈土状，推测为风化裂隙(囊)引起；其余三处异常(F2 ~ F4)岩体多呈碎裂状结构，顺陡倾裂面擦痕、阶步等特征明显(见图7)，异常带附近岩体还可见与水平方向斜交的擦痕，钻探揭露并证实系断裂构造引起。桥址区断裂构造特征见表 1。

根据各个钻孔的分层岩性特征的仔细观察，通过地层分析和对比，对钻孔的标志层和个别细部进行了辨认和适当的细化和修正，编制了跨 F2 断层的钻孔联合地质剖面，如图 8 所示，用于控制铺前—清澜断裂的位置、产状及错断地层层位及位错量，进而判断该断裂的最新活动时代，并评价其未来发生地震地表破裂的可能性。

F2 陡倾裂面　　F3 破碎带裂面擦痕

图 7　验证孔典型岩芯照片

海南铺前跨海大桥桥址处断层特征表　　表 1

编号	分布位置	走向	倾向	倾角（°）	物探推测宽度(m)	揭露铅直厚度(m)	所在地层	性质	主要特征
F2	K11 +268	345	北西	65	30	11.7 ~ 13.7	γ	正断层	碎裂岩 + 擦痕
F3	K11 +457	349	南东	65	20	10.8	γ	正断层	碎裂岩 + 擦痕
F4	K11 +688	352	南西	70	25	14	γ	正断层	碎裂岩 + 擦痕

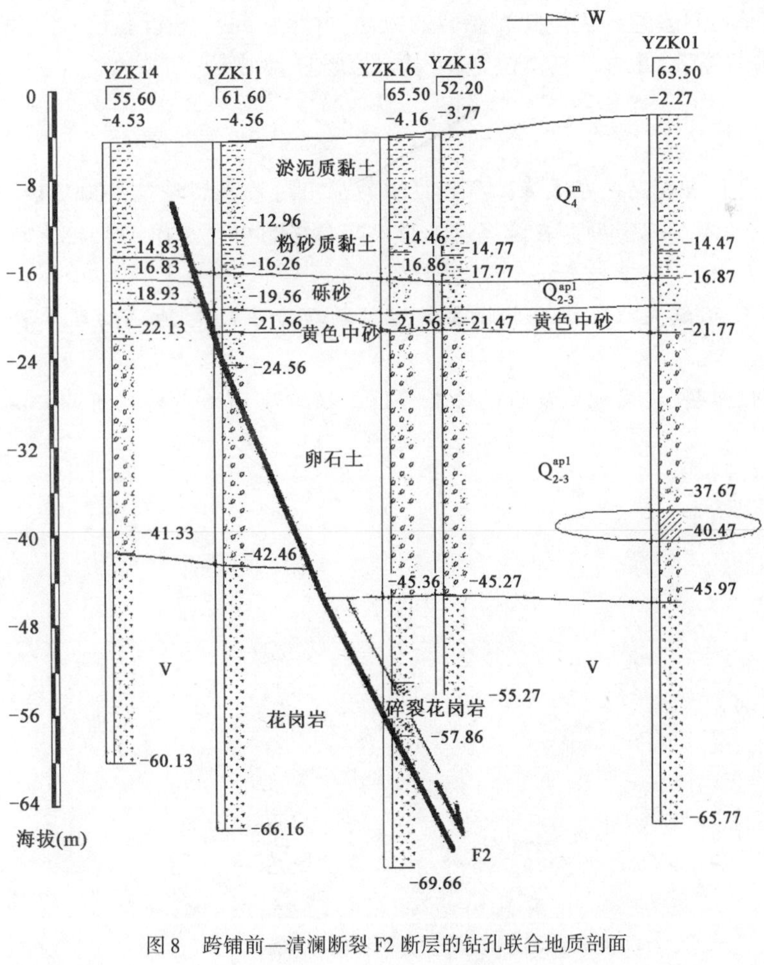

图 8　跨铺前—清澜断裂 F2 断层的钻孔联合地质剖面

2.6 断裂带探测结论

根据物探、钻探发现的最新成果与证据，并根据中国地震局地球物理研究所的技术咨询报告，得出了如下结论：

根据海域浅层地震勘探结果，铺前—清澜断裂（F2 断层）在北港岛与铺前镇之间的东寨港内通过，大致沿其主航道分布；在桥轴线上垂直于断裂的钻孔联合剖面的进一步探测，比较准确的确定了断裂在桥轴线上的位置，并判定该处断裂为高角度西倾的正断层，钻孔联合剖面上反映上断点接近海底，全新世淤泥层底界面垂直错距约 1.4m（西侧下降），可能是 1605 年琼山 7.5 级地震形成的。

铺前—清澜断裂的另外两条组成断层（F3、F4 断层）晚更新世以来不活动，不用考虑它们发生地震地表破裂问题，仅需考虑其对桥墩的结构稳定性的影响即可。

3 结论

（1）在断裂带探测过程中，应该针对场地的地质环境，选择合理的震源形式、接收装置和数据采集参数，同时数据处理时，选择经验丰富的权威专家进行技术咨询，可以获得较好的探测结果。

（2）浅层地震勘探具有设备轻巧、施工方便、可以适用于海上操作的优点，是跨海桥梁的断裂带探测的一个较为理想的方法。

（3）采用单道与多道地震勘探相结合的方法，并采用钻探进行验证，可以较为准确的探测出海域浅层断裂带，并对其具体位置、产状、性质进行判别。

参考文献

[1] 陈军兴. 浅层地震勘探在浅海工程勘察中的应用[J]. 水利科技,2009(4):23-24.

[2] 何正勤，等. 浅层地震勘探在沿海地区隐伏断层探测中的应用[J]. 地震地质,2007(2):363-372.

[3] 栾锡武，等. 海域天然气水合物勘测的地球物理方法[J]. 地球物理学进展,2008(1):210-219.

[4] 杨银湖，伍学明. 浅层地震反射波法在桥位工程地质勘察中的应用[J]. 交通科技,2002(3):5-7.

23. 海南铺前跨海大桥跨断裂带桥梁设计研究

帅少军　戴万江　罗嗣碧
（中国公路工程咨询集团有限公司）

摘　要：本文在总结海南铺前跨海大桥跨断裂带桥梁设计经验的基础上，对跨断裂带桥梁的设计提出以下建议，供同类型桥梁设计参考借鉴：

（1）对受条件限制必须跨越活动断层的桥梁，应根据桥梁各部分的重要性等级和修复难度，将重要性等级高、修复难度大的结构（如主桥）布置在断层下盘上，且各结构需预留足够的避让距离；

（2）对于跨越活动断层的桥跨，应优先采用对断层错位适应能力强、容易修复的简支结构；

（3）对于断层错位大的桥梁，可考虑牺牲容易修复的局部结构，以确保桥梁的整体安全；

（4）抗震措施对于桥梁抗震设计非常重要，尤其是放落梁措施设计；对于跨活动断层桥梁，除应按常规桥梁设置放落梁措施外，应重点考虑活动断层的错位引起的落梁；

（5）对于强震区桥梁，采用"多道防线、分级破坏"设计理念，是一种不错的设计思路。

关键词：强震区桥梁；跨断层桥梁；抗震设计；抗震措施；放落梁体系

1　引言

海南铺前跨海大桥位于海南省海口市演丰镇和文昌市铺前镇，项目起点与规划的文昌市滨海旅游公路相接，向西南方向展线，以海南铺前跨海大桥跨越铺前湾，同海口市规划江东大道二期相接；海南铺前跨海大桥全长3959m。

工程场地区域内主要的地震断裂带有东西走向的马袅—铺前断裂带和南北走向的铺前—清澜断裂带，两断裂带交会于演丰镇与塔市附近。其中，铺前—清澜断裂带北起东寨港，南至清澜，走向西北，穿越铺前湾，长约63km。受路线条件限制，本桥桥位需跨越铺前—清澜活动断裂带。区域场地50年超越概率10%水平向设计地震动参数值为0.35g；铺前—清澜断裂的东支与桥位相交，断层上、下盘垂直位错1.4m，水平拉开0.8m，右旋水平错动小于1.4m。

2　跨活动断裂的桥梁的研究现状

工程区域存在活动断裂，通常的处理方式有两种：一种是优化路线以避开断裂带；另一种是以路基的方式穿过断层。对于跨越活动断裂带桥梁，国内外已建或在建的工程实例很少，相关的研究更少。

现行规范中，对于工程区域内存在活动断裂带的桥梁，一般采用避让原则。对断裂构造的工程避让方案可分时间避让和空间避让两种。时间避让主要是指将工程使用期置于断裂构造稳定期内，即在断裂活动的稳定期内能充分保证工程的安全质量；空间避让主要是保证足够的距离，目前的避让距离是针对统计意义上的一般情况。《公路桥梁抗震设计细则》(JTG/T B02-01—2008)规定，地震烈度为8度和9度时，桥墩边缘至主断裂边缘避让距离分别为300m和500m；在有足够的地质资料可以精确的确定存在活断层迹线的地区，且该地区并不复杂时，避让距离可规定为约16m。

津秦铁路客运专线跨越卢龙断裂带采用简支结构桥跨越断层，采用时间避让原则，即在结构设计年限内断裂带不会产生明显的地震地表位移，因此仅考虑活动断裂带无震蠕滑位移对结构的危害，设计通过支座高度的调整以及采用CRTIS型板式无砟轨道来改善断层错动对铁路的影响。

祝兵等对汶川地震中跨小鱼洞断裂带的小鱼洞大桥地震破坏形式进行了研究，主要结论为：①对于跨断裂带的桥梁，由于断裂带的阻隔作用，断裂带两侧的地震波强度不同，应该根据现场实际情况分别确定两侧合理的地震加速度峰值进行模拟地震波；②地震过程中跨断裂带附近地面是上下颠簸，竖向地震加速度对结构构件的破坏很大。

3 海南铺前跨海大桥跨断裂带桥梁的设计

根据对桥位处断层的地震勘探成果，桥位处共发现三处断层(对应编号为F2、F3、F4)，路线里程桩号分别为K11+268(F2)，K11+457(F3)，K11+688(F4)，其中F2为活动正断层，F3、F4为非活动断层。

3.1 设计原则

考虑本项目跨断层及近断层地震烈度大、抗震设防等级高、断层错动大等特点，跨断层桥梁的设计应符合以下原则：

(1)根据抗震概念设计研究成果，将主桥布置在断层下盘，并保证适当的避让距离，以结构简单且易于修复的引桥结构来跨越断层；

(2)采用跨径较小且便于修复的结构形式；

(3)对于跨活动断层(F2)的桥梁，保证桥墩的最小避让距离不小于16m，其结构必须能适应断层的错动；

(4)对于跨非活动断层(F3、F4)的桥梁，桥墩墩位避开断层破碎带；

(5)应方便震后桥面线型的调整。

3.2 桥型结构选择

根据主桥的桥跨布置，并考虑断层破碎带的范围以及桥墩与断层的避让间距，跨活动断层(F2)采用60m一跨跨越断层，在主桥与跨活动断层桥之间设置两跨58m的缓冲跨。非活动断层仅考虑桥墩墩位避开断层破碎带。综合以上因素，跨断层引桥全长581m，桥跨布置为$2\times58m+60m+5\times58m+57m+58m$，其中跨越铺前—清澜活动断层为60m跨径，跨越非活动断层为58m跨径。跨断层引桥桥跨布置见图1。

为适应断层错位，跨活动断裂带采用简支结构；考虑地震发生时对非活动断裂带存在激发可能，跨非活动断裂带也采用简支钢箱梁结构；考虑运营时行车舒适性，尽可能减少伸缩缝，且方便震后的维修，其他跨采用连续结构。

对于跨断裂带桥梁，其竖向地震作用效应明显，因此，桥梁上部结构采用自重轻且适应变形能力较强的钢箱梁；另外，钢箱梁也方便震后修复、桥面线形调整。为加强上部结构的整体性，在桥墩墩顶处将作用两幅钢箱梁用刚横梁连接成整体。上部结构断面如图2所示。

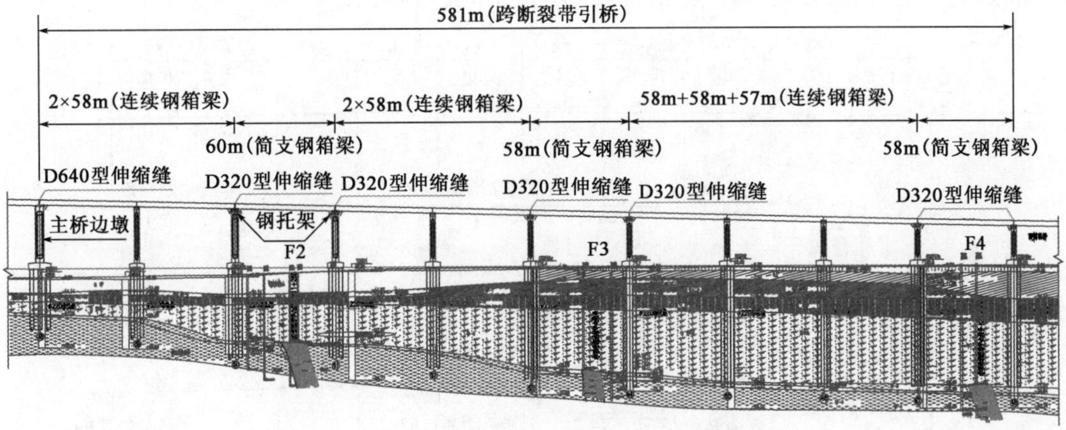

图1 跨断层引桥桥跨布置图

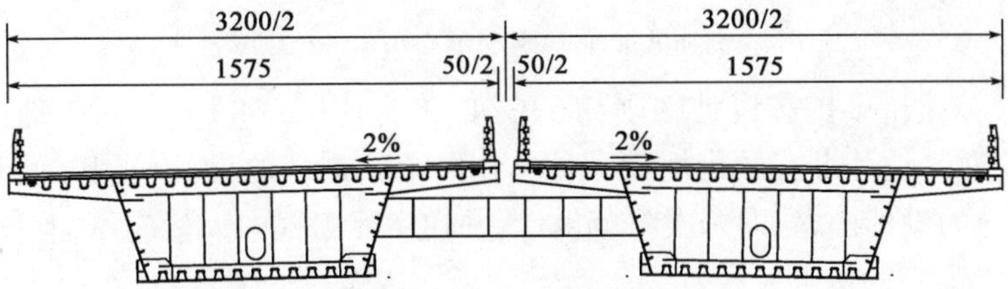

图2 跨断裂带桥梁钢箱梁断面图(尺寸单位:cm)

桥墩采用板式空心墩,并采用系梁将两幅桥墩承台和墩顶连成整体,以减小两幅桥墩的相对位移;采用减隔震支座,以有效减小结构的地震响应。

3.3 震后桥面线形调整措施

因断层上、下盘垂直位错最大为1.4m,水平拉开最大为0.8m,震后桥面线形需进行调整,以满足行车要求。因断层错位较大,设计考虑在6孔范围内通过调整支座垫石的高度来实现桥面线形的竖向调整,通过在墩顶设置的加宽段上调整支座的平面位置来实现桥面平面线形的调整,如图3所示。

桥墩垫石高度取1.25m,当断裂段出现竖向错位,可通过加厚或降减薄墩顶垫石高度进行调整,使桥面平顺。考虑修复的方便性,跨断层简支钢箱梁支座垫石均用可拆装式钢垫石代替,钢垫石分5类工厂预制,厚度分别为10cm、15cm、25cm、35cm、50cm,以满足不同位移情况的支座垫石的升高或降低,成桥阶段钢垫石总高度为1.25m,采用50cm+50cm+25cm的组合高度。钢垫石平面尺寸为1.6m×1.6m,并预留12cm的宽度作为高强螺栓连接孔位。梁体发生大位移后,可根据桥面线形的需要选用不同的钢垫石高度组合,各层钢垫石间采用高强螺栓连接固定,层间涂无机富锌防滑涂料。各类钢垫石可工厂预制若干件,方便强震后快速维修或更换。

3.4 防落梁构造设计

从国内外对已发生地震的实测结果看,在很多情况下,地震的实际效应会高于桥梁的抗震设计值,而桥梁设计需综合考虑结构受力和工程建造成本,地震作为偶然作用,过高的去考虑其抗震需求是不经济的,因此,现行的桥梁抗震设计思想,是允许桥梁在强震时发生不严重影响交通的局部损坏,且易于修复,同时设置合理的抗震构造措施,以避免桥梁出现严重的破坏。防落梁设计是桥梁的抗震构造措施的重要内容。

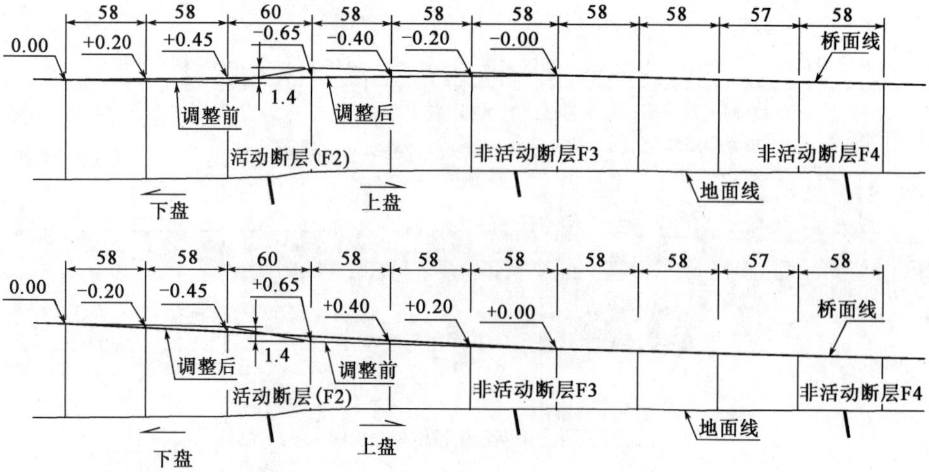

图3　桥面纵断面线型调整示意图(尺寸单位:m)

我国现行《公路桥梁抗震设计细则》(TJG/T B02-01—2008)较为简单地提到了应考虑防落梁的措施,对其设计没有量化规定。日本在防落梁系统的设计使用方面有比较系统的研究和比较成熟的设计理念,即多次防范设计,并在实际工程中大量应用,有比较好的效果,值得我们学习借鉴。

结合国内外对防落梁装置的研究,把防落梁装置的各部分组成按其作用分为三大部分:梁搁置长度、限位装置和连梁装置。防落梁装置作为一种新型的减隔震设计及加固方法,已经应用在许多桥梁的建设中,一般情况下主要从限位措施、连梁措施和扩大支撑范围来进行防落梁的设计。以上三种措施基本上可以用"挡""拉""托"三个字来形容,从形式上体现了为减少落梁事件而积极采取各种应对措施的多样化。国内外常用的放落梁措施有抗震挡块、抗震锚栓、防落梁拉杆(索)等,因抗震挡块构造简单、受力明确,且造价相对便宜,因此本桥的放落梁措施拟以抗震挡块为主。

结合国内外桥梁的成功经验,本桥秉着"多道防线、分级破坏"设计理念和原则,主梁除了采用减隔振支座外,为防止在超预期地震作用下主梁落梁,跨断层引桥横向均设置两级挡块;适当加大墩顶宽度,将支座垫石沿纵向加大至墩顶边缘;墩顶处设置纵向防落梁挡块,如图4和图5所示。

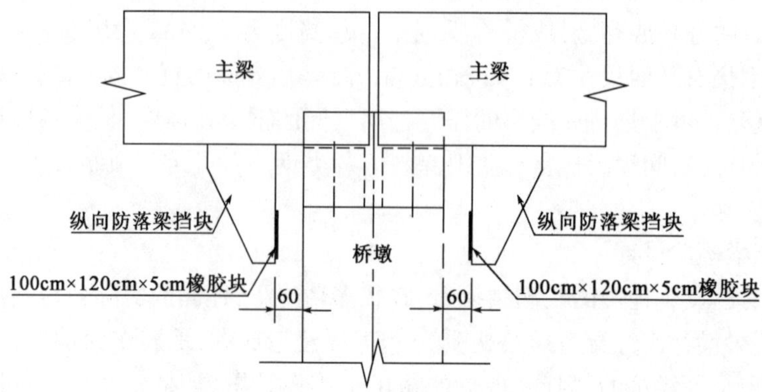

图4　防落梁挡块布置图(尺寸单位:cm)

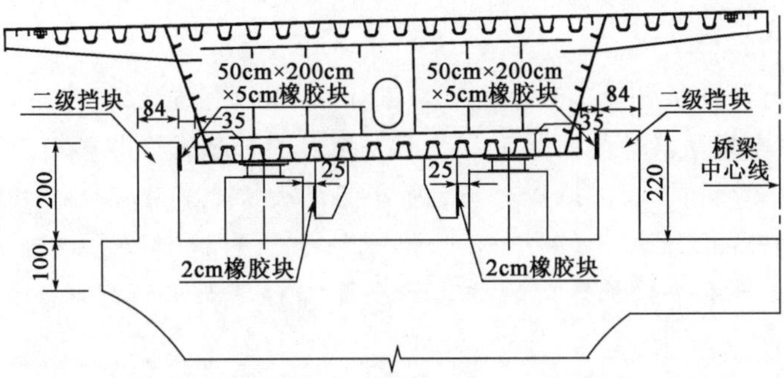

图5　横向抗震挡块布置图(尺寸单位:cm)

对于跨活动断层桥梁,设计应考虑断层错动的最大位移下的放落梁措施。设计拟在顺桥向跨活动断层引桥桥墩墩顶设置防落梁托架,防止在断层错动情况下纵向落梁,同时,为了防止主梁纵向超预期滑移梁端脱离支座撞击墩顶,造成二次破坏,托架上设置二级垫石,如图6所示。

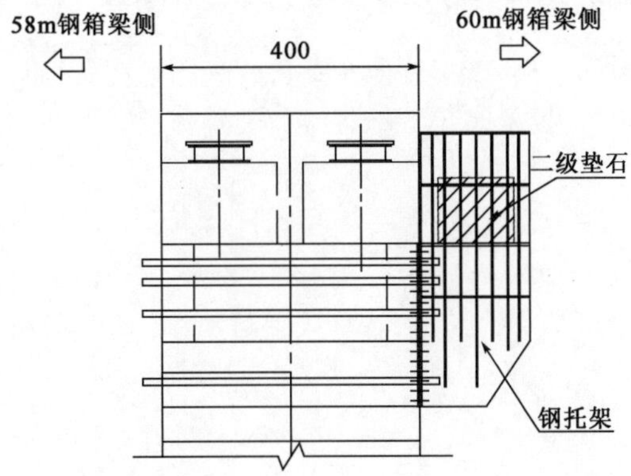

图6　跨活动断层引桥防落梁托架及二级垫石布置图(尺寸单位:cm)

4　结语

国内外跨活动断裂带桥梁很少,相应的研究更少,没有相关的设计可以参考借鉴。本文基于海南铺前跨海大桥跨断裂带桥梁的设计,总结以下经验,抛砖引玉,为同类型桥梁的设计提供参考借鉴。

(1)对受条件限制必须跨越活动断层的桥梁,应根据桥梁各部分的重要性等级和修复难度,将重要性等级高、修复难度大的结构(如主桥)布置在断层下盘上,且各结构需预留足够的避让距离。

(2)对于跨越活动断层的桥跨,应优先采用对断层错位适应能力强、容易修复的简支结构。

(3)对于断层错位大的桥梁,可考虑牺牲容易修复的局部结构,以确保桥梁的整体安全。

(4)抗震措施对于桥梁抗震设计非常重要,尤其是放落梁措施设计;对于跨活动断层桥梁,除应按常规桥梁设置放落梁措施外,应重点考虑活动断层的错位引起的落梁。

(5)对于强震区桥梁,采用“多道防线、分级破坏”设计理念,是一种不错的设计思路。

参考文献

[1] 章吉青,詹松. 桥址断裂带工程效应及工程对策. 工程地质学报,2006(14):417-420.

[2] 沈建明. 客运专线铁路跨越断裂带有关问题探讨[J]. 铁道工程学报,2010(10):30-37.

[3] 祝兵,崔圣爱,喻明秋. 汶川地震跨断裂带小鱼洞大桥地震破坏分析[J]. 公路交通科技,2010,27(1):78-82.

[4] 王德钧,陈涛. 日本桥梁抗震中的防落梁设计[J]. 河北工程大学学报(自然科学版),2009,26(4):13-16.

[5] 韦韩,蔚晓丹,土克海,安同祥,李茜,李悦. 日本桥梁防落梁系统设计[J]. 世界桥梁,2012,40(6):11-14.

[6] 黄小国,李建中,张哲. 连续梁桥纵桥向防落梁装置结构模式对比研究[J]. 同济大学学报(自然科学版),2009,37(9):1146-1152.

[7] 朱文正,刘健新. 公路桥梁防落梁系统研究现状述评[J]. 广州大学学报(自然科学版),2005,4(4):347-356.

[8] 汪芳芳,徐祖恩. 一种公路桥梁防落梁限位装置设计的研究[J]. 公路,2011(8):97-99.

第四篇

施　　工

24. 浅谈水泥改良土上路床在填砂路基工程中的应用

王　腾[1]　孔祥东[1]　王锦攀[2]　申玉书[1]　王志远[1]　李仁海[1]
(1. 黑龙江省龙建路桥第四工程有限公司;2. 海南省交通工程建设局)

摘　要:本文论述了在填砂路基上采用水泥改良土加固土壤的机理与方法,并以海南铺前跨海大桥连接线工程填砂路基上路床处治为背景,介绍了围绕无机结合料种类与掺量进行的试验研究,通过对水泥稳定土试验段与实际施工情况的总结,说明了路床处治施工的技术要求、施工工艺以及施工过程中易出现的问题和解决方法。

关键词:填砂路基;水泥稳定土;路床处治;试验研究;施工工艺

1　工程背景

海南铺前跨海大桥连接线工程项目起讫桩号为 K0 + 000—K7 + 954. 414,标段全长 7. 954414km,项目起点与翁铺旅游公路相接,位于铺前镇西坑村附近,路线经田良村、田良尾村、湖石村,终点于铺前镇海南铺前跨海大桥引桥接点结束。由于海南岛内气候潮湿,利用土方含水量大且为粉质土,不易压实,且部分路基采用粉细砂进行填筑,粉细砂路基顶部距上路床仅 40cm,所以上路床如何进行处治对路基弯沉能否达到设计要求至关重要。为保证路基质量,在路面结构层施工之前,将对上路床进行掺水泥处治,这对改善路床的稳定性、压实度、提高路床强度、减小路基应力与变形具有重要作用。

2　针对土壤加固的研究

2.1　加固机理

土壤加固的方法按技术措施的不同可以分为机械方法和掺加固化剂等方法。机械方法主要措施是提高压实,由于普通机械难以提高压实度,且由于土壤含水量过大,压实无法满足要求。掺加固化剂的方法是在土体中加入有机、无机结合料,高分子合成材料或盐溶液等外加剂,通过产生一系列的物理化学反应,如离子交换作用、火山灰反应等,增强土粒之间的连接强度与内摩擦力,从而达到综合提高土体强度、刚度和稳定性的目的。本文着重研究用无机结合料加固土壤的原理与方法。目前主要采用水泥、石灰、粉煤灰或这些材料的混合物等材料进行加固。由于海南岛内只有贝壳灰,且价格相对较高,所以经研究讨论决定采用水泥进行处理。

2.2 方法评价

国内对于粉土固化方面的研究比较多,研究结果表明采用无机结合料来稳定土壤可以取得较好的效果,但由于土质不同等因素的影响,不同的研究者所得出的结论常有差异。

综合而言,目前加固土体的方法主要有以下两种:

(1)石灰类:作为固化剂掺合到土中之后,石灰与土之间发生强烈的物理化学作用,从而使土的性质发生根本的改变。石灰稳定土初期表现在颗粒间产生胶结,土的塑性降低,后期则表现在结晶结构的形成。石灰用于改良土的历史较长、规模较大、范围较广,但其干缩性大、易软化、水稳性差、抗冻稳定性差等缺点亦不容忽视。

(2)水泥类:水泥稳定土是指粉碎的土、水泥和水的混合物,经压实产生的一种新的建筑材料。掺加后发生的化学效应,部分是水泥与土颗粒的相互作用,部分则是因水泥特有的性质而产生。水泥土具有强度高、变形特征良好、抗水、耐温效果好等优势,但其能固化的土壤类别有限,且具有干缩性较大、易开裂、成本高等不足。

两种方法各有利弊,实际施工中则需综合比较土的性质、经济、技术等各方面因素,制定合适的土体加固方案,并通过严谨的试验确定固化剂的种类与掺加比例。

3 路床处治方案的制定

3.1 室内试验

为制定本工程路床处治的最佳方案,分别选用不同的结合料及掺量进行了室内试验,试验方案与结果如下:

选用水泥作结合料。对路基土掺加2%、3%、4%、5%不同剂量、不同品种的水泥,进行标准击实试验,制作试件,并测定7天无侧限抗压强度。试验结果表明,掺加水泥之后,7天无侧限抗压强度可以得到有效提高,且随着水泥剂量的增大,强度提高明显,过高,则会出现干缩性大,易开裂等现象。反之水泥剂量太少,试件也不易成型,且强度比较低。相关试验数据如表1所示。

水泥稳定土击实试验与7天无侧限抗压强度试验结果 表1

水泥剂量	水泥型号	最佳含水量(%)	最大干密度(g/cm^3)	强度平均值(MPa)
2%	P.C32.5	14.2	1.64	0.25
	P.O42.5	13.9	1.65	0.36
3%	P.C32.5	12.5	1.66	0.38
	P.O42.5	13.8	1.67	0.43
4%	P.C32.5	13.8	1.65	0.46
	P.O42.5	13.5	1.65	0.52
5%	P.C32.5	13.4	1.67	0.58
	P.O42.5	13.9	1.64	0.64

经研究,拟采用水泥稳定土作为路床处治层材料,并分别选用3%、4%的水泥剂量进行试验段施工,确定最终水泥掺量与其他工艺参数。

3.2 试验段施工

现场试验段的水泥品种采用了 P. C32.5，掺量分别为3%、4%，长度各50m。施工过程中，对混合料随机取样，进行灰剂量和含水量检测，均在允许误差之内；对已施工段落检测压实度，均满足设计要求。试验段施工完成后，采用贝克曼梁法检测路床处治层的弯沉，其中3%水泥土处治层测试了48个点，其弯沉平均值198(0.01mm)，标准差21.2，弯沉代表值242.3(0.01mm)，大于设计值232.9(0.01mm)；4%水泥土处治层测试了40个点，其弯沉平均值78(0.01mm)，弯沉代表值102(0.01mm)，4%水泥土处治层弯沉值小于设计要求。

通过对试验段施工的总结，最终确定用4%水泥稳定土处治路床，路床处治层厚度确定为20cm，松铺系数为1.23，满足规范与设计要求。

4 路床处治层施工

4.1 工艺流程

准备工作面→摊铺水泥→拌和(检测含水量，确定是否补水再拌合)→整形→碾压→养生

4.2 施工要点

(1)准备工作面：用全站仪放样，每隔10米定出中桩、边桩。先采用推土机进行整理，再使用平地机进行整平。进行整平时，路基土含水量宜控制在最佳含水量的 -1% ~ +3%之间，若含水量较高，则翻起晾晒，如果含水量过小，则洒水闷料。

(2)摊铺水泥：在工作面上画出方格以控制水泥用量，要求水泥用量不小于16kg/m^2。采用水泥撒布车保证水泥撒布均匀，避免出现水泥的含量过高或过低，影响土的整体质量。

(3)拌合：用冷再生拌和机由边部向中心拌合，要求两次拌和路线纵向重叠10 ~ 20cm，并注意检查拌合深度，严禁在拌和层底部留有“素土”夹层。拌和完成后混和料应色泽一致，没有灰条、灰团和花面，且水分合适均匀。拌和第一遍时应及时检查混合料含水量，其值宜大于最佳含水量的1% ~2%。若水分较低，则应用洒水车洒水，起洒处应超出拌和段2m以上，并于补足水后拌和第二遍。

(4)整形：水泥土拌和均匀后用推土机稳压两遍，再用平地机初步整形，局部低洼处用新拌水泥土找平。之后进行精平整理，对不合适的点进行刮平。

(5)碾压：使用压路机由边部向路中心碾压，碾压时压路机重叠1/3轮宽。采用低振频高振幅组合方式碾压，先静压一遍，再前振后静碾压，每次振动碾压完成后进行压实度检测，通常第二遍振动碾压后即可达到96%的设计压实度要求。严禁压路机在已完成的或正在碾压的路上急刹车、急转弯。在碾压过程中，如有松散起皱现象，及时翻开，重新拌合。压实后表面不能出现位移、隆起、裂缝或松散。碾压完成后，重新测量各断面高程。

(6)养生：碾压完成后立即进行养生，养生时间不少于7天，并使路面保持湿润状态。养生期间封闭交通，养护车辆在路上行驶时，应将车速限制在15km/h以内，并禁止急刹车、急转弯。

5 总结

本文论述了用无机结合料加固土壤的机理与方法。通过室内试验研究，选择了水泥稳

定土作为路床处治层材料，并通过试验段的施工检测，最终确定了水泥掺量与其他工艺参数。施工实践表明，水泥对土壤的改良效果明显，4%水泥稳定土路床处治方案切实可行，达到了工期、质量、成本与环保等方面的综合最优。文中所讨论的试验与施工情况可为类似工程提供参考依据。

25. 浅析填粉细砂路基施工技术

孔祥东[1]　王　腾[1]　张德文[2]　王志远[1]　李仁海[1]
(1. 黑龙江省龙建路桥第四工程有限公司;2. 海南省交通工程建设局)

摘　要:本文结合海南铺前跨海大桥连接线工程填砂路基的施工,从填砂路基的试验检测、机械设备组合、工艺质量控制等方面阐述了填砂路基施工的工艺和方法,对多砂缺土地带或利用土方土质不良地区采用砂料填筑路基具有一定的参考价值。

关键词:填砂路基;施工技术控制

1　工程背景

海南铺前跨海大桥连接线工程项目起讫桩号为 K0 + 000—K7 + 954. 414,标段全长 7. 954414km,项目起点与翁铺旅游公路相接,位于铺前镇西坑村附近,路线经田良村、田良尾村、湖石村,终点于铺前镇铺前跨海大桥引桥接点结束。由于海南岛内气候潮湿,利用土方含水量大且为粉质土,不易压实。根据工程项目特点、工程质量和工期要求,结合当地的实际情况,采用岛内的粉细砂代替土方进行路基填筑能有效的解决岛内土方资源缺乏的问题,采用粉细砂填筑路基,既可以保证工程质量,又可以大幅度降低工程造价,由于没有分层填筑的限制,还可以缩短工期,进一步降低管理成本,使投资更早地得到回报。

2　施工方案

2.1　施工前准备

(1)施工前做好伐树、挖根和清表处理,并按规定整平,碾压密实,基底压实度不得小于 90% 。

(2)对于水田、沟谷路段,应首先开挖横纵向排水沟,梳平地表水。对于有地下水露头处应视出水量情况,设置永久性排水设施。在自然排水有困难的路段,应设置集水坑,采取人工强制排水。

(3)做好原地面临时排水设施,并与永久排水设施相结合。排走的雨水,不得流入农田耕地,也不得引起水沟淤积和路基冲刷。

(4)路基基底为耕地或松土时,应先清除有机土、种植土,平整后按规定要求压实。在深耕路段,必要时将松土翻挖,土块打碎,然后回填、压实。路堤基底原状土的强度不符合要求时,必须进行换填,换填深度不小于 30cm,并予以分层压实。

(5)当路堤稳定度受到地下水位影响时，应在路堤底部填以水稳定性优良、不易风化的砂、砂砾、碎石等材料或采用无机结合料（生石灰、水泥等固化材料）进行加固处理，使基底形成水稳性好、厚约30cm的稳定层。

(6)进行现场施工测量放样工作，用白灰撒好边线。

2.2 包边土施工

天然状态下粉细砂呈现结构松散的特点，边坡防冲刷能力差，因此需采用黏性土进行包边处治。为确保施工过程中的边坡稳定，先施工两侧包边土，碾压密实后，人工修整内侧边坡，再开始施工砂芯。

根据取土场情况，包边土采用砂质黏性土，包边土宽度为3m，以保证压路机的碾压宽度和边坡的压实度。

地下水资源丰富路段，包边土和砂芯之间必须设置防渗土工布，防止砂芯内出现的渗透水压力将粉细砂颗粒带出砂芯。

包边土施工工艺流程：测量放线→摊铺包边土→整平→进行压实→压实度检测→放线修边。具体施工步骤如下：

(1)包边土每层平均松铺厚度35cm，平均压实厚度29.1cm，松铺系数1.20。

(2)砂质黏性土包边分层施工，每层包边土必须用振动压路机碾压密实后，人工修整内侧边坡，再进行上一层包边土施工。

(3)为便于路基边缘机械压实，应在设计厚度基础上适当增加包边土厚度，施工时包边土宜分层填筑、分层压实，待包边土压实后再进行削坡。

(4)当包边土填筑至路床顶40cm时，直接进行砂芯一次性填筑，砂芯填筑厚度与包边土顶面高程相同。

2.3 填砂路基碾压施工

(1)粉细砂摊铺厚度越厚，振动能量的衰减越显著，所需的碾压次数越多。现有的施工机械水平条件下，根据冲击碾压施工技术规范与冲击式压路机厂家给出的技术参数，经过现场试验，通过冲击碾压设备，摊铺厚度在150cm以下基本可以保证填砂路基的压实效果。

(2)砂芯填筑完毕后，立刻在砂芯上面填筑一层用于冲击碾压的土垫层，后用平地机对冲压工作面进行清理、整平，采用振动式压路机进行静压后再采用冲击压路机进行碾压。

(3)埋设沉降观测点标志，冲击前观测沉降标志的标高，并做好记录。

(4)检测冲击碾压前的土垫层含水量，并保证含水量在最佳含水量的±4%范围内，根据情况适时洒水。

(5)冲碾结束，用平地机整平冲碾施工路段，然后采用振动压路机将路基表面碾压密实平整。若表土干燥，应适量洒水，以保证压实效果。

(6)试验检测

为了能够较为全面地掌握情况，试验检测总体分为室内和室外两部分：①室内：路基填砂的物理力学性能是否满足路基填料技术规范要求指标。分别对附近砂场取样分析，主要试验项目有界限含水量、颗粒分析、相对密度、CBR值、表观密度、含泥量、松方容重等。②室外：主要测定填砂路基压实情况。采用沉降差法检测，根据不同层厚及与之相接的下一层压实情况，来确定压实遍数。由现场检测组按照中桩放样，平均20m测一横断面，测定相邻两次振压的标高差,同时按压实遍数来测试沉降差。

3 材料与设备

3.1 主要材料

主要材料见表1。

工程用主要材料表 表1

序 号	材料名称	规 格	备 注
1	粉细砂	细度模数小于1	
2	土	砂质黏性土	

3.2 机械设备配备

机械设备配备见表2。

机械设备配备表 表2

序 号	机械名称	规格/型号	备 注
1	挖掘机	卡特320	现场砂芯填筑
2	装载机	柳工	现场砂芯填筑
3	推土机	SD16	现场砂芯填筑、土垫层施工
4	平地机	PY180G	土垫层施工
5	洒水车	—	便道洒水
6	冲击式压路机	25KJ	对砂芯进行碾压
7	振动式压路机	22t	对土垫层进行初压

4 结语

通过填砂路基施工总结,施工过程控制是保证填砂路基施工质量和进度的关键。在海南这种多风多雨地区,利用粉细砂进行路基施工,可以有效地避免因天气原因导致土方施工工期的延误,在实际施工中,应做好临时排水以及包边土边坡的保护工作,尽量避免雨水冲刷。经过在海南铺前跨海大桥连接线工程采用粉细砂进行路基施工,经过检测质量稳定可靠,通过质量检验并得到了认可,取得了明显的社会效益和经济效益。

26.箱梁钢筋分节段预制拼装施工技术研究

李远明[1]　吴　波[1]　王锦攀[2]　赵朝阳[1]　王国环[1]

(1.中交第一公路工程局有限公司;2.海南省交通工程建设局)

摘　要:本文结合海南铺前跨海大桥现浇箱梁移动模架施工,介绍了箱梁钢筋分节段预制拼装施工工艺及关键技术,根据项目实际施工情况采用新的箱梁底腹板钢筋拼装技术解决了工期紧、钢筋绑扎质量难以保证的难题。在实际施工中通过对施工工艺及施工技术的不断实践与创新,分节段预制拼接技术从流水作业变成平行作业,减少等待引起的窝工现象,缩短了工期,节省了成本,提高了钢筋安装质量,取得了良好的社会经济效益,对类似的工程具有较高的参考价值。

关键词:钢筋分节段预制;胎架;吊具;变跨龙门吊

1　引言

随着现代桥梁建设机械化程度的提升和节能减排的要求,在滩涂、峡谷、城市高架桥、跨江、跨海大桥等场地进行现浇连续梁或简支梁混凝土施工时,为了加快施工进度,确保工程质量,在经济上节省成本,降低造价,需要合理考虑箱梁施工方案。

海南铺前跨海大桥海口侧引桥位于塔市侧海湾,上部结构为50m等跨预应力混凝土连续箱梁,共72跨,在移动模架现浇箱梁施工中,钢筋骨架的绑扎在现浇箱梁生产作业中工作量最大、最烦琐、耗时最长,属于现浇箱梁的最关键环节。所以如何提升现浇箱梁钢筋绑扎质量和进度是一个值得深入研究的课题。

中交一公局厦门工程有限公司展开科技研究,采用了“箱梁钢筋分节段预制拼装方法”。由于在钢筋绑扎质量和生产进度方面成果显著,有明显的社会效益和经济效益。

2　工程概况

海南铺前跨海大桥第1标段海口侧引桥段位于铺前湾—东寨湾,起点桩号K11+710.00,终点桩号K13+515.00,海口侧引桥长1800m,共设8联36跨,双幅共72跨,均为50m连续箱梁。箱梁宽15.75m,高2.8m,首跨最大施工长度(50+9)m。箱梁普通钢筋重约8700t,施工混凝土重1900t,见表1。

桥跨布置一览表　　表1

位　　置	起讫点桩号	工程长度(m)	桥跨布置	结构形式	上部施工方案
海南铺前跨海大桥1标海口侧引桥	K11+710~K13+515	1800	50m×36	预应力混凝土连续箱梁+花瓶型实心墩+承台	移动模架施工

海口侧引桥桥跨布置:5×50m(第一联)+5×50m(第二联)+5×50m(第三联)+5×50m(第四联)+4×50m(第五联)+4×50m(第六联)+4×50m(第七联)+4×50m(第八联)=1800m,共8联等宽现浇连续箱梁,为左右两幅,共计72跨。箱梁采用C50海工混凝土,总方量约43200m^3。

3　研究的目的与意义

通过本项目的研究,将进一步完善现浇箱梁钢筋绑扎施工工艺,其研究成果可直接运用于海南铺前跨海大桥箱梁钢筋绑扎施工,为其安全优质建成提供技术保障。本工程采用箱梁钢筋分节段预制拼装施工工艺,相比钢筋在内模上绑扎的传统施工工艺不仅降低了施工成本,而且在缩短工期方面效果明显,技术先进,有明显的社会效益和经济效益。

4　技术研究

4.1　技术特点

"箱梁"钢筋分节段拼装技术是箱梁底腹板钢筋通过专用胎模,在移动模架过孔之前,先在已浇筑好的梁面上对箱梁底腹板钢筋进行分节段预制拼装,每节拼装长度为12m,然后通过双轨龙门吊将预制好的底腹板钢筋分节段吊装入模,再在模板内进行绑扎连接。内模也是在移动模架过孔前,通过专用胎模拼装成型,每节长度为4~6m不等,在底腹板钢筋绑扎完成后,通过双轨龙门吊装入模。可以节省施工时间,提高安装质量。

4.2　适用范围

适用于大跨径等跨连续梁或简支梁现浇混凝土桥梁的施工。

4.3　工艺原理

箱梁钢筋在钢筋加工厂集中加工,运至现场进行安装。底腹板钢筋骨架及预应力管道通过制作定位胎模分节段绑扎成型,胎模设置在已浇筑好的梁段上,然后通过龙门吊进行分节吊装入模。加工安装简单方便,节约了成本,提高了钢筋绑扎精度,确保了钢筋安装质量。在箱梁浇筑后等待张拉和模架行走期间进行下一跨梁段钢筋绑扎,从流水作业变成平行作业,减少了传统工艺在混凝土浇筑后至张拉和模架过孔期间工人大量闲置而出现的窝工现象,达到了加快施工进度的目的。

4.4　施工工艺流程及操作要点

4.4.1　施工工艺流程

施工工艺流程见图1。

4.4.2　操作要点

(1)钢筋绑扎胎具

底腹板钢筋绑扎胎具(如图2、图3)采用型钢制作,胎具根据底腹板钢筋间距在角钢上相应位置处设置刻槽(宽度比设计钢筋直径大5mm,深度为钢筋直径的1/2)。由于底板底层筋(⑩钢筋)和腹板钢筋(⑫钢筋)间距均为10cm的ϕ20螺纹钢,所以刻槽宽度均为25mm,深度为10mm,刻槽间距为10cm。胎架底面宽度与底板钢筋骨架宽度相同,为7.25m,侧面坡度与腹板坡度一致,为1:0.33。两侧面分别设置工作平台,工作平台宽0.5m,由5根间距为12.5cm的ϕ20螺纹钢制作而成,平台护栏高度为80cm,采用2根间距为40cm的ϕ16螺纹钢制作而成,使施工更加安全方便。左右幅各一套胎具,每套胎具共6节,每节长度9m。此种工艺方法给施工带来了极大的方便,确保钢筋骨架现场绑扎安装间距误差可控,且大大减少了钢筋在底模上绑扎占用的时间。

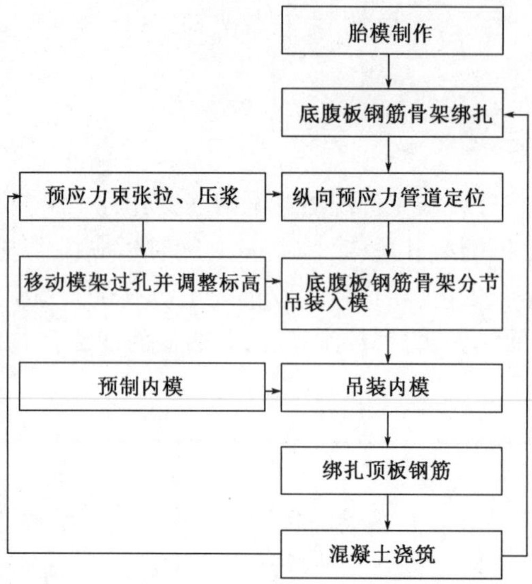

图1 施工工艺流程图

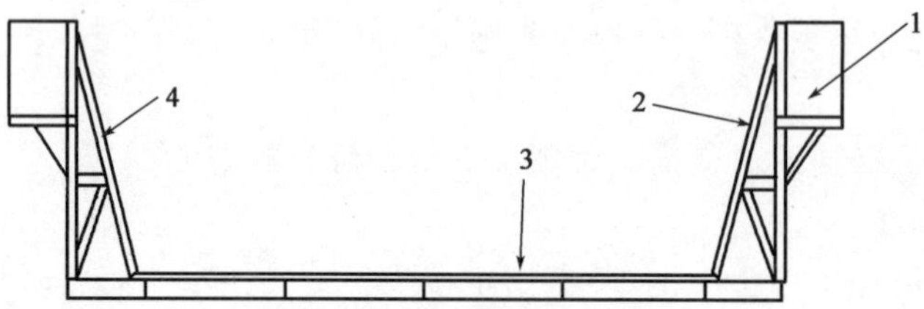

图2 底腹板钢筋绑扎胎具图

1-施工平台;2-腹板钢筋刻槽定位;3-底板钢筋刻槽定位;4-腹板坡度1:0.33

(2)箱梁底腹板钢筋分节段预制

箱梁底腹板钢筋分节段预制,每节12m,悬臂端预制钢筋骨架长度为6m,底腹板钢筋在自制的胎具刻槽位置安装绑扎,利用吊具分节吊装入模后再用相同型号钢筋进行搭接,连成整体骨架。相比传统的钢筋绑扎施工方法,钢筋骨架线性、钢筋间距得到了很好的改善,预制场地易于检查纠偏,保证工程质量和施工进度,见图3、图4。

(3)底板钢筋安装

检查钢筋焊接质量,如出现质量问题及时进行整改;底板刻槽解决钢筋安装绑扎位置误差控制2.5mm以内;钢筋的交叉点采用直径1.5mm的铁丝扎牢,方式为绕丝方向为8字形交错扎结;绑扎的交错点宜占全部交叉点的40%以上,扎丝统一内扎且扎丝丝头不得伸入保护层内;底板与腹板钢筋连接采用单面焊,焊接长度不小于10d(d=20mm)。

(4)腹板钢筋安装

腹板钢筋骨架在钢筋场集中加工，现场检查骨架尺寸和变形情况，不满足的返回钢筋加工场进行调整；腹板钢筋与底板钢筋连接在胎架上焊接，空间大，能够保证焊接质量，同时减少焊渣清理工作，提高箱梁的外观质量。

图3　底腹板钢筋绑扎胎具实体图

图4　安装底腹板钢筋

(5)保护层

底腹板钢筋安装绑扎完成后进行分节检查，合格后进行保护层垫块安装。按桥涵施工技术规范规定垫块布置数量应不少于3个/m^2，考虑底板垫块承受钢筋骨架重量需要，底板的保护垫块采用个4个/m^2。垫块绑扎扎丝丝头不等伸入保护层内，否则容易形成腐蚀通道而影响结构耐久性。

(6)预应力束管道安装

底腹板钢筋骨架稳固后进行预应力束管道安装。安装时波纹管U形定位筋每50cm加一道。确保预应力管道位置正确，端点、起弯点、弯止点、1/2截面准确定位，确保偏差在1cm以内，见图5、图6。

图5　检查波纹管间距

图6　检查U形定位筋间距及钢筋间距

(7)采用型钢吊具分节段吊装钢筋

钢筋吊具采用型钢做成两层桁架结构，弥补组合梁吊具自身刚度小、易变形的缺陷。单套吊具重2.5t，顶层上弦杆为100×48×5.3槽钢，底层下弦杆采用H14型钢，宽度分别为6m和9m，桁架结构吊具杆件主要起到拉力和剪切力作用，可以充分发挥材料的强度，节约材料,减轻自重,增加刚度。

单节钢筋骨架最大重量约为14t,为了安全高效地吊运钢筋,减小挠度,减小骨架变形,确保起吊平衡,吊具上设置2组加强桁架,每组桁架上设置2个吊点(共4个),作为龙门吊吊装吊点,每个吊点设计荷载不小于5t;作为钢筋骨架吊装吊点,共设置15个,分3排,每排5个吊点,每个吊点设置2t葫芦,吊点位置的钢筋骨架采用电焊焊接牢固,见图7~图10。

图7 吊具下吊点设置15个吊点

图8 吊具吊点位置

1-吊具上设置吊点;2-吊具下设置吊点

图9 通过吊具吊运钢筋

图10 钢筋分节段吊运至移动模架模板上

由于海南铺前跨海大桥工程属于强腐蚀地带,所以吊具在使用之前要经过严格检查每处接头和焊缝是否对接牢固,是否出现脱焊现象,如发现不牢固之处,要及时加焊补牢,否则不得使用,同时吊具要采取相应的防腐措施,比如刷漆防腐。

4.4.3 质量安全控制及注意事项

(1)质量控制

①钢筋加工应充分考虑钢筋外径、弯曲半径等影响,确保相对位置关系准确。

②钢筋与预应力筋发生冲突时,应确保预应力筋定位准确,适当调整普通钢筋位置。锚下钢筋、螺旋钢筋必须按图纸设置,确保张拉质量。

③波纹管定位钢筋由箱梁施工队伍现场加工。

④端横梁钢筋中有 P 锚固定端,应预先调整箍筋位置,为安装 P 锚预留空间,固定 P 锚后,再将箍筋按图纸安装。

⑤当必须割断钢筋时,遵循先箍筋后主筋的原则,割断钢筋必须修复。

(2)安全措施

①严格执行施焊作业的安全技术操作规程。焊机必须有接地保护,对于焊接导线的焊钳、接导线处,都应有可靠地绝缘,以保护操作人员安全。

②大量焊接时,焊接变压器不得超负荷工作,变压器升温不得超过 60℃。

③对焊机闪光区域内,须设铁皮隔挡,焊接时禁止其他人员停留在闪光区域内。焊机工作范围内,严禁堆放易燃物品,以免引起火灾。

④绑扎钢筋和安装钢筋时须注意,不要将钢筋堆放在模板或脚手架的某一部位,以保证安全。在脚手架上不要随便放置工具、箍筋或短钢筋,避免放置不稳,滑下伤人。高处绑扎钢筋时不许站在模板或墙上操作,应搭设脚手架。夜间施工需要有足够的照明。

⑤作业时必须每日掌握气象预报信息,禁止大风、雷雨、大雾等恶劣天气施工作业。并严格控制设备推进时的风速不大于 12m/s;如风速达到 38m/s 时,必须采取安全措施进行加固。

⑥钢筋吊装作业时,必须有统一的指挥、统一的信号,吊物底下严禁站人。

5 技术总结

通过对箱梁钢筋绑扎施工技术进行了方案比选,并确定了在胎架上分节段预制钢筋这种比较新颖、先进、经济、合理的施工方案。见表 2。

箱梁钢筋绑扎方案比较 表 2

序号	项目	方 案 一	方 案 二
1	工艺比较	此方案为常规做法,施工工艺简单,但是钢筋间距、保护层厚度、钢筋骨架整体顺直度等质量不能得到精确控制,无法保证钢筋安装质量	此方案通过制作箱梁钢筋骨架绑扎定位胎架,相比传统的钢筋绑扎施工方法,提高了钢筋安装精度,在钢筋胎架上设置好间距控制刻槽,每根钢筋根据刻槽的位置安装,钢筋骨架线性、钢筋间距得到了很好的改善,在预制场地也易于检查纠偏,确保钢筋安装质量
2	工期比较	此方案必须在箱梁浇筑后等待张拉和模架行走、合模、调模后才能进行钢筋绑扎,这种流水作业,常常会引起窝工而带来不必要的经济损失。本项目工期紧张,此施工方案将无法满足项目部的要求。	采用胎具定位,整体对底腹板钢筋骨架进行分节绑扎,在箱梁浇筑后等待张拉和模架行走、合模、调模期间进行钢筋绑扎,从流水作业变成平行作业,减少等待引起的窝工现象,达到加快施工进度的目的。 钢筋分节段拼装施工工艺能使每孔平均节约工期约 2 天,共 72 孔,按照单幅 36 孔算累计可节约工期 2.4 个月

(1)方案一:直接在移动模架底模板上进行钢筋安装和绑扎,见图 11。

(2)方案二:在预制好的钢筋胎架上进行分节段钢筋预制,见图 12。

综上所述,通过质量控制、施工进度等因素分析,我单位认为海南铺前跨海大桥项目箱梁底腹板钢筋安装绑扎宜适合采用“分节段预制拼装”的施工工艺进行施工。

图 11 在移动模架底膜上绑扎钢筋图

图 12 在钢筋胎架上绑扎钢筋图

6 效益分析

6.1 经济效益

(1)钢筋分节段拼装施工工艺能使每孔平均节约工期约 2 天,共 72 孔,按照单幅 36 孔算累计可节约工期 2.4 个月。见表 3。

工期效益 表 3

工程量	单孔节约时间	总共节约时间	备注
单幅 36 跨	2 天	36×2=72 天	

(2)此施工工艺的使用能为项目节约大量的管理费和设备费,管理费可节省约12 万元,设备租赁费可节省约 286 万,人工费用可减少 186 万元,共节省约 484 万元。见表 4。

费用效益 表 4

费用形式	节约成本说明	小计	合计
机械租赁费 4 台(25t 汽车吊)	台数×(汽车吊租赁费+燃油费)×工期 1-(龙门吊费用+耗电费用)×工期 2	(3 万元/月×24 月+1 万×24 月)×4-20 万元/台×4 台-15 千瓦·时×5 小时/天×660 天×0.88 元/度×4 台≈286 万元	484 万元
管理费	其他直接费+现场经费+间接费	25 人×15 元/天×24 个月×30 天/月-15 人×15 元/天×22 个月×30 天/月≈12 万元	
人工费	可少用钢筋安装工人 10 名,每名工人人工费 230 元/天	25 人×230 元/天×24×月×30 天-15 人×230 元/天×22 月×30 天≈186 万元	

6.2 社会效益

(1)通过制作箱梁钢筋骨架绑扎定位胎架,采用胎具定位,整体对底腹板钢筋骨架进行分节绑扎,在箱梁浇筑后等待张拉和模架行走、合模、调模期间进行钢筋绑扎,从流水作业变成平行作业,减少等待引起的窝工现象,达到加快施工进度的目的。

(2)相比传统的钢筋绑扎施工方法,提高了钢筋安装精度,在钢筋胎架上设置好间距控制刻槽,每根钢筋根据刻槽的位置安装,钢筋骨架线性、钢筋间距得到了很好的改善,在预制场地也易于检查纠偏,确保钢筋安装质量。

(3)为其他类似工程的实施提供了经验,赢得了建设、监理单位的好评,提升了企业形象,取得了良好的社会效益。

7 应用实例

7.1 临岳高速洞庭湖大桥项目应用情况

湖南省临湘界至岳阳高速公路(简称"大岳高速")是杭州至瑞丽国家高速公路在湖南省的重要部分,其中第14标是洞庭湖大桥的引桥部分,位于岳阳市君山区。桥梁上部结构为44孔跨径55m的预应力混凝土连续项梁,主梁采用单箱单室斜腹板断面形式,箱梁宽16.3m,高3.3m,首跨最大施工长度55+8m,施工混凝土重2150t,桥梁下部结构为实心花瓶墩,高度7.04~14.63m。

本项目采用箱梁钢筋分节段预制拼装施工工艺,不但提高了钢筋安装质量,并且提高施工效率,平均每孔可节约工期0.5~1天,累计节约工期1个月。

7.2 长平CPA3项目松下跨海特大桥应用情况及说明

长平CPA3项目松下跨海特大桥位处福建省福州长乐市沿海,该区域为全国三大强风区之一,全年平均风速8.42m/秒,全年大于8级大风107天,7~9月多台风,10月至次年元月沿海多大风。松下跨海特大桥上部结构为双幅、单箱单室斜腹板预应力混凝土箱梁,曲线半径为1350m,标准跨度为58m。

本项目采用箱梁钢筋分节段预制拼装施工工艺,施工工效得到大幅提升,降低了施工成本。对移动模架施工的工程具有借鉴价值,也得到了业主和监理的一致好评。

7.3 海南铺前跨海大桥项目应用情况及说明

海南铺前跨海大桥海口侧引桥起点桩号K11+710.00,终点桩号K13+515.00,海口侧引桥共设8联36跨1800m,双幅共72跨,均为50m连续箱梁。箱梁宽15.75m,高2.8m,首跨最大施工长度50+9m,施工混凝土重1900t。本项目工期紧、要求严。采用"钢筋分节段预制拼装工艺",减少了窝工现象,提高了施工效率,确保了钢筋安装质量。

海南铺前跨海大桥海口侧引桥左右幅共72跨。根据业主的要求,我部于2018年8月要完成主体工程,工期十分紧张,要按期完成进度目标,必须保证每月两跨的施工进度,而采用"钢筋分节段预制拼装工艺"能保证我部有条不紊地如期完成进度目标。

参考文献

[1] 贾允波.移动模架在现浇箱梁施工中的应用技术研究[D].济南:山东大学,2008.

[2] 薛明.如何控制钢筋预制工程质量[J].黑龙江科技信息,2012(2):273.

27. 箱梁底侧模不锈钢复合钢板提高混凝土质量分析

吴 波[1] 刘 鑫[1] 赵朝阳[1] 张德文[2] 王国环[1]

(1. 中交第一公路工程局有限公司;2. 海南省交通工程建设局)

摘 要:海上环境施工,普通钢模板极易锈蚀,除锈工作耗时费工清理完一定时间后又易锈蚀,在浇筑前保证不了模板面的整洁干净,严重影响到了混凝土面的外观质量。本文介绍了不锈钢复合模板在海南铺前跨海大桥海口侧引桥施工中的应用。

关键词:现浇连续箱梁;移动模架施工;不锈钢模板应用

1 引言

时代在进步,当下对工程质量提出了更严格的要求。对于混凝土的要求已不仅仅是"内实",同时要求"外光",即混凝土的强度以及外观质量光洁度、色泽均一性、表面平整度同时达到要求。外观质量不仅仅局限于以前的是否漏振、是否有蜂窝麻面等标准,而是偏重于外观是否光滑,颜色是否均匀,气泡是否较少等标准。而箱梁施工处于海边,空气湿度大,模板极易锈蚀,同时空气中粉尘含量大,模板在刷完脱模剂(液压油)后表面极易黏灰,极大影响了箱梁外观质量。

2 工程概括

海南铺前跨海大桥海口侧引桥上部结构为每跨50m 现浇连续箱梁,左右幅共计72跨,采用两套移动模架施工。由于为海上环境施工,普通钢模板极易锈蚀,除锈工作增加了每跨的施工时间;同时在箱梁内模安装完成后,混凝土浇筑前,普通钢模板又已出现了新的锈蚀,混凝土的外观质量得不到保证。考虑到移动模架外模板是整体过孔,外模在周转过程中不需要拆除重装,周转时模板不受影响,所以综上考虑施工采用了5.5mm 的普通钢板和0.5mm 的复合不锈钢板通过热轧工艺,组合成一块高强模板,如图1 所示。

图1　不锈钢复合模板整体图

3　不锈钢复合模板概述

3.1　复合模板性质

碳素钢或合金钢为基层，不锈钢为复层，实现了两种材料高强度冶金结合，由基层来保证材料的强度，由复层来保证材料的耐腐蚀性、清洁性、耐磨性、美观性、长寿命等特点。不锈钢板焊接好后，使用前应对焊接点的牢固性做全面的检查，可采用小锤敲击的方式，检查两层模板是否完全密贴，焊点是否有脱落。有脱落的部位进行补焊，检查合格方可正式投入使用。使用期间也应加强检查，以防夹层进浆造成不锈钢板鼓起，影响箱梁的外观质量，同时使箱梁的保护层变薄，影响箱梁截面尺寸。因此使用新型模板的关键在于不锈钢板与普通钢板的粘贴工艺。

3.2　模板应用数量说明

本项目采用的是5.5mm普通钢板加上0.5mm复合钢板通过热轧工艺组合而成的新型复合钢模板，底板是由32块复合模板拼装而成，侧板也是由32块模板拼装而成，总共由64块模板组装成箱梁的底侧板，如图2所示。

图2　模板现场拼装

4 普通钢板与复合钢板使用效果

4.1 模板使用特点

普通钢板在使用后,是用打磨机去除模板表面浮锈及浮浆后涂脱模剂,这是目前使用最广泛的施工工艺。由于在施工中,模板往往进场较早,或者施工不连续,中间间隔时间长,在使用前会出现不同程度的锈蚀,而打磨机仅仅只能去除模板表面的浮锈,同时,由于普通钢板容易锈蚀,对于施工周期长(从立模到浇筑混凝土)或者施工中出现耽误的混凝土构件,模板往往在浇筑混凝土前又出现锈蚀,那时候钢筋模板已经安装好了,锈迹地方根本没办法处理,浇注后极大地影响了混凝土的外观质量。不锈钢板使用过后,表面会发暗,并且局部会黏有水泥浆。同时因混凝土黏结力,不锈钢板局部会有翘起的现象。因此不锈钢板表面同样要进行清理和维护。模板每次脱模后不锈钢板表面不能采用刮刀等硬质工具清理,要用棉纱或布擦净表面,如多次使用后表面黏结少量混凝土浆,可用打磨机处理表面,用拖把擦去混凝土浆并用清水冲洗表面。如少量表面粗糙可用粒度较细的百叶轮抛光,处理完后,施工过程中模板面不会再次产生锈痕。能保证模板清洁,不影响混凝土外观。如图3所示。

4.2 应用复合模板效能分析

4.2.1 混凝土表面效果分析

通过对原材料、模板和混凝土施工工艺的控制,特别是在普通钢模板上贴上不锈钢板,改善了箱梁模板面板的表层状态,混凝土面颜色一致、没有特别明显的色差问题,触摸混凝土面时感觉混凝土面细腻、有光泽,尽显混凝土"本色",使浇筑的箱梁外观达到了非常理想的状态,混凝土外观平整光滑呈镜面,如图4所示。

图3.复合模板处理后的效果图

图4 底板混凝土面镜面效果图

4.2.2 混凝土面平整紧密无麻面现象

不锈钢板表面的光洁度高,拼缝严密,表面致密。复合模板刚度大可显著提高混凝土表面密实度,减少蜂窝麻面及泌水现象,混凝土拼缝处紧密严实无明显错台,能显著提高混凝土的耐久性,增加混凝土的使用寿命。如图5所示。

4.2.3 经济及社会效益分析

模板表面不需要涂脱模剂,可节省大笔脱模剂费用,达64800元;维护保养简单,脱模后简单修饰保养后即可进行下阶段施工,节省大量人工费达216工日,工期节省72天,加快了施工进度。当施工跨数多、模板周转次数高时,不锈钢模板的成本低于普通模板的成本。不用化工材料涂模,减少对水体和空气的污染,只需要高压水枪稍微冲洗,模板就可以继续使用。

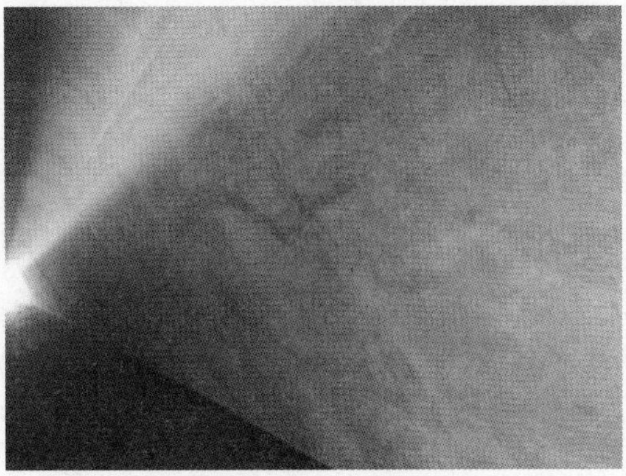

图5　混凝土面密实无麻面效果图

5　结语

本项目在普通钢模板表面加贴一层不锈钢板能保证混凝土的外观质量,不仅可以省去除锈工作,也可加快施工速度,节省劳动力,尤其对于腐蚀严重的海洋环境施工更能体现其优越性,提高了施工速度,减小了成本投入,有明显的社会效益和经济效益,可供类似工程参考。

参考文献

[1] 高纪宏. 适于移动模架工法大跨径连续箱梁高性能混凝土研究[D]. 武汉理工大学,2008.

[2] 吴墀忠,徐晓勇. 不锈钢模板在杭州湾大桥北引桥施工中的应用[J]. 建材与装饰:中旬,2008(6):237-237.

28. 近海地区挤密碎石桩软基处理技术

侯建新　赵化韬　赵朝阳　王　凯
（中交第一公路工程局有限公司）

摘　要：挤密碎石桩加固是软土地基处理中的一种有效处理方法，在公路、市政等工程中广泛采用。本文结合铺前跨海大桥近海地区软基采用挤密碎石桩处理工程，介绍挤密碎石桩的施工工艺及质量控制措施。

关键词：挤密碎石桩；软基处理；加固原理；施工工艺

1　工程背景

1.1　工程概况

海南铺前跨海大桥工程第1合同段路基起讫点桩号K13+510—K14+597.022，路基长度1087.022m。公路等级为一级公路，设计速度80km/h，路基横断面均为整体式，宽度32.0m，双向六车道。填方高度为1.22~6.65m。

1.2　主要技术参数（表1）

地层分布及岩土设计参数表　　表1

层号	岩土名称	揭露层厚(m)	地基承载力基本容许值[fa0](kPa)	钻孔桩桩侧土摩阻力标准值 Q_{ik}(kPa)
①-1	粉细砂	1.90~14.00	90	30
①-2	淤泥质黏土	1.10~15.70	80	25
②-1	黏土(含砾)	0.90~6.00	220	70

在地震烈度9度时，①-1粉细砂层将严重液化，地基承载力丧失。为可液化砂土地基。①-2淤泥质黏土层为流塑状，上部加载易产生过量变形，为软弱土地基。

路基范围内存在可液化砂土和软弱地基土两种不良地基。兼顾两种不良地基，设计采用挤密碎石桩处理不良地基。

1.3　工程数量

本标段路基范围内碎石桩直径0.4m，间距分为1.1m和1.2m两类，设计桩长9~23m，碎石桩顶铺设一层土工格栅，再铺设60cm碎石垫层。碎石桩总长度715851m，碎石方量88911m^3，碎石垫层42336m^3，土工格栅72997m^2。设计布置如图1~图4。

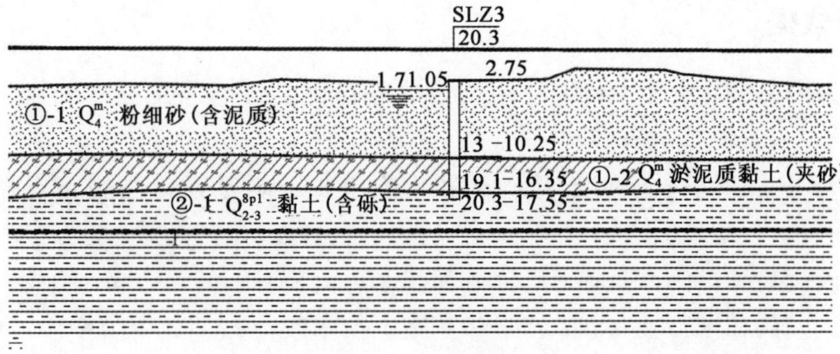

图1 地层分布图

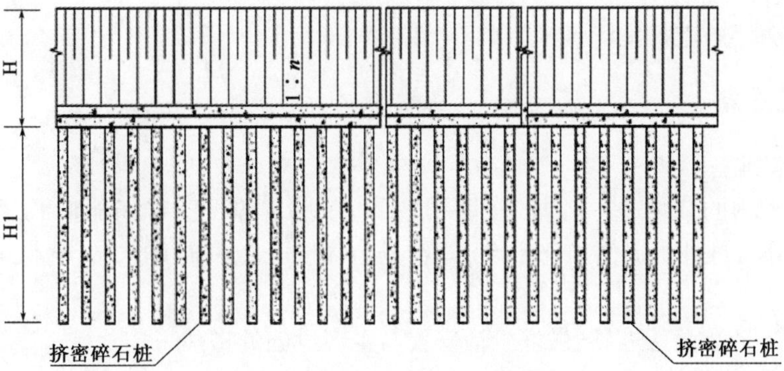

图2 碎石桩布置(立面图)

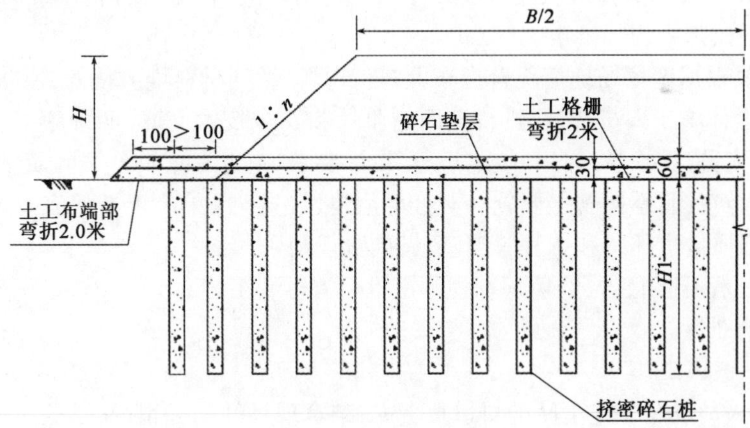

图3 碎石桩布置(横断面图)

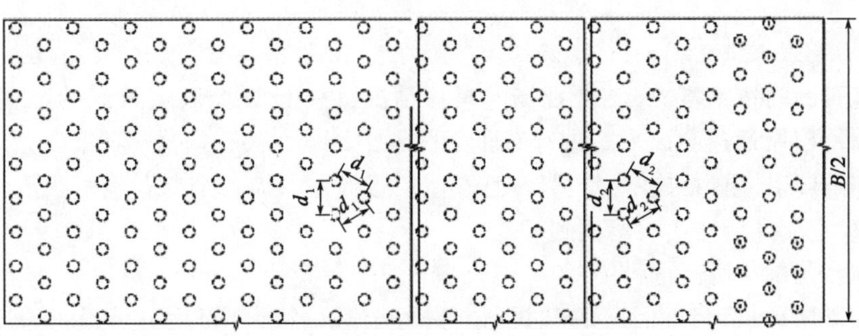

图4 碎石桩布置(平面图)

2 编制依据

(1)中华人民共和国行业标准《公路软土地基路堤设计与施工技术细则》(JTG/T D31-02—2013)

(2)中华人民共和国行业标准《港口工程碎石桩复合地基设计与施工规程》(JTJ 246—2004)

(3)中华人民共和国国家标准《复合地基技术规范》(GB/T 50783—2012)

(4)中华人民共和国行业标准《公路路基施工技术规范》(JTG F10—2006)

(5)设计图纸

(6)招标技术规范

(7)高速公路施工标准化技术指南

3 施工准备

3.1 施工准备

(1)对场地内的杂物进行清理,清理完成后通过填筑碎石土将场地整平,用振动压路机进行预压,为碎石打桩机提供工作平台,并在场地周围开挖临时排水沟,确保地面水能够排到路基外。

(2)施工人员及设备进场,做好生活安置与生产设施的搭建工作。

(3)组装施工机械设备,并试运行正常,保证设备性能的完好。

(4)项目技术人员认真组织技术性文件和资料的审阅,根据设计范围、间距布置绘出桩位布置图,并报监理工程师批准。

(5)施工员根据现场场地情况合理布置施工现场,做到材料堆放整齐,道路畅通。

(6)召开全体施工人员会议,进行全面的质量和安全技术交底,明确施工、技术、质量检验等各类负责人员,组织学习各项技术规范、设计要求、施工工艺及公司的质量体系文件等,使职工明确设计意图,掌握施工要领。充分尊重建设(监理)单位工地代表及设计人员的意见和建议,增强质量责任感和工程紧迫感,做到责任到人。

(7)填写工程开工报告,经监理工程师审批后方可开工。

3.2 技术准备

3.2.1 熟悉图纸

召集相关人员以及各施工队的对口负责人,结合现场的实际情况,从施工、质量、技术等角度,熟悉图纸,对图纸中不清楚、与现场有较大出入、不容易施工等问题,以《问题清单》形式列出。

3.2.2 专业队伍交底

根据施工图的技术难点,结合现场的具体情况,以《设计交底会议纪要》《施工技术方案》为指导性文件,通过会议形式进行书面交底。

项目部的施工、质量、技术、资料等专业人员,督促并参加各个专业施工队伍施工前的工人交底会议,把交底切切实实落实到实处。

3.3 施工机械设备、材料

碎石计划用量88911m^3,必须按时到位,并经监理抽检,合格后方可投入施工中。计划内的机械,必须分批、按时到位,且做好机械设备的报验、检查、验收等工作程序。

3.4 测量准备

对经监理审核后的碎石桩布置图平面位置和高程进行计算复核,确保桩位放样准确(桩间距误差控制在50mm以内)。并用石灰点出桩位的具体位置,做好桩位高程记录。

4 施工机械、人员配置

施工过程中机械配置如表2。

施工机械设备表 表2

序　号	设备名称	规格型号	数　量	备　注
1	振动式打桩机	DZ75kW	6	
2	装载机	ZL-30	6	
3	压路机	XCNG 20T	3	
4	发电机	50kW	6	
5	挖掘机	CAT 320	3	

碎石桩分3个作业面同时施工,由3台挖掘机负责清表。每个作业面采用2台振动式打桩机(与上表一致),每台打桩机配1台装载机和1台发电机。

施工作业时,每台打桩机配7名工人,每个作业面配2名队伍管理人员、1名项目部现场技术管理人员。三个作业面配1名主管技术人员,1名专职安全员,1位分管领导。总体人员配置如表3。

作业面施工人员表 表3

序　号	设备名称	数　量	序　号	设备名称	数　量
1	现场施工工人	42	4	现场专职安全员	1
2	队伍管理人员	6	5	主管技术人员	1
3	现场技术人员	3	6	项目分管领导	1

5 施工工艺

5.1 施工工艺

5.1.1 试桩

考虑到地质情况的复杂性,在开工前进行工艺性试桩,从而确定成桩过程中的相应控制参数。选代表性地层做10根试桩,开工前在监理人批准的地点按图纸和规范设置试验桩,试验桩设置完毕7d(粉土)后,用重型动力触探仪进行复合地基的检测,以检验施工设备和方法是否符合规范及图纸的要求。

具体试桩流程如下:

(1)原材料进场检测。所有原材料进场经试验室检验合格后方可投入使用。

(2)机械设备调试。所有机械设备均应进行调试正常方可投入施工。

(3)料斗标定。经试验室对上料装载机斗进行标定,得到每斗方量及重量数据,取3组数据平均值作为控制数据。

(4)沉管。开启钻机进行沉管,沉管过程中严格控制垂直度及沉管深度,垂直度偏大应及时调整,或上拔重新沉管,直至满足要求。

(5)灌料。沉管至设计深度后,按试桩确定的施工参数进行灌料、拨管、补料及反插,并记录沉管时间、各段填料量、提升和挤压时间。

(6)试桩结果由指挥部、设计代表、监理单位共同参与签认,形成试桩报告,以便指导施工。

5.1.2 施工工艺

挤密碎石桩施工采用振动沉管成孔、孔口投料、振动拔管、空中补充加料和分层反插振捣成桩的工艺进行施工,桩头采用隐蔽式平底活瓣桩尖。具体操作步骤简述如下:

(1)施工准备:平整场地、测放桩位、编制施工组织设计及试桩等。

(2)振动成孔:桩机就位后,复核桩位及沉管垂直度,待满足要求后启动振动锤振动成孔。沉管过程中应检查孔径、深度及垂直度等施工参数。

(3)振压碎石成桩:沉管至设计深度后,按试桩确定的施工参数灌料、拨管、补料及反插,并记录沉管时间、各段填料量、提升和挤压时间。

5.2 工艺流程

挤密碎石桩采用振冲法施工,具体工艺流程图如图5。

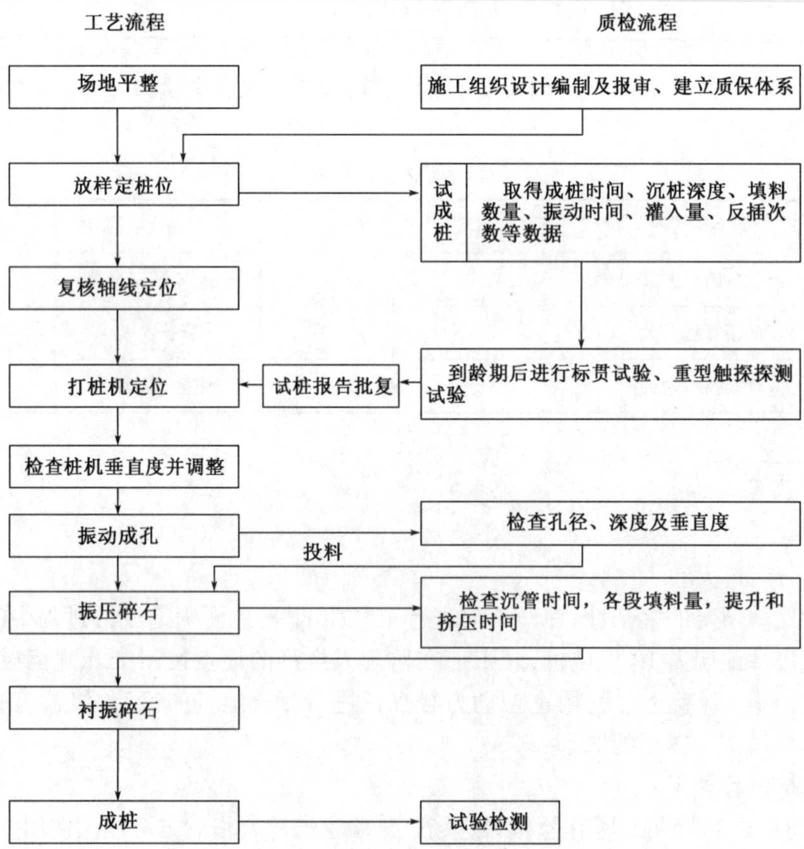

图5 挤密碎石桩施工流程图

5.3 工艺说明

(1)场地清理及平整:首先对场地内的杂物进行清理,清理完成后填筑碎石土将场地整平,用振动压路机进行预压,为碎石打桩机提供工作平台,并在场地周围开挖临时排水沟,确保地面水能够排到路基外。

(2)测量放样:根据图纸对碎石桩的桩位进行放样,放样的误差(主要指桩间距)控制在50mm以内,并用石灰点出桩位的具体位置;做好桩位的高程记录。

(3)振冲成孔:主要施工机械为DZ75kW型振动打桩机,振动锤4.8t,激振力40t;施工时,打桩机移动到桩位位置,桩尖对准桩位,检查桩管的垂直度,要求垂直度小于1.5%;启动打桩机,在桩管顶面持续加压,将桩管沉入持力层顶面,并持荷1~2min;从桩管顶部灌入碎石,在振动过程中逐步提升桩管,使管内的碎石振动密实,在提升过程中保持桩管的提升速度为1~2m/min,振密电流控制在15~30A,并留振10~20s;在桩管提升的过程中反复插打3次。

(4)碎石垫层:在碎石桩施工完成并检测合格后,先在桩顶铺设土工格栅,再铺设60cm的碎石垫层,碾压压实度达到要求后进行路基土石方的填筑。

5.4 施工顺序

(1)施工时严格按设计图纸和规范执行。

(2)打桩前要对碎石的质量进行检验,碎石不得选用风化易碎石料,粒径宜为19~63mm,含泥量不得大于5%。

(3)施工过程中,保证已进场的石料不受污染,确保桩体的自身质量。

(4)清表后测量放好边行、边列的轴线交点,经项目部测量工程师复核无误后,交监理部门复验,确保桩位测放准确。

(5)布设桩位时,桩间距及形式按设计文件设置,桩间距允许偏差为±15cm;测放好的桩位均应用竹签和白灰做出明显的标记。

(6)为方便观察和记录沉管深度、拔管高度及反插深度,应在桩管上做好长度标记。

(7)桩机就位后,沉管中心应对准桩位,对位误差不大于20mm;对位后应校正沉管和桩机挺杆垂直度,桩管垂直度小于1.5%,以保证成桩的垂直度。

(8)校正桩管长度,符合设计桩长。

(9)沉管时应先静压沉管至一定深度,确定沉管未发生偏移后,方可启动振动锤正常下沉。地面上管底部位铺垫一层碎石,以防泥土堵塞管口。

(10)边振动边下沉至设计深度,稍提升桩管使活瓣桩尖打开。

(11)达到设计底标高时停止振动,少许上提桩管,桩管下端的活瓣桩尖打开,桩管及桩尖外壁的真空破坏,这样可减少起拔摩阻力。

(12)灌料,直至灌满为止。为了使桩管内碎石密实,拔管前留振1min,以后边振动边拔管,拔管速度为1~2m/min,且每拔管1m留振15s。

(13)根据单桩设计碎石用量,确定第一次灌料的成桩长度,启动拔管,边振动边上拔,并进行多次反插,至管内碎石全部投出。

(14)提升桩管,同时向管内开启二次灌料,直至灌满。边振动边拔管。

(15)提升桩管高于地面时停止振动,若地面留有空穴,立即用小车补上石料,用桩管静压密实。

(16)提升和反插速度必须均匀;反插深度由深到浅,每根桩反插次数视情况而定。

(17)施工过程中应及时挖除桩管带出泥土,孔口泥土不得掉入孔口。

(18)施工过程中对“沉桩深度、制桩时间、每次碎石灌入量、反插次数”等应做详细记录。且每天上报监理审核。

(19)桩架移至另一个孔位,重复以上作业。

6 质量标准

6.1 质量管理目标

确保工程质量满足设计要求和规范规定。

6.2 质量控制

(1)石料必须为不易风化碎石,且粒经宜为19~63mm,以保证桩体自身密实度。

(2)必须按照施工方案要求的机械行走路线施工;保证加固后地基的均匀性。

(3)严格控制桩体的底标高和桩顶标高。

(4)严格计算每次灌料的体积,以准确计算出每根桩体的碎石灌注量;控制碎石灌注量不小于设计要求。

(5)当深度达到设计要求时,必须灌料;首次拔管之前,至少留振1min以上。

(6)桩间距允许偏差±15cm,桩身应保持连续和垂直。

(7)施工中应及时准确地记录“沉管时间、各段灌料量、提升和挤压时间及反插次数”。

(8)每打一根桩,应在图上做好标记,以免漏打。

6.3 质量管理措施

(1)加强领导,确保项目经理、技术负责人、各岗位负责人组成的质量指挥体系的有效运转。

(2)根据工程进展情况,结合现场实际需要,组织各专业人员认真学习有关技术文件;每周一次定期召开质量管理会议,总结经验,纠正不足之处。

(3)严格按照验收制度进行质量检查和验收,做好施工记录和验收记录。

(4)加强质量管理责任制,做到凡事有人负责、凡事有章可循、凡事有据可查、凡事有人监督。

(5)坚持特殊工种(桩机操作工)岗前培训,经考核不合格的坚决不准上岗操作,以确保工程施工质量满足规范要求。

(6)强化工程质量责任制。项目部要与各施工队签订质量责任合同书,合同条款明确质量目标,制定具体措施,双方责任到位,奖罚分明。凡完工交验的项目必须明确达到有关规范要求和设计要求。

7 成品保护

(1)施工时碎石不得与泥土等杂物混合造成污染等。

(2)碎石桩施工过程中和施工完后不得有重型车辆通过以免破坏桩头。

8 质量记录

质量记录试样见表4。

施 工 记 录 表 表4

海南铺前大桥工程建设项目碎石(砂)桩施工记录 SJ0404024

承包单位：中交第一公路工程局有限公司　　合同段：第1合同段

监理单位：广东虎门技术咨询有限公司　　编号：

单位工程	路基工程					桩号及部位								
施工日期	位置编号	设计				实际施工					充盈系数(%)	贯入时间(h)	电流(A)	施工描述
		桩长(m)	桩径(m)	桩距(m)	灌碎石(砂)量(kg)	桩长(m)	桩径(m)	桩距(m)	灌碎石(砂)量(kg)	竖直度(%)				

现场施工负责人：　　质检工程师：　　现场技术人员：　　监理：　　日期：

9 安全环保保证措施

9.1 安全保证措施

为了确保碎石桩施工安全生产，每个工作面至少有1名专职安全员进行安全监督检查，并做好以下安全技术措施：

(1)起重施工安全、起重臂下严禁站人，吊机安装振冲器时要对准桩位，有司索工指挥。

(2)进入施工现场要戴好安全帽(系安全带)，高处作业要求系安全带。

(3)施工人员要熟练掌握该工艺技术，并遵守相关的安全生产操作规程。

(4)现场施工用电严格执行“一机、一闸、一漏电机关”。

(5)施工人员每月至少进行一次安全学习或安全教育。

9.2 环保保证措施

(1)清理现场的废料和废方时，不得随意倾泻，以影响附近排灌系统及海域水利设施。应按规定在适当地点设置弃土场；力求少占土地。

(2)废方堆放点应统筹安排，堆放点尽量不要覆盖植被，尽可能选择荒地。

(3)及时对弃方进行压实，并在其表面进行植被覆盖，可以种植草皮，灌木或树木，既可防止水土流失，又能美化环境。

(4)在施工期间,应始终保持工地的良好排水状态,修建临时排水设施,并与永久性排水设施相连接,不得引起淤积和冲刷。

(5)施工废水、生活污水不得直接排入附近海域和水渠,不得污染饮用水源。

(6)施工期间,施工物料如水泥、油料、化学品等应严格堆放、管理,防止物料随雨水径流排入地表及附近海域,造成污染。

(7)施工机械应经常检查维修防止漏油,禁止将在机械运转中产生的油污水未经处理就直接排放,禁止将维修施工机械时油污水直接排放。

(8)为减少施工作业产生的灰尘,应随时进行洒水或其他控制扬尘措施,不得出现明显的扬尘。

(9)易于引起灰尘的细料或松散料的材料堆场应予遮盖或适当洒水润湿。运输时应用帆布、盖套或类似遮盖物覆盖。

(10)各种临时设施和场地,如堆料场、加工场等距居民区不宜小于300m,且应设于居民区主要风向的下风处。

(11)所有措施在整个工程实施过程中始终贯彻落实,对全体人员要进行广泛、深入、具体的环境教育和考核。

10 结语

挤密碎石桩施工在软基处理中提高复合地基承载力效果明显,其施工工艺便于掌握,施工设备投入相对较少,原材料易于取得,施工进度较快,相对其他软土地基处理方法成本较低。同时,根据其加固原理,挤密碎石桩在公路桥头减少跳车也能得到运用,尤其在砂性土、粉土等地层中消除其液化的效果明显。因此,采用挤密碎石桩处理软基是值得推广的一种施工方法。

参考文献

[1] 龚晓南.地基处理手册[M].北京:中国建筑工业出版社,2000.

[2] 靳建军.碎石桩在工程中的应用[J].山西建筑,2004,3 (3):24-25.

[3] 谢永强.振冲碎石桩在工程中的应用[J].广东土木与建筑,2006,3(3):45-46.

[4] 王晓光,张家柱.振冲碎石桩在软弱地基中的应用[J].中国农村水利水电,2006(6):81-84.

29. 海工混凝土现浇施工方法对耐久性的影响

李远明[1] 王锦龙[1] 张德文[2] 侯建新[1] 张 浩[1]
（1. 中文第一公路工程局有限公司；2. 海南省交通工程建设局）

摘 要：随着时代进步，我国的经济在快速发展的同时，国内的各项事业也在稳步推进，其中建筑事业在各项事业建设中发展迅速，同时也取得了重大成就。随着混凝土被广泛应用于工程建设当中，从业人员逐渐提高对其的重视程度，混凝土的耐久性成为工程建设的一个重要问题。而文章就围绕海洋工程中的混凝土耐久性问题展开研究，希望能够提出一些有效的施工策略。

关键词：海工混凝土；现浇施工；耐久性；影响

1 引言

混凝土作为主要的施工材料其耐久性问题困扰着相关人员，也极大地影响着海洋工程的质量。在这样的大环境下，提高混凝土耐久性就成为了一项重要的工作。

2 关于混凝土的概述

2.1 海工混凝土的含义及类型

我国的海洋发展战略带动了海洋环境下服役的重大基础工程建设高潮，对海洋环境服役抗腐蚀高性能混凝土材料的需求日趋增加。海洋环境中氯离子极强的穿透力和去钝化作用使钢筋钝化膜易遭到破坏，产生锈蚀，当保护层产生的拉应力超过混凝土的抗拉强度时，混凝土结构将开裂、起层、剥落甚至失效，严重影响混凝土在海洋环境下的服役寿命及结构安全。长期以来，许多学者都在探索改善混凝土性能的方法和途径。复合化是混凝土高性能化的主要途径，在混凝土中掺入适量的纤维能有效改善混凝土脆性破坏特征，减少混凝土收缩裂缝，提高混凝土抗开裂能力、抗冲击耐磨性以及抗渗、抗冻等性能。

2.2 关于混凝土的特点概述

首先，混凝土具有很高的抗压能力，比起其他材料能够承受更多的重量；其次，价格便宜是混凝土材料与其他材料相比最突出的特点，也正是由于这个原因它才被广泛应用于各项工程建设当中，与此同时其制作原料也很容易被寻找，不会存在资源紧张的问题，可以被一直使用；另外混凝土的制作过程也十分简单，在一定程度上可以减少工程造价；最后，混凝土材料的使用耐久性相对较高，这样就会使得工程的使用寿命更长，有利于减少维护费用，提升建筑工程的稳定性和质量水平。因此当前混凝土被广泛应用于建筑施工中。

2.3 关于混凝土的特性概述

首先,混凝土具有和易性,它能够进行流动,并且可以发挥粘结的作用,同时还会锁水;其次,混凝土材料具有腐蚀性,这也是它不稳定的重要因素之一,虽然具备耐用性,但是经过搅拌与调试之后就成为一种比较均匀且多孔的材料,可能会被外界的因素所影响,逐渐增加其腐蚀程度;再次,混凝土还具有变形功能,这一点是由于其自身随温度变化而改变的特性有关;然后,混凝土材料的强度性能是根据配比的工作决定的,材料的制作就会决定其自身的使用性能以及优缺点;最后是耐久性,该种特性体现在很多方面,例如在寒冷地区使用混凝土材料也不会发生冻裂,它也很少会被腐蚀,总体来说,在建筑过程中混凝土需要根据工程要求来被认真制作和使用,只有这样才可以尽可能地减少裂缝问题的产生,提高房屋施工的质量。

2.4 关于混凝土裂缝问题的重要性概述

混凝土的裂缝问题对工程建设的质量有着直接的影响,是威胁使用安全的不稳定因素。

3 关于海工混凝土的概述

3.1 海工混凝土的含义

海工混凝土是指用于海洋工程的海洋混凝土,通常情况下海工混凝土没有确切的定义和标准,但是被用于海洋工程的混凝土一般情况下需要具备高耐久性和高工作性,是属于高性能的混凝土。在海洋工程中,存在很多经常受浪花击打和腐蚀的结构部位,这些结构和部位的材料都需要使用这种高性能的混凝土,才能在一定程度上提高海洋工程的质量水平。

3.2 海工混凝土的特点

海工混凝土配合比设计是确保混凝土结构耐久性最关键的环节之一。限制混凝土最大水胶比、最小胶凝材料用量限值是有效而可行的措施。以往是按强度等级设计混凝土配合比,先计算水灰比,现在按耐久性指标设计混凝土配合比,是根据环境类别和作用等级确定混凝土的水胶比和各种胶凝材料用量。尽量降低水胶比,减少单方用水量和胶凝材料用量,有利于提高混凝土的密实性,降低混凝土的渗透性并减少收缩量,对提高混凝土的耐久性非常有利。降低水胶比还是发挥矿物掺和料提升混凝土强度和降低大体积混凝土水化热的重要条件。控制好混凝土中材料总碱含量、总氯离子含量及总三氧化硫含量也是保证混凝土耐久性的前提。

4 关于海工混凝土现浇施工方法对耐久性的影响

4.1 影响海工混凝土耐久性的主要因素

混凝土的材质、特性、施工环境以及施工技术是影响海工混凝土耐久性的主要原因。首先混凝土的材质有优劣之分,具有良好质量的混凝土在耐久性方面也较好;其次混凝土的密实性也是影响耐久性的主要原因之一,密实的混凝土能够在很大程度上抵挡海水的侵蚀,从而提升耐久性;再次海洋工程相较于其他工程,施工环境较恶劣;最后施工技术也会对耐久性产生影响。

4.2 海工混凝土施工方法对耐久性的影响

混凝土施工的过程中,应加强对混凝土强度的控制。在采用现浇的方法施工时,施工人员为了缩短模板的周转时间，同时也为了能够加快施工的进程，会在混凝土中加入外加剂，对提升混凝土早期的强度，但是这种方法会导致混凝土过早暴露在海洋环境中，遭受海水的侵蚀，不利于海洋工程的整体。

4.3 海工混凝土的主要设计标准与性能要求

海洋工程混凝土设计标准需要对海洋中氯离子在混凝土中的渗透情况进行测定，其中主要采用硬化混凝土氯离子渗透快速实验法、RCM 法以及库伦实验法三种，然后根据试验结果对混凝土配合比进行设计，通过调整混凝土的配合比来提升混凝土的各项指标和性能，最终使其达到规范要求和设计要求。

5 关于控制海工混凝土耐久性的措施概述

5.1 控制海工混凝土的材料质量

在海洋工程建设过程中，相关人员需要测定该片海水氯离子对于混凝土的渗透情况，然后制定出相关的标准，工作人员需要依照这种标准对混凝土进行选用，通过调整配合比来使其达到最好的状态，最终形成低水胶比、高密实性以及高耐久性的混凝土材料。

5.2 控制海工混凝土保护层的厚度

可以通过提高混凝土保护层厚度来直接提升海工混凝土的耐久性，但是在实际建设过程中，并不能够随意改变混凝土保护层厚度，保护层过薄容易产生裂缝，导致钢筋出现锈蚀现象；保护层过厚，又会对钢筋的保护起到反作用。需要根据相关的信息和标准进行具体的控制。

5.3 加强海工混凝土施工中阻锈剂的使用

在混凝土配合比中选择阻锈剂可以降低氯离子浓度，从而减小腐蚀钢筋的临界浓度，最终对钢筋表面的氧化物的保护膜进行稳定，不会对混凝土的物理等性能产生影响。

5.4 加强对海工混凝土涂层防腐使用

在混凝土中选择环氧涂层钢筋及表面的防腐涂装。由于混凝土是多孔结构，不管是使用环氧涂层钢筋或是防腐涂装，都可以封闭混凝土阻止其他物质的侵蚀，起到了保护混凝土的作用。

5.5 提升原料取样的规范程度

质检工作并非是对所有原料逐个检验，而是通过采样检测的方式，来达到概括性质检目的的。这样的检测方式本就可能存在着误差，如果再加上取样工作的不规范，更会加大质检结果的误差，从而对后期工程施工质量造成严重的影响。由此可见，取样是否规范对混凝土质量有着极大的影响。所以，取样规范性也是当下参建单位需要重点关注的地方。要想提高取样代表性，还需要各管理部门结合拟定完成的质检制度，严格执行质检取样工作，确保取出的样本能具有高度的代表性，使检验结果更真实、合理。

5.6 加大对质检人员的培训力度

在混凝土质量检验工作中，工作质量的高低不仅仅取决于制度的完整性，也不仅仅由样品质量所决定的，还是由工作人员所决定的。因为不论任何一项工作，其根本还是人。因此，要想提高质检工作质量，还要求各参建单位在质检人员上岗前，进行岗前工作培训，确保质检人员技术水平合格。另外还要求参建质检人员在工作中不断积累与总结工作经验，以此提升质量检验的工作水平。

6 结语

文章将海工混凝土现浇施工方法对耐久性的影响作为叙述的主要内容,首先对我国工程建设的状况进行了简单地叙述,其次针对混凝土进行了详细介绍,其中包括混凝土的含义、类型、特点、特性以及重要性等方面,然后围绕海工混凝土的含义、施工现状进行了简要地分析,之后将目光聚焦于海工混凝土施工方法对于耐久性的影响上,指出了影响海工混凝土耐久性的主要因素以及海工混凝土的主要设计标准,最后将重点转移到控制海工混凝土耐久性的策略上,从混凝土质量、保护层厚度以及阻锈剂使用三方面展开,希望能够提高海工混凝土的耐久性。

参考文献

[1] 李北星,尹立愿,冯紫豪,等.石粉含量对C60机制砂海工混凝土耐久性的影响研究[J].混凝土,2017(10):169-173.

[2] 唐青松.房屋建筑现浇混凝土施工中裂缝原因及技术控制策略[J].江西建材,2017(7):65-65.

30. 墩台透水模板布施工技术研究

吴　波　王　凯　赵朝阳　沈锦强

（中交第一公路工程局有限公司）

摘　要：海南埔前大桥位于强震、强风、强腐蚀区域且跨越铺前—清澜活动断层。对于承台、墩身结构耐久性要求极高，传统混凝土施工中，混凝土表面会形成孔洞、麻面等质量通病。这些通病以及表面出现裂缝，会加大水分和侵蚀性介质的渗入，影响混凝土外观质量和混凝土的耐久性。本项目创新性的使用透水模板布新工艺并取得了成功，提高了混凝土表层密度，减少表面的砂眼和裂纹，使混凝土表层致密、坚实、均匀，使本工程质量目标的实现得到了保证。

关键词：透水模板布；混凝土；耐久性；防腐

1　引言

目前，在高速公路建设中，高墩柱混凝土采用传统的模板浇筑施工，拆模后混凝土表面会形成孔洞、麻面等质量通病。这些质量通病以及表面出现裂缝，会加大水分和侵蚀性介质的渗入，影响混凝土外观质量，不利于混凝土的耐久性。在海南铺前跨海大桥工程高墩柱施工中，根据工程特点，采用透水模板布施工工艺，创新性的使用透水模板布新工艺并取得了成功，提高了混凝土表层密度，减少混凝土的砂眼和裂纹，使混凝土表层致密、坚实、均匀，使实现本工程质量目标得到了保证。

2　工程概况

海南铺前跨海大桥是海南省迄今为止规模最大的独立跨海桥梁，海口侧引桥起点桩号K11 +710.00，终点桩号 K13 +515.00，桥梁全长 3.959km，包括文昌侧引桥（1113m），跨海主桥（460m），跨断裂带引桥（581m），海口侧引桥（1805m）。海口侧引桥桥墩为 46—48 号桥墩，采用板式墩，墩身根据跨径和墩高不同分别采用花瓶型实心墩和空心墩。桥跨布置为50m，分左右两幅，承台、墩身各 72 座。

3　透水模板布的机构及基本原理

多功能透水模板布是由透水模板布和钢模板组成。透水模板布是一种亲水性的复合纤维组织，共设两层，分别有不同作用功能：贴在钢模板一侧的形成了一个过滤层；贴在模板布的一面，充当了渗水层和排气层，过滤层能够排出水和气体，使水泥颗粒流保留在墩柱内。

当表面的水排出后，相应的混凝土表面的水灰比也会降低，从而提高了混凝土的强度和耐磨力。气体排出后，就有效减少砂斑、砂线等混凝土表面缺陷的产生，而且在养护期间，透水模板布还能起到一个保水的作用，为后期的养生提供了一个良好的环境，使得墩柱裂缝风险和微小裂缝降到最低程度，混凝土的表面变得光滑、致密，极大地减少表面的砂眼和裂纹，可以加强混凝土构件抵抗外来因素的侵蚀，减少了混凝土内部与外办交换物质的可能，从而提高了构件的耐久性。

4　透水模板布 CPF 的施工工艺和注意事项

4.1　透水模板布 CPF 施工工艺流程(见图 1)

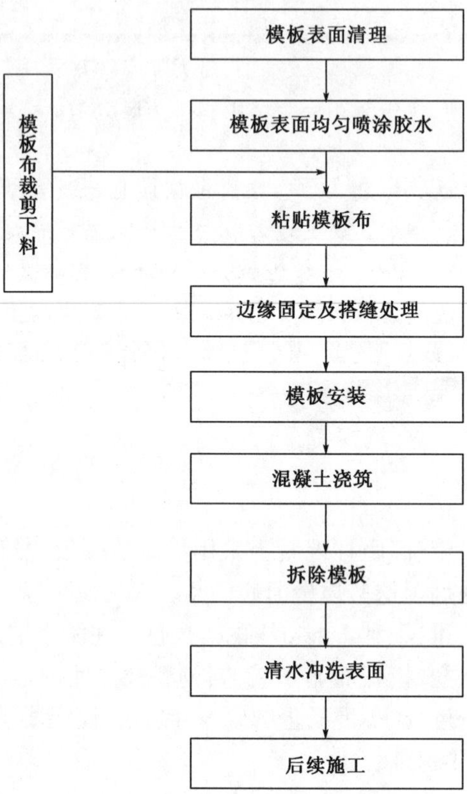

图 1　施工工艺流程

4.2　操作要点

(1)在施工之前，先将模板表面打磨干净，并修整处理模板上的不平整之处，以确保模板表面没有脱模剂、油污或者锈迹。如模板表面有油或不平整会影响胶水的粘贴和模板布的平整。每次模板布使用拆除后，模板面的胶状物必须彻底打磨干净，否则会影响下次粘贴效果。(如图 2)

(2)均匀地将胶水喷洒在模板表面及四侧。注意胶水不宜太厚，否则会堵塞排水层的孔隙，从而影响混凝土的浇筑效果。(如图 3)

(3)待胶水形成透明薄膜状后才可粘贴模板布，时间视天气情况而定。如果粘贴的是大体积结构，可以采用整卷模板布粘贴，以减小损耗；如果是小体积结构或者在结构变截面位置，可以按照结构模板的尺寸，裁剪好模板布，分片粘贴，各个模板边需预留约 5cm 的镶边，

以保证搭接边平顺牢固。(如图4)

图2　钢模板打磨

图3　钢模板喷胶

(4)粘贴模板布时,应拉紧模板布,羊毛状的一边粘贴模板,准确固定位置后,用专用刮板由中心推向两边,确保粘贴在表面及四边,如有皱褶应立即揭起摊平再铺。(如图5)

图4　模板布粘贴

图5　模板布粘贴效果

(5)在模板布拼接位置,应先将两张模板布重叠5cm,在重叠中间处用裁纸刀和直尺划开,把切下来的多余两条拿走,小心地沿连接处往下压实,搭接处应多涂一点胶水,以确保两边平整相接,避免浇筑时混凝土渗入中间空隙。取走多余部分时,千万不要用力扯,避免模板布变形。

(6)施工完毕,模板布与模板连成一体,并确保表面没有皱褶,模板布与模板间没有气泡,否则应及时用刮板处理。用毛刷将模板布表面附着的杂物清除,接口部分应粘贴牢固,防止混凝土进入。

(7)胶水喷涂时应注意喷涂角度及高度,喷嘴与模板成60°~90°夹角,以高出模板30cm为宜,太高则造成胶水飘散,影响喷涂效果;太低则导致胶水喷涂较厚,浪费胶水。

(8)大风天气应停止模板布施工,大风影响胶水喷涂效果并浪费胶水。在微风天气应控制喷涂方向,顺风喷涂,并尽量放低高度,减少胶水飞散。

(9)模板安装完成后进行混凝土施工。其间一定要控制振捣质量,振捣器不能过振,避免振破模板布,振捣棒应避免接触模板布,注意控制振捣角度和深度,与模板布应保持10cm以上距离,否则容易形成表面缺陷。

5　透水模板布CPF应用效果

(1)降低混凝土表面的气泡缺陷率

透水模板布能够明显降低混凝土表面的气泡缺陷率,几乎可以彻底消除毫米级以上气泡,极大地减少了气泡、砂眼、砂线和裂纹等混凝土外观质量通病的出现,外观色泽基本一致,从而提高混凝土外观质量,如图6、图7。

图6　承台浇筑效果图

图7　墩柱浇筑效果图

(2)降低混凝土碳化速率

透水模板布可以有效排出混凝土表层多余拌和水,降低表层混凝土的水胶比,提高混凝土的致密度,降低碳化速率。试验结果表明,与普通钢模板相比,使用(CPF)可以降低28d、90d龄期混凝土的碳化深度达到70%以上。

(3)提高混凝土回弹张度

使用透水模板布混凝土的回弹强度得到明显提高,根据工程测试7d、28d的回弹值分别提高30%和15%左右。

(4)提高表层混凝土抗渗透性

透水模板布能提高混凝土的抗氯离子渗透能力及其影响深度。采用目前世界上最先进的测试混凝土抗渗性设备PERMIT进行检测,测试结果表明CPF可以大幅度降低结构表层混凝土的抗氯离子渗透性,与普通钢模板相比,CPF可降低混凝土氯离子扩散系数80%左右。

(5)降低混凝土早期收缩性

使用透水模板布可以对混凝土结构保持高湿度养护,混凝土早期收缩的影响规律与密封养护完全相同,其养护效果显著,与开放养护相比,混凝土在早期72h的收缩大大降低。

(6)使用CPF能增加表面张力,确保涂料能更好黏附在混凝土表面。在涂料施工前,不必作打磨工序,是表面处理时最理想的工况。

(7)CPF操作简单,施工快捷,产品可重复使用,节省成本。

(8)CPF不需要脱膜剂,方便脱膜,可以使用普通的廉价模板,模板因不需直接接触混凝土,所以周转的使用次数也会相对增加。

6　效益分析

(1)墩柱施工总体成本降低,提高了经济效益。主要是因为混凝土耐久性得到大幅度提升,最大限度地减少了维修保养费用;墩柱表面混凝土质量得到保证,有效节省了对砂眼、裂缝等方面的修复费用。另外,也有效节约了脱模剂方面的支出,且模板布可多次应用,在一定程度上降低了成本。

(2)透水模板布的应用消除混凝土表面的气泡、砂斑等质量通病,改善墩台外观质量。此外,混凝土表面层降低了水灰比,提高了混凝土强度和防腐能力,延长混凝土寿命。不但能提高工程的施工质量,还有效减少成本,优化施工工序,达到优质高效化施工,具有很大的社会效益。

7　结语

在本工程施工过程中,创新性的使用透水模板布新工艺取得了成功,提高了表层密度,减少混凝土表面的砂眼和裂纹,使混凝土表层致密、坚实、均匀,保证本工程质量目标的实现。总而言之,在现代公路建设中,透水模板布的应用不但能提高工程的施工质量,还能有效减少成本,优化施工工序,达到优质高效施工。

31. 粉细砂层承台钢板桩围堰无封底施工技术

王国环　宋　帅　吴　波　赵朝阳
(中交第一公路工程局有限公司)

摘　要:本文结合海南铺前跨海大桥水下和陆上承台施工情况,介绍了在粉细砂层等复杂地质条件下承台采用钢板桩围堰无封底施工技术及重、难点分析。在实际施工中通过对施工工艺及施工技术的不断实践与创新,缩短了工期,节省了成本,提高了承台钢板桩围堰施工安全性,取得了良好的社会经济效益,对类似的工程具有较高的参考价值。

关键词:粉细砂层;钢板桩围堰;承台;无封底

1　引言

海南铺前跨海大桥位于第四系全新统海积层,海床及陆地表层主要为粉细砂层,厚度 5～13m。桥址位于浅海、浅滩处,水深不足 4m。根据实际情况,水下承台施工采用钢板桩围堰法施工,且不进行承台混凝土封底,只浇筑 50cm 厚 C20 混凝土垫层,陆上承台施工同样采取此方法。通过实际施工情况,在粉细砂层采取钢板桩围堰无封底施工技术具有良好的应用效果,可为类似地质条件下承台施工提供可靠依据。

2　工程概况

海南铺前跨海大桥横跨海南岛东北部的铺前湾海域,项目路线总长 5.6 公里,本标段为海南铺前跨海大桥工程第 1 合同段,起终点桩号为 K11 + 710 ～ K14 + 597.022,线路全长 2.887km。控制性工程为铺前跨海大桥海口侧引桥,起终点桩号为 K11 + 710 ～ K13 + 515,长度为 1.805km,桥跨径组合为 4 × (5 × 50) m + 4 × (4 × 50) m 预应力混凝土连续箱梁,桥宽 32m,左右分幅结构。承台分左右幅独立和左右幅之间加系梁的组合承台,分离式承台 60 个,组合承台 6 个,单个分离式承台尺寸为 8 × 7.5 × 3m,系梁尺寸为 8.25 × 3 × 3m,承台采用 C35 海工混凝土,混凝土总量为 12904m^3。80 号墩～65 号墩及 48 号墩～46 号墩位于海上,81 号墩及 64 号墩～49 号墩承台均位于北港岛陆地上。

3　施工方案

3.1　方案选择

钢板桩围堰广泛应用于水下桥梁基础施工,有结构稳定性高、防渗防水效果好、构造简单、维修拆除方便及回收率高等特点,又可支撑基坑的坑壁。由于陆上表层 1.9 ~ 14m 处被粉细砂层覆盖,且细砂层下有 1.1 ~ 15.7m 厚的淤泥层,陆地放坡开挖方法无法实现,且开挖深度超过 3m,为了确保承台的施工安全、质量和进度,因此水下及陆上承台均采用钢板桩围堰法施工见图 1、图 2。

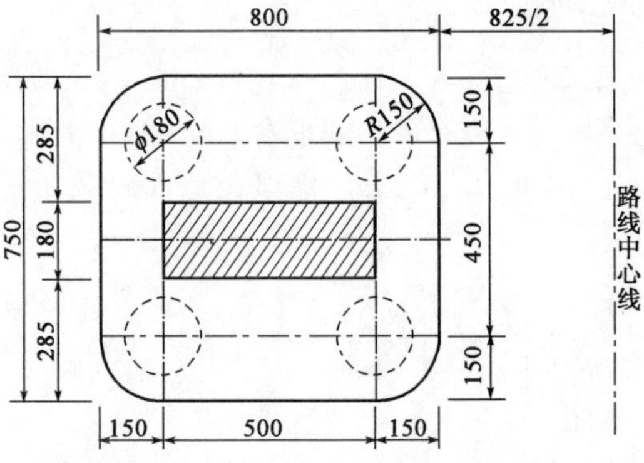

图 1　独立承台(尺寸单位 cm)

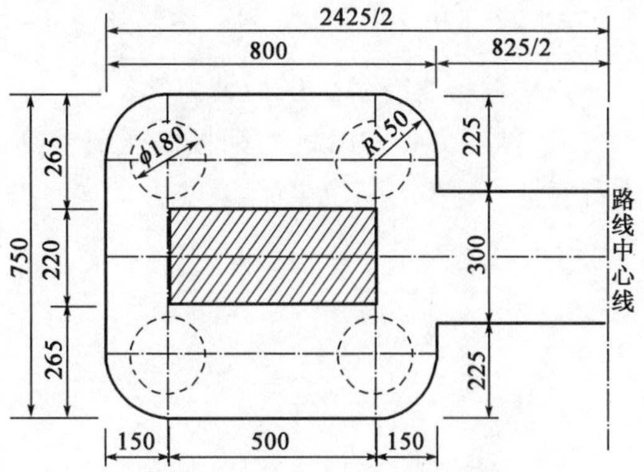

图 2　组合承台(尺寸单位 cm)

钢板桩围堰采用无封底施工方案,在承台底面标高下铺设 C20 混凝土垫层 50cm 即可。如采用钢板桩围堰封底施工,则混凝土封层厚度为 2m,相比无封底施工增加了施工成本并延长了工期。采用无封底施工技术使得施工质量及安全容易控制,各工序间衔接顺畅,能够减轻工人施工负担,提高施工效率。

3.2　方案难点及解决方法

3.2.1　施工难点

钢板桩围堰无封底施工主要施工难点有:①钢板桩围堰整体稳定性是否牢固可靠;②无封底施工基底是否隆起,需进行验算;③钢板桩施工如何采取有效措施避免侧面水渗漏等。

3.2.2　解决方法

(1)针对以上围堰施工遇到的施工难题,经过商讨研究钢板桩选用拉森Ⅳ型,材质为 Q295bz。支撑体系钢材为 Q235B,截面特性如表 1。

SP-Ⅳ型钢板桩截面特性表　　表 1

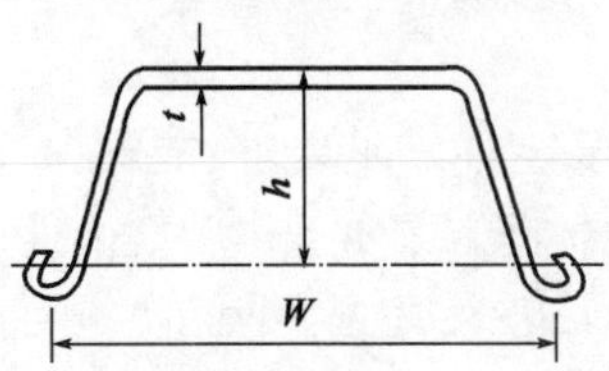

型号	规格			截面面积		单重		惯性距		截面模数	
	宽	高	厚	每桩	每米墙身	每桩	每米墙身	每桩	每米墙身	每桩	每米墙身
	m	mm	mm	cm^2	cm^2/m	kg/m	cm^2/m	cm^4	cm^4/m	cm^3	cm^3/m
SP-Ⅳ	400	170	15.5	96.9	242.5	76.1	190	4670	38600	362	2270

围堰顶面标高根据要求比设计最高水位 +2.28m 高 0.5m,本项目设计围堰顶标高采用 +3m,满足要求,钢板桩长度 12m,围堰地面高程 -9m,入土深度为 7m(采用 0.5m 混凝土垫层)。根据钢板桩的入土深度验算结果,入土深度能满足施工要求。因此能够保证围堰整

体稳定性。

(2)钢板桩嵌固深度应满足坑底隆起稳定性要求(图3),抗隆起稳定性可按下列公式验算:

$$\frac{\gamma_{m2}DN_q + cN_c}{\gamma_{m1}(h + D) + q_0} \geqslant K_{he}$$

其中:$N_q = \tan^2\left(45° + \frac{\varphi}{2}\right)e^{\pi\tan\varphi}$;$N_c = (N_q - 1)/\tan\varphi$。

查地勘报告有各土层物理力学指标:粉细砂层饱和容重 $\gamma_{m1} = \gamma_{m2} = 16kN/m^3$,内摩擦角 $\varphi = 23°$,黏聚力 $c = 10kPa$。钢板桩插到粉细砂层即停止,选取最不利承台80#墩进行计算,承台底标高 -3m,基坑开挖深度为 $h = 2.7m$,入土深度 $D = 4.7m$。水里无地面超载 $q_0 = 20kN/m^2$。

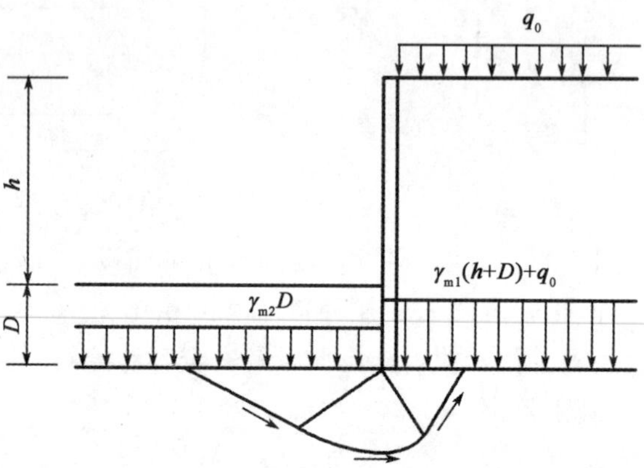

图3 挡土构件底端平面下土的抗隆起稳定性验算

代入以上各项数据有

$$N_q = \tan^2\left(45° + \frac{23}{2}\right)e^{\pi\tan23^0} = 3.49$$

$$N_c = (3.49 - 1)/\tan23° = 1.06$$

$$\frac{\gamma_{m2}DN_q + cN_c}{\gamma_{m1}(h + D) + q_0} = \frac{16 \times 4.7 \times 3.49 + 10 \times 1.06}{16 \times (2.7 + 4.7) + 20} = 1.97 > 1.4$$

Khe——抗隆起安全系数;安全等级为一级、二级、三级的支护结构,Khe分别不应小于1.8、1.6、1.4。

经以上计算钢板桩坑底隆起稳定性满足要求,能够保证围堰基底稳定性,可正常施工。

(3)钢板桩在锁口内涂以黄油、锯末等混合物。当锁口不紧密漏水时,用棉絮等在内侧嵌塞。在围堰外侧水中漏缝处撒大量木屑或谷糠和炉渣的混合物,同时配备多台水泵及时将水抽出,保证在无水状态下施工垫层。这样就解决了钢板桩围堰漏水渗水等问题。

3.3 施工工艺

3.3.1 工艺流程

陆上承台围堰施工工艺流程:①桩基检测;②场地清理、平整;③测量放线;④基坑支护(钢板桩施工);⑤基坑开挖;⑥基底清理及防水处理;⑦垫层施工。

水上承台围堰施工工艺流程:①桩基检测;②水上施工平台拆除;③安装钢板桩围堰导梁及牛腿;④测量放线;⑤钢板桩施工;⑥围堰内开挖、抽砂及抽水;⑦防水处理;⑧封底混凝土施工。

3.3.2 钢板桩插打

利用 DZ-60A 震动打桩机插打。

(1)使用吊机的两个吊钩安插钢板桩,将钢板桩从地上吊起,然后运用两个吊钩起吊和下放,使钢板桩成垂直状态,将钢板桩移向安插位置,插入已就位的钢板桩锁口中。

(2)钢板桩的插打方向采取从侧面开始,向上下游两侧插入,在另一侧合龙。这样两边延伸,可连续作业,加快施工进度。

(3)在插桩过程中,应做到"插桩正直、分散偏差、有偏即纠、调整合龙"。

3.3.3 围堰抽水及防渗堵漏

钢板桩围堰封闭后逐层抽水、焊接内撑,抽水过程中应严格控制抽水速度和抽水高度。当抽水达到预定的深度后,应及时加支撑防护。围堰抽水期间,随着水位下降,逐一安装内撑,安完一层,降一层水。

钢板桩打入之前一般应在锁口内涂以黄油、锯末等混合物。当锁口不紧密漏水时,用棉絮等在内侧嵌塞,起到防水和减小水压力的双重效果。

钢板桩围堰抽水过程中要加强钢板桩的止水堵漏措施。抽水时同时在外侧水中漏缝处撒大量木屑或谷糠和炉渣的混合物,使其由水夹带至漏水处自行堵塞。

3.3.4 围堰内清基、混凝土垫层浇筑

钢板桩合龙后,采用长臂挖机挖掘或用吸泥机抽泥,将围堰内基底面清至垫层设计标高以下60cm 处,人工进行基底修整,之后回填细砂作渗水层,在细砂顶面分层浇注 C20 混凝土垫层。

4 钢板桩围堰施工注意事项

(1)桩在打入前应将桩尖处的凹槽口封闭,避免泥土挤入,锁口应涂以黄油或其他油脂。对于年久失修、锁口变形、锈蚀严重的钢板桩,应进行整修矫正,弯曲变形的桩,可用油压千斤顶顶压或火烘等方法进行矫正。

(2)精确插打第一、二块钢板桩,保证位置和方向准确,使之能够起到导向样板作用。插打过程中,每打入 1m 应测量一次,打至设计深度后用钢筋或钢板与围檩支架焊接好,以作临时固定。

(3)对于陆上围堰开挖支护施工时,对基坑支护系统进行动态观测,发现问题及时处理。注意在围堰周围的大型施工机械对基坑支护的影响,尽量减少机械车辆的频繁扰动,保证钢板桩围堰的稳定性,避免产生塌方现象。

5 结语

通过在海南铺前跨海大桥项目的实际应用说明,在浅海区及陆上覆盖有粉细砂层的地质进行承台等基础施工时,可考虑钢板桩围堰无封底施工技术。此技术在水下施工防水效果好,节省材料降低成本,施工效率高效缩短工期;陆上施工可提高基坑稳定性,节省场地空间,有明显的社会效益和经济效益,可供类似工程参考。

参考文献

[1] 陆淞. 水下承台钢板桩围堰施工及施工重点[J]. 交通企业管理,2015,30(4):50-51.

[2] 冯志国. 水下承台钢板桩围堰施工及施工重点探讨[J]. 江西建材,2015(18):146-147.

32. 超矮墩箱梁移动模架综合施工技术

李远明[1]　王锦攀[2]　吴　波[1]　王国环[1]　赵朝阳[1]

(1. 中交第一公路工程局有限公司;2. 海南省交通工程建设局)

摘　要:本文结合海南铺前跨海大桥现浇箱梁移动模架施工,介绍了下行式侧向倒牛腿自行式移动模架施工工艺及关键技术,根据项目实际施工情况采用定制的新制移动模施工技术,解决了双幅桥间净宽小及墩柱较矮的施工难题。在实际施工中通过对施工工艺及施工技术的不断实践与创新,缩短了工期,节省了成本,提高了箱梁施工安全性,取得了良好的社会经济效益,对类似的工程具有较高的参考价值。

关键词:移动模架;侧向倒牛腿;箱梁施工;变跨龙门吊;安全监控

1　引言

随着现代桥梁建设机械化程度的提升和节能减排的要求,在滩涂、峡谷、城市、跨江、跨海等场地进行连续梁或简支梁现浇混凝土桥梁施工时,为了加快施工进度,确保工程质量,在经济上节省成本,降低造价,需要合理考虑箱梁施工方案。海南铺前跨海大桥海口侧引桥位于塔市侧海湾,上部结构为50m等跨预应力混凝土连续箱梁,桥址处为浅海及海滩,地质条件较差,桥梁净空较小,最低处为3.448m,小于7m净空的跨数20孔,矮墩处箱梁施工、海边防锈蚀是必须解决的重大难题。本文结合海南铺前跨海大桥现浇箱梁施工,详述了移动模架施工工艺及技术特点,解决了矮墩及净宽小、箱梁模板锈蚀、跨数多提高工效等方面的施工难题,可为类似工程提供借鉴,如表1。

桥跨布置一览表　　表1

名　称	工程长度(m)	桥跨布置(m)	桥梁净宽介绍	结构形式	箱梁方量
海南铺前跨海大桥1标海口侧引桥	1800	50m×36跨	桥梁净宽最低处为3.448m,小于7m净空的跨数20孔	预应力混凝土连续箱梁+花瓶型实心墩+承台	箱梁采用C50海工混凝土,总方量约43200m^3

2　施工难点分析

(1)本桥最矮墩高3.448m,常规移动模架无法施工,因此需进行专门设计才能满足矮墩施工要求。

(2)桥梁结构分为左右两幅,两幅桥之间净宽小,为7m,两箱梁翼缘板间净宽0.5m,常规模架无法实现开模。

(3)箱梁移动模架在浇筑、开模、过孔时需要实时监测模架的变形、同步情况,以保证移动模架的安全性和可靠性。

(4)传统移动模架模板采用普通钢模板施工,本工程属热带季风海洋性气候区,具有高温、高湿度、高盐度的特点,模板极易锈蚀,采用普通模板需要进行大量除锈和防腐工作,导致成本增加,工期延长。

(5)箱梁数量较多达72跨,提高施工效率、缩短工期也是急需解决的问题之一。

3 技术改造内容

(1)移动模架横移小车进行特殊设计,高度0.2m,远低于常规的移动模架小车1m以上的高度。牛腿采用牛腿横梁和牛腿支腿的组合形式,当移动模架过矮墩时,横梁直接放于承台上即可,如图1。

图1 移动模架横移小车

(2)采用侧面牛腿倒运系统可与箱梁钢筋绑扎、混凝土浇筑进行平行作业,不用进行移动模架受力体系转换,如图2。不占用移动模架主施工周期。

a)倒运小车横移牛腿　　b)牛腿侧向倒运　　c)牛腿横向就位

图2 侧向倒牛腿

(3)为解决双幅桥之间净距小的难题,设计横梁水平折叠和模板竖向折叠系统及侧模板竖向折叠,通过液压系统作业,提高工作效率,如图3。

(4)底、腹板钢筋分节段预制吊装,缩短工期,提高钢筋绑扎质量,如图4。

a)模架横向开模　　b)模架横梁及底板折叠　　c)模架开模行走

图3　水平、竖向折叠模板

图4　底、腹板钢筋分节段预制吊装入模

(5)箱梁内模分节段拼装吊装,内模分节段预制吊装,与其他工序平行作业,缩短工期,如图5、图6。

图5　内模分节段拼装

图6　内模分节段吊装

(6)龙门吊采用“三维自动变轨”技术,既可以在已浇梁面上行走,又可以在移动模架上行走,是底腹板钢筋和内模节段拼装工艺的主要设备,如图7～图10。

(7)移动模架及模板采用复合不锈钢板,具有耐腐蚀性、清洁性、耐磨性、美观性、长寿命等特性,提高箱梁混凝土外观质量,如图11。

(8)安全监控系统实时监测浇筑过程中移动模架主梁变形情况、主千斤顶的支反力和工作时的风速,实时视频监控开模、过孔过程中的左右主梁同步性、千斤顶顶推力、横移开模和牛腿行走应力应变情况,如图12。

图 7　龙门吊在模架轨道上行走

图 8　龙门吊在箱梁轨道上行走

图 9　龙门吊倒运施工材料

图 10　龙门吊在吊装钢筋

图 11　采用复合不锈钢模板，混凝土外观达到镜面效果

图 12　安全监控视频监控画面

4 侧向倒牛腿方案

4.1 牛腿倒运系统

牛腿倒运系统由行走轨道、悬挂旋转小车、提升装置、辅助吊装装置和液压系统组成。

4.2 侧向倒牛腿步骤

(1)安装后辅助吊梁,通过提升装置及手动千斤顶将牛腿顶升,牛腿由倒运小车和后吊梁两个吊点提吊。

(2)通过横移油缸推动牛腿梁横移,直至牛腿梁重心与倒运小车吊挂中心重合位置。

(3)推动倒运小车纵移油缸,当倒运小车处于如下图示位置时,推动旋转油缸使牛腿梁旋转 90 度,与鼻梁平行,如图 13 ~ 图 15。

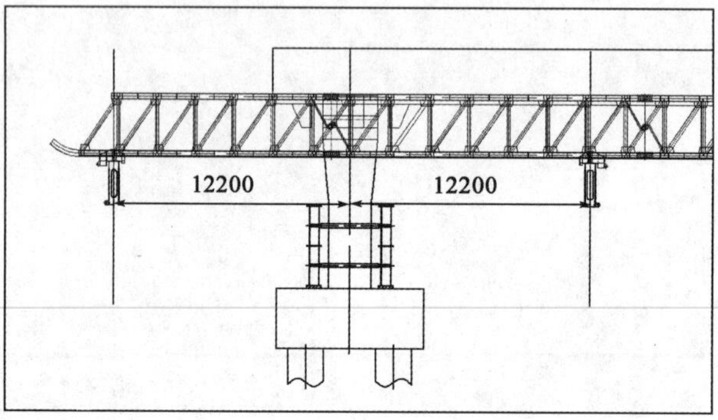

图 13 牛腿旋转位置侧视图(尺寸单位:mm)

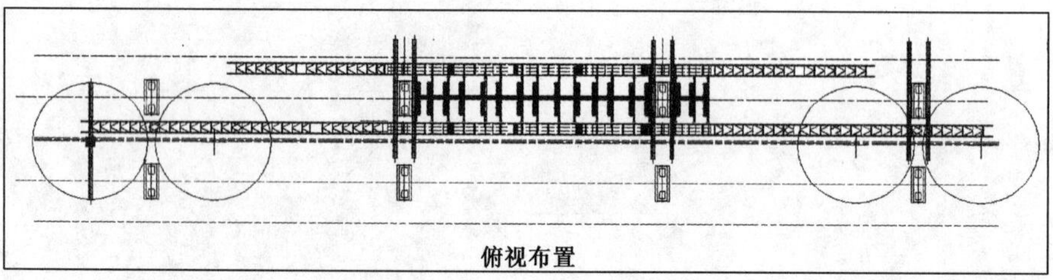

图 14 牛腿旋转位置俯视图

图 15 牛腿梁平行于鼻梁

(4)通过悬挂旋转小车上的提升油缸提升牛腿梁,以通过中间墩牛腿,如图16。

图16　提升牛腿梁

(5)牛腿纵移到位后开始下降、旋转90度,横移并安装就位,如图17。

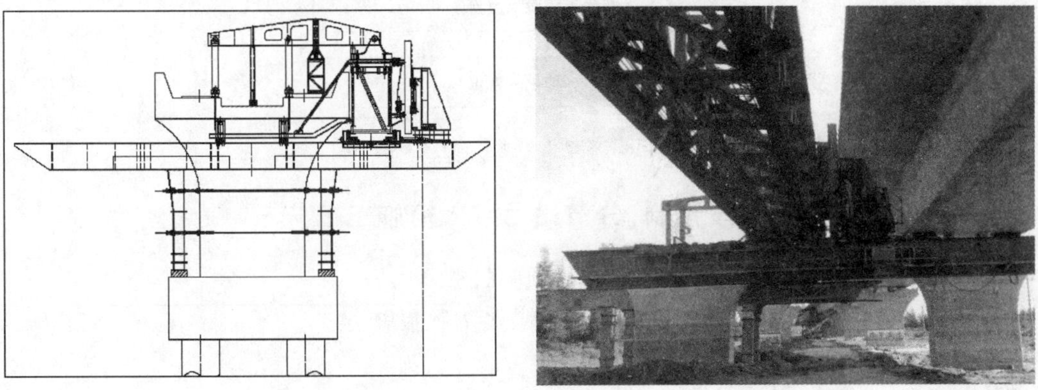

图17　牛腿梁横移就位

5　移动模架施工工艺(图18)

5.1　移动模架的安装

根据移动模架构造及特点,结合现场情况,主要安装顺序为:临时支墩的搭设→牛腿及支腿的安装→小车安装→主、鼻梁安装→横梁安装→模板的安装→机电液压安装→辅助设施安装。

5.2　移动模架的预压

根据现浇箱梁首跨浇筑混凝土量或连续梁最长节段长度混凝土重量作为预压的基本值(取大值),预压要求为基本值的1.2倍。预压采用水袋、砂袋等材料,施工可以根据现场材料的具备情况合理选择和组合选择。预压采用分级加载、分级检测、逐级分析、分析汇总的方式,最后确定预拱值,以指导后续箱梁施工。

5.3　预拱度设置

当移动模架安装完成后,即可进行标高及中线调整。模板控制标高=设计标高+施工预留拱度。设计标高由设计院提供。施工预留拱度由设计院提供的理论预留拱度结合现场移动模架预压测试数值(如弹性变形值)及已完箱梁的实测标高等因素计算而得。每节段施工的标高控制包括3个关键工况:移动模架浇筑前定位标高、混凝土浇筑后标高、预应力张拉后标高。综合分析后,设置合理的预拱度,为使完成后的箱梁在纵向线型保持平顺美观,符合设计要求。对前几段施工的箱梁进行监测,并做好记录,以指导后续施工。

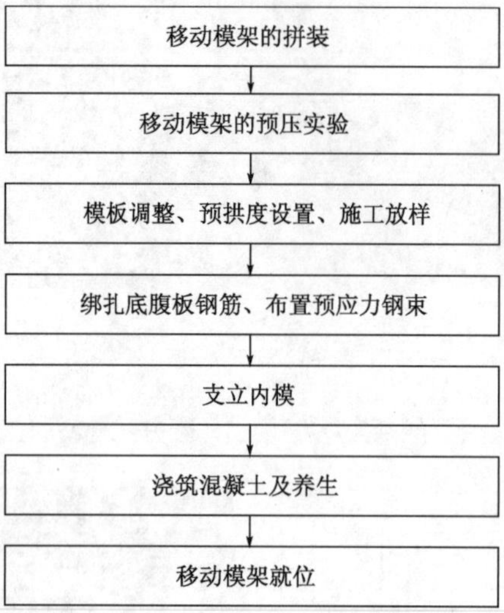

图18　移动模架施工工艺流程图

6　底腹板钢筋分节段预制、分节段吊装入模施工工艺

6.1　底腹板钢筋在箱梁胎架上分节段预制(图19)

(1)胎架底面宽度为钢筋骨架宽度,侧面坡度为腹板坡度;

(2)胎架侧面设置工作平台;

(3)胎架底部角钢上根据纵向钢筋间距设置刻槽,保证钢筋间距满足要求;

(4)每节胎架长度9m,钢筋长度为12m。

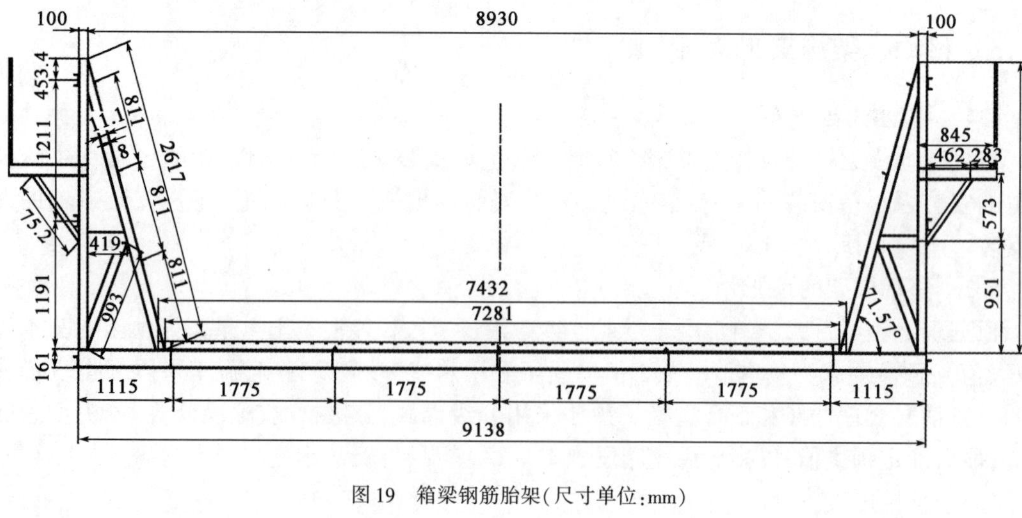

图19　箱梁钢筋胎架(尺寸单位:mm)

6.2　采用型钢吊具分节段吊装钢筋

(1)钢筋吊具采用型钢做成两层桁架结构;

(2)吊具设置16个吊点,分4排,每排4个吊点;

(3)吊点采用2吨葫芦;

(4)吊点位置采用电焊焊接牢固。

7　内模在箱梁胎架上分节段拼装,分节段安装(图20)

(1)胎架采用型钢制作;

(2)胎架尺寸根据箱梁内箱尺寸控制;

(3)内模板采用小块散模,尺寸均为1×0.5m或2×0.75m,箱梁底板开1.2m人洞,模板散拆后人工抽出;

(4)内模支撑采用可调节钢管以及铰接结构,铰接端带插销固定。

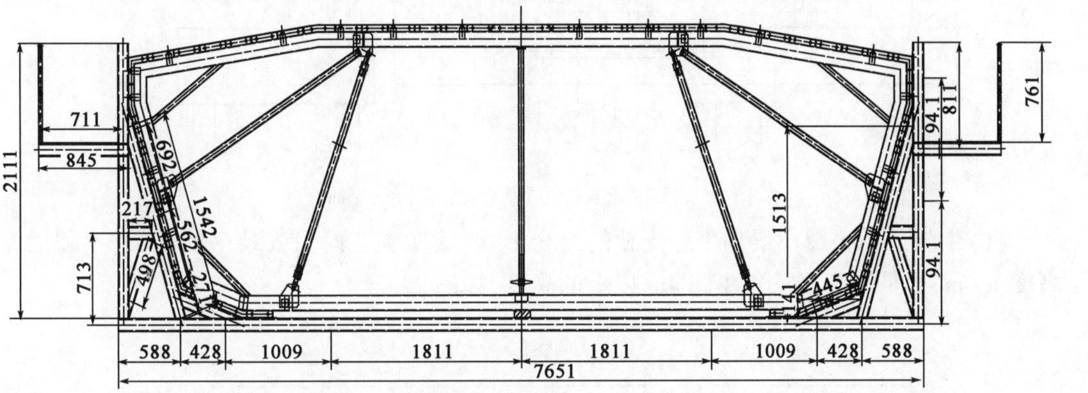

图20　箱梁内模胎架(尺寸单位mm)

8　移动模架过孔

8.1　过孔流程

混凝土浇注完毕后,预应力张拉、灌浆→落模→拆除横梁连接螺栓→折叠横梁及模板→模板开模→模架纵移→模板合模→折叠横梁及模板→调整模板及预拱度→绑扎钢筋、内模、预应力→浇注混凝土。

8.2　过孔控制要求

(1)每孔桥上部箱梁浇注完混凝土并张拉预应力钢束后,就可以进行移动模架落模行走过孔。

(2)拆除横梁连接螺栓(销轴),水平折叠横梁,通过模板折叠液压系统竖向折叠模板。通过小车横移液压系统,在指挥人员统一指挥下,启动横移液压缸,缓慢加压向外横移带动外模脱离桥身,移动模架在横移开、合模过程中,左、右横移步幅偏差严禁超过1m,以防止因牛腿横梁左右受力不均。横移开模距离以横梁能让开墩身为准,此时锁定横移液压缸。

(3)然后在指挥人员统一指挥下,启动纵移液压缸,缓慢加压,顶推移动模架纵移至下一孔。在纵移过程中,遇到主梁或导梁接头时,应暂停观察,确认不会发生刮擦时,才能继续过孔。

(4)当移动模架纵移到位后,锁定纵移液压缸,打开横移液压缸,开始向内横移带动外模合拢,就位后再连接横梁连接销,调整好标高,调好模板后,准备进行下一工序的施工。箱梁混凝土整孔一次浇注完成，由悬臂端向已浇梁段推进。

9 特殊工况施工

9.1 矮墩施工

本桥最矮墩高度只有3.448m，移动模架的设计满足该工况施工，牛腿横梁直接放在承台上，施工断面图如图21。

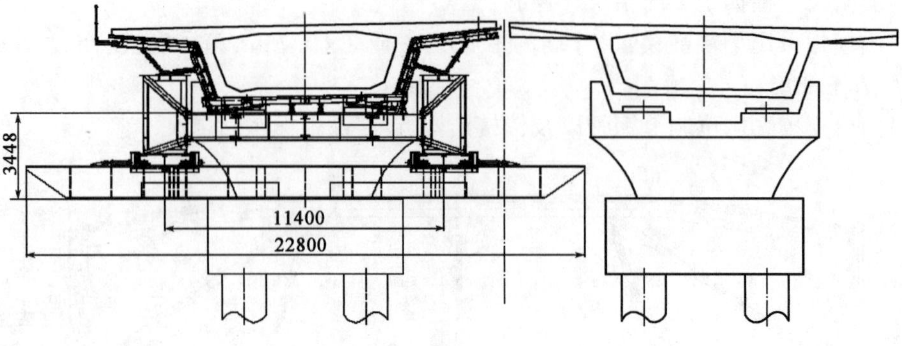

图21 牛腿横梁直接放在承台上（尺寸单位：mm）

(1)牛腿采用牛腿横梁加牛腿支腿的组合形式，矮墩施工时只安装牛腿横梁，牛腿横梁高度1.4m，远低于常规三角牛腿4m以上的高度，如图22。

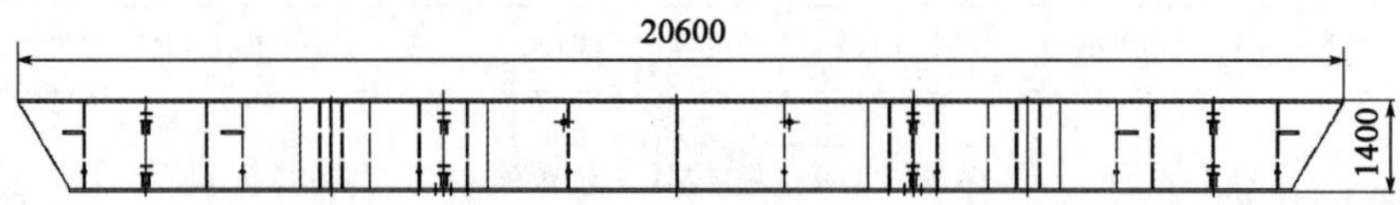

图22 牛腿横梁（尺寸单位：mm）

(2)小车经过特殊设计，高度0.2m，远低于常规的移动模架小车1m以上的高度，如图23。

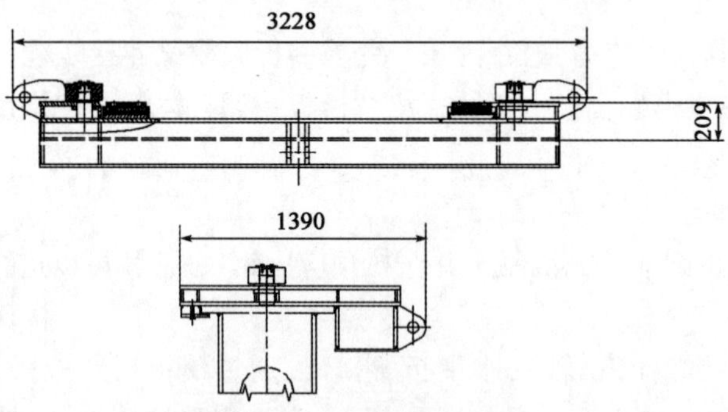

图23 小车设计图（尺寸单位：mm）

(3)横梁的设计没有采用常规的桁架式结构，而是采用板材焊接成箱型结构，横梁高度1.02m，高度低于常规桁架式横梁1.5m的高度，如图24。

9.2 曲线段施工

本桥最小平曲线半径为3000m，为适应这一工况，前端之间采用铰接，通过调节角度以满足模架过孔需要；模板采用“底模包侧模”方式实现浇筑带平曲线混凝土箱梁；侧模采用分段（约7m）结构，可在底模上滑动，这样可通过一系列的折线摆出R2850m平曲线，如图25、图26。

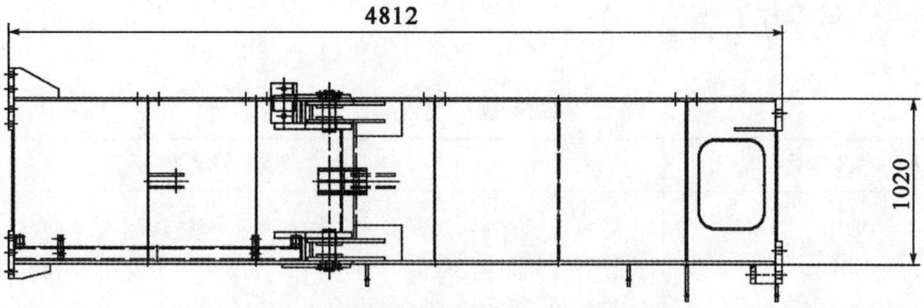

图 24　移动模架横梁(尺寸单位:mm)

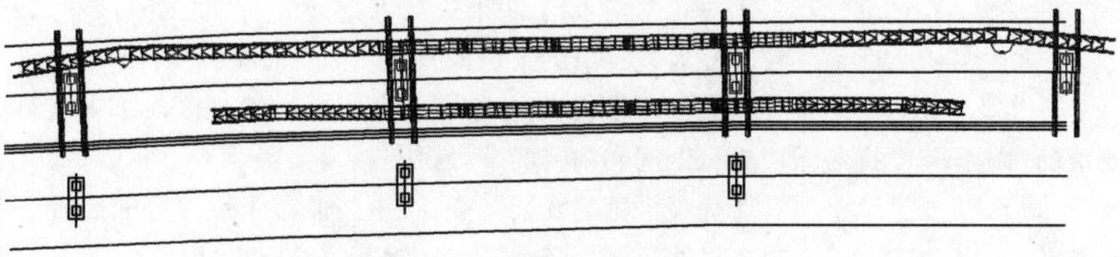

图 25　鼻梁过曲线段俯视图

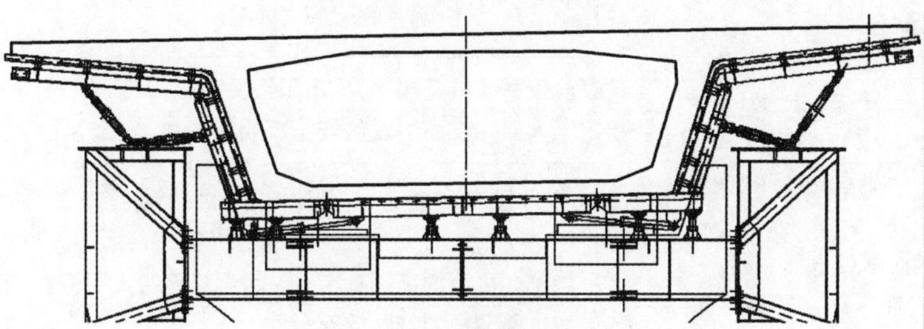

图 26　模板断面图

10　模架拆除

10.1　模架下放的总体思路

总体思路:移动模架拆除模板、横梁、牛腿及牛腿支腿,只保留主梁和鼻梁。采用 2 点下放,在主梁上设置吊点,上吊点设置在桥面上,采用模架自身使用的牛腿横梁,通过设置分配梁加千斤顶进行支承,单点最大力值约为 140t,采用精轧螺纹钢作为吊索,500t 千斤顶为动力,通过周期性作用千斤顶,将主梁下放到地面已铺设好的 H 型轨道上。

10.2　模架拆除流程(图 27)

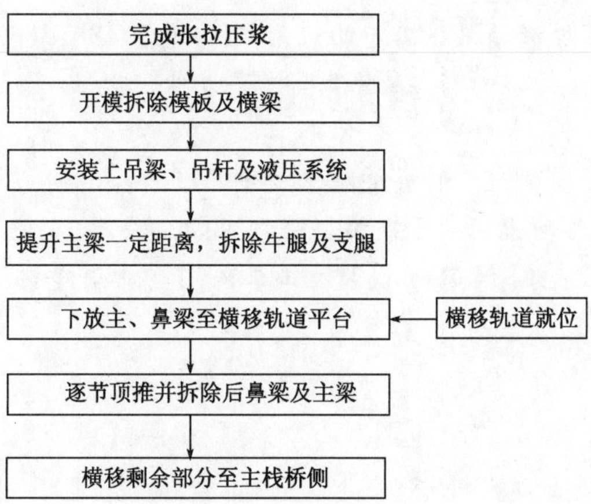

图 27　模架拆除流程图

11 经济效益分析(表2)

经济效益分析表　　表2

序号	新技术改变内容	新技术优势
1	双轨变跨龙门吊	①实现了材料、物资由人工转运变为机械转运,大幅提高了施工效率; ②节省汽车吊3台,可为项目节省吊车租赁费用约180万; ③节约人工成本约20%
2	底腹板钢筋、内模节段拼装技术	①每孔平均节约工期约3天,累计可节约工期3.6个月; ②能为项目节约大量的管理费和设备费; ③窝工现象减少,传统工艺在混凝土等强度时工人大量闲置,而现在则可以进行钢筋和内模的节段拼装; ④提高了钢筋安装精度,在钢筋胎架上设置好间距控制刻槽,每根钢筋根据刻槽的位置安装,精度高,钢筋安装质量好; ⑤提高内模模板安装精度,胎架尺寸严格根据箱梁结构尺寸设计,可以较好地控制结构尺寸,确保箱梁施工质量
3	移动模架安全监控系统	该套监控系统具备预报警、超限报警功能,能够及时发现设备运行故障,并防止因工人误操作而引发的安全事故
4	牛腿侧面倒运系统	①可节省板车和履带吊设备1套,可为项目节省机械租赁费用约130万元; ②平均每孔可节约工期0.5~1天,累计节约工期1个月; ③增加了移动模架过孔的安全性
5	箱梁采用不锈钢复合钢板	底模和侧模采用不锈钢复合钢板,变形小,外观质量优

12 结语

该技术通过几个方面的改造,解决矮墩及净宽小等方面成果显著,技术先进,采用钢筋、模板分节段预制吊装,提高了施工速度,减小了成本投入,而且利用安全监控系统,保障了施工安全,有明显的社会效益和经济效益,可供类似工程参考。

参考文献

[1] 贾允波.移动模架在现浇箱梁施工中的应用技术研究[D].山东:山东大学,2008.
[2] 高纪宏.适于移动模架工法大跨径连续箱梁高性能混凝土研究[D].武汉:武汉理工大学,2008.
[3] 谢晖.基于大型移动模架施工的桥梁施工控制[D].湖南:湖南大学,2016.
[4] 谭桂根,罗浩.50m 移动模架水上顶推拼装技术[J].公路,2013 (7):71-74.
[5] 谢志军.S32/900 上行自行式移动模架施工工法[J].四川建材,2013(6):142-146.

33. 高温强腐蚀海域大体积承台混凝土温控技术

张汉生　梅　凯

（中国公路工程咨询集团有限公司）

摘　要：海南铺前跨海大桥跨海主桥主塔承台施工具有结构截面尺寸大、边界约束条件复杂、海工混凝土胶凝材料用量多，水胶比低，极易出现裂缝等特点。在混凝土温度场及温度应力场仿真计算的基础上，通过采取通水冷却并适当延长通水时间、有效的保温、保湿养护、延迟拆模时间、加强现场控制等措施，确保不出现有害温度裂缝，保证主塔承台的质量。

关键词：高温；强腐蚀；大体积混凝土；温控

1　引言

海南铺前跨海大桥主桥为单塔双索面钢箱梁斜拉桥，跨越铺前湾海域，处于强腐蚀环境。索塔承台为桩基和塔柱结合过渡部位，边界约束形式不一，内部受力较为复杂，施工持续时间较长，上、下层之间龄期差较长，其施工质量控制尤为重要。承台尺寸为 34.2m × 34.2m × 7.0m（长 × 宽 × 高），混凝土设计标号为 C40，单次浇筑最大方量为 4061m^3，采用海工高性能混凝土。承台结构截面尺寸大，混凝土胶凝材料用量多，水胶比低，施工中处理不当极易造成较大的温度应力和自收缩应力。同时受干湿循环、温度因素的影响，混凝土结构容易出现裂缝。承台位于浪溅区，混凝土一旦开裂，氯离子等腐蚀介质侵入，将会危及结构物的安全运营。因此，必须加强大体积海工混凝土的温度控制。

2　温控工艺确定

2.1　温控计算分析

结合结构特点，同时考虑施工期间环境、施工工艺、施工工况以及混凝土结构自身特点等因素，确定计算参数，然后采用软件对结构温度场和温度应力场进行计算。关键计算参数如下：结构物高 7.0m，分两层 3.5m + 3.5m 进行浇筑，施工时间约在 11 月份，混凝土浇筑温度按不超过 28℃计算。

设计资料包括混凝土设计资料及气象资料。混凝土设计资料包括混凝土强度等级、混凝土配合比（表 1）、原料性能，并根据以上信息得出混凝土的劈裂抗拉强度（表 2）及物理热学参数（表 3）（容重、最终弹模、热胀系数、导热系数、比热、绝热温升等），计算时考虑徐变对混凝土应力的影响。气象资料包括工程所在地气温、降水量、风速、极端气候条件等。桥址历年平均风速为 8.0m/s，考虑混凝土粗糙表面放热系数为 3000kJ/(m^2·d·℃)，拟定用钢模板进行施工，其侧面散热和上表面散热系数为 1200kJ/(m^2·d·℃)。承台 C40 混凝土受封底混凝土及桩基约束，计算时取基础弹模为 2.8×104MPa。

C40 混凝土配合比(kg/m^3) 表 1

混凝土标号	水泥	粉煤灰	矿粉	砂	碎石			水	减水剂
					4.75~9.5mm	9.5~19mm	19~26.5mm		
C40	189	126	105	804	102	614	307	153	5.04

C40 混凝土劈裂抗拉强度值(MPa) 表 2

龄期	3d	7d	28d	90d
抗拉强度(MPa)	2.1	2.8	3.2	3.8

混凝土物理热学参数 表 3

混凝土标号	最终弹模(MPa)	热胀系数(1/℃)	导热系数(kJ/(m·d·℃))	比热(kJ/kg·℃)	绝热温升(℃)
C40	4.2×10^4	8.0×10^{-6}	235.0	0.95	42.6

承台混凝土施工日期预设为 11 月，浇筑温度按 28℃计算。承台共布设 8 层冷却水管，冷却水管的水平和竖直间距均为 80cm。

在设定条件下，承台内部最高温度为 62.2℃，温峰出现时间约为浇筑后第 2~3 天。如图 1 所示。

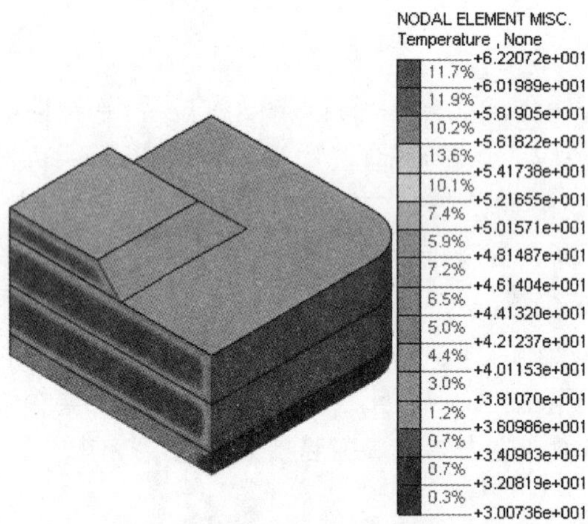

图 1　承台混凝土内部最高温度包络图

此时，混凝土内部温度较高，表面及侧面自然散热较慢，内部热量靠自然降温难以释放。

混凝土早期由于内表温差引起表面拉应力，后期由于基础温差引起内部拉应力。构件混凝土早期(3d)应力发展较快，集中于构件表面，表现为拉应力；7d 后有部分应力向构件内部转移并逐渐发展至稳定水平。承台各龄期最小抗裂安全系数为 1.40，符合安全系数设计要求。开裂风险点在于：

(1)第二层早期，因为内表温差产生的表面拉应力较大；

(2)塔座后期，由于收缩导致内部的拉应力较大；

(3)计算浇筑间隔期承台为 20d，浇筑间隔期过长，引起基础约束过大。

为减少承台开裂风险，应该注意混凝土早期的保温以及后期养护的保湿保温。

2.2 温度控制实施标准

根据仿真计算结果，依据抗裂安全系数≥1.40的原则，制定如表4所示温控标准。

大体积混凝土温控标准 表4

结构部位	浇筑层	浇筑温度(℃)	最高温度(℃)	内表温差(℃)	降温速率(℃/d)
主墩承台	第一层	≤28	≤62	≤25	≤2.0，初期≤3.0
	第二层	≤28	≤63	≤25	≤2.0，初期≤3.0

3 裂缝控制措施

3.1 拌合用水加冰

拌和混凝土时，拌和水内加冰，承台单次浇筑合计用冰最大量约300t。如图2所示。

图2 拌合用水加冰施工图

3.2 通水冷却并适当延长通水时间

为增加冷却水管与混凝土接触面积，加快散热，冷却水管直径应适当加大。依据混凝土内部温度场仿真计算结果，冷却水管采用$\phi 60 \times 2.5$mm钢管，管间连接及进出水口采用黑橡胶管，钢筋绑扎的同时安装冷却管。承台共布设8层冷却水管，冷却水管水平和竖直间距均为80cm。如图3所示。

混凝土浇筑到各层冷却水管标高后开始通水，升温时段采用较大通水流量，降温时段适当减缓通水流速。因结构截面尺寸大，混凝土内部温度较高且散热较慢，而表面部位受环境影响温度下降快，极易形成较大的内表温差，故施工中改变以往达到温峰即停止通水的方式，采用冷却循环温水并延长时间，增大混凝土内部降温速率，同时利用冷却水在混凝土内部的温度均化作用，有效降低混凝土内表温差。

3.3 延迟拆模时间

为加快施工进度，一般拆模时间较早，约为浇筑后的7天。为防止温度较高的混凝土表面暴露于低温环境后急剧降温，在内部混凝土约束下产生较大温度应力，施工中适当延迟了拆模时间，且拆模时选取一天中的高温时段，一方面使混凝土能够逐步平稳降温，减小表面温度与环境温度的差值，另一方面使混凝土抗拉强度得到充分发展，抵抗裂缝产生的能力不断增强。

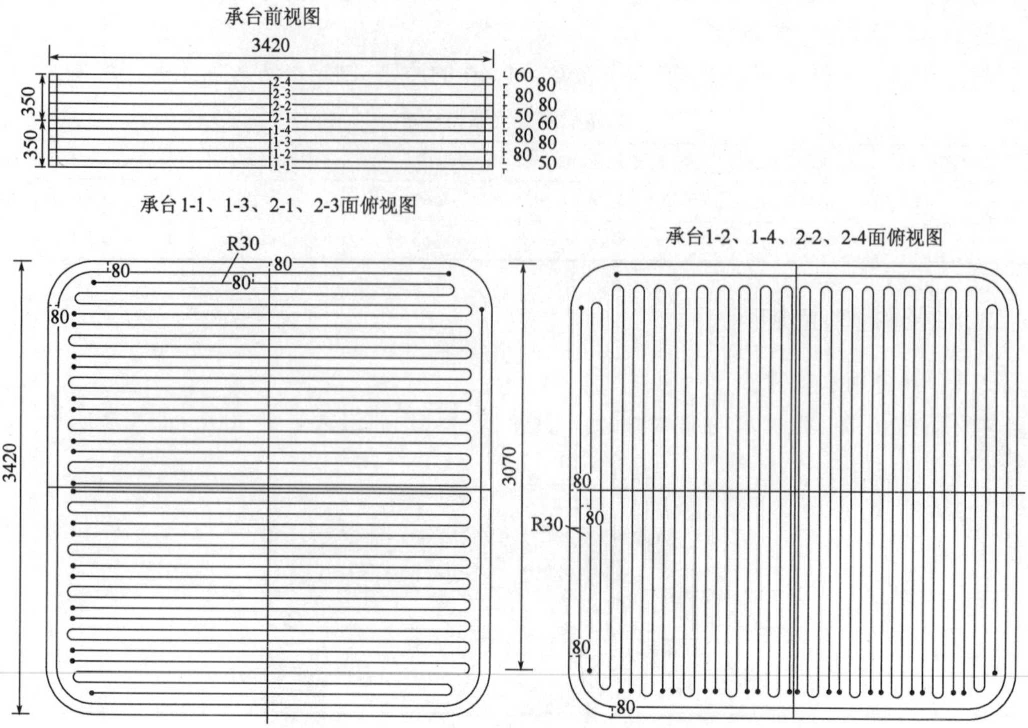

图3 承台冷却管布置图(尺寸单位:cm)

3.4 保温、保湿养护

承台下层(第一层3.5m)浇筑时,外界环境温度在23.5~30.0℃之间,下层承台混凝土尚在钢板桩围堰内部,有遮障防风效果,承台混凝土带模养护作用可以起到较好保温效果,所以表面温度升温与降温与芯部区域温度基本同步,随着时间的变化内表温值也同步缩小。承台浇筑完成后上表面蓄水养护,凿毛完成后洒水养护避免表面塑性开裂。如图4所示。

图4 承台上表面凿毛完成后蓄水养护保持湿润状态

针对承台上层(第二层3.5m)靠近钢板桩围堰顶面,易受外部环境温度影响的情况,在上层混凝土浇筑时,采用煤炉在承台四周加热,承台与钢板桩之间的空间覆盖棉被等方式进行保温。如图5、图6所示。

图5　承台侧面覆盖棉被保温

图6　承台表面煤炉加热施工图

4　现场温度检测

测温仪器选择依据使用可靠性和经济性的原则，在满足监测要求的前提下选择操作方便、价格适宜的仪器。温度检测仪采用智能化数字多回路温度巡检仪，温度传感器为热敏电子传感器。

智能化温度巡检仪可自动进行数据记录、数据断电保护、历史记录查询、实时显示和数据报表处理等功能。该仪器测量结果可直接用计算机采集，人机界面友好，并且测温反应灵敏、迅速，测量准确。测温仪布置如图7所示。

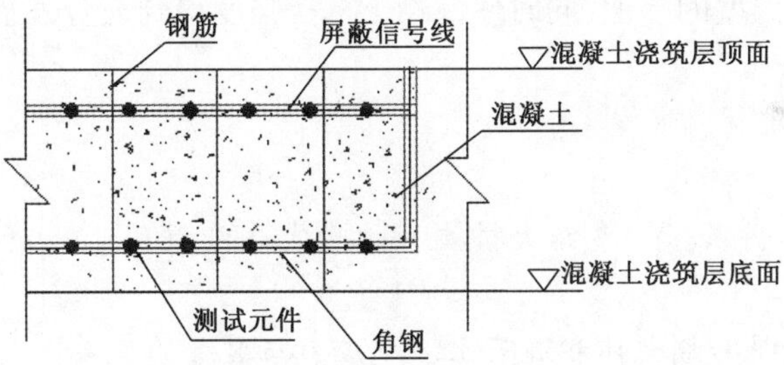

图7　承台温控监测原件布置图

参照《混凝土大坝安全监测技术规范》（SDJ 336—89），并根据桥梁大体积混凝土的特点加以改进，由具有埋设技术和经验的专业人员操作。为保护导线和测点不受混凝土振捣的影响，采用等边角钢36mm×4mm进行保护。

5　温控效果评价

（1）混凝土初凝时间在40h～45h时，该层混凝土缓升缓降的温控效果明显。

（2）施工方采取的拌和水加冰措施有效地降低了浇筑温度的升高，同时有降低最高温度的效果。

（3）现场采用$\phi60\times2.5$mm冷却水管对承台内部混凝土起到较好散热效果，削减了最高温度，推迟了最高温度出现的时间。

右幅承台第一次混凝土监测测点温度数据如表5所示。

承台第一次混凝土监测数据汇总　　表5

监测部位	入模温度(℃)	内部最高温度(℃)	最高温度出现时间(h)	表面温度(℃)	最大内表温差(℃)
承台第一层	28.3	60.2	97	26.5~47.3	19.6
承台第二层		61.9	83	28.5~43.4	23.4
承台第三层		63.8	71	27.5~49.4	18.1

6　对后续施工建议

分水器应适当增加两至三个泄压阀,以便更好地调控阀门流量,避免调控分水阀时因水压过大导致爆管情况发生。

7　结语

(1)结合承台结构特点,同时考虑施工工况,对结构进行必要的仿真计算。计算所确定的温控标准,对现场温控防裂工作开展及温控措施的调整具有重要的指导作用。

(2)大体积混凝土内部埋设冷却水管通水降温能够有效抑制混凝土升温。对于海工高性能混凝土结构,应改变以往达到温峰即停止通水的方式,适当延长通水时间至混凝土升温基本稳定,可有效控制混凝土的外观质量。

(3)混凝土结构应严格控制拆模时间,利用模板自身对混凝土进行保温养护,以减小拆模时表面温度与环境温度的差值,同时使混凝土抗拉强度得到充分发展,抵抗裂缝产生的能力不断增强。

参考文献

[1] 张洪波,陈胜,秦明强,等.嘉绍大桥主墩承台大体积混凝土裂缝控制[J].水运工程,2012(8):33-35.

[2] 杨碧华,李惠强.早龄期大体积混凝土温度应力与裂缝的关系[J].华中科技大学学报,2002,19(4):76-77.

34. 浅谈大体积承台温控施工控制措施

华　勇[1]　尹相龙[1]　王锦攀[2]　陈锦毅[1]

(1. 中交第二航务工程局有限公司;2. 海南省交通工程建设局)

摘　要:海上承台大体积混凝土对温度要求较高,处理不当有可能产生收缩裂缝,本工程除采取常规的降低混凝土温度的措施外,还埋置温度控制仪,按混凝土内外温差情况控制冷却水的量,以减少混凝土内外温差。为其他工程同类条件下的大体积混凝土承台施工提供一定的借鉴。

关键词:承台;温控;大体积

1　工程概况

海南铺前跨海大桥主墩承台平面为矩形结构,平面尺寸为 34.2m×34.2m(长×宽),厚7.0m,上设置2m 高塔座。承台混凝土方量为 8122.05m³,为大体积混凝土。竖向分 2 层(3.5m+3.5m),施工最大浇筑方量约为 4061.025m³。主墩基础一般构造见图 1。

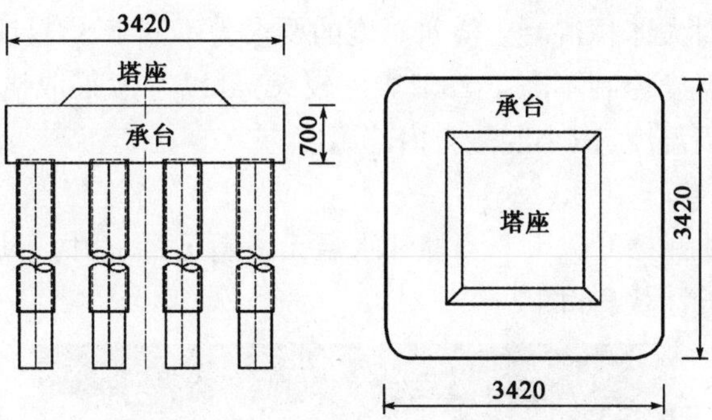

图1　主塔承台结构图(尺寸单位:cm)

2　温控监测

海南铺前跨海大桥 34#主墩承台混凝土单次浇筑厚度约为 3.5m,设计布置三层温度测点共 45 个,根据承台结构的对称性和温度变化的一般规律,在承台中心线对称的 1/4 区域布设测点,距承台混凝土顶底面分别为 1.75m、0.5m。

温度监测工作在混凝土内部各层的监测元件进行，温峰出现前每1h监测一次，峰值出现后每4h监测一次，持续5天后转入每天监测2次，直到温度变化基本稳定（连续3天降温速率小于0.5℃/d）。

3 现场温控措施

大体积混凝土工程施工过程中，在内部因素（温度收缩、水化收缩、弹性模量增长、抗拉强度增长）、外部环境条件（气温变化、风速、湿度）、基础约束条件及施工工艺的共同影响下，可能产生三类裂缝：表面裂缝、深层裂缝及贯穿裂缝。为确保大体积混凝土结构施工质量，必须根据工程的实际情况，准确进行温度预测，详尽地进行温度应力分析，合理地制定温控方案，才能避免、防止裂缝的产生。

在混凝土施工中，将从混凝土的原材料选择、配比设计以及混凝土的拌和、运输、浇筑、振捣到冷却管通水、养护等全过程进行控制，以达到控制其混凝土质量、混凝土内部最高温度、混凝土内表温差及表面约束等因素，从而控制温度裂缝的形成及发展的目的。

3.1 配合比优化

（1）采用中低热水泥，降低水泥用量以降低水化热。在胶材总量确定的情况下，提高矿物掺合料掺量，最多可达到45%，尽量减少水泥用量。

（2）采用56d评定，减少胶凝材料用量，降低混凝土温升。

（3）延长混凝土缓凝时间以推迟并削弱温峰。混凝土室内凝时间调整大于40h。

34#主墩承台混凝土标号为C40配合比见表1。

主墩承台混凝土配合比（kg/m^3） 表1

强度等级	水泥	粉煤灰	矿粉	砂	碎石	水	外加剂
C40	189	126	105	770	1063	147	4.41

3.2 入模温度控制

混凝土的浇筑温度对控制混凝土裂缝非常重要。入模温度高的升温值要比入模温度低的大许多。本桥施工对大体积混凝土浇筑温度的要求为不低于5℃且不高于28℃。

承台混凝土浇筑温度控制不高于28℃难度较大，可以考虑采取措施降低混凝土浇筑温度控制混凝土内部最高温度，减小混凝土内部温度应力。

具体措施如下：

（1）拌和水温控制在15℃以下。当拌和水温无法满足要求时，可加冰块制冷水，但应避免混凝土中有未融化的冰块，如图2。

图2 拌和水加冰

(2)控制骨料温度不大于30℃。可搭设遮阳棚进行骨料遮阳,堆高并从底层取料。当采取遮阳措施,骨料温度仍大于30℃时,可在保证工作性的前提下喷淋水雾降温,如图3。

(3)水泥温度控制不大于60℃。大体积构件施工前做好施工协调工作,提前备料,充分冷却后使用,避免使用刚出厂的新鲜水泥,可要求水泥厂商提前采用多次倒库进行降温。当现场水泥温度仍无法满足要求时,可在储罐外可采用喷淋降温,减低水泥温度。

(4)为防止混凝土和制冷水温度的回升,搅拌车、输送管道、制冷水管路等进行防晒包裹保温,如图4。

图3 骨料遮阳降温

图4 罐车包裹隔热

(5)浇筑温度仍无法满足要求时,可以直接用片冰替代拌和水进行拌合。1kg片冰融化为水,大约需要吸收335kJ热量。根据工程经验,每加入10kg的冰至少可使每立方米新拌混凝土降低1℃。加冰量依据环境温度和浇筑温度要求变化,通常高温季节可考虑加冰量30~60kg/m^3。

(6)浇筑间隔期控制。上下层之间浇筑间隔期宜控制在20d以内。

3.3 冷却水管设置

冷却水管主要降低混凝土内部最高温度,减小内外温差。冷却水管采用$\phi 60\times 2.5$mm具有一定强度、导热性能好的钢管制作,管间连接及进出水口采用黑橡胶管,钢筋绑扎的同时安装冷却管。

承台布置冷却水管,承台共布设8层冷却水管,冷却水管水平和竖直间距均为80cm。冷却水管布置如图5。

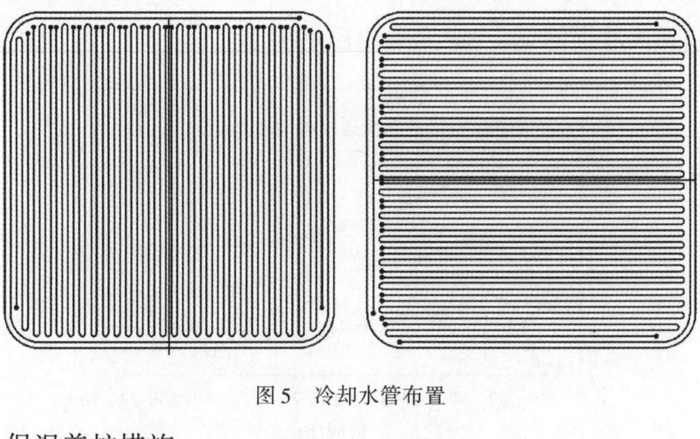

图5 冷却水管布置

3.4 混凝土保温养护措施

海南铺前跨海大桥34#主墩承台浇筑当日环境温度在19.2~23.7℃,承台混凝土钢板桩围堰内部,有遮障防风效果,承台混凝土带模养护作用可以起到较好保温效果,所以表面温度升温与降温与芯部区域温度基本同步。因此混凝土表面温度在27.2～45.4℃,其中最大内表温差为22.8℃,符合内表温差不大于25℃规范标准。由于养护期间日平均气温较低,采取用升温炉给承台侧面升温。随着升温炉不断加热内表温值也同步缩小,截至1月25日16时内表温差为15.3℃。承台混凝土升温养护如图6。

图6　承台混凝土升温养护

浇注过程中,实时监测气温、混凝土入模温度、混凝土内部最高温度、表面温度、内表温差、进出水口温度等指标,为承台大体积混凝土的温度控制、通水速率以及拆模养护等温控环节提供依据。由于承台混凝土方量较大,混凝土缓凝时间调整约为40～45h,前期混凝土升温速率缓慢,混凝土覆盖22～28h后开始缓慢升温,平均两小时升温0.3～0.7℃。混凝土浇筑温度为24.5～25.5℃,最高温度为68.2℃,最大内表温差为22.8℃,实测进水温度为28.5～43.1℃,出水温度为35.2～45.5℃。

4　温控分析

由图7可知,海南铺前跨海大桥34#主墩索塔左幅承台混凝土内部最高温度均呈先缓慢上升后缓慢下降的趋势。由于混凝土缓凝时间为45h左右,混凝土前期水化相对较慢,自浇筑起前25～40h内温度发展相对平缓;45h后受早期水化影响放热较剧烈,45～70h内温度快速上升。混凝土温控过程中,在浇筑早期及时通冷却水,起到了一定的推迟温峰的效果,其中内部最高温度为68.2℃;温峰过后日降温速率逐渐控制在温控标准范围以内。可以看出内表温差随最高温度逐渐降低,内表温差也随之缩小。

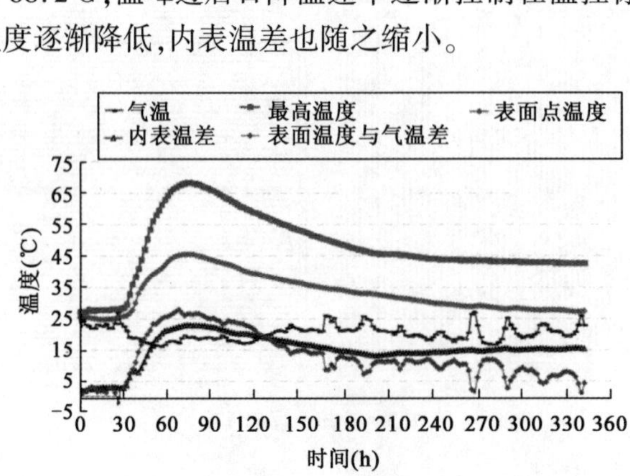

图7　承台内部温度变化曲线

测点自混凝土覆盖起25h左右逐渐开始升温；三层温峰分别为59.4℃、68.2℃、63.1℃，其中内部最高温度68.2℃，与温控方案计算温控标准不大于62.0℃稍高，最大内表温差22.8℃、符合不大于25℃的温控标准。芯部温度与表面温度随着内部温度逐渐降低，截至1月25日16时，海南铺前跨海大桥34#主墩承台混凝土内部温度在27.2～45.4℃，内表温差15.3℃，均在可控范围内。

5 结语

大体积混凝土的温控措施选取应结合项目所在地气候条件及工程实际情况进行选择及分析，采取有效的温控措施降温、保温，避免大体积混凝土因温度应力而产生裂缝，避免对结构整体应力产生不良影响，本项目成功控制温度裂缝的产生，为其他同类工程有一定借鉴意义。

参考文献

[1] 金毓红.桥梁结构混凝土外观质量控制技术[J].西部交通科技,2007,33(13):219-220.

35. 高抗震烈度下的超大直径钢管复合桩施工

向梨梨[1] 曹汉城[1] 王 佳[1] 张德文[2]

(1. 中交第二航务工程局有限公司;2. 海南省交通工程建设局)

摘 要:本文以国内基本抗震烈度最大的海南铺前跨海大桥施工为例,结合工程实例,针对超大直径钢管复合桩基施工进行了研究,采用了大型定制回旋钻机及多层钢筋笼加工新工艺,通过现场施工及研究表明了本文施工工艺下的可行性及高效性。

关键词:抗震;超大直径桩;钢管复合桩

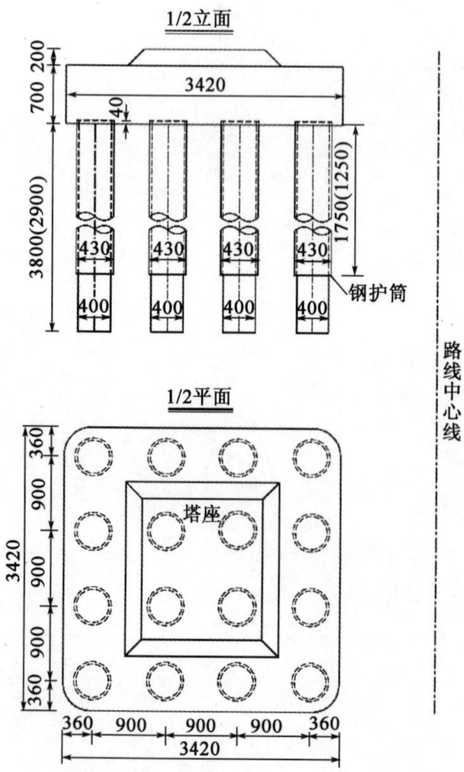

图 1 主墩桩基础布置图(尺寸单位:cm)

1 工程概况

海南铺前跨海大桥位于海南省海口市演丰镇和文昌市铺前镇,其主桥采用(230+230)m两跨独塔钢箱梁斜拉桥,主墩基础采用两个分离式承台基础,桩基在单个承台下呈行列式布置,每个承台下采用16根D4.3m/D4.0m钢管复合桩,共计32根钢管复合桩。基础布置图见图1。

2 施工难点

嵌岩大直径桩成孔施工过程工艺复杂,微风化花岗岩层强度高达120MPa,钻孔机械设备要求高,泥浆性能要求高。

高抗震烈度要求下钢筋笼主筋数量急剧增加,单节钢筋笼重量大,从内至外共4层钢筋笼,主筋间距较小,操作空间狭小,对接精度要求高。

大直径桩基混凝土浇注质量控制难,首封方量大,混凝土流动性要求高。

3 施工控制点

由于主墩施工具有直径大、桩长长、钢筋笼设计复杂、混凝土浇注方量大等特点,结合施工难点对主墩超大直径桩基成孔、超配筋钢筋笼制作及超大直径桩基浇注 3 个方面进行分析。

3.1 设备选型要求

平台顶至孔底最大深度为 46m，入花岗岩层深度最大达 23m，设计孔径 4.0m，对钻机的扭矩及钻杆质量提出了较高要求。考虑选用技术性能先进，提升能力和配重较大的大型回旋钻机 ZJD-5000，钻机性能参数见表 1。

ZJD-5000 钻机主要性能参数 表 1

设 备 图 片	钻机型号		ZJD-5000
	最大钻孔口径（m）		5.0
	最大钻孔深度（m）		200
	钻速（r/pm）	0～6	450
	钻速（r/pm）	6～12	250
	最大提升能力（kN）		3500
	封口转盘承载力（kN）		3000
	钻杆（mm）		351×3500
	总功率（kW）		355
	外形尺寸（m）		10×7×11
	主机重量（kg）		92000
	循环方式		气举反循环

3.2 泥浆指标要求

（1）泥浆配制要求

钻孔护壁泥浆采用膨润土造浆，根据施钻地层的特点，在钻孔施工过程中，为防止发生流砂及软流塑地层扩孔、塌孔、缩径等现象，保持孔壁稳定，使用不分散、低固相、高黏度泥浆进行护壁。泥浆制备理论配合比如表 2。

泥浆理论配合比（1000mL 浆液） 表 2

淡水（g）	膨润土（g）	纯碱（g）	调节剂（g）
1000	65	4.2	2.0

（2）泥浆指标要求

为提高各地层中钻孔效率，对钻孔泥浆进行调整，具体泥浆指标参数见表 3。

各地质泥浆的性能指标表 表 3

地质情况	泥 浆 指 标						
	相对密度（g/cm^3）	黏度（s）	胶体率（%）	含砂率（ml/30min）	泥皮厚（mm/30min）	静切力（Pa）	酸碱度（pH）
一般地层	1.02～1.06	16～20	≥95	≤4	≤3	1～2.5	8～10
易塌地层	1.06～1.10	18～28	≥95	≤4	≤3	1～2.5	8～10
基岩层	1.10～1.15	20～35	≥95	≤4	≤3	1～2.5	8～10

3.3 钻机在各地层中主要施工要点

（1）砂土中钻进

钻孔区域覆盖层为粉细沙、淤泥质黏土、砾砂、卵石土，钻头拟采用直径 ϕ4.0m 的改进型刮刀钻头,钻头四周外壁均匀布设长为15~20cm的钢丝刷。开钻时钻头反循环空转,启动泥浆循环系统,调整孔内泥浆,当孔内泥浆指标符合要求后,采用反循环减压钻进,在钻孔过程中及时调整护壁泥浆指标和钻进速度。同时注意向钢护筒内补充泥浆,确保泥浆面比海水面高出1~1.5m,密切注意泥浆指标的变化情况,当泥浆指标超出规定范围,及时调整泥浆后,继续钻进。

另外,在钻进孔深接近钢护筒底口时,需要备有一定量的碎石、黏土等堵漏材料,以防发生穿孔。

(2)基岩中钻进

钻孔区域基岩层为中风化花岗岩、微风化花岗岩,岩质较硬。

在进入岩层时,利用滚刀钻头大气量、低压慢转,慢速钻进,磨平岩面,防止钻头沿岩石面滑动,确保孔壁的垂直度。在通过岩层一倍桩径后,钻压可控制在20t左右,进尺控制在3~5cm/h以内。对于地层呈散体状、厚薄不均、局部呈碎石状地段,首先加强对泥浆性能的控制,另外,钻进过程中加强局部扫孔,以此避免因进尺不均而造成的孔壁不规则。对于地层裂隙较发育、地层强度差异大,且分布厚薄不均的地段,容易出现斜孔、台阶孔,钻进以防斜为重点,同时加大扫孔频度。由于部分桩基要穿越裂隙性破碎带,钻孔时要加强观测、控制钻进速度、减压钻进,保持孔内水头和泥浆性能,防止出现泥浆渗漏和塌孔。

3.4 超配筋钢筋笼制作及运输

(1)钢筋笼加工

主墩钢筋笼在主墩钢筋加工场制作,场内设置2条钢筋笼制作生产线。采用长线胎架法,即在钢筋场内,使用2m间距布置的圆弧形锯齿胎盘来定位部分主筋与圆形加强钢筋。胎架设置于钢筋场有足够强度的平整地坪上,主要由胎盘、立柱、基础梁、垫梁组成。基础梁于钢筋场地坪灌筑时预埋。安装时用全站仪控制单线所有胎架中轴线,水准仪控制胎架顶标高。钢筋笼胎架如图2。

图2　钢筋笼胎架照片

(2)钢筋笼的吊装及安装

现场钢筋笼的起吊直接利用120t龙门吊进行接高及下放,吊点设置在每节钢筋笼最上一层加劲箍处,对称布置,共计4个,吊耳采用圆钢制作并与相应主筋焊接。随着钢筋笼的不断接长,钢筋笼重量在不断增加,为避免钢筋笼发生吊装变形,钢筋笼顶口设置专用吊架,吊架结构见图3。钢筋笼下放及对接如图4。

吊具及钢丝绳验算:

A.钢筋笼吊装基本配备:

卡环:4个(60t);上端钢丝绳吊索:4根4mϕ43;下端钢丝绳:4根5mϕ43。

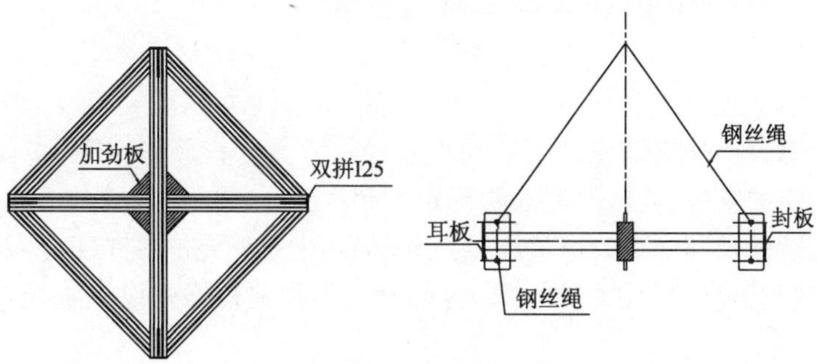

图3　吊架结构图

B. 上端钢丝绳强度验算:

$\phi 43$ 钢丝绳(钢丝绳抗拉强度按1550MPa考虑)单根破断力为108.5t。

$$K = 108.5\text{t} \times 4/85 = 5.1 > 5$$

满足要求。式中:K为保险系数。

C. 下端钢丝绳强度验算:

$\phi 43$ 钢丝绳(抗拉强度按1550MPa考虑时)单根破断力为108.5t。

$$K = 108.5\text{t} \times 4/85 = 5.1 > 5$$

满足要求。

3.5　超大方量桩基水下混凝土浇注

桩基混凝土灌筑采用“两台拖泵 + 30m^3 大料斗 + 3m^3 小料斗”拔塞法进行混凝土首封浇注。

首封采用拔塞法进行施工,即在漏斗的底部、导管的顶口放置一张圆形塑料膜,塑料膜上面再使用盖板封住导管口。确认小料斗内密封塞完全塞好,钢丝绳及卡环安装完毕。

首封时先关闭大料斗闸门,往大料斗内注混凝土,在大料斗接近满仓时,开启闸门,待小料斗内即将装满时,开始拔塞进行首封工作,直至大料斗内混凝土灌筑完毕,首封完成。桩基水下混凝土灌注照片见图5。

图4　钢筋笼下方及对接

图5　桩基水下混凝土灌筑

由于混凝土的黏度大,当混凝土灌筑临近结束时,用平头测锤仔细测量混凝土面高度,并核对混凝土的灌入方量,以确定所测混凝土的高度是否准确,当确定整个混凝土的顶面标高到位后,停止灌筑,及时拆除灌筑导管。灌筑完成时,混凝土面应不小于设计桩顶标高。

桩头混凝土超灌 0.8m ~ 1m,以保证桩头混凝土质量。

4 结语

通过铺前跨海大桥高抗震烈度下的超大直径钢管复合桩施工,填补了国内超大直径钢管复合桩施工研究的空白,通过研究表明确定可超大直径 4 层钢筋笼的可行性,累积了大直径回旋钻机施工经验及其施工关键参数,对超配筋超大钢筋笼的施工工艺及功效进行优化,并对超大直径钢管复合桩灌筑关键技术进行分析,为我国桥梁建设大直径桩基础施工做出参照。

参考文献

[1] 冯忠居.基础工程[M].北京:人民交通出版社,2001.
[2] 冯忠居.特殊地区基础工程[M].北京:人民交通出版社,2008.

36. 浅析填砂路基包边土施工工艺

吴敬武[1]　张汉生[1]　孙平宽[1]　张军辉[2]

(1. 中国公路工程咨询集团有限公司;2. 长沙理工大学)

摘　要:海南省演丰镇塔市土体资源紧缺、海砂资源丰富,填砂路基施工能够合理利用丰富的砂作为填筑材料,同时减少对有限土资源及良田的占用。文章结合海南铺前跨海大桥桥头西侧连接线工程填砂路基施工方法,分析其施工工艺及质量控制要点。

关键词:填砂路基;包边土;质量控制

1　工程概况

本项目路基范围为铺前跨海大桥西侧接线,全长1082.022m(起讫点桩号为K13+515~K14+597.022),位于演丰镇塔市,本项目公路等级为一级公路,设计速度80km/h,路基横断面均为整体式,整体式路基宽32.0m,双向六车道,其中,中央分隔带宽2.0m,其两侧路缘带各宽0.5m,每侧行车道宽3×3.75m,两侧硬路肩各宽2.5m,两侧土路肩各宽0.75m。一般路段行车道、路缘带及硬路肩设2%横坡,土路肩设4%横坡。

2　施工方案

演丰镇塔市位于海南省海口市滨海地区,由于沿线路用土不足,引线填筑存在问题。考虑滨海地区海砂资源丰富,桥头引线若以海砂作为路基填料,不仅能解决该区域公路建设路基填料匮乏的问题,而且能产生显著的经济社会效益,符合我国“资源节约,绿色交通”战略的需要。为解决这一问题,西侧引线路基多采用海砂+2m包边土+80cm8%石灰改良土上封层的路基施工方案。

3　施工工艺

本工程填砂路基施工工艺如下:施工准备→地面整平、排水沟开挖→修筑盲沟→包边土填筑、碾压→海砂填筑、整平→海砂洒水至最佳含水量左右→压路机初压→洒水车补洒水→压路机终压至设计压实度→检测合格→包边土填筑、碾压→填筑下一层。

3.1　施工准备

施工前的准备工作,主要包括技术交底、机械组织安排、土工试验等。

3.2 基槽开挖

对于挖方路段，首先，根据路床顶面宽度、路基边坡坡率及清表后原地面标高，计算出各断面路基填砂宽度，再采用全站仪进行放样，每20m一个断面，测设一中桩及两边桩，然后在各断面两边桩放样点处钉木桩，沿木桩用石灰撒出两线，以此作为基槽开挖的边线。

基槽开挖前，应做好基槽两边截水沟、排水沟等排水及防渗设施。并将开挖范围内的杂草、树木均砍伐干净，并清除表土、树桩等杂物。本项目基槽开挖施工时，应认真做好以下工作，以确保路基施工质量：

(1)基槽开挖采用机械开挖，配合人工修整。机械开挖至设计标高以上20cm后采用人工修整。

(2)基槽开挖应按自上而下、逐层开挖的原则进行，不得乱挖或超挖。

(3)基槽开挖采取直槽开挖，当土质情况不好或有邻近的结构物时，应视情况采用不同的坡度或防护措施，以保持边坡稳定和结构物安全。

(4)基槽开挖应视施工能力逐段开挖，确保开挖一段成型一段，并加强天气情况的收集，若晴好天气的时间无法确保此段内填砂路基的成型，应停止开挖，直到气候条件转好。

(5)基槽开挖出来后，应及时进行基底处理，验槽合格后填筑海砂，减少暴露时间，防止雨水浸刷破坏地基土的原状结构。

3.3 清砂填筑

路基填砂采用横断面全宽、纵向100m分段、水平分层20cm(虚铺厚度25cm)的填筑方式进行。

3.4 摊铺整平

砂运到工地后应及时推平，使砂层在纵向和横向平顺均匀，以保证推土机的履带能均匀接触层面进行压实，以达到初始碾压效果。填筑第一、二层砂时，施工横坡度宜控制在3%左右，且应设成内倾横坡，横向水流指向路中心，逐层填高后，施工横坡度可以适当减小。填砂摊铺采用推土机粗平并配合平地机精平。大型推土机可作为填砂路基的初压设备，初压时按照一般土方的压实工艺，从路基边缘向内侧逐轮碾压，碾压时轮迹重叠宽度不小于1/2轮宽，轮迹布满一个作业面为一遍，碾压2遍，碾压时也可采用纵横向交错的碾压方式。

3.5 晾晒洒水

晾晒洒水是路基填砂施工的关键工序，也是确保填料的含水量控制在最佳含水量的±2%内的必要手段。在碾压作业前和碾压过程中，对填料进行含水量检测，根据检测结果，采取自然晾晒和水车、人工洒水至压实的最佳含水量。洒水使砂层的含水量至10%左右后，用光轮压路机静压二遍、振动压路机振压二遍后，洒水车就能直接在砂层上行驶，洒水至最佳施工含水量，再继续碾压。

3.6 碾压密实

本项目路基填砂碾压施工，采用YZ18单驱振动压路机和YZ18CD双驱振动压路机，通过不同的碾压组合碾压试验路段。根据碾压工艺试验的结果，在填筑下路堤，填筑层松铺厚度宜选择50cm左右，采用双驱振动压路机静压1遍后进行振动碾压10遍，最后采用单驱振动压路机静压1~2遍。由于一级以上公路对上路堤要求为压实度在94%以上，上路堤(一般交通距路面底面0.8~1.5m，重载交通距路面底面1.2~1.9m，厚70cm)填筑时，分为2层填筑，每层松铺厚度应不大于40cm，采用双驱振动压路机静压1遍后进行振动碾压9遍，最后采用单驱振动压路机静压1~2遍。碾压施工前，应对填筑层的分层厚度、大致平整程度及横坡等应进行检查,确认层厚、平整程度及横坡符合要求后,方能进行碾压。

3.7 碾压过程中还需注意以下几点

(1)碾压前应对填砂松铺厚度和含水率进行检查,符合要求后方可进行碾压。

(2)压实应根据试验段确定的压实遍数进行控制。当碾压遍数超过 10 遍其压实度仍达不到要求时,则应考虑减少填料层厚度,经压实度检验合格后方可转入下道工序,压实度不合格时应洒水补压再做检验,直至合格。振动压路机一般碾压 6 遍以上,碾压时轮迹重叠宽度不应小于 1/3,轮迹布满一个作业面为一遍。

(3)采用 20t 以上的前后轮驱动振动压路机进行碾压。碾压时先慢后快,用高频低幅的方法进行振压。

(4)压路机的碾压行驶速度不超过 4km/h;碾压时直线段由两边向中间,小半径曲线段由内侧向外侧,纵向进退式进行。前后相邻两区段(碾压区段之前的平整预压区段与其后的检验区段)应纵向重叠 2m 以上,达到无漏压、无死角,确保碾压均匀。

(5)终压用振动压路机静压 1 ~2 遍。

(6)路基边缘压路机碾压不到的地方,应采用小型压(夯)实机具进行补压。

3.8 检测验收

施工过程中可采用大体积环刀(1000cm^3)法、灌砂法检测密度和红外线微波加热快速测定砂含水率检测填砂压实度。压实度检测合格后,方可转入下道工序,不合格的应进行洒水及补压后再做检查,一直达到合格为止。

3.9 包边土施工

针对本工程实际情况,采用先包边土施工。包边土需要加宽 50cm 碾压,再进行砂芯填筑。包边土碾压施工完成后,如因天气炎热导致包边土干燥,应适当洒水养护,使表面不干燥,也不能过度潮湿。砂芯分层填筑时采用透水土工布进行包裹,底层土工布满铺(即碎石垫层上铺设一层土工布),其余每 40cm 厚度采用一层土工布向上翻叠包裹,土工布搭接宽度为 1.5m。在分层填筑过程的一层结束且压实度达到要求后,再进行下一层填砂路堤的包边土施工,随后进行本层填砂作业本。如图 1 所示。

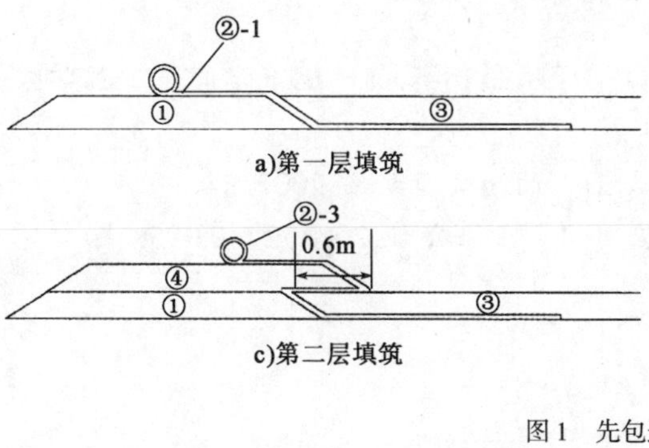

图 1　先包边土施工工艺

①第一层包边土的松铺和碾压;②-1 铺设土工布;②-2 土工布反包;②-3 铺设土工布(从第一层填砂路基顶面反包至第二层包边土上方);②-4 土工布反包;③第一层砂的松铺和碾压;④第二层包边土的松铺和碾压;⑤第二层砂的松铺和碾压

4　质量控制要点

通过本项目填砂路基施工,总结出其质量控制要点,对大面积填砂路基施工具有指导作用,能够有效控制填砂路基施工质量。

4.1 砂源选择

(1)不得使用含有腐殖土、淤泥、树根、草皮等的砂。

(2)填砂路基材料含泥量不宜大于15%,且不应结团集中。填砂路基材料有机质含量不应超过5%。

(3)砂的最小强度(CBR%)需符合规范要求。

4.2 包边土施工

包边土每侧宽度2m,施工时放出路基边线、内侧线,并每侧加宽50cm,内侧宽填部分在填砂前予以清除,同时,包边土与砂结合部分应清洁干净无松散土。填砂路基包边土如果出现松散、未压实,路基内部填砂将在外部荷载及自重的作用下随包边土一同坍塌,对整个路面施工及质量造成极大危害。同时由于包边土宽度较小,不利于大型压实机械施工,必须采用小型压实机具配合人工的方法碾压,每层压实度要求与同层次填砂路基压实度要求相同。

4.3 路基排水

填砂路基排水在整个路基施工中起到关键的作用,在初压时砂排出的水如果浸入包边土及路床将对整个路基质量造成危害,终压时排水能够帮助砂更好密实。因此在施工前需在路基两侧开挖40cm×40cm的纵向排水盲沟,另外每20m开挖横向排水沟将纵向排水沟内的积水排出路基范围。

5 结语

填砂路基能够合理利用资源,减少对良田及土资源的利用,对土资源紧缺但砂资源丰富的地区具有现实的意义。但砂存在失水易塌陷、稳定性差、不易压实等缺陷,填砂路基施工存在一定难度,通过实践总结对填砂路基施工质量做到了有效的控制。

参考文献

[1] 苗德山,刘事莲,张丽红.中江高速公路吹(填)砂路基的设计与施工[J].广东公路交通,2003(3):14-18.

[2] 蒋鑫,凌建明,李进.高速公路填砂路基设计若干关键问题[J].地下空间与工程学报,2011,07(3):570-575.

[3] 姚松柏.崇明岛接线工程填砂路基施工技术[D].西南交通大学,2007.

[4] 黄少文.长江口细砂在崇启通道工程中的应用[J].上海公路,2012(2):93-95.

37. 海南铺前跨海大桥桥头引线海砂吹填路基的设计与施工

刘　闯[1]　张军辉[2]　吴敬武[3]　孙平宽[3]

(1. 海南省交通运输厅;2. 长沙理工大学;3. 中国公路工程咨询集团有限公司)

摘　要:海南滨海地区土源较缺乏,而砂源非常丰富。本文总结介绍了海南省铺前大桥西侧连接线填砂路基的设计和施工,包括填砂路基的特点,填砂路基包边土、封层土和排水设计以及路基施工工艺等。

关键词:填砂路基;设计;施工

1　引言

海南地区依靠其天然的地理资源,渔业、旅游业得到了飞速发展,然而公路建设问题却日益显著:土源供给不足、土源性质较差。近年来,为了交通出行方便,海南省投资了该省迄今为止规模最大的独立跨海桥梁工程——海南铺前大桥,该地域拥有大量海砂,而黏土资源缺乏。因此,本文提出将吹填海砂作为大桥连接线路基填料的公路建设方案。该方案技术先进、经济节约、保护环境,能够创造良好的社会效益和经济效益。

我国现行规范尚未将填砂路基纳入特殊路基,仅对一般路基粗粒土填料做出了关于填料强度与施工中填料压实度方面的规定。路基设计与路基施工等相关规范中也没有对吹填砂路堤施工进行过多的讲述,仅仅做出了一些关于材料使用方面的描述;在公路软土地基和施工技术等相关规范中也仅仅是说出了部分可能需要使用到的方法与措施,事实上依然存在许多的问题没有提到。

针对以上内容,本文依托海南铺前大桥连接线工程对海砂吹填路基设计及施工的关键技术进行研究。

2　工程概况

铺前跨海大桥位于海南岛东北端—东寨港出海口处,是连接海口和文昌两市的跨海大桥,大桥自文昌市铺前镇,途经北港岛,止于海口市演丰镇塔市,接海口市规划建设的江东大道。全长5.7公里,其中跨海大桥长约3.8公里,两岸接线长约1.9公里。本项目路基范围为铺前大桥西侧接线,西侧接线长1082.022m(起讫点桩号为K13+515~K14+597.022),

公路等级为一级公路，设计速度 80km/h，路基横断面均为整体式，整体式路基宽 32.0m，双向六车道，其中，中央分隔带宽 2.0m，其两侧路缘带各宽 0.5m，每侧行车道宽 3×3.75m，两侧硬路肩各宽 2.5m，两侧土路肩各宽 0.75m。一般路段行车道、路缘带及硬路肩设 2% 横坡，土路肩设 4% 横坡。

3　填砂路基的特点

填砂路基的特殊性就在于核心填料是砂，而不是传统观念上的细粒黏土，并由此产生了包边土、顶封层等特殊细部构造，其中包边土、顶封层为填砂路基所独有，需要对此进行详细设计。

因填料的特殊性，填砂路基带来的一些特殊性需要引起设计、施工人员的重视，主要体现在：从砂料的物理力学特性上看，砂无塑性、透水性强、易于松散、压实困难，需用振动法或灌水法才能压实；黏聚力低、级配不良，结构为单粒结构；在含水量较低时呈松散状态，在含水量较高时呈流塑态；在竖向应力作用下，不易形成整体，易发生较大的侧向位移等。因此更应高度重视路堤边坡的稳定和防护，以防止路堤失稳和砂粒崩落流失。

4　填砂路基设计

本项目吹填砂路基材料来自引线段附近吹砂场，根据室内试验，该砂属于中砂，毛细水上升高度范围为 10～30cm，平均值为 20.3cm；易溶盐总量平均值仅为 0.12%，此砂样不属于盐渍土；最大干密度约为 1.77g/m^3，最佳含水率 12.20%；CBR 最大为 32，最小为 17，远高于《公路路基设计规范》中对路堤填料的最小 CBR 要求，是良好的筑路材料；其余各项指标合格，能够用于该工程的填筑。

对封层和包边土等细部结构设计，规范提出：吹填砂路基及粉煤灰路基为了保护边坡的稳定和植物的生长，边坡表层 1～2m 应用黏质土填筑，路床顶面可采用 0.3～0.5m 粗粒土封闭。本项目最大填土高度为 6.8m，结合规范及其他填砂路基设计的经验，本项目采用 80cm 上封层，包边土采用黏质土，厚度为 200cm，边坡坡率采用 1∶1.5。填砂路基横断面如图 1。

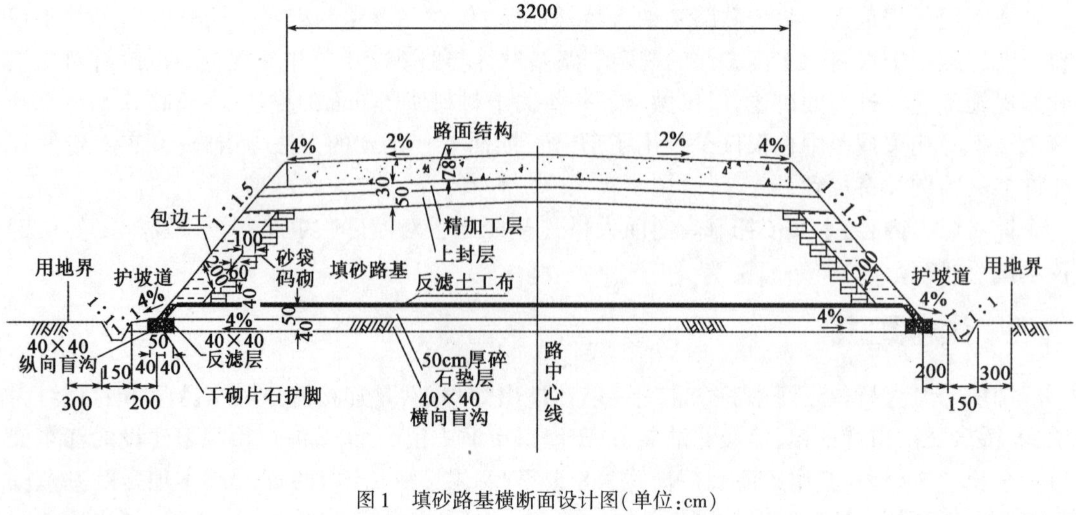

图 1　填砂路基横断面设计图（单位：cm）

另外在吹填砂路基设计中,边坡排水设计也是保证路基稳定的比较重要的环节。填砂前应先开挖路基两侧的梯形排水沟,排水沟底宽0.5m,高度0.5m,坡度为1∶1。路基坡脚处以干砌片石进行护脚,内侧设反滤层,反滤层结构为透水土工布包裹碎石。沿路线方向每隔20m左右设置一条横向排水盲沟,盲沟以碎石回填修筑,下挖深度0.4m,宽度0.4m。盲沟可将路基下渗的施工积水引出至排水沟储存,有必要时可通过水泵抽取进行循环利用。

当砂土路堤填筑至一定的高度之后,路堤内水分受重力以及上层水压力的影响,会逐渐从边坡坡脚渗出,流至便道。而渗水会导致海砂路基坡脚坍塌,从而影响到路基的稳定,同时渗出的水也会浸泡施工便道,以致便道坡脚软化,出现水毁现象,严重影响施工方便。为保证填筑用水不渗入便道,在干砌片石护脚外侧,即底层挡砂堤堆码处的下部开挖盲沟纵向排水,纵向排水盲沟需与横向排水盲沟相接。纵向盲沟以无纺土工布包裹碎石进行修筑,并设置2%排水纵坡。便道外侧设横向连接盲沟将纵向盲沟中储存的积水引入边沟内,盲沟尺寸设40×40cm。施工期间,各路段需保证盲沟及边沟排水通畅,出现堵塞现象应及时进行疏通。

5 吹填砂路基的填筑施工

吹填砂路堤主要应注意吹填砂、包边土、封层土和封层土以上部分施工。

5.1 填砂的施工

本项目施工采用先构造吹砂围堰,其次从海中吹取砂样至砂场再以自卸车运至施工路段进行填筑的施工方案。砂料运输宜采用8t以上双后桥自卸车运砂,料车上路堤的坡道尽可能采用级配合理的砂砾或碎石渣修筑,靠近路堤的便道口设为卸料点,方向设为倒车方向,方便料车倒挡驶入便道直接卸料至卸料点,防止料车在海砂路堤上行走掉头产生车辙、翻砂而误工。

海砂路基施工分段施工时,每个作业段长度应按400~500m进行控制。砂料摊铺时,推土机宜按1.5%~3.0%的内置横坡进行施工,即中间低,路侧高,成"锅底型",使横向水流流向路堤中心,不会快速向两边渗出。吹填海砂路堤全断面需分层填筑,且分层进行压实,压实时最大松铺厚度宜小于50cm,填筑上路堤时压实厚度宜小于40cm。在路堤填筑时,填筑宽度应超出路堤的设计填筑宽度50cm以上。对路堤中局部含水率偏低的部位,应在压实之前或者压实过程中采用洒水车或水泵补水至10%~15%再进行压实。填筑不同作业面的连接段时,接头处若不能交替填筑,则在先填路段按照1∶1.5坡度预留台阶,若能交替填筑,则分层交替搭接填筑,搭接长度应不小于2m。

海砂路基碾压之前,采用推土机配合平地机对路堤填筑层表明进行整平施工。大型的推土机可给海砂路基提供第一次初压,初压后的碾压可按一般土方的压实工艺进行压实。在路堤碾压时,压路机轮迹的重叠宽度应大于1/3轮宽,当轮迹布满施工作业面时视为碾压一遍,碾压方式也可采取纵横向交错的方法进行。填筑第一、二层砂时,横坡所设成的内倾横坡,在逐层填高后,需逐步减小,最后与验收坡度应一致。碾压时,路堤直线段则由两边开始进行碾压,逐步向中心靠拢;而路堤曲线段则由内而外进行碾压。压路机的压实需保证碾压均匀,做到无死角、无漏压,压路机在碾压时行驶速度不超过4km/h。路基边缘或角落区域等大型压路机碾压不到的地段,可选用合适的小型压实机具处理。

在碾压完成时，应采用大体积环刀法或者护筒灌砂法现场检测压实度，若压实度不合格则应洒水补压并再次检验，直至合格，经验收合格后才可转入下道工序。当碾压遍数超过10遍还未达到要求时，则需适当减少填料层的松铺厚度，以防止误工。终压用振动压路机静压1～2遍。

5.2 包边土施工

采用黏性土包边，黏性土要求液限小于50%、塑性指数不超过26。由于海南地区降雨量较大，在包边土的施工工序上，本项目推荐采用类似于同步包边与后包边相结合的顺序：施工中先构建挡水堤、挡砂堤，再进行砂芯分层填筑，在分层填筑过程的一层结束且压实度达到要求后，进行下一层填砂路堤的砂袋码砌，随后进行本层填砂作业；在海砂填筑结束后进行包边层施工。该工序使砂土层与包边层的施工相对独立，不会因黏土施工滞后而使砂土填筑停工，能充分地利用机械与人力，加快工程进度。

路基两侧包边黏土的压实，应控制合理的含水率，碾压方法与一般土质路基一样。对于碾压机具，采用小型夯实机分层夯实，保证设计压实度及压实厚度，保证边坡的稳定性。并严格控制填土的粒径、含水量等物理指标。当包边黏土碾压完毕，应按规范要求检测压实度、平整度、宽度、标高。

5.3 封层土的施工

封层土可采用黏质土或粗粒土填筑，但优先采用粗粒土，黏性土要求液限小于50%，塑性指数不超过20，填料最小强度和填料最大粒径须符合公路路基设计规范的规定。封层土应满足设计要求的压实度和弹性模量，当填料达不到规定的要求时，可采取掺石灰和其他稳定材料处理。路基封层土宜根据实测沉降随路基填筑。填筑前可先根据沉降曲线和计算沉降量预估封层土的填筑时间和填筑高度。

5.4 封层土以上部分的施工

封层土以上部分包括路面结构层范围内的填土和荷载。必须分层填筑，其最大分层厚度必须与压实机具功能适应，不得大于30cm。填土的压实采用压路机压实，应遵循先轻后重、先稳后震、先慢后快以及轮迹重叠等原则。压实度应满足设计要求，同时应加强监测，防止路基失稳。

6 结语

吹填砂路基技术在我国公路工程中占有重要地位，也是施工过程中质量控制的一大环节。但是，目前我国吹填砂路基技术还未完全成熟，需要根据工程具体情况分析决定设计方案，需要从实践中获得，还需要通过对公路工程的吹填砂路基技术的学习，从自身出发学习这方面的知识，不断总结经验，为社会作贡献，实现自己的价值。

参考文献

[1] 过震文. 细砂路基长期性能及其保障技术研究[D]. 长沙理工大学，2014.

[2] 苗德山，刘事莲，张丽红. 中江高速公路吹（填）砂路基的设计与施工[J]. 广东公路交通，2003(3)：14-18.

[3] 李飨民. 全断面填砂路基施工技术研究[D]. 西南交通大学，2007.

[4] 姚松柏. 崇明岛接线工程填砂路基施工技术[D]. 西南交通大学，2007.

[5] 陈志贵.填砂路基在申嘉湖高速公路中的应用[J].中国科技纵横,2010(7):101-102.
[6] 蒋鑫,凌建明,李进.高速公路填砂路基设计若干关键问题[J].地下空间与工程学报,2011,07(3):570-575.
[7] 覃宇宁,丁万强.长江口细砂在高速公路路基工程中的应用[J].公路,2011(7):26-29.

第五篇

管　理

38. 现浇箱梁施工移动模架安全监控系统应用

沈锦强　吴　波　黎俊南　赵朝阳
（中交第一公路工程局有限公司）

摘　要：根据海南铺前跨海大桥项目及相关标准规范的要求，结合移动模架的具体情况，充分考虑安全监控系统的先进性、实用性、可靠性、操作简易性、经济性，完成了切实可行的设计、实施方案，可实现实时数据采集、报警处理、各工况视频显示等主要功能，以保证移动模架施工的可靠性和作业质量，进而保障箱梁施工的有序推进，确保项目顺利完成。

关键词：现浇箱梁；移动模架；安全监控系统

1　引言

移动模架作为一种桥梁现浇设备，在混凝土浇筑施工过程中，各主要构件要承受施工载荷和自重产生的力，同时产生一定的变形，受力和变形均不能超过设计值，需要进行实时监控；在模架移动过孔过程中，运动构件动作的同步性、协同性，对施工安全至关重要，也需要进行实时监控；移动模架为大型施工设备，其受力构件、运动构件较多，浇筑工况和过孔工况需监控的部位分散在设备各处，监控难度较大。本监控系统结合移动模架造桥机的整机性能、结构特点和具体操作细节来进行设计，最大限度保障设备的安全和施工的顺利推进。

2　工程概况

海南铺前跨海大桥位于海南省海口市演丰镇和文昌市铺前镇，项目起点与规划的文昌市滨海旅游公路相接，终点同海口市规划江东大道相接，路线总长 5.597km，其中铺前跨海大桥为该项目的控制性工程，大桥全长 3959m。本标段为第 1 合同段，起讫桩号：K11 + 710 ~ K14 + 597.022，即铺前跨海大桥海口侧引桥及接线工程，主线宽 32.0m，双向六车道，设计行车速度 80km/h。海口侧引桥桥跨布置为 5 × 50m + 5 × 50m + 5 × 50m + 5 × 50m + 4 × 50m + 4 × 50m + 4 × 50m + 4 × 50m = 1800m 现浇连续箱梁，采用移动模架施工。

移动模架主要由主梁、鼻梁、牛腿、推进平车、横梁、外模板、前吊梁、后吊梁、牛腿倒运系统等组成。移动模架全长 182m，前后鼻梁为箱型桁架结构，前鼻梁长 57m，后鼻梁长 62m。主梁为钢箱梁，长 62.5m，高 3.2m，宽 2m。每一部分都配有相应的液压或机械系统。示意如图 1。

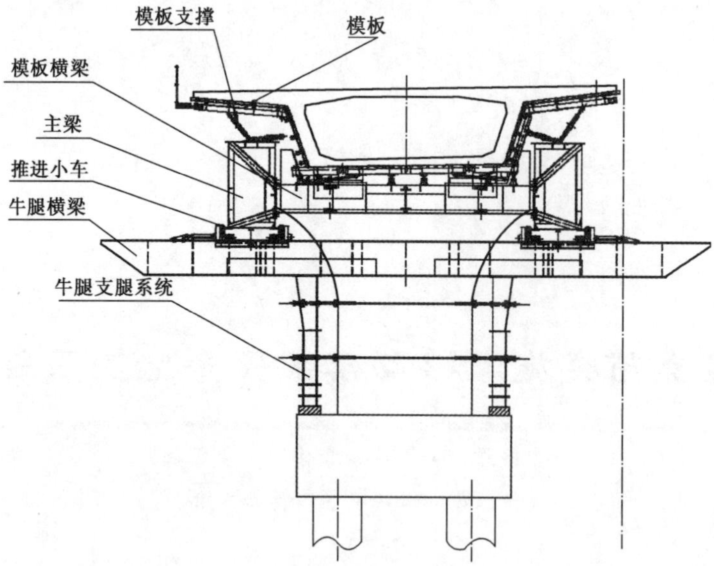

图1　移动模架断面图

3　安全监控系统应用

监控系统主要由监控中心、视频监控子系统、设备受力监控子系统、设备状态监控子系统四大部分组成。

3.1　监控中心

设备现场配备专门的监控中心，监控室内放置一台监控上位机、两台显示器、硬盘录像机以及数据转换线等设备，如图2。监控中心是对整个监控系统进行查看和管理的中心。管理人员可通过一台显示器对视频监控子系统进行查看和管理；通过另外一台显示器可以查看和管理设备状态监控子系统和受力监控子系统。

图2　监控中心

3.2　视频监控子系统

视频监控子系统能全面、直观的观察模架各个工况的运行情况和箱梁施工过程。视频监控系统主要由摄像机、交换机、无线网桥、硬盘录像机、监控中心、网络及电源连接线组成。

3.2.1　摄像机布置方案

根据模架的施工特点，摄像机的布置情况如下：

(1)加长鼻梁两端各设一台,可观察牛腿倒运及模架过孔情况;

(2)前鼻梁设置一台,观察底模板及横梁情况;

(3)鼻梁上方,标高高于桥面2m处,设一台高清球机,全面观察箱梁施工情况及模架过孔情况。

3.2.2 子系统传输方式

视频监控系统采用了光缆、无线网桥和网络云传输三种传输方式,如图3~图5。

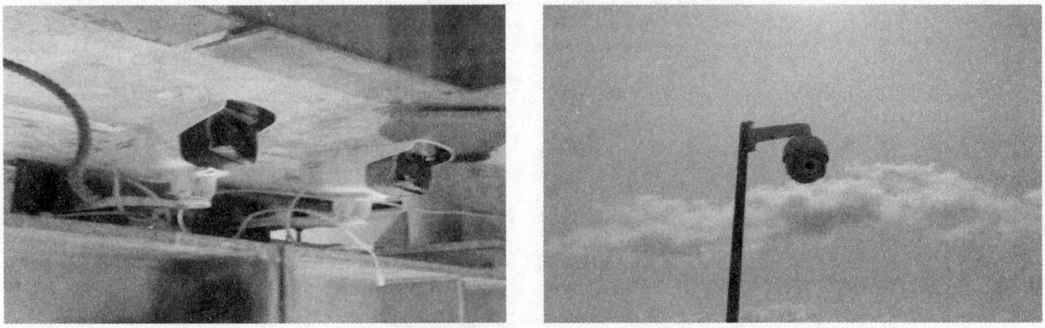

图3 摄像机布置

图4 视频监控画面

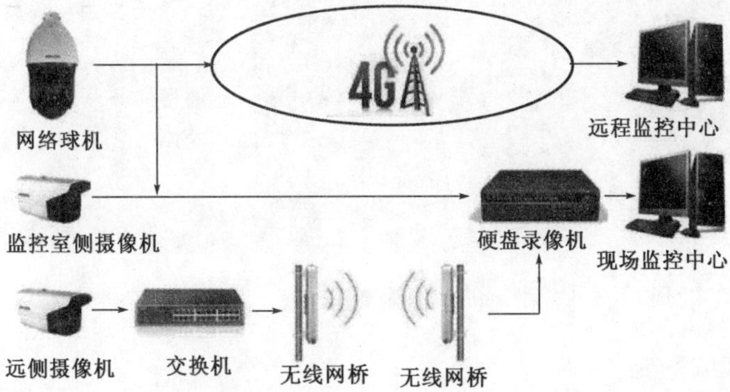

图5 视频监控子系统传输图

3.3 设备受力监控子系统

系统结合结构在浇筑和过孔时的受力特点,进行关键构件的应力监控和主梁挠度监控,通过监控中心的数据,判断设备的受力情况及构件的应力是否在安全范围之内。设备受力监控子系统由监控传感器、自动化测试系统、上位机和专用系统软件组成,如图6。

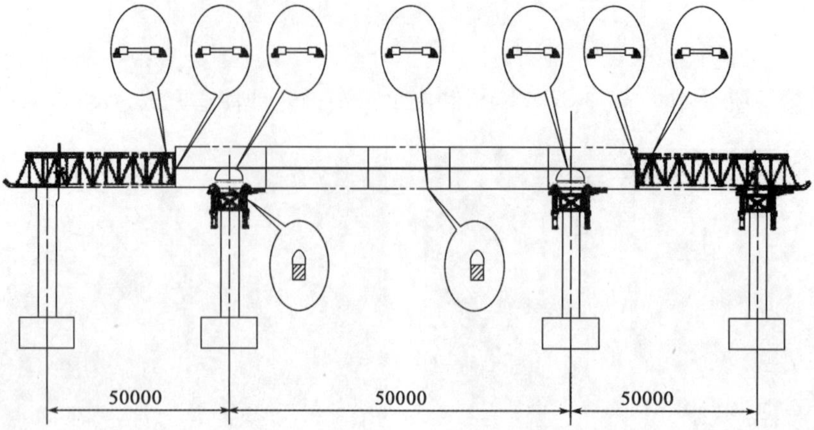

图6　结构受力及挠度监控传感器布置图(尺寸单位:mm)

3.3.1　监控传感器、装置介绍

(1)智能振弦应变计

应力监控采用高精度振弦传感器测量构件的应变量,通过应力—应变关系,可得出构件的应力值。

(2)智能数码静力水准仪

主梁承载后的下挠值变形测量,采用智能数码静力水准仪。静力水准仪是有多个精密液位计组成,通过连通管将所有液位计的液面连通,测量各液位计相对基点的垂直变形情况,从而得出测点处的下挠值,如图7、图8。

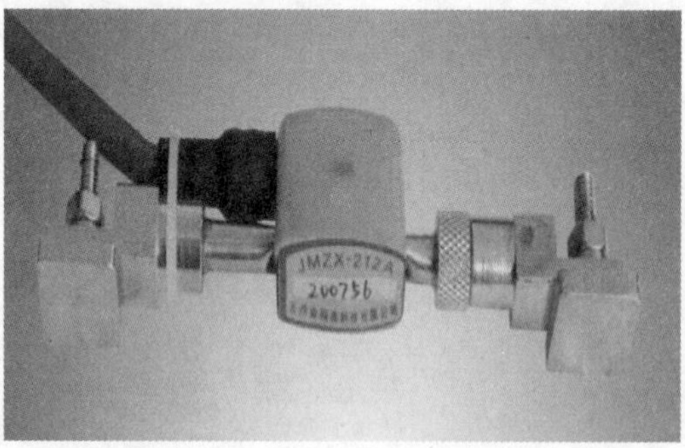

图7　高精度智能振弦传感器

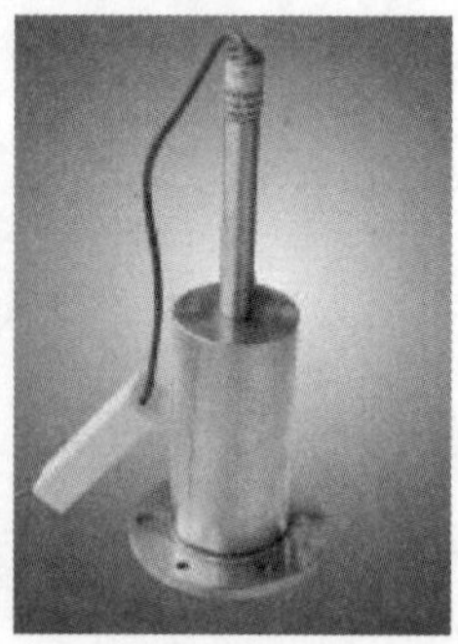

图8　智能数码静力水准仪

(3)自动化测试系统

自动化测试系统由全密封标配机箱和综合采集模块组成。综合采集模块是系统的二块块仪表,接收主机下达的命令,完成各类传感器的信号采集和与计算机的无线或有线数据传送。采集模块还可以自动识别各通道所连接传感器的型号、编号,显示相对应的应变、应力、位移、温度等。

(4)上位机和专用系统软件

上位机和系统软件是整个系统的指挥系统，完成系统管理、系统参数设定、指令系统的下达与数据实时采集、定时测量数据的上载传输、数据分析与处理、数据库管理、显示或打印数据报表、绘制各参数变量随时间的走势图等，并可绘制布点图。

3.3.2 传感器布置方案

结合结构在浇筑和过孔时的受力特点，进行构件应力和主梁挠度监控。在鼻梁、主梁支点平衡梁和主梁跨中的最大受力处合理安装布置了28个传感器进行应力监控；在主梁支点和主梁纵向跨中布置了4套静力水准仪进行挠度监控。同一测点并列布置两个应变计，1个应变计故障时，另外1个可正常测量数据，使系统更加稳定、可靠，如图9、图10。

图9 应力传感器安装位置

序号	测　　点	测量日期	测量时间	数据1	单位	数据2	单位	温度	预警
1	右侧后鼻梁下弦杆内侧	2017/5/15	12:07	3067.9	με	-29.108	MPa	31.2	
2	右侧后鼻梁下弦杆内侧	2017/5/15	12:17	3068.9	με	-29.314	MPa	31.4	
3	右侧后鼻梁下弦杆内侧	2017/5/15	12:27	3068.3	με	-29.19	MPa	31.5	
4	右侧后鼻梁下弦杆内侧	2017/5/15	12:37	3068.5	με	-29.231	MPa	31.6	
5	右侧后鼻梁下弦杆内侧	2017/5/15	12:47	3067.9	με	-29.108	MPa	31.6	
6	右侧后鼻梁下弦杆内侧	2017/5/15	12:57	3067.2	με	-28.964	MPa	31.8	
7	右侧后鼻梁下弦杆内侧	2017/5/15	13:07	3067.6	με	-29.046	MPa	31.8	
8	右侧后鼻梁下弦杆内侧	2017/5/15	13:17	3067.2	με	-28.964	MPa	31.9	
9	右侧后鼻梁下弦杆内侧	2017/5/15	13:27	3067.2	με	-28.964	MPa	32	
10	右侧后鼻梁下弦杆内侧	2017/5/15	13:37	3067.2	με	-28.964	MPa	32.1	

图10 移动模架受力数据表

3.3.3 子系统数据传输方式

受力监控子系统的数据通信采用了总线电缆传输、基于ZIGBEE的现场无线网络传输和基于GSM/GPRS的电信网络传输三种数据通信方式。传感器通过电缆总线将数据传输到自动测试系统，自动测试系统通过ZIGBEE无线网络和电信网络分别将数据传输到监控中心，如图11。

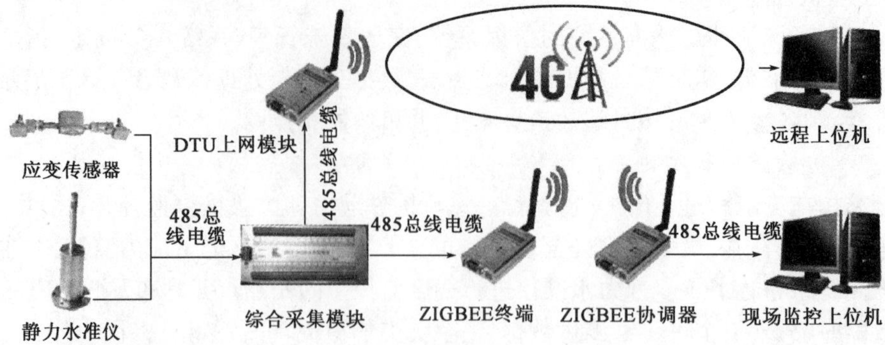

图11　受力监控子系统传输方式

3.4　设备状态监控子系统

系统由传感器、数据采集模块、无线通信模块、上位机和专用监控软件组成。

3.4.1　监控传感器、装置介绍

3.4.1.1　超声波测距传感器

系统采用超声波传感器测量各小车处主梁距墩身的距离、开模幅度,如图12。

3.4.1.2　激光测距传感器

系统采用两台激光测距传感器,用来测量移动模架左、右侧主梁纵移时的实时距离,如图13。

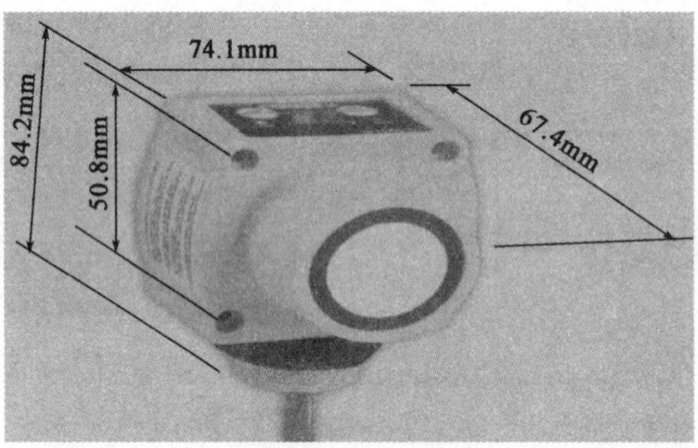

图12　超声波传感器

图13　激光测距传感器

3.4.1.3　总线数据采集模块

数据采集模块是上位机与传感器之间的桥梁。它采集传感器的信息,并将其转换为数值,通过RS485总线传输给上位机处理;同时模块能够接收上位机的指令,并将其传递给现场设备执行相关操作。

3.4.1.4　无线数据传输模块

无线数据传输终端是一种物联网无线数据终端,利用ZigBee网络实现无线数据传输功能。

3.4.2　子系统布置方案

设备过孔工况,主要完成横向开合模和纵移两大动作。

设备开合模时,横移液压缸推动滑移小车,四个滑移小车带动两侧的主梁完成开合动作。模架开合时,纵桥向同一侧的两个滑移小车,横桥向墩身两侧的滑移小车,开合幅度偏

差均不能超限,否则会影响牛腿的稳定性,还会导致其他问题。系统设置幅度偏差的预警差为0.5m,停止开合操作的值为1m。在四个滑移小车所对应的主梁位置上,设置四个超声波测距传感器,通过实时检测主梁与墩身的距离,计算四个点的开合幅度。开合幅度偏差达到或大于0.5m时,系统发出报警信号;开合幅度偏差达到1m时,系统切断幅度大的小车液压站的电源,停止开合模操作。幅度较小的小车,可继续开合,直至偏差小于预警值,如图14。

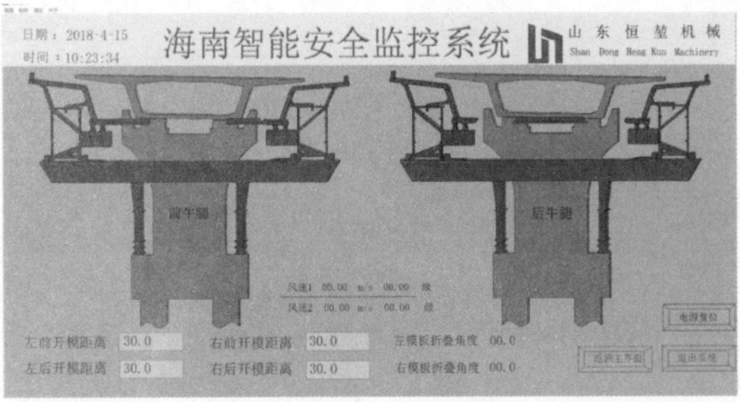

图14　开、合模时监控软件画面

配置在墩身两侧滑移小车上的纵移液压缸,推动主梁连通模板系统向前纵移过孔。纵移过程中,两侧构件的前行幅度偏差不能超限,若偏差超限会影响牛腿梁横桥向的稳定。系统设置两侧幅度偏差的预警差为2m,停止推进操作的值为3m。在两侧构件施工方向主、鼻梁接头处分别设置激光测距传感器,实时监控纵移幅度,幅度偏差达到2m或以上时,系统在幅度大的一侧发出报警信号,达到3m时,系统切断幅度大的一侧的液压站电源停止其纵移推进操作。推进滞后的一侧可继续推进,直至幅度差小于预警值,如图15、图16。

图15　超声波测距传感器

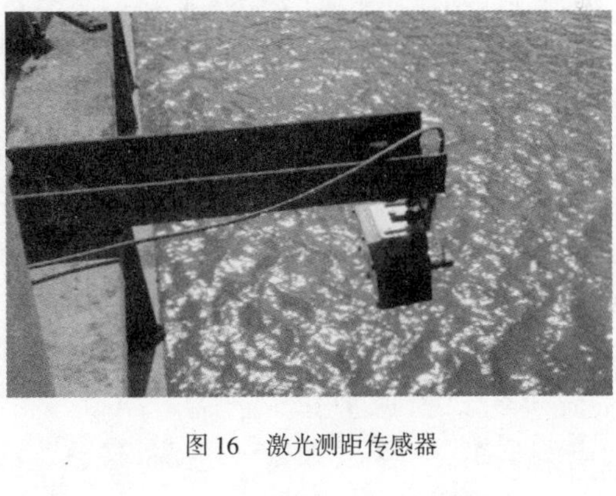

图16　激光测距传感器

3.4.3　子系统数据传输方式

设备状态监控子系统的数据通信采用了专用屏蔽电缆传输、RS-485总线电缆传输、基于ZigBee的现场无线网络传输三种数据通信方式。RS-485总线通信采用MODBUS RTU协议,ZigBee是基于IEEE802.15.4标准的低功耗局域网协议。传感器采集的模拟量通过专用屏蔽电缆传输到采集模块,模拟量信号经采集模块转换后,经RS-485总线电缆传输到ZigBee终端,ZigBee协调器接收数据后,通过RS-485总线电缆传输给上位机,接入组态软件,如图17。

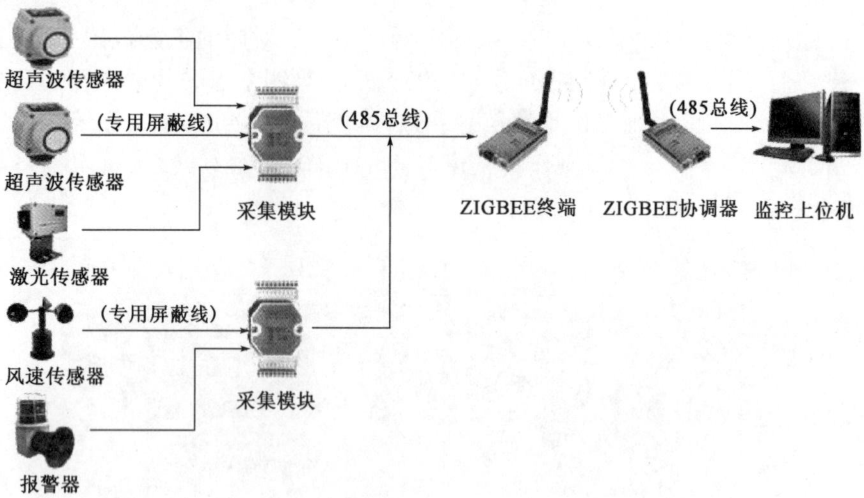

图17 设备状态监控系统数据传输方式

4 结语

(1)以往的移动模架设备,没有配备专用的监控系统,设备监控完全靠施工人员巡视检查,检测的准确性、实时性、便捷性不能满足施工需求。而该系统可实现实时数据采集、施工流程控制、施工流程动画监控、报警处理、断电终止误操作、各工况视频显示等主要功能,通过监控中心便可掌握移动模架实时状态,既便捷又安全。

(2)能够对模架的各个工况及各个动作进行必要的监控,实时掌握设备的信息,并能够主动对设备操作进行监控,以确保设备的安全使用,避免人为操作及其他因素造成的安全事故,最大限度保障设备的安全和施工的顺利进行。

(3)视频监控系统能全面、直观的观察模架各个工控的运行情况和箱梁施工过程。

(4)集成式上位机将移动模架的各部分操作设备及构件有机地集成在一起,构成一个自动化的监控管理系统。它能在人不易直接观察的场合,实时、形象、真实地反映被监视控制对象的状况,且具备预报警、超限报警功能,能够及时预防设备运行故障。

(5)监控系统与移动模架的操作系统结合,移动模架进行每个步骤的操作,人机界面均会自动显示相应动作画面,并显示实时的动作状态、数据,监控人员能够实时、准确掌握设备动态。

参考文献

[1] 刘宏刚,李军堂,张超福,等.桥梁施工移动模架安全问题及影响因素分析[J].世界桥梁,2014,42(3):60-64.

[2] 刘宏刚,尤继勤,张超福.我国移动模架技术标准化与现代化展望[J].铁道标准设计,2014,58(4):37-43.

[3] 陈健,王建波.造桥机研究现状及对策[J].山西建筑,2013,39(26):130-132.

[4] 刘三友.MSS32型移动模架主要结构计算分析[J].建筑,2010(7):023.

39. 浅谈如何做好大型公路桥梁工程细部质量管理工作

于德恩　连文峰
（中国公路工程咨询集团有限公司）

摘　要：本文以建设中的海南铺前跨海大桥为工程背景，分别从桥墩支座垫石、粗集料含泥量、高墩墩身外观质量、大直径桩基和大体积承台、小型预制构件5个质量管理案例入手，得出从有效实施质量检查制度、建立良好的沟通交流机制、积极推广应用新技术以及全面提升一线人员整体素质四个方面，做好细部质量管理。通过精细管理大桥建设中各个细部质量，以期形成整体工程高质量，提炼出质量管理中普遍存在的共性问题，得出可推广可移植的细部质量管理经验，为铺前跨海大桥工程后续施工质量管理提供指导，也为今后大型公路桥梁建设中的细部质量管理提供参考借鉴。

关键词：跨海大桥；公路桥梁；细部质量；管理措施

1　引言

公路桥梁是基础设施建设中的重要工程，其工程规模占公路总造价的10% ~20%，是保证全线路段早日通车的关键节点。随着公路建设水平的快速发展，对公路桥梁建设的质量要求也与日俱进。本文以海南铺前跨海大桥工程为例，浅谈在大型公路桥梁建设中如何做好工程细部质量管理，实现本项目"过程管控、打造精品、争创鲁班奖"的创优目标。

本文作者为中咨集团大桥管理指挥部的技术员，在日常对工程质量的管理中，往往感觉到一些管理制度与工地现场实际情况脱离，在发现质量问题后，不能有效地进行整改。施工单位相关人员对一些管理条文理解不深，在质量整改中往往凭借以往的经验，随意施工，降低了整改效率，提高了重复施工概率，对此作者深感忧虑。

本着认真贯彻落实"百年大计、质量第一"的方针，树立海南铺前跨海大桥优质工程形象，根据大桥项目概况及建设特点，本文从大桥细部质量管理中筛选出桥墩支座垫石、粗集料含泥量、高墩墩身外观质量、大直径桩基和大体积承台以及小型预制构件5个案例进行详细展开，剖析这些质量问题产生的原因、解决的措施、整改后的效果，总结归纳出一些可推广可移植的项目细部质量管理经验，为后续施工及相类似工程质量管理提供参考。

2 工程概况

海南铺前跨海大桥横跨海南岛东北部的铺前湾海域，大桥连接文昌市铺前镇和海口市演丰镇，是文昌木兰湾规划区与海口江东组团对接的关键节点工程，也是海南省迄今为止规模最大的独立跨海桥梁工程。铺前跨海大桥工程项目路线总长5.597公里，其中跨海大桥长3.959公里，桥头引线长1.638公里，采用双向六车道一级公路标准，设计速度80公里/小时，桥梁宽度32米。铺前跨海大桥建设对进一步完善区域公路网，发挥海口辐射带动功能，促进琼北地区的旅游资源开发和经济社会协调发展意义重大，也有利于文昌借助交通更为便利的优势，融入琼北旅游圈。

3 细部质量管理

3.1 桥墩支座垫石质量整改

海南铺前跨海大桥工程80#桥墩支座垫石第一次浇筑并经养护后拆模，发现混凝土外观粗糙，不平整，存在蜂窝麻面等常见外观通病，严重影响支座垫石的质量和耐久。如图1所示。

图1 桥墩支座垫石整改前

项目管理方经现场检查后，做出对80#墩支座垫石予以凿除并重新浇筑的决定，要求该桥墩支座垫石施工方认真反思，及时分析原因，采取相应措施，避免重蹈覆辙。施工方在事件发生后积极主动，采取了如下措施：

(1)调整混凝土配合比；

(2)采用钢模板替换之前的木模板。

采取整改措施后，该桥墩支座垫石混凝土外观平整光滑，无蜂窝麻面等外观质量通病，整体质量好。后续桥墩支座垫石采用了整改后的施工措施，质量得到了保证。如图2所示。

3.2 粗集料含泥量整治

2016年6月—8月，海南铺前跨海大桥工程进场粗集料质量波动较大，多批次粗集料含泥量检测结果显示不合格，为此，项目管理方对不合格原材坚决予以清退处理，并要求施工方采取必要措施，保证碎石的质量。施工方采取的措施主要有以下两点：

(1)对于已进场含泥量检测稍稍超出范围的碎石，采用农用车提斗冲洗法，即用铲车将不合格的碎石装入农用车，每车只装入约8吨，以保证冲洗效果，将车斗前部抬高1m，便于脏水的排出，高压水管每车冲洗30min以上，保证最后流出来的水是清澈的，再将冲洗干净的碎石倒入料仓待检，试验室检测合格后方可用于混凝土浇筑。如图3～图6所示。

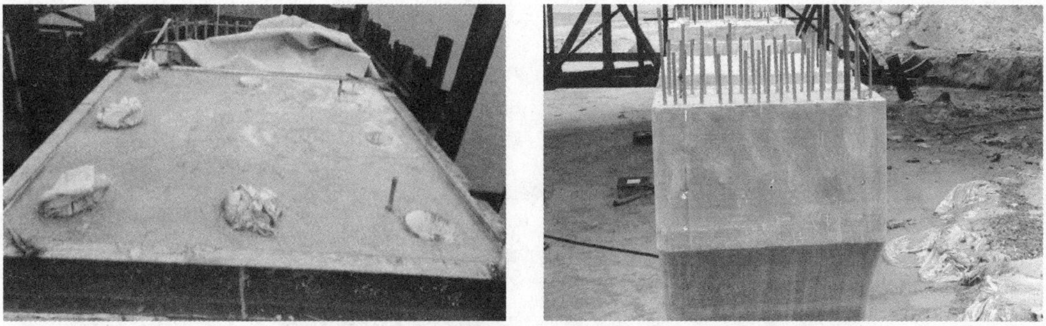

图2　桥墩支座垫石整改后

图3　含泥量稍超出范围的碎石

图4　农用车提举法清洗碎石

图5　清洗出来的脏水

图6　清洗干净倒入料仓的碎石

(2)试验室检测结果显示,部分批次的碎石含泥量达到了接近1.5%的含泥指标,对于这部分碎石含泥量超出要求且经过清洗没有办法控制质量的,要求将不合格的碎石做清退报废处理。如图7~图9所示。

施工方采取以上措施的同时,针对碎石的含泥量不合格现象,多次通过其公司物资部门跟厂家反应情况,但是改善效果不明显。因此,项目管理方考虑到大桥建设的长久性,要求施工方进一步采取以下措施:

(1)在料仓里面设置喷淋系统,方便对碎石进行一次、二次及多次清洗;

(2)经过与业主、监理、设计、施工多方沟通,重新选定碎石厂家,要求新料场的碎石产量能满足项目建设需求,质量上也要满足桥梁施工的要求。在后期的施工中,保质保量地供应大桥建设的碎石用量。

图7　含泥量超过1.5%的碎石

图8　该部分碎石正在清仓中

图9　清理出来放在废料堆的碎石

3.3　高墩墩身污染清理

项目管理方经过对铺前跨海大桥工程已施工完成的引桥高墩墩身外观质量进行检查，发现引桥墩身混凝土外观质量存在以下缺陷：

(1)存在浇筑分层线；

(2)混凝土表面颜色不一致；

(3)上下节段间错台与拼缝错台；

(4)受墩身上部节段施工影响,存在表面污染。

经与施工方交流分析,总结出影响墩身外观的主要原因如下：

(1)外观质量意识不高；

(2)原材料的质量控制不够；

(3)混凝土性能控制不力；

(4)模板清理与透水模板布安装不规范；

(5)混凝土浇筑布料与振捣执行不严；

(6)混凝土养护不彻底；

(7)精细化施工不到位。

施工方在后期施工中采取的改进措施如表1所示,整改前、后对比照片如图10所示。

主要改进措施统计　　表1

序号	要　因	目　标	措　施
1	外观质量意识	提高工人操作水平和质量意识	①组织培训和技术交底并形成书面记录； ②制定质量标准,落实奖罚制度； ③定期召开会议进行总结
2	原材料质量控制	保证原材料质量符合规范要求	①加大对原材料的抽检频率； ②严控砂石料含泥量； ③预防外部环境对外加剂的影响
3	混凝土性能	达到混凝土外观质量要求	对不同配合比混凝土进行对比试验,选定符合本项目混凝土要求最佳配合比
4	模板清理与透水模板布安装	保证混凝土构件外观质量	①模板的清理以表面平整无污染、杂物为宜； ②安装必须牢固,拼缝严密,不漏浆
5	混凝土浇筑布料与振捣	保证混凝土构件内在质量	合理调整布料方式,控制混凝土振捣,提高混凝土内在质量
6	混凝土养护	达到混凝土外观质量要求	针对不同的环境温度和不同的部位制定相应的养护方法,减少混凝土的表面裂缝
7	精细化施工	提高混凝土外观质量	从细节着手,完善混凝土外观质量控制

a)色泽不均匀，浇筑分层线明显

b)色泽均匀，浇筑分层线不明显

c)接缝错台明显

d)接缝线条顺直

图10　整改前、后对比照片

3.4 大直径桩基与大体积承台质量保障

海南铺前跨海大桥工程施工方在主墩桩基、承台施工时遇到以下几个问题:①主墩桩基钢护筒因地质原因无法沉放至图纸设计标高;②主墩桩基与承台连接构造处构件冗杂、钢筋布置存在冲突(经项目管理方委托的 BIM 建模检测有 29 处碰撞),且施工繁琐复杂;③4m 超大直径桩基检测存在困难,且无规范前例可循;④大体积承台混凝土施工温度难以控制。

为此,项目管理方多次组织科研、设计、监理、施工各方就主墩桩基、承台施工中存在的一系列难题进行了研讨,总结问题产生的原因,提出相应的改进措施:

(1)对设计上的不合理,及时进行变更。主墩桩基在施工过程中由于地质勘探有误,其永久钢护筒无法沉放至原设计标高,需要进行相关变更。大桥参建各方经过协商,一致同意采取增加桩基内部配筋弥补钢护筒的缺失来保证结构受力安全的方案,并在主墩每根桩基处增加 1 根超前地质钻,以提供详细地质勘探资料指导后续设计复核验算工作及桩基成孔施工。

图 11 是变更后的图纸和钢筋笼实体(4 层钢筋)。

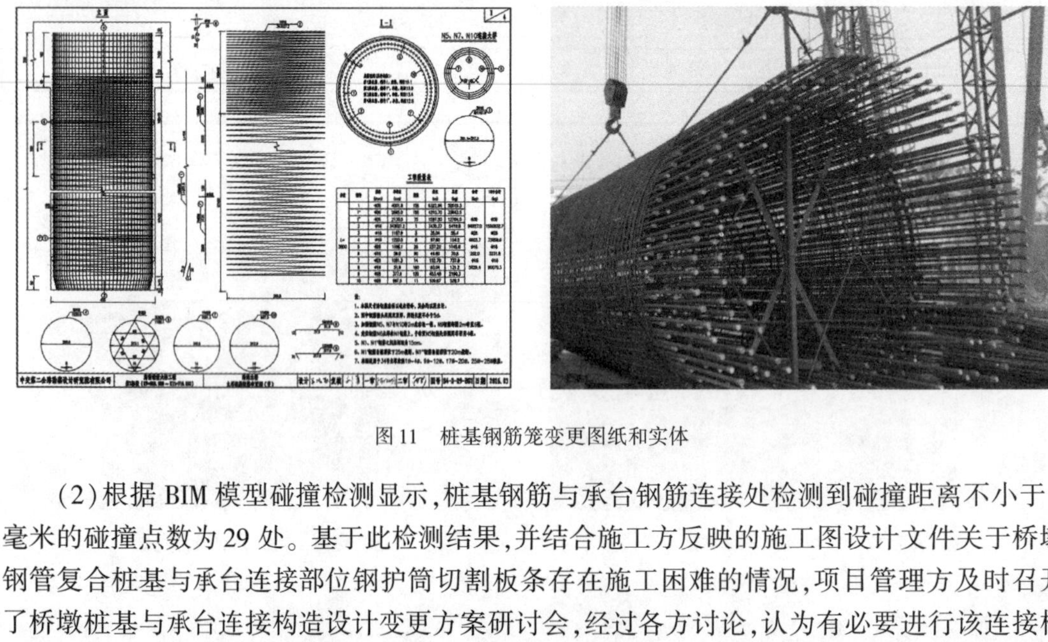

图 11 桩基钢筋笼变更图纸和实体

(2)根据 BIM 模型碰撞检测显示,桩基钢筋与承台钢筋连接处检测到碰撞距离不小于 3 毫米的碰撞点数为 29 处。基于此检测结果,并结合施工方反映的施工图设计文件关于桥墩钢管复合桩基与承台连接部位钢护筒切割板条存在施工困难的情况,项目管理方及时召开了桥墩桩基与承台连接构造设计变更方案研讨会,经过各方讨论,认为有必要进行该连接构造处的设计变更。通过及时的设计变更处理,避免了在施工过程中的返工和怠工,在保证质量的前提下,加快了施工进度,节约了成本。

图 12 是 BIM 模型碰撞检测和变更后的相关图纸。

(3)鉴于目前国内没有对 4 米超大直径桩基检测完整性的判别依据,项目管理方要求施工方先行浇筑一段 4 米直径试验桩,并进行钻孔取芯(8 根,钢筋笼内外等距取 4 根),取芯后的孔洞则用作试验桩超声波检测管道,同时要求各方进行如下工作:①对试验桩取芯样进行判断鉴别,以确定试验桩混凝土的浇筑质量;②桩检单位对取芯后的钻孔进行超声波波形采样,并对波形数据进行分析形成数据报告;③科研单位依据取芯芯样和数据报告得出判定结果,形成海南铺前跨海大桥主墩 4 米直径桩基检测完整性的判别依据。如图 13 所示。

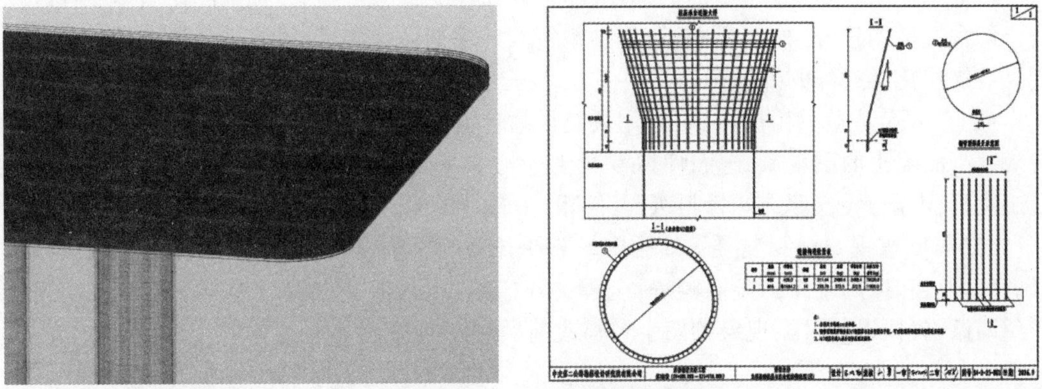

图 12　桩基与承台连接处碰撞检测和变更图纸

图 13　4 米直径试验桩

(4)铺前跨海大桥工程主墩单个承台混凝土方量约为 8100m^3,为大体积混凝土,分两层浇筑施工,最大浇筑量约为 4050m^3。为保证大体积承台施工质量,项目管理方积极组织,多方协调,采取了如下质量保障措施:①采取早准备、多储备的方法保证混凝土原材料供应,解决了大体积混凝土原材料供应难的问题;②为了解决大体积混凝土水化热和收缩引起的温度裂缝问题,浇筑前进行承台大体积混凝土温控方案专项研究与仿真计算,通过从混凝土原材料的选择、配合比设计以及混凝土拌合、运输、浇筑、振捣到通水降温全过程进行控制,以达到控制温度裂缝形成及发展的目的。

最终通过各方努力,铺前跨海大桥工程主墩桩基检测全部为 I 类桩,承台质量内实外美,一次成优,且施工工期提前近 45 天。

3.5　小型预制构件质量控制

前期海南铺前跨海大桥工程小型预制混凝土构件气泡较多,经过项目管理方现场检查、总结分析,主要有以下因素:水泥品种、外加剂品种、外加剂掺量、骨料粗细、搅拌时间、振捣操作、施工温度等。施工方就气泡产生的机理进行了进一步的详细分析,主要有:①若混凝土中出现较多的大气泡,一般是由减水剂中的引气成分所致;②工艺原因是导致表面气泡的主要原因;③混凝土表面气泡的体积对温度的变化比较敏感,若处理不当就会在混凝土表面留下较大的孔洞。项目参建各方在后期施工中为预防小型预制混凝土构件表面气泡的再次发生,采取了以下措施:

(1)严格按照要求检验水泥的标号、品种以及性能,严格控制外加剂的使用,严格保证混凝土的含气量不超过4%。目前,市场中销售的外加剂品牌丰富,可多选几款进行试验,以选用具有优质化学成分的外加剂。

(2)在规范许可的范围内,可采用大粒径的骨料来配制混凝土。由于骨料粒径的增大可有效减少混凝土的用水量,进而使得混凝土的泌水及收缩减少,但粒径过大,很容易造成混凝土离析,因此,要合理选择骨料级配,使粗、细骨料的比例适中。

(3)高度重视对预制混凝土的振捣。选择合适的振捣设备,严格掌控振捣时间,合理选择振捣半径和振捣设备的振捣频率,全程关注振捣过程,保证振捣后混凝土的密实度,坚决避免漏振、欠振以及过振现象的发生。整改前后对比如图14所示。

a)整改前　　b)整改后

图14　整改前、后对比照片

经过采取上述措施后,预制混凝土构件表面气泡得到了明显改善。

4　总结

本文从海南铺前跨海大桥工程细部质量管理中筛选出桥墩支座垫石、粗集料含泥量、高墩墩身外观质量、大直径桩基和大体积承台以及小型预制构件等5个案例进行详细展开,剖析这些质量问题产生的原因、解决的措施、整改后的效果,通过细部质量的管理总结,主要得出:

(1)质量管理中要建立自检、互检、专检等检查制度,不断改进质量监管方式,定期或不定期开展工程质量检验检查工作,深入实施质量通病治理,强化质量形成全过程闭环可追溯。监管到位,才能使各方提高警惕,在质量问题上不马虎。

(2)建立各方良好的交流机制,施工单位、监理单位、设计单位以及科研单位和项目管理方要加强沟通,尽可能使问题在前期得到解决。本文5个质量问题的成功整治绝不是靠一方努力就能解决的,多方沟通,集思广益,才能做好工程质量。

(3)推广应用新技术,铺前跨海大桥工程在前期即利用BIM技术建立了大桥全桥精细化模型,对所建模型不同构件连接处的钢筋(预应力管束、钢板、排水管等)进行碰撞检测,发现了设计中的错误和不合理,避免了在施工过程中的返工和怠工,加快了工期、节约了成本。

(4)推进项目班组管理规范化,强化班组能力建设,全面提升一线施工人员素质。一线施工人员是质量控制的源头,对其定期进行培训、再教育提升专业能力,能有效减少质量问题的发生。

参考文献

[1] 上官甦,于德恩,吴敬武,等.独塔斜拉桥横桥向不同体系振动台试验研究[J].公路交通科技,2017(01):122-125.

[2] 上官甦,孙平宽,于德恩.独塔斜拉桥横桥向合理抗震体系研究[J].公路交通科技,2017(01):126-130.

40. 大型跨海桥梁混凝土外观质量控制管理

艾佑元　吴敬武　于德恩
（中国公路工程咨询集团有限公司）

摘　要：本文以建设中的海南铺前跨海大桥为工程背景，结合大桥建设条件（高温、高盐、高湿）的复杂性，提出了设置组织机构、确立外观质量验收标准、制定外观质量验评考核办法、提出外观质量改进措施以及奖惩措施等五方面措施，对铺前跨海大桥工程所有混凝土外露结构物的外观质量进行管理，通过详细展开论述这些措施，为项目管理人员在外观质量控制中提供了可供具体实施操作的一整套办法，有效地实现外观质量创优的落实，能为相类似工程混凝土外观质量管理提供借鉴和参考。

关键词：跨海大桥；混凝土；外观质量；控制措施

1　引言

为了进一步提高海南铺前跨海大桥项目建设的管理水平，全面实现规范化、精细化、标准化的工程管理，树立工程建设的精品意识、创优意识，积极落实《海南铺前大桥工程创优工作方案》提出的混凝土外观质量创优目标，达到争创鲁班奖的质量目标，本文结合大桥建设条件（高温、高盐、高湿）的复杂性，提出了以下混凝土外观质量控制措施，具体为组织机构的设置、外观质量验收标准的确立、外观质量验评考核办法的编写、外观质量改进措施的落实以及奖惩措施的实施五方面。通过详细展开论述外观质量控制措施，为项目管理人员在外观质量控制提供了可供具体实施操作的一整套办法，有效地实现外观质量创优的落地，这些措施同时也是项目创优方案的细化和落实。

本文外观质量控制措施的作用范围包括铺前跨海大桥工程所有混凝土外露结构物：承台、墩柱、主塔、系梁、现浇箱梁、通道、涵洞等。通过混凝土外观质量控制措施的实施，以期全面提高工程项目混凝土结构物的外观质量，进而提高混凝土耐久性、安全性等内在质量，达到《海南铺前大桥工程创优工作方案》中关于工程实体的外观要求。具体目标为：确保A级实体工程数量占总数的90%以上，严格控制B级数量低于10%，杜绝不合格的出现。（注：A级为优良，B级为合格，具体划分见2.2节表1。）

最后，希望通过本文能为相类似工程混凝土外观质量管理提供借鉴和参考。

2　工程概况

海南铺前跨海大桥横跨海南岛东北部的铺前湾海域，大桥连接文昌市铺前镇和海口市演丰镇,是文昌木兰湾规划区与海口江东组团对接的关键节点工程,也是海南省迄今为止规模最大的独立跨海桥梁工程。铺前跨海大桥工程项目路线总长5.597km,其中跨海大桥长3.959km,桥头引线长1.638km,采用双向六车道一级公路标准,设计速度80km/h,桥梁宽度32m。

海南铺前跨海大桥建设条件极为复杂,项目位于强震、强风、强腐蚀区且跨越铺前—清澜活动断层,其中地震烈度为Ⅷ度,50年超越概率10%动峰值加速度0.35g,50年超越概率2%动峰值加速度0.59g,为国内最大;设计基本风速49.5m/s,为国内最高;跨越地震活动断层,为国内唯一。

海南铺前跨海大桥建设对进一步完善区域公路网,发挥海口辐射带动功能,促进琼北地区的旅游资源开发和经济社会协调发展意义重大,也有利于文昌借助交通更为便利的优势,融入琼北旅游圈。

3 外观质量控制措施

3.1 组织机构的设置

为了落实铺前跨海大桥混凝土外观质量控制措施的实施,加强混凝土外观质量创优工作的组织领导,推进创优工作的扎实、有效开展,同时为了使各参建方切实履行创优方案,中咨集团海南铺前跨海大桥项目管理指挥部成立以总工程师为组长的混凝土外观质量创优领导小组,全面负责混凝土外观质量创优工作。项目总监/经理均须作为小组成员,全程参与、统筹协调,负责外观质量控制措施在各自标段的具体实施,解决(或上报)实施中出现的重大问题。

本项目所有外露混凝土除实体质量需满足交通部《公路工程质量检验评定标准》要求外,还应达到大面平整、棱角分明、线条顺直、表面光洁、颜色均匀一致的外观效果。

3.2 混凝土外观质量验收标准

铺前跨海大桥所有外露混凝土除实体质量满足交通部《公路工程质量检验评定标准》要求外,还应达到大面平整、棱角分明、线条顺直、表面光洁、颜色均匀一致的外观效果。(具体如表1所示)

混凝土外观质量验收标准一览表

表1

项次	检查项目	A级	B级	检查方法
1	颜色	颜色均匀一致,无明显色差	局部有少量色差	距离混凝土面5m观察
2	表面质量	基本无修补	表面有少量修补	距离混凝土面5m观察
3	气泡	最大直径≤5mm,深度≤5mm,面积≤6cm^2/m^2	最大直径≤5mm,深度≤5mm,面积≤8cm^2/m^2	尺量
4	光洁度	无漏浆、流淌及冲刷痕迹、无油迹、污迹及锈斑,无粉化物	局部有流淌及冲刷痕迹或油迹、污迹及锈斑	观察
5	对拉螺杆孔眼	排列整齐、孔洞封堵密实,颜色同混凝土面基本一致,凹孔棱角清晰圆滑	排列整齐、孔洞封堵密实,颜色同混凝土面基本一致,凹孔棱角清晰圆滑	观察、尺量
6	拼接缝	位置规律、整齐	位置规律、整齐	观察
7	分层缝直线度	偏差≤2mm	偏差≤4mm	观察、尺量
8	表面平整度	≤2mm	≤3mm	2m靠尺、尺量

(1)颜色

混凝土在同一视觉空间内,表面颜色一致,色泽均匀;自然光下,应在距混凝土 5m 外肉眼看不到明显的颜色差别。

(2)几何与外观尺寸

立面垂直度、表面平整度和阴阳角方正度达到设计及规范的指标。起拱线、拱面几何尺寸准确,圆滑。

(3)表面质量

混凝土表面不得出现蜂窝、麻面、砂带、冷接缝和表面损伤等;不得受到污染和出现斑迹。

(4)表面气泡

混凝土表面 $1m^2$ 面积上的气泡面积总和不大于 $6\times10^{-4}m^2$,最大气泡直径不大于 5mm,深度不大于 5mm。

(5)光洁度

混凝土表面无漏浆、流淌及冲刷痕迹,无油迹、墨迹及锈斑,无粉化物,无污染物。

(6)分层缝直线度

混凝土分层缝直线度偏差分别不大于 2mm。模板拼缝印迹整齐、均匀,在同一视觉空间内,印迹宽度不大于 2mm。

(7)对拉螺栓孔(如有)

对拉螺栓孔眼呈现有规则分布,排列整齐,封堵密实;孔眼封堵材料与大面呈同一颜色。

(8)混凝土表面平整度偏差不应大于 2mm。

检查单位:承台/个,墩柱/个,主塔/节,箱梁/跨,通道管涵/道。

3.3 外观质量验评考核

(1)每个标段首件混凝土外观质量考核严格按首件工程示范制的程序进行验评;

(2)混凝土外观质量验收评定划分为两个等级:A 级(优良),B 级(合格);

(3)首件工程以外的混凝土外观质量考核,严格分工,层层把关。

①验收:由项目管理指挥部工程管理部牵头,现场专业监理工程师、施工单位质检工程师参与,按不同部位(每座承台、每座墩柱、每跨主梁、每节主塔、每道涵洞通道)逐一进行验收评定、留下影像资料并形成书面意见。

②质量抽查:由项目管理指挥部总工程师牵头,总监办总监理工程师、项目总工参与,每次按不少于 10% 的频率,对通过验收的结构物外观质量进行抽查。

(4)本项目混凝土外观质量按"确保 A 级、严控 B 级、杜绝不合格"的原则进行控制,外观质量创优情况直接与项目月度劳动竞赛挂钩。

标段内结构物混凝土外观质量评定为 A 级的比例占全标段总数量比例≥90% 时,当月劳动竞赛质量外观分得满分,A 级比例占全标段总数量的比例与 90% 相比每减少 1%,当月劳动竞赛质量外观分扣 10%。

3.4 混凝土外观质量改进措施

项目管理指挥部为了实现混凝土外观质量目标,不断提高管理水平,持续改进混凝土外观质量,经指挥部领导班子研究决定成立混凝土外观质量创优领导小组,各施工单位成立混凝土外观质量控制 QC 活动小组,通过 QC 活动不断总结经验形成 QC 成果,用来指导施工,并通过 QC 活动最终控制混凝土施工质量,使混凝土外观质量不断提升。QC 小组组成如

表2所示。

QC 小组组成与职责 表2

组内职务	成　员	职　责	备　注
组长		组织管理	
副组长		认真执行组长的决议,组织攻关小组按照国家现行规范及地方规定进行施工,对施工过程进行动态监控,带领小组成员对施工结果进行分析、总结形成 QC 成果	
组员		认真执行小组决议	

3.5 奖罚措施

为确保项目工程质量,实现创鲁班奖的质量目标,项目管理指挥部依据同类型相似工程决定对各合同段内外露混凝土质量按等级实施奖罚:

(1)各标段内的混凝土工程的检查单位混凝土外观质量经验收达到 A 级标准给予班组、项目部主管技术员及监理员奖励,奖金直接发放至班组、项目部主管技术员及监理员,奖励标准见表3。

奖 励 标 准 表3

序号	工程部位	单位	班组奖励标准	技术员奖励标准	监理员奖励标准
1	墩柱	座	1500 元	1000 元	500 元
2	现浇箱梁	跨	1500 元	1000 元	500 元
3	承台	座	1500 元	1000 元	500 元
4	主塔	节	1500 元	1000 元	500 元
5	涵洞通道	道	1500 元	1000 元	500 元

(2)各标段内的混凝土工程的检查单位对混凝土外观质量经验收达到 B 级标准且数量为 10% 以内的不奖不罚;但在经验收小组同意后须尽快进行外观修复;同时,由各标段总工和质检工程师牵头召开现场分析会,查找原因,制定改进措施,方可继续施工。每次混凝土外观质量经验收达到 B 级标准且数量超过 10% 的,按上述奖励标准 5 倍对监理单位及施工单位进行处罚。

(3)各标段内的混凝土工程的检查单位对混凝土外观质量经验收评定为不合格的:返工并按上述奖励标准 10 倍对监理单位及施工单位进行处罚标准实施,同时,相关作业班组停工整顿。

4 结语

本文结合大桥建设条件(高温、高盐、高湿)的复杂性,提出了设置组织机构、确立外观质量验收标准、制定外观质量验评考核办法、提出外观质量改进措施以及奖惩措施等五方面措施,对铺前跨海大桥工程所有混凝土外露结构物的外观质量进行管理,通过详细展开论述这些措施,为项目管理人员在外观质量控制中提供了可供具体实施操作的一整套办法,有效地实现外观质量创优的落地,能为相类似工程混凝土外观质量管理提供借鉴和参考。

41. 海上超大直径桩基施工质量控制

黄 鹏[1] 徐文祥[1] 张德文[2] 孙 鑫[1]

(1. 中交第二航务工程局有限公司;2. 海南省交通工程建设局)

摘 要:桥梁桩基施工质量关系到整个桥梁结构的质量,尤其是海上桩基工程的施工。桩基施工过程中出现任何问题都会造成严重的后果,桩基施工应从施工技术和施工管控过程等方面加以控制。大直径桩基施工主要含大直径钢护筒的制作与投放,桩基钻孔泥浆指标的控制,超大直径钢筋笼制作安装的控制,超大桩基的钻孔及水下混凝土灌注过程的控制等。结合海南铺前跨海大桥工程施工实践,提出大直径桩基拙施工的技术方案及质量控制要点。

关键词:海上超大直径桩基;施工;质量控制

1 工程概况

海南铺前跨海大桥第2合同段由中交二航局承建,全长2.71km。包括斜拉桥主桥、引桥、大桥东岸2.71km范围内绿化及环境保护设施、养护中心房建工程等。主桥全长460m,主塔总高度为151.8m,采用(230+230)m单塔双索面钢箱梁斜拉桥,主塔为“文”字形钢筋混凝土主塔,主塔塔身由上塔柱、中塔柱、下塔柱、横梁组成。

其中主墩基础的主要特点是:采用两个分离式承台基础,桩基在单个承台下呈行列式布置,每个承台下采用16根D4.3m/D4.0m钢管复合桩,左侧桩长38m,右侧桩长29m。桩基的难点:桩的直径较大,桩尖持力层为微风化花岗岩,岩层的硬度较大;钢筋笼采用三层设计,单根桩最大钢筋笼重107t,主筋为HRB400的ϕ36mm钢筋,下放时连接难度较大;由于钢筋的层数多,钢筋较为密集,混凝土浇筑时容易在钢筋周边产生不密实现象,严重影响桩基的质量。

2 施工方案的选择

2.1 钻机的选型

目前,ZJD-5000型桩基础施工钻机是国内比较大型的桩基础施工钻机,具有桩孔孔径大、钻进深度深、钻进速度快、孔径垂直度好等性能特点。桩基钻孔进入花岗岩层深度为20m,对钻机的扭矩及钻杆质量要求高。所以选用技术性能先进、提升能力和配重较大的ZJD-5000回旋钻机投入到桩基钻孔施工。

2.2　桩基工作平台的搭设

钻孔施工平台由起始平台、通道、护筒区平台及一个塔吊基础组成。起始平台及通道基础由 ϕ630x10 钢管桩、ϕ720x10 钢管桩组成，平台自下而上依次为：平联 $\phi400\times6$、横梁 2HN600×200、普通型单层双排贝雷梁、工 25a 分配梁、工 14 纵梁、8mm 面板。整体结构受力良好。

2.3　桩基础钢护筒施工

2.3.1　钢护筒的制作

34#主墩桩基设计为钢管复合桩，钢管采用材质为 Q345qc 钢板在专业钢结构加工厂制作，钢护筒制作完成后经检测合格后装船运输至施工现场。

2.3.2　钢护筒海上施工

根据现场施工的需要，34#主墩钢护筒沉放选用打桩船“航工桩 9”配备 2 台 YZ300 高频液压联动振动锤以振沉钢护筒。

2.4　钻孔顺序的选择

34#主墩共有 32 根钻孔灌注桩分为左侧和右侧部分，左、右侧均为 16 根。桩与桩之间净间距为 4.7m，不宜邻孔同时作业，拟布置 5 台钻机进行钻孔施工。主墩桩基平面布置图见图 1，钻孔顺序表见表 1。

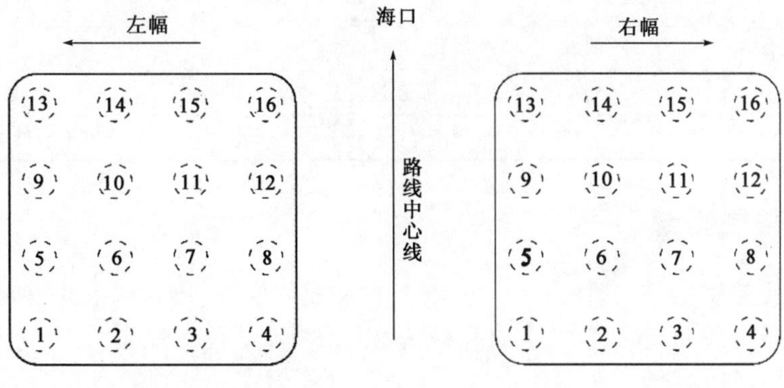

图 1　主墩桩基平面布置图

钻 孔 顺 序 表　　表 1

钻 机 编 号	钻 孔 顺 序	钻 孔 根 数
左幅 1 号	15→13→16→11→14→6	6
左幅 2 号	10→12→7→9→1	5
左幅 3 号	4→2→5→3→8	5
右幅 4 号	1→3→8→2→5→7→4→6	8
右幅 5 号	9→11→16→10→13→15→12→14	8

左侧承台区域布置 3 台 ZJD-4000 型钻机，每台钻机暂按 5 轮分配钻孔循环作业任务。当其中 1 台最先完成 5 轮钻孔循环作业后，及时安排该钻机进行第 6 轮桩孔的钻孔任务。

右侧承台区域布置 2 台 ZJD-5000 型钻机，每台钻机暂按 8 轮分配钻孔循环作业任务。当施工进度出现较大滞后偏差时，及时调整钻机数量，确保桩基的钻孔质量和施工工期。

2.5 桩基钻进成孔

2.5.1 钻机在各地层中主要施工要点

(1)砂土中钻进

34#主墩覆盖层为粉细沙、淤泥质黏土、砾砂、卵石土,钻头拟采用直径 ϕ4.0m 的改进型刮刀钻头,钻头四周外壁均匀布设长为 15 ~ 20cm 的钢丝刷。开钻时钻头反循环空转,启动泥浆循环系统,调整孔内泥浆,当孔内泥浆指标符合要求后,采用反循环减压钻进,在钻孔过程中及时调整护壁泥浆指标和钻进速度。

(2)基岩中钻进

在进入岩层时,利用滚刀钻头大气量、低压慢转,慢速钻进,磨平岩面,防止钻头沿岩石面滑动,确保孔壁的垂直度。由于部分桩基要穿越裂隙性破碎带,钻孔时要加强观测、控制钻进速度、减压钻进,保持孔内水头和泥浆性能,防止出现泥浆渗漏和塌孔。

2.5.2 成孔检测方法及标准

成孔后采用超声波测壁仪进行孔径、孔深、垂直度以及沉渣厚度的检测,满足要求后再进行钢筋笼的安放以及水下混凝土的灌注。检查标准见表 2。

成孔检测标准表 表 2

编　号	检 查 项 目	允 许 偏 差
1	孔径(mm)	不小于设计桩径
2	孔深(mm)	符合设计要求
3	倾斜度	≤1/200
4	沉渣厚度(mm)	嵌岩桩≤50

3 质量控制要点

桩基的施工控制主要包括桩孔过程中桩的倾斜率的控制、孔内泥浆的控制、超大直径钢筋笼加工及现场下放安装的控制、大直径桩基海上混凝土灌注的控制。

3.1 泥浆设计及调整

海上超大直径桩基对泥浆的配置要求相对较高,在相邻护筒内配置优质泥浆,泥浆比重控制在 1.10 ~ 1.15g/m^3,黏度约 26s,胶体率 100%,pH 值约 9 ~ 10,如图 2。

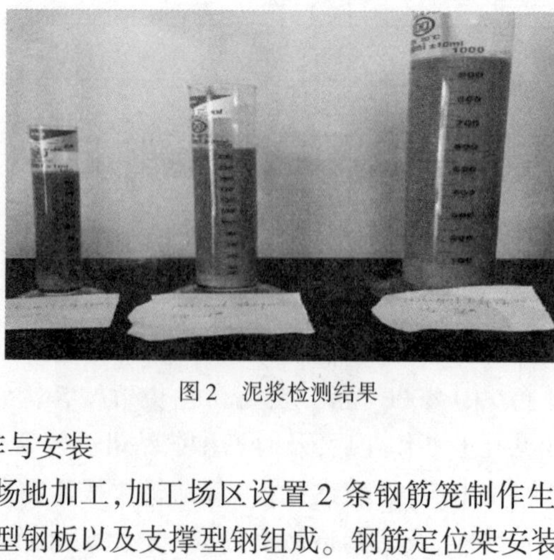

图 2　泥浆检测结果

3.2 钢筋笼的制作与安装

钢筋笼在钢筋加工场地加工,加工场区设置 2 条钢筋笼制作生产线。钢筋定位架由按钢筋位置开槽口的半圆型钢板以及支撑型钢组成。钢筋定位架安装固定时用经纬仪控制轴线,水准仪控制标高,使钢筋定位架的轴线在同一条线上,以保证完成后的质量。

(1)钢筋笼正位。骨架吊正后确认吊点垂线、桩轴线、骨架中轴线吻合后,由操作人员扶持缓慢下放,防止骨架碰撞孔壁造成塌孔。

(2)钢筋笼连接。在每一节钢筋笼上端靠近最上一道加劲箍旁的主筋上预先焊接好吊耳,当首节钢筋笼骨架上端部分入孔接近护筒顶口时,通过特制卡板将钢筋笼骨架卡挂在钢护筒顶口上,吊起下第二节骨架,对齐主筋并将第二节骨架主筋与第一节骨架主筋靠拢,旋动直螺纹套筒直至拧紧到位。逐根检查符合要求后开始沉放。循环第一节钢筋笼与第二节钢筋笼对接下放操作流程,直至完成整根钢筋笼对接下放作业。

(3)钢筋笼运输。由于钢筋笼的直径较大,层数复杂,钢筋笼在钢筋加工场制作完成后,利用平板车运输到施工现场,如图3。

(4)钢筋笼下放。提起连接好的骨架、抽出卡板,缓慢下放,重复上述工序。在下放过程中将钢筋笼的三角内撑割掉,以防钩挂混凝土灌注导管。钢筋笼下放到位后将吊筋与卡板、卡板与护筒焊接固定防止浇注混凝土时钢筋笼的上浮和下沉。固定时,要根据钢护筒的偏位情况将钢筋笼中心反方向调整,以使钢筋笼中与桩中心重合,如图4。

图3 大直径钢筋笼运输

图4 钢筋笼的下放

3.3 水下混凝土配合比的设计

桩基混凝土设计标号C35,混凝土配合比设计通过试配确定,混凝土除满足强度要求外,还须符合下列要求:

应采用P. Ⅱ 42.5级及以上的低细度、低C3S含量的水泥,混凝土初凝时间≥20h;混凝土的坍落度控制在18~22cm,3h以后不小于18cm,流动度不小于100cm;混凝土具有良好的和易性、流动性、泵送性。

3.4 钻孔、清空

3.4.1 终孔一次清孔

一次清孔过程中泥浆比重:1.06~1.12;含砂率:≤0.5%;黏度:17s~22s;胶体率:≥98%;pH值:9~10。

3.4.2 沉渣指标

沉渣的要求严格按照施工图纸及技术规范上的要求,一次清孔后的沉渣厚度控制在2cm之内。

3.4.3 二次清孔泥浆控制

钢筋笼下放过程中,对沉渣厚度进行观测并填写观测记录表,钢筋笼下放完成后,如沉渣厚度大于2cm,则需进行二次清孔。循环后再次测定泥浆指标及孔底沉渣。

3.5 孔的锤直度

钻孔桩完成一次清孔后采用 DDM100Q 超声波孔壁测试仪对钻孔的垂直度、孔深等数据检测。沉淀层厚度采用测深锤、测绳测量。

3.6 灌注水下混凝土

混凝土灌注由大料斗往小料斗放，由于混凝土的黏度大，当混凝土灌注临近结束时，用测锤仔细测量钢筋笼内以及钢筋笼与钢护筒间的混凝土面高度，并核对混凝土的灌入方量，以确定所测混凝土的高度是否准确，当确定整个混凝土的顶面标高到位后，停止灌注，及时拆除灌注导管。灌注完成时，混凝土面应大于设计桩顶标高 1.0～1.5m，以保证桩头混凝土质量。

3.6.1 首批水下混凝土数量确定

根据《公路桥涵施工技术规范》（JTG/T F50—2011）规定，首批混凝土的数量应能满足导管首次埋置深度 1.0m 以上和填充导管底部的需要，设导管下口离孔底 40cm，因此计算首批混凝土灌注量 26.7m^3。

故配备 1 个 30m^3 集料斗和 4m^3 的小集料斗施工。

3.6.2 混凝土拌和运输

混凝土通过现场设置的搅拌站进行搅拌，搅拌站配置 2 台 120m^3/h 的搅拌机系统，混凝土采用 10 台 10m^3/辆输送车通过栈桥运输至主墩平台，平台上配置 2 台 HBT9018C 混凝土拖泵负责泵送入仓。

3.6.3 导管埋深控制

一般在首批混凝土灌注成功后，便可取消大料斗，直接通过搅拌运输车向小料斗中打料，直至完成整根桩的浇筑。正常灌注阶段导管埋深宜控制在 2～6m，每次拆除导管后，导管底口的埋置深度不应小于 2.0m。在混凝土灌注的过程中应经常测量混凝土面标高，以确定导管埋深、拆除导管的时机。

4 大直径桩基础的质量检测

本桥采用声波投射法检测桩基础完整性。沿桩周四分点预埋 4 根无破损检测管在钢筋笼上。要求检测管接头必须密封，并且位置准确。

5 结语

从大桥 34 号主墩 4m 桩径的 32 根完成灌注桩检测情况来看，该桥左幅 16 根桩基和右幅 16 根桩基均无明显的质量缺项，检测结果为Ⅰ类桩基，为后续主塔的施工奠定了良好的基础。海南铺前跨海大桥的施工中，针对这种海上超大直径桩基的施工，所采用的技术方法及质量控制为以后同类型的桥梁施工提供借鉴。

42. 海上引桥墩身施工外观质量控制

尹相龙[1]　叶　鹏[1]　李红星[1]　王锦攀[2]
（1. 中交第二航务工程局有限公司；2. 海南省交通工程建设局）

摘　要：随着海上交通建设的不断发展，各种跨海湾桥越来越多，桥梁建设规模也越来越大。海上桥梁除了满足交通要求，更应成为海上文明的一道风景。目前钢筋混凝土仍是桥梁工程的主要建筑用材料，特别是在桥梁的下部构造中应用较多。文中介绍了桥梁工程下部结构混凝土外观质量的控制，提出海上引桥施墩身施工外观控制的技术及质量控制要点。

关键词：海上引桥墩身；施工；质量；控制

1　工程概况

海南铺前跨海大桥位于海南省海口市演丰镇和文昌市铺前镇，项目起点与规划的文昌市滨海旅游公路相接，起点位于铺前镇云楼村，终点位于海口市演丰镇塔市附近。

施工第 2 合同段包括斜拉桥主桥、引桥、大桥东岸 2.71 公里范围内绿化及环境保护设施、养护中心房建工程等。主桥全长 460m，采用(230 +230) m 单塔双索面钢箱梁斜拉桥，主塔为“文”字形钢筋混凝土主塔，主塔塔身由上塔柱、中塔柱、下塔柱、横梁组成。主塔总高度(塔座至塔顶)为 151.8m。引桥包括跨越断裂带引桥和文昌侧引桥，引桥墩身照片如图 1 所示。跨越断裂带引桥全长 581m，桥跨布置为(2 ×58 +60 +2 ×58 +58 +2 ×58 +57 +58)m，均为钢箱梁，除跨越断裂带采用简支结构外，其余均采用连续结构。文昌侧引桥全长 1110m，其中水上部分引桥长 300m，陆上部分引桥长 810m，桥跨布置为：3 ×(4 ×30) +3 ×(5 ×30)m 混凝土箱梁 +(6 ×50)m 混凝土箱梁。大桥东侧长接线道路全长 556m。

图 1　海上引桥墩身全景

2　施工过程中的控制

2.1　施工准备阶段

由于处于海上施工，在墩身施工前，必须对承台顶面墩身范围进行凿毛处理，并以高压水枪冲洗干净。避免承台和墩身混凝土交接面黏结不好,形成错位。如图2所示。

图2　墩身混凝土凿毛

模板底部必须经过整平处理,处理后粘贴透水模板布。测量人员测出立模周边线的高程,以高标号砂浆进行找平,避免浇筑墩身底部混凝土时漏浆。

2.2　混凝土质量控制

(1)原材料质量控制。原材料是保证混凝土质量的关键。首先应选择同一产地、同一品质、同一颜色的水泥、砂、碎石和外加剂,并且同一单位工程尽可能采用同一批原材料。原材料应干净无杂质,这样可以有效避免因原材料不完全相同而造成混凝土外观颜色不一致或斑点。随时检查水泥的储存条件,确保干燥、通风、防风雨、防潮湿。禁止施工队伍使用过期或被雨淋而结块的水泥,因为它不仅会影响混凝土强度,而且会使浇筑的混凝土有深色斑点,影响混凝土外观质量。细集料宜选用中砂且大致均匀,这样有利于混凝土密实光洁,同时应严格控制砂的含泥量,随时对进场砂进行筛分,检测杂质含量不能超规范要求。粗骨料应具有良好级配,且压碎值、含泥量等应符合规范要求。

(2)合理的配合比设计。混凝土配合比设计的好坏对混凝土结构物的观感效果影响极大,必须精心设计。混凝土配合比设计要按有关技术规范进行计算和试验,并在施工过程中经常检查。必要时可掺外加剂等改善混凝土拌合物的和易性,增加混凝土密实度和光洁度,在保证混凝土和易性的前提下尽量降低坍落度,以免脱模后气泡较多。

(3)混凝土拌和。混凝土拌和时应严格控制水灰比和坍落度。必须根据砂、碎石的含水率随时调整施工水灰比,以保持混凝土的良好和易性,减少水泡气孔的形成。搅拌时间严格按规范要求控制在1.5分钟左右,并且搅拌均匀。在本工程实践中发现,将坍落度始终控制在5~8cm,混凝土成型脱模后气泡少且光泽度高。

3　模板安装阶段

模板的选择直接决定混凝土的外观效果,选择时应综合考虑其强度、刚度、可周转性及经济性等。本工程采用定型组合钢模板。准确定位模板线并与钢筋位置协调一致,是保证结构外观质量的第一步。

3.1　模板检验

模板加工完成后要严格进行试拼检验,要求具有刚度、强度和稳定性,满足结构尺寸要求,表面平整度不大于5mm,无平面翘曲等。墩身模板拼装前应打磨,使其接缝处平整光滑,模板内表面无锈。

3.2　模板安装

(1)模板的架立要精确,特别是模板的几何尺寸、轴线位置、模板牢固以及美观程度,并设专人在混凝土灌筑时经常检查模板及预埋钢筋的位置和保护层的尺寸，确保其位置正确不发生变形，做到不跑模、不漏浆、不错位。

（2）模板安装必须稳固牢靠，接缝严密，接缝处采用双面胶粘贴，模板与混凝土的接触面清理干净并涂刷脱模剂。

（3）模板拼装允许偏差：模板平整度不大于 2mm；相邻模板接缝缝隙不大于 1mm，湿润时闭合；模板轴线偏差为 ±3mm。

4 钢筋绑扎阶段

钢筋与模板间设置垫块，以保证钢筋骨架的保护层。宜采用塑料垫块，不宜采用水泥砂浆垫块，否则会在混凝土表面留下形似伤疤的外观缺陷，如图 3 所示。

图 3 墩身钢筋施工照片

5 混凝土浇筑阶段

（1）墩身混凝土采用自动计量拌和站集中拌制，混凝土所采用的各项材料均应进行检验，合格后方可投入使用。混凝土运输车运送至现场，由吊车将混凝土吊至墩顶。在混凝土浇筑前要充分湿润桩头凿毛处，同时应检查混凝土的和易性和坍落度，和易性差或坍落度不在设计范围内严禁浇筑。混凝土应按一定的厚度、顺序和方向分层浇筑。应在下层混凝土初凝或能重塑前浇筑完上层混凝土，分层应水平，分层厚度不宜超过 30cm。墩柱浇筑时，混凝土自由下落高度一般不宜超过 2m，以防发生离析。否则应通过串筒、溜槽等设施卸浇混凝土。

（2）浇筑混凝土前，检查模板、钢筋、沉降观测点及预埋件、预留孔的位置和保护层的尺寸，确保位置正确不发生变形。浇筑混凝土要分层进行，其厚度（指捣实的厚度）应根据拌制的能力、运输条件、浇筑速度、振捣能力的结构要求等条件决定，一般不超过 50cm。

（3）在每层混凝土浇筑过程中，随混凝土的灌入及时插入式振动棒振捣。振动棒振动移动间距不超过振动棒作用半径的 1.5 倍，如图 4 所示。振捣过程中，要控制好振捣间距和浇筑层厚高，振捣新的一层，均应插进先浇筑混凝土层 5 ~ 10cm，力求上下层紧密结合。注意振捣方法，控制振捣程序，先周围后中间，并注意混凝土摊铺四周高中间低，以便把气泡尽往中间赶出，避免聚集在模板处。每一处振动完毕后应边振动边徐徐提出振动棒。掌握好振捣时间，做到不要欠振，不要过振，对每一振动部位，振动到该部位混凝土密实为止（密实的标志是混凝土停止下沉、不再冒出气泡、表面呈现平坦、泛浆）。同时振动棒与模板间距保持 5 ~ 10cm，并避免碰撞钢筋、模板及预埋件。特别注意在模板接缝位置不要过振，以免在接缝位置产生砂线。

图4　混凝土浇筑振捣照片

(4)混凝土自高处倾卸时,高度不超过2m,当超过2m时应采用串筒、溜筒等设施;倾落高度超过6m时,除设串筒、溜筒等设施外,还应设减速装置;串筒、溜筒等距出料口下混凝土高度不宜超过1m。避免混凝土离析,影响外观质量。

(5)混凝土浇筑连续进行。为了保证上下层之间连为一体,应在下一层混凝土初凝前完成上一层灌注。因故间歇时,其间歇时间要尽量缩短。间歇时间应根据环境温度、水泥性能、水灰比和外加剂类型等条件通过试验确定。

(6)当允许间歇时间已经超过时,应按浇筑中断处理,留置施工缝。混凝土入模温度控制在5~30℃。浇筑混凝土应使用振捣器捣实,振捣方式为插入式振捣,插入式振捣器的移动间距不宜大于振捣作用半径的1.5倍,而且插入下层混凝土内的深度宜为5~10cm。表面振捣器的移动距离应能覆盖已振捣部分的边缘。振捣时不得碰撞模板、钢筋和预埋件。每一振点的振捣延续时间应为20~30s,以混凝土不再沉落,表面呈现浮浆为度。在振捣棒够不着的地方可以使用木棒、振捣铲、锤敲打模板等方法进行振捣。防止振捣过度造成混凝土离析。

(7)在混凝土的入模和振捣过程中混凝土浆不可避免地要溅到模板上,初凝后,模内操作人员如不清理,则会使先后不同时间人模的混凝土发生离散。混凝土脱模后,由于溅点凝结不牢而脱落,形成麻面现象,而影响混凝土外观质量。

为此,要求操作人员随着浇筑高度的上升、位置的变化,不断用干净的粗毛巾抹去溅点,保持模板表面的清洁,如图5所示。

图5　混凝土外观

6　混凝土养护、拆模阶段

6.1　混凝土表面覆盖

混凝土振捣完成后,及时对混凝土暴露面进行紧密覆盖(采用蓬布、塑料布等进行覆盖)，尽量减少暴露时间，防止表面水分蒸发。暴露面保护层混凝土初凝前，卷起覆盖物，用抹子搓压表面至少二遍，使之平整后再次覆盖，此时注意覆盖物不要直接接触混凝土表面，直至混凝土终凝为止。

6.2 混凝土表面养护水温度

养护期间，淋注于混凝土表面的养护水温度低于混凝土表面温度时，二者间温差不得大于15℃。混凝土浇筑后，在常温条件下12h内应覆盖湿麻袋浇水养护，浇水次数以保持混凝土湿润为宜，养护时间不少于7天7夜。环境温度低于5℃时，不得浇水，应在混凝土表面喷涂养护剂并采取保温措施。

6.3 模板拆除

不承重的侧面模板，应在混凝土强度达到其表面及棱角不因拆模而受损时进行拆除，混凝土强度不小于2.5MPa。拆模工作应自上而下进行，不应使混凝土受振损伤，并减少模板损伤；拆除模板时，不应影响混凝土的继续养护，如图6所示。

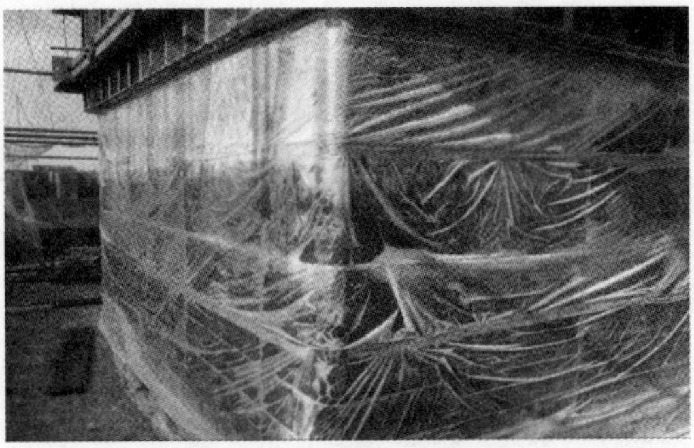

图6 墩身混凝土覆膜养护照片

7 结语

混凝土墩身外观质量的好坏，对整个工程起着至关重要的作用，同时也体现出施工企业管理水平和操作人员的整体素质，并透视出整个工程在质量的可靠性，真实性，因此重视墩身外观质量十分重要。

墩身外观质量是一个系统工程，须对混凝土施工过程中的每个环节严格按照设计要求和施工标准进行控制，并经过实际出现的问题分析和改进。本文为以后海上墩身外观质量的控制提供借鉴。

参考文献

[1] 全毓红.桥梁结构混凝土外观质量控制技术[J].西部交通科技，2007，33(13)：219-220.

43. 浅谈如何加强工程项目计量支付管理工作

陈耿帅　许　笛

（中国公路工程咨询集团有限公司）

摘　要：公路工程计量支付是主导项目顺利实施的重要环节，更是工程项目施工过程中必不可缺少的部分。标准化、规范化计量支付管理工作能更好地促进工程质量、投资、进度等控制目标的实现。如何合理、及时、准确地开展计量支付工作是项目成功主观因素，把握工程关键节点的计量支付管理更是重中之重。

关键词：工程项目；计量；支付；管理

1　引言

公路工程计量支付管理极为复杂烦琐，若在某一环节出现误差，必然将进行繁重的返工工作，直接影响到工程进度款的及时拨付，会对项目日常的运行管理造成一定的负面效益。精心做好计量支付管理工作可促进项目工程款准确及时有效拨付，增强资金周转灵活性，为下一项工程做好准备，以便调动项目施工积极性，推动工程进展。现就如何加强工程项目计量支付管理工作进行探讨。

2　计量的条件

2.1　符合计量项目范围

（1）工程量清单是工程项目管理的重要依据，工程量清单中的工程项目原则上全部需进行计量，其工程数量不作为承包人履行合同义务中应完成的实际和准确的数量，亦不作为最终结算和支付的依据。在项目实施过程中，项目管理单位与监理工程师对合同中的工程量清单管理的关键环节是对清单项目。

（2）通过规定程序进行了变更工程的审批，其变更工程项目必须按合同有关要求进行计量。

（3）除工程量清单项目以外，在合同文件中还规定的一些包干项目，对于这些项目必须根据合同条款进行计量。

2.2　质量达到规范标准的要求

工程质量经监理工程师验收达到相关规范要求后由监理工程师签认工程质量检验报告单，对签发了工程质量检验报告单的工程进行计量。工程质量没有达到规范标准的任何工程不予计量。

2.3 验收手续齐全

以下验收手续和资料齐全方能进行计量:

(1)监理工程师批准的开工申请。

(2)承包人需提供自检的各种资料和试验数据,同时各种试验的频率应符合合同条款规定。

(3)监理工程师根据规定频率进行抽检,并抽检结果满足设计图纸及规范要求。

(4)已签发工程质量检验报告单。

3 计量依据

工程计量应符合法律法规,严格按照相关规定执行,缺少现场质量评定、检测、检验等资料的不予计量,计量相关依据参照以下资料:

合同协议书及其补充文件;投标书;合同专用条款;合同通用条款;项目专用技术规范;《范本》中的技术规范;修订的工程量清单及说明;图纸;变更、索赔审批表;收方时丈量、测量等现场计量资料;地区计量管理办法及规范等。

4 计量原则

计量工作应遵循客观、公正、准确和及时原则。

(1)必须严格按照计量规则计量。

(2)按设计图给定的净值及实际完成并经项目管理单位和监理工程师确认的数量进行计量。项目现场隐蔽工程在覆盖前计量应得到确认,否则将不予计量。

所有计量项目(变更工程除外)应该是工程量清单及修订的工程量清单中的所列项目。

(3)需计量项目的各项工序,必须是经验收质量达到规定要求的合格产品,才予以计量,项目施工过程中工序或工程未经质量验收或验收不合格的项目,不予计量。

(4)计量资料文件及附件的签认手续不完备、资料不齐全的情况,不予计量。并将过程中不予计量的原因进行记录,杜绝出现补资料再计量的情况。

(5)开工预付款的拨付必须附有经监理工程师认可的按投标文件承诺的主要管理人员、设备数量资料。

(6)材料、设备预付款的拨付必须附有经监理工程师认可的合格的数量资料,同时应附有其他相关质量、试验等证明资料。

(7)暂列金额和暂估价的使用必须得到项目管理单位批准,计量时必须附有批准文件复印件及其他相关证明资料(如发票、合同等)。

(8)变更工程变更手续齐全,工程数量经监理工程师签认,监理单位下达《工程变更令》,并经项目管理单位认可后方可计量。

5 计量时间

计量工作应注重时效性,加强计量管理工作的时效性有利于项目的顺利实施,计量一般以月为周期性开展工作,计量时间分现场确认时间与计量报表编制时间。

(1)现场确认时间及参加人员

①对于隐蔽工程,特别需注重工程数量有变更的隐蔽工程,如结构物的基础、软土地基

处理、盲沟等应在覆盖以前予以确认。着手加强现场施工监控力度,以现场施工记录、监理日志等资料为抓手,确保工程安全、质量,根绝虚假计量。一般由承包人向驻地监理提出现场确认申请,驻地监理在接到承包人的申请后,应在24小时内作出书面答复。同意,则约定现场计量时间;不同意,则说明原因。在约定时间内,驻地监理必须派出含计量支付工程师在内的监理人员在约定地点集合,同时必须通知总监办及项目管理单位现场管理人员共同确认。

②对于已符合合同文件要求的非隐蔽工程(如排水沟、边沟、防护工程等因地形的变化而引起长度、数量上变化的工程),其现场确认时间定在每一单项工程完工后,一般由承包人向驻地监理提出申请(或由驻地监理向承包人发出计量指令),驻地监理接到承包人的申请后,理应在24小时内给予答复,不同意则说明理由,同意则约定时间,同时通知总监办及项目管理单位现场管理人员现场确认。确认过程应严格检查需计量的现场资料,实地查看现场工程外观质量,把控好每项工程的每道工序,现场确认后一般在48小时内将收方记录复印件送对方以及项目管理单位现场管理人员。

(2)计量报表编制时间

计量报表按月编制,应在月末前及时将计量报表申报并审批完成。

6 工程款支付

6.1 支付原则

(1)支付必须以施工完成的工程计量为基础,合同文件及工程量清单为依据;

(2)支付工作必须以日常记录为依据;

(3)支付必须严格按照规定的程序;

(4)支付必须准确、规范、及时;

(5)中期支付金额大于招标文件规定的进度付款证书要求的最低限额;

(6)支付并不解除承包人应尽的责任和义务。

6.2 开工预付款支付

项目开工预付款应满足相关要求后进行支付,合理合规及时支付开工预付款并专项进行预付款资金管理,加强支付工作。

(1)承包人应完成以下工作后的14天内,向监理工程师提请开工预付款申请,监理工程师应签发工程动员预付款支付证书,并报项目管理单位审批,通知承包人:

①提交履约保函;

②签订合同协议书;

③提交开工预付款担保。

业主应在收到开工预付款支付证书后的14天内进行复核,支付开工预付款。

(2)开工预付款为合同价格的10%,分两次进行支付,第一次支付为支付价格的70%,按(1)款规定支付,剩余的30%待承包人在投标书中载明的主要机械设备进场且得到监理工程师认可后再行支付。

6.3 材料预付款

材料、设备预付款的合理支付可缓解工程建设期间承包人资金压力,有利推动项目进度,调动建设积极性。

(1)材料预付款支付的条件

①用材料预付款购买的材料,不得超过本工程实际所需要的总数量,且材料的种类、数量应与工程进度相符;

②材料将用于永久性工程;

③材料已在现场交货,且存储良好;

④监理工程师认为材料的存储方法符合要求;

⑤承包人已出具材料费用凭证或支付单据;

⑥合同工期结束前三个月,停止办理材料预付款业务;

⑦监理工程师签发的材料预付款支付证明,不是对该材料质量的批准。

(2)材料预付款的扣回

根据相关规定,当材料已用于或安装在永久工程之中时,材料预付款从进度付款证书中扣回,扣回期不超过3个月。

6.4 中间支付(工程进度付款)

工程进度款是项目核心原动力,每月的进度款支付工作非常重要,支付工程进度款应严格进行审核并对发票进行核对,秉持严谨的态度把关。

每月工程进度款经项目管理单位及监理工程师计量签认的、质量合格的支付细目及按合同单价或总额计算的款项,即本合同工程量清单的支付细目款项,按合同条款规定进行支付。

承包人应每月定期向监理工程师提交由其项目经理签署的按监理工程师批准格式填写的进度付款申请单一式7份,并附相应的支持性证明文件。除专用合同条款另有约定外,还需包括下列内容:

(1)自开工截至本期末止已完成的工程价款;

(2)自开工截至上期末止已完成的(已实际结算的)工程价款;

(3)本月完成的(应结算的)工程价款,即(1)-(2);

(4)本月应支付的暂列金额价款;

(5)本月应支付的已进场的材料预付款;

(6)根据合同规定,本月应结算的其他款项;

(7)本月应扣留的保留金和扣回的材料预付款及开工预付款;

(8)根据合同规定,本月应扣除的其他款项。

工程价款的中间支付程序确保完整闭合,需谨慎核对资料(如核对发票金额、辨别发票真伪、支持性证明文件与上报量金额不符等)。

监理工程师应在收到承包人进度付款报表清单以及相应的支持性证明文件资料后的3天内完成核查,上报发包人,经项目管理单位审查同意后,由监理工程师向承包人出具经项目管理单位签认的进度付款证书。

若该月应结算的价款经扣留和扣回后的款额少于项目专用合同条款数据表中列明的进度付款证书的最低金额,则该月监理工程师可不核证支付,上述款额将按月结转,直至累计应支付的工程价款额达到投标书附录中列明的进度付款证书的最低金额为止。

7 结语

公路工程计量支付是工程项目管理中的重要环节,将计量支付管理工作做到标准化、规范化,对保障工程质量、进度、投资目标的顺利实现有着重要意义。

参考文献

[1] 肖达勇,李卓伦,熊江东. 公路工程工程量清单计量规范[J]. 公路交通科技(应用技术版),2015(004):276-277.

44. 论海南铺前跨海大桥工程的设计变更管理

赵 晗 许 笛

（中国公路工程咨询集团有限公司）

摘　要：由于设计文件不可避免地存在缺、错、漏或者为推广新技术、标准等方面的原因，公路工程建设实施过程中会出现许多工程设计变更，设计变更管理是项目建设管理中的重要工作之一，有效的变更管理对保障工程的质量、进度、造价等有着非常重要的意义。本文从设计变更的条件、审批以及管理等方面做了简要论述，以期为同类项目建设提供借鉴。

关键词：设计变更；管理

1　引言

无论新建还是改扩建公路项目，设计变更管理都是项目管理过程中的重要工作之一。设计变更，是指自公路工程初步设计（或一阶段施工图设计）批准之日起至通过竣工验收正式交付使用之日止，对已批准的初步设计文件、技术设计文件或施工图设计文件所进行的修改、完善等活动。设计变更必须坚持优化设计、完善结构、节省投资的原则，符合设计规范、技术标准要求，确保工程质量和施工安全，符合环境保护的要求。设计变更应严格按照上级单位及业主规定的审批权限和审批程序办理有关变更手续。海南铺前跨海大桥是海南省迄今为止最大的独立跨海桥梁工程。本文结合海南铺前跨海大桥项目管理中的设计变更管理工作，从设计变更的分类、职责及管理流程三方面进行论述。

2　设计变更的分类及审批

不同类别的设计变更实行不同的审批流程，以铺前跨海大桥工程为例：

设计变更主要分为重大设计变更、较大设计变更及一般设计变更，一般设计变更分为 A 类一般设计变更和 B 类一般设计变更（A 类、B 类的变更划分依据主要是根据变更造价划分，A 类一般设计变更是施工合同段设计变更单项工程费用变化 100 万～500 万元的，B 类一般设计变更是施工合同段设计变更单项工程费用变化 100 万元之下的）。设计变更审批实行分级管理，重大设计变更、较大设计变更由项目管理指挥部（业主委托的项目管理单位在项目现场成立的驻地管理部门）上报海南省交通工程建设局（本项目的业主单位简称交建局）审查，审查完毕后再由海南省交通工程建设局报海南省交通运输厅（项目的行业主管单位）审批；一般设计变更由项目管理指挥部审查后报交建局审批。所有的设计变更必须严格按照程序履行相关审批手续。

重大、较大设计变更严格实行专家论证会议审定制度,对没经过专家会议审定的设计变更不予审查,对不合理的设计变更交建局有权否决。各参建单位必须对设计变更方案的技术合理性及经济性、设计变更理由的充分性、设计变更程序的正确性、设计变更造价的准确性等负责。

经项目管理单位及上级主管部门审批的设计变更,施工单位必须按设计变更内容及有关技术规范、规程认真完成,不得拒绝施工。

3 设计变更的职责

设计变更应严格按照分级负责、分工协作的原则进行管理,各参建单位必须各司其职。负责对工程设计变更办理、申报、审查的相关单位及个人必须严格履行相关职责,并承担相应的责任。

3.1 项目管理单位职责

负责组织对设计变更进行现场调查、核实、论证、审查和上报。

负责对监理单位、设计单位的审查结果进行复核、确认并及时经审查结果上报省交建局,对设计变更严格把关,并及时督促施工单位、监理单位、设计单位履行好各自职责;对上报变更支撑材料的真实性,套用清单单价的准确性和补充单价(如有)的合理性负主要责任。

3.2 设计单位工作职责

负责对施工单位申报的设计变更材料和监理单位对设计变更的审查意见进行复核,完成变更施工设计图的编制并及时下发。

对设计变更理由的充分性、设计变更方案的合理性及经济性严格进行核实确认,变更金额较大时应提供多种变更方案进行比选,出具设计变更施工设计图并及时下发。

3.3 监理单位工作职责

负责及时督促所监理的施工单位按相关程序申报设计变更工作;负责对监理范围内的施工单位申报的设计变更材料进行核查并提出审查意见;全过程负责督促施工单位对已批复的设计变更工程的组织实施。

对设计变更理由的充分性、设计变更工程数量的准确性、设计变更工程单价的合理性、设计变更支持资料的真实性及设计变更与合同条款的符合性进行严格审查,并对设计变更材料的审查结果负责,在工程设计变更文件中不得以模棱两可、含糊的词语推卸相关责任。

3.4 施工单位工作职责

报送的工程设计变更文件中应详细说明原设计的基本情况、工程设计变更原因、变更桩号范围、变更部位、变更工程项目、数量、单价及工程变更费用,同时附有相关的测量、试验、检测、影像、计算过程等相关资料。

4 设计变更的管理

4.1 设计变更的提出与上报

上级主管部门、项目管理指挥部提出的设计变更,由设计单位及施工单位收集、准备设计变更资料,有必要时应组织专家对该设计变更评审,经项目管理指挥部报业主审批后,监理单位直接下发变更令。

施工单位提出的设计变更,首先由施工单位向驻地监理办公室提交变更意向报告(工程变更意向书)，经驻地监理和项目管理指挥部现场管理人员初审同意后，由项目管理指挥部组织省交建局、设计单位、监理单位和施工单位进行现场调查，待意见一致后召开会议形成会议纪要，会议纪要需说明已确定的设计变更方案、预估费用及变更设计时间安排等，然后由项目管理指挥部、设计代表、监理工程师、施工单位四方确认该设计变更的变更方案，变更方案得到项目管理指挥部及业主批复后，按相关设计变更程序办理工程变更令的审批手续。

设计变更中个别项目因施工程序不能停工或该设计变更中个别项目属抢险性质施工时，在时间紧迫的情况下，处理方案经设计代表、监理工程师和项目管理指挥部现场管理人员同意后可立即组织实施，随后立即完善变更申请批复手续。待工程变更数量明确、设计变更批复后，按程序办理工程变更令的审批手续，附相关的影像资料说明紧急抢险的情形，并及时下发变更令。

针对监理单位、设计单位提出的设计变更，变更提出方提交变更意向说明(工程变更意向书)，然后由项目管理指挥部、设计代表、监理单位、施工单位四方确认该设计变更的变更方案，变更方案得到项目管理指挥部及业主批复后，按相关设计变更程序办理设计变更的审批手续。

地方政府提出的设计变更，应由县级及以上相关单位出具的正式文件说明设计变更的原因及具体情况并得到项目管理单位的认可，由施工单位填报并提交变更意向说明(工程变更意向书)，经项目管理指挥部报业主批复后，按相关设计变更程序办理设计变更的审批手续。

4.2 设计变更的实施及验收

各项设计变更均应在得到批复后方能组织实施，未经同意而擅自施工的设计变更，项目管理指挥部将不予认可和计量支付，并追究相关单位的责任。另外，如果因未经同意而擅自进行施工的设计变更造成工程设计功能改变或出现工程质量隐患的，施工单位必须对相关工程返工或修复缺陷以排除质量隐患，返工的相应费用由施工单位自行承担，同时追究监理单位的监管责任。

各项设计变更的工程变更内容在完工后均应按相关程序向监理工程师、项目管理指挥部现场管理人员申请验收，经检验合格、验收后方能进行下一步工序，其中，隐蔽工程(如路基工程中的软基换填)的设计变更现场验收尤为重要。

4.3 设计变更日常管理

所有设计变更的上报资料，均应同时附工程量增减情况及费用增减情况说明，计量支付单价有关依据及涉及变更造成的工程造价变化资料。

自项目开工之日起，所有设计变更文件、图纸、说明、依据等要保存完整，作为施工资料的一部分，以便竣工文件的整理。各参建单位须按省交建局规定的格式建立各自的设计变更管理台账并及时更新，监理单位负责督促其监理范围内施工单位设计变更台账的建立、复核和审查工作，负责其监理范围内各施工单位变更台账的汇总和管理，做到定期汇总及核查，并定期上报项目管理单位。设计变更台账必须及时更新，如实地反映项目的设计变更申报、批复情况。

未经上级单位批准的工程变更，不得进行施工，不得办理工程变更相关的计量支付。施工图设计是工程施工的依据，未经上级单位批准的情况下任何单位和个人不得对施工图进行随意更改，若施工单位因随意更改而造成工程设计功能改变或出现工程质量隐患的，施工单位必须对相关过程返工或修复缺陷以排除质量隐患，返工的相应费用由施工单位自行承担，一旦发现有“先施工，后变更”的现象，将对施工单位进行严肃处理，由此变更发生的费用增加或工程延期等后果，由擅自变更的单位自行负责。

5 结语

公路工程项目，尤其是技术复杂的大型跨海桥梁项目具有规模大、建设周期长、结构设计复杂、施工环境条件影响因素多等特点，设计变更是施工过程中不可避免的，设计变更管理工作是项目管理的重要工作之一。工程施工中，严格按照相关管理办法进行设计变更工作，采取有效措施，加强对设计变更的管理，增强各参建人员的工作责任心，提高各参建单位的工作技术和管理水平，可以提高工程质量、加快工程进度、降低工程造价，从而带来显著的社会和经济效益。

45. 海南铺前跨海大桥主塔施工过程中的质量管理控制

梅　凯　艾佑元

（中国公路工程咨询集团有限公司）

摘　要：海南铺前跨海大桥主塔位于强风带、强震带，且主塔结构为曲形界面，施工精度要求高，施工难度较大。本文主要描述在主塔关键部位施工过程中所采取的一系列质量保证措施，确保主塔施工质量。

关键词：主塔；质量；措施

1　引言

海南铺前跨海大桥横跨海南岛东北部的铺前湾海域，项目起点与文昌滨海旅游公路相接，终点与海口江东大道二期工程相接。

铺前跨海大桥建设条件极为复杂，项目位于强震、强风、强腐蚀区且跨越铺前—清澜活动断层，其地震烈度为Ⅷ度，50 年超越概率 10% 动峰值加速度 0.35g，50 年超越概率 2% 动峰值加速度 0.59g，为国内最大；设计基本风速 49.5m/s，为国内最高；跨越发震断层，为国内唯一。

铺前跨海大桥项目路线总长 5.597km，其中跨海大桥长 3.959km，桥头引线长 1.638km，采用双向六车道一级公路标准，设计速度 80km/h，桥梁宽度 32m。跨海大桥文昌侧引桥长 1113m，采用等截面预应力混凝土箱梁；通航主桥桥长 460m，采用(230 + 230)m 独塔斜拉桥，塔高 151.8m。

2　主塔结构

本桥采用“文”形主塔，主塔塔身由上塔柱、中塔柱、下塔柱和横梁等组成。

主塔总高度（塔座顶至塔顶）为 151.8m，塔身采用箱形变截面，从上至下分为 3 段（上、中、下塔柱），如图 1 所示。

上塔柱高度为 45.1m，采用单箱双室截面。顺桥向宽度由塔顶 18.098m 渐变到上塔柱底 9.0m，横向宽度由塔顶 6.6m 渐变到上塔柱底 11.748m，顺桥向塔壁厚为 1.1m，横桥向塔壁厚为 0.6m，上塔柱中间内侧设置 8 个装饰性凸型横梁。

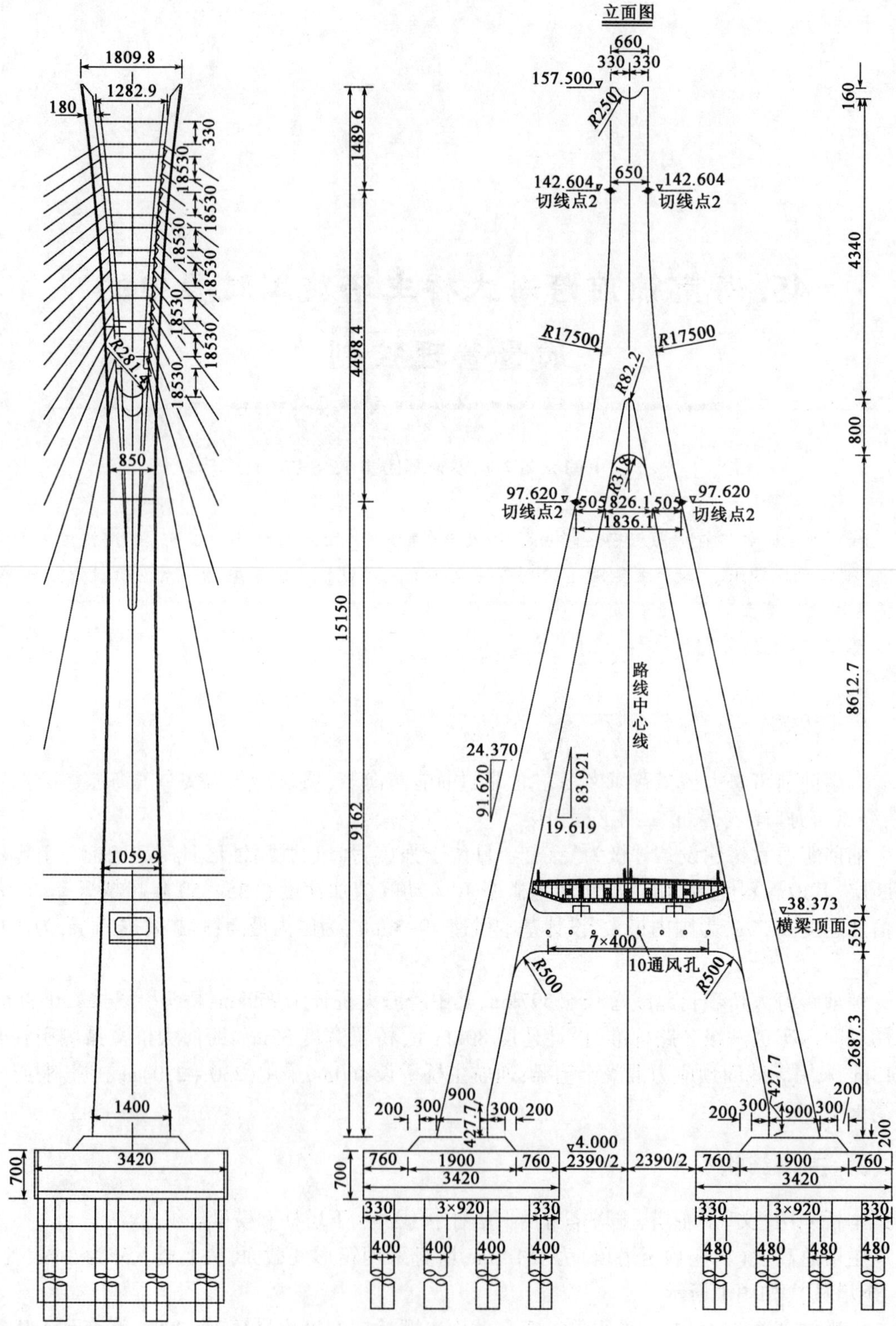

图1　塔柱一般构造

注:本图尺寸除高程以米计外,余均以厘米计。

中塔柱高度为74.327m,采用单箱单室截面。顺桥向宽度由中塔柱顶8.5m渐变到中塔柱底10.844m,横向宽度由中塔柱顶4.976m渐变到中塔柱底6.958m,顺桥向塔壁厚为0.8m,横桥向塔壁厚为1.2m。

下塔柱高度为32.373m,采用单箱单室截面。顺桥向宽度由下塔柱顶10.844m渐变到下塔柱底14m,横向宽度由下塔柱顶6.958m渐变到下塔柱底8.0m(含倒角为9m),顺桥向塔壁厚为1.0m,横桥向塔壁厚为2.2m。

上塔柱为斜拉索锚固区,锚固端局部构造采用齿板式,齿板表面以厚1cm钢板包裹,以利于拉索定位,也可代替部分模板。在上塔柱锚固区,采用U形预应力束加固,平衡斜拉索水平分力。

主塔柱设有劲性骨架,以便于施工定位。上塔柱斜拉索锚固区的劲性骨架,施工时结合索道管的定位可做适当的调整。

为满足施工和检修的需要,在塔柱内设置检修楼梯。

3 主塔施工方法

3.1 主塔总体施工工艺(图2)

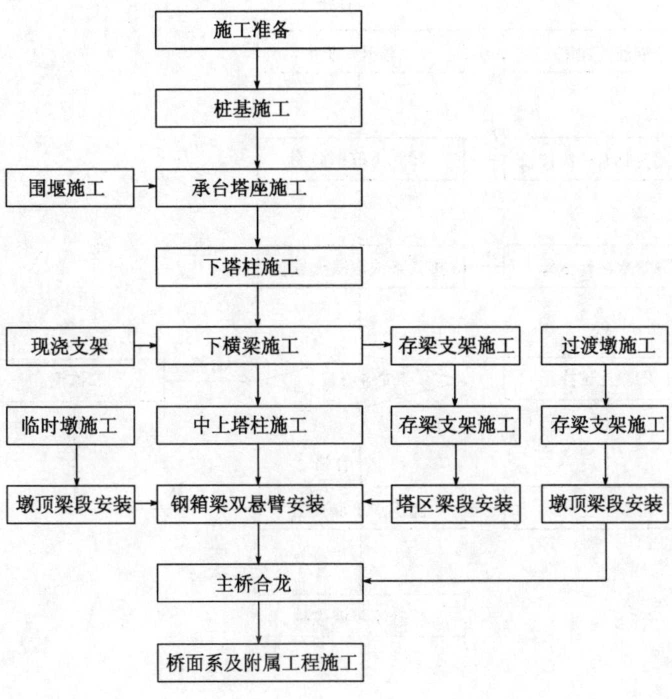

图2 主塔总体施工工艺流程图

3.2 主塔桩基施工工艺(图3)

桩基施工采用搭设钻孔平台进行钻孔桩施工。施工平台钢管桩施工采用打桩船整根直接沉放,钢管复合桩施工采用打桩船+液压振动锤整根一次性沉桩。

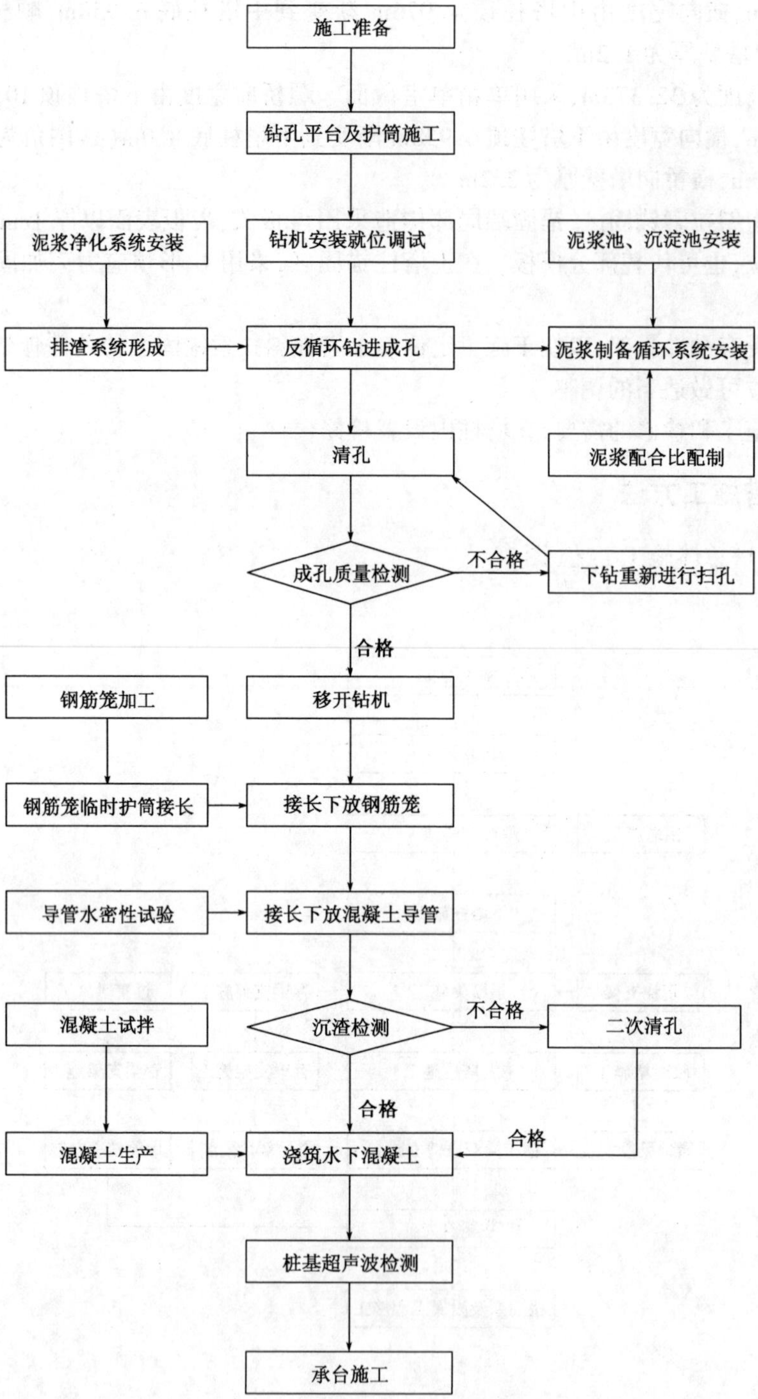

图3　钻孔桩施工工艺流程图

钻孔桩入岩深度深,岩石强度高,桩径大,采用液压回旋钻机气举反循环工艺成孔,门式起重机安装钢筋笼,导管法浇筑水下混凝土。混凝土采用岸上搅拌站搅拌,混凝土搅拌运输车运至现场。

3.3 主塔承台施工工艺(图4)

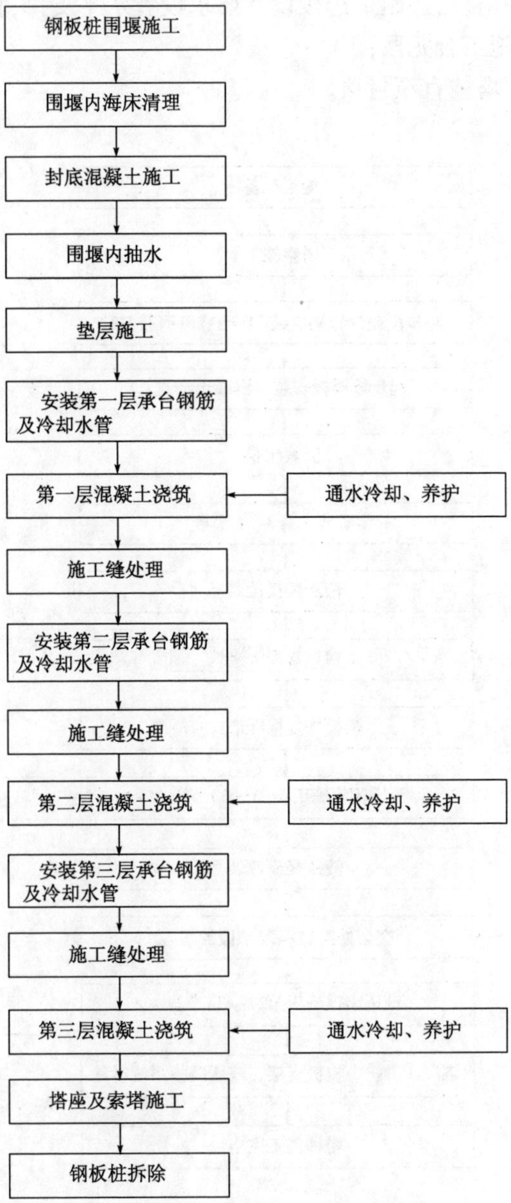

图4　承台施工工艺流程图

3.4 主塔塔柱施工工艺(图5)

塔柱施工共分34个施工节段,下塔柱起步段采用翻模法施工;下塔柱、中塔柱标准节段及上塔柱采用液压爬模法施工;下横梁与塔柱异步施工,采用落地式钢管支架系统施工。塔柱具体施工步骤如下:

(1)塔座施工并安装塔吊;

(2)支架翻模施工下塔柱起步段;

(3)安装液压爬模系统,爬模施工下塔柱至下横梁;

(4)中、下塔柱施工期间安装下横梁支架,现浇下横梁;

(5)液压爬模施工中塔柱,边施工边按设计要求设置水平支撑,直至合龙段;

(6)搭设附塔支架,施工合龙段;

(7)液压爬模施工上塔柱直至封顶。

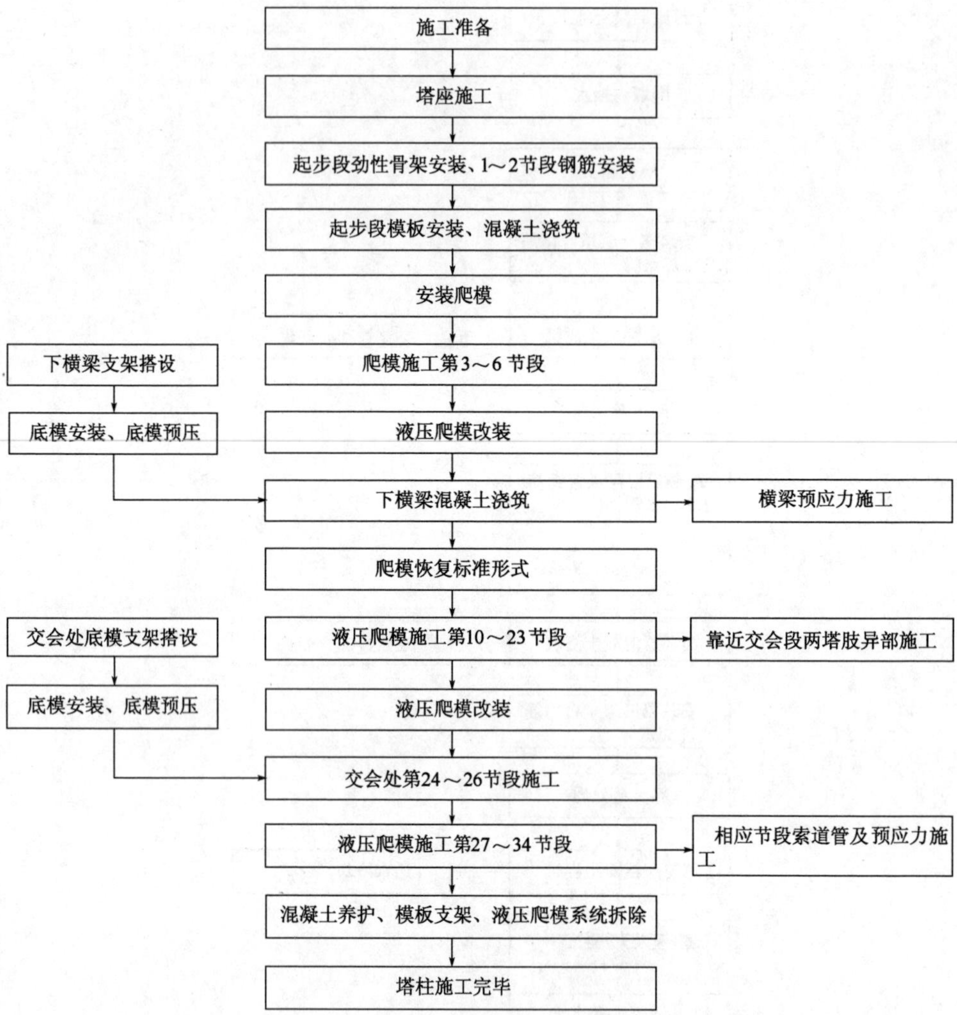

图5 主塔塔柱施工流程图

4 主塔施工质量关键点

(1)主墩桩基为4m超大直径群桩基础,桩基入岩深度达13m,钻孔难度大。由于主塔位于强震区,桩基钢筋十分密实,部分部位多达4层钢筋,钢筋检测难度大。

(2)主塔承台体积大,混凝土分两次浇筑,单次浇筑量达4000m^3,易产生裂缝,施工难度大。

(3)主塔为“文”字形结构,塔柱倾斜度大,且位于强风地带,测量控制难度较大,不易控制线形。

5 主塔施工质量管理

5.1 桩基施工质量管理

(1)钻孔护壁泥浆采用膨润土造浆,根据施钻地层的特点,在钻孔施工过程中,为防止流砂及软流塑地层发生扩孔、塌孔、缩径等现象,保持孔壁稳定,使用不分散、低固相、高黏度泥浆进行护壁。

(2)钻孔深度达到设计要求,成孔质量符合设计图要求,经监理工程师批准后进行换浆清孔。清孔时,孔内水位应保持原水位,以防止钻孔塌陷。

(3)第1次清孔完成后,须采用K200孔壁测试仪进行检测,满足要求后方可进行下道工序。

(4)为保障桩基检测的准确性,在钢筋笼内外侧各放置4根声测管,利用声波透射法进行检测。

5.2 承台施工质量管理

(1)为加强混凝土的施工质量,承台采用钢模加贴透水模板布。

(2)采用改善集料级配、降低水灰比,掺加混凝土外加剂等方法减少水泥用量,优化混凝土配合比,控制混凝土内部降温速度

(3)在混凝土浇筑体内,埋设冷却管通水冷却。冷却管宜采用导热性能较好并具有一定强度的输水钢管。输送冷却水时,应注意冷却水与混凝土的温差不宜过大;冷却水严禁采用海水。

(4)为检验混凝土施工质量,掌控温控信息,以便及时调整和改进温控措施,施工单位须参照相关技术规范,根据桥梁大体积混凝土的特点,由具有埋设技术和经验的专业人员,在合适的位置,埋设温度检测仪器,对混凝土进行实时温度监测。

5.3 塔柱施工质量管理

(1)施工前必须做好技术交底及现场口头交底,以做到人人心中有数,事事按部就班。

(2)钢筋必须具备材质报告及出厂合格证书,型号与设计相符。施工前应先按照设计图进行放线钢筋力学性能抽检,然后进行绑扎施工,保证钢筋位置符合设计及规范要求。施工时注意保护层厚度满足设计要求,避免露筋,切断钢筋腐蚀通道。

(3)预埋件施工时必须保证位置准确。施工前须先按照设计图进行准确放线,然后进行施工。预埋件施工过程中必须采取有效固定措施,防止在塔柱混凝土浇筑过程中走位。

(4)模板设计时必须仔细校核面板、内外肋材料的变形,控制模板变形在规范范围内;模板拉杆受力计算准确,材料选用合理,杜绝“爆模”现象发生。模板安装时必须采取有效措施保证位置准确,模板支撑采取专用防腐塑料垫块。

(5)混凝土开盘前检查准备工作是否全部就绪,如砂石料、水泥、人员、设备等。对外加剂、集料、水泥等原材进行试验检测,通过试验确定最佳混凝土配合比,使其坍落度、黏稠度、初凝时间满足施工要求。同时为降低塔柱浇筑时的水化热,除应选用低热或中热水泥外,在不降低混凝土强度等级的前提下,通过配合比试验,选用水泥用量少的混凝土配合比。

(6)混凝土振捣应分层逐点进行、防止漏振形成麻面。两层混凝土的施工缝处理应认真清扫,防止出现裂缝和夹沙层。

(7)塔柱施工时,随时观测塔柱的变形,并进行相应调整,以保证塔柱的几何形状符合设计要求,对塔柱压缩变形进行分析计算,并设置相应的预抬量。在中、上塔柱施工过程中,根据计算结果每隔一定距离设置塔肢预偏量。

(8)采用"追踪棱镜法",在保证控制精度的同时可降低环境条件的制约,保证施工进度。

6 结语

(1)施工前组织各部门进行了项目质量关键点的辨析,编制了《质量关键点辨识与管理手册》,对大桥需要重点控制的质量特性、关键部位、薄弱环节以及主导因素等进行系统辨识和分析,采取有效措施和方法,强化质量管理,使质量处于良好控制状态,保证达到规定的质量要求。

(2)有针对性地制定专项质量管理办法,完善质量管理体系。根据本项目特点,制定《"甲控乙购"管理办法》《隐蔽工程验收监督管理办法》《重大工艺审批管理办法》等。

(3)编制《混凝土外观质量创优控制方案》,对项目所有混凝土结构物:墩柱、主塔、系梁、现浇箱梁、通道和涵洞等进行打分考核,包括混凝土颜色色差、几何外观尺寸、表面气泡、光洁度、拼接缝和表面平整度等多个方面,有效控制混凝土外观质量。

(4)重视一线管理力量,加大质量管理力度,做好质量巡查和通报工作,保证工程质量可控。

参考文献

[1] 中华人民共和国行业标准. JTG/T F50—2011 公路桥涵施工技术规范[S]. 北京:人民交通出版社,2011.

46. 基于 PMC 模式下的铺前跨海大桥质量管控模式构建

王　宇　梅　凯

（中国公路工程咨询集团有限公司）

摘　要：介绍铺前跨海大桥工程概况及 PMC 项目管理模式，建立并运行完善的质量保证体系，推行现代工程管理模式，严格把控质量关键点，实行工程首件总结制，通过实践来看，铺前跨海大桥质量管理控制的模式构建是积极而有效的，可以为同类桥梁项目管理提供有意义的参考。

关键词：铺前跨海大桥；PMC 模式；质量管控；模式构建

1　工程概述

铺前跨海大桥位于海南岛东北部的铺前湾海域，横跨铺前－清澜活动断层，是国内首座跨越活动断层的特大型桥梁，如图 1。桥梁全长 5.6 公里，其中跨海桥长 4 公里，采用双向六车道一级公路标准，设计速度 80 公里/小时，桥梁宽度 32 米。

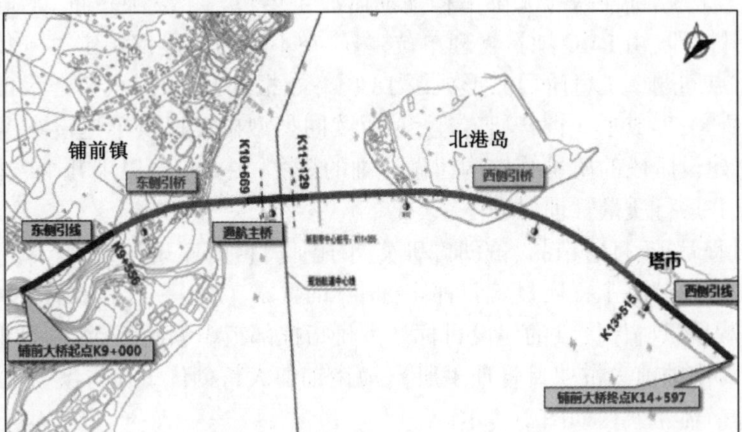

图 1　桥位平面图

2　铺前跨海大桥管理模式

PMC 模式，即项目管理承包模式（Project Management Contractor，简称 PMC），是指项目管理企业代表业主对工程项目进行全过程、全方位的项目管理，包括工程的总体规划、项目定义、工程招标、选择设计、施工、监理单位，并对设计、施工、监理进行全面管理，并承担相应的管理责任，收取一定的管理报酬。

与国外 PMC 管理模式发展相比，国内的研究起步较晚，主要由于我国工业市场发展时间比较短。但随着我国经济形势的迅速发展，PMC 工程项目管理模式在国内大型建设项目中的得到了接受，并得到了一定的应用，其中主要以石油、化工项目居多，例如中石油与巴斯夫合作的扬巴项目；中国海洋石油与壳牌公司合作的南海石化项目等。

铺前跨海大桥建设条件极为复杂，桥址处受活动断层影响，地震频发，桥位位于 1605 年琼山 7.5 级大地震的震中所在地，马袅 – 铺前断裂带与铺前跨海大桥平行，铺前 – 清澜断裂带与铺前跨海大桥垂直相交。此外，桥位处也是强台风多发地区，2014 年对海南岛造成重创的“威马逊”和“海鸥”超强台风均从桥位处经过，鉴于条件的困难性、复杂性，铺前跨海大桥项目在国内首次将 PMC 模式应用于特大型桥梁建设项目，由专业的咨询公司代理政府进行工程管理和建设，提升国内工程管理水平，实现政府的职能。

对铺前跨海大桥项目来说，PMC 管理的内容跨越了从项目前期咨询到项目建成投入使用的整个过程。根据招标文件要求，在第一阶段，PMC 管理主要是对铺前跨海大桥工程的前期工作提供咨询与服务，负责完成铺前跨海大桥的初步设计（初勘）工作，协助业主做好项目可行性研究及各类专项评估的评审、协助做好初步设计评审工作和其他合同约定的工作。在第二阶段，PMC 管理需组成项目管理指挥部，选派项目管理人员，制定项目建设管理计划，组织实施施工图设计、施工、材料设备采购招标工作，根据业主要求对项目建设实施进行全面管理和控制，为业主提交合格的铺前跨海大桥投入运营，并做好项目缺陷责任期的管理。

3　铺前跨海大桥质量管控的构建

严格意义上来说，铺前跨海大桥工程前期阶段主要包含了立项审批、工可批复、初步设计和施工图设计阶段，由 PMC 项目管理单位主导，在不同的阶段都制定了工作大纲，针对不同时期，解决重点问题。工可阶段共形成了 18 项专题报告，着重对大桥建设的可行性、环境影响做了重点研究，形成了一批科研专题，对后续同类型桥梁提供了建设参考，限于篇幅影响，本文重点对建设阶段的质量管控构建做详细的概况，主要包含以下几个方面：

3.1　建立并运行质量管理保证体系

为实现“过程管控、打造精品、争创鲁班奖”的创优目标，实现单位、分部、分项工程均达到交通运输部现行《公路工程质量验收评定标准》的要求，工程一次验收合格率 100%、优良率达 100%、工程质量确保优良的建设目标。大桥指挥部组织编制了《海南铺前大桥 PMC 管理工作大纲》《海南铺前大桥项目管理手册》《海南铺前大桥创优工作方案》、《海南铺前大桥质量保证体系》。体系架构如图 2 所示。

在项目实施过程中，大桥指挥部按照《铺前大桥技术规范》《项目管理手册》《隐蔽工程管理办法》等要求，结合国家现行规范、地方实施性规范，扎实开展质量管理活动，根据《劳动竞赛管理办法》，每月开展质量安全大检查，每个季度进行承包人信誉评价、合同履约检查等，检查内容包括现场施工及管理、原材料质量、实体工程质量抽检、试验检测、内业资料管理等方面。遵循PDCA（计划-实施-检查-改进）质量管理办法，及时发现现场施工质量问题、安全隐患，遏制质量事故苗头，使铺前跨海大桥整体施工质量保持受控状态，确保实现大桥的质量目标。

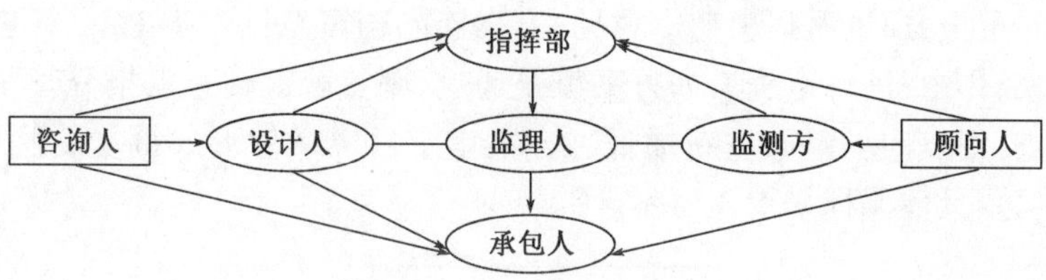

图2　铺前跨海大桥质量保证体系架构

3.2　推行现代工程"五化"管理模式

根据交通运输部提出的推行现代工程管理的总体要求，指挥部编制了《海南铺前大桥"五化"管理方案》，大力实施"发展理念人本化、项目管理专业化、工程施工标准化、管理手段信息化、日常管理精细化"的"五化"管理方案。

针对人本化，指挥部将"以人为本"和"资源节约、环境友好"的理念落实到行动中，丰富工人的文化生活，充分保障农民工权益，下大力度保护桥梁施工区域周边的环境。因桥位紧邻国际级东寨港自然保护区，为此指挥部联合海南大学重点对桥位周边环境进行了全过程、全方位的监测，把施工影响降到最低。

针对大桥建设条件复杂、技术难度高等特点，成立专家顾问组，对建设阶段可能发生的风险予以管控，并聘请独立的第三方对大桥进行施工监控、成品监测，联合高校针对复杂的海洋环境、地质构造进行科研专题研究，为大桥顺利建设提供专业化的保障。

为促进施工水平更加规范，人员技能更加精湛，材料加工、施工工艺更加精细，试验检测更加可靠，提升工程项目管理水平和行业文明施工形象，指挥部始终把"标准化"作为品质工程提升的一个重要环节来抓，为此专门制定了一系列的标准化验收标准，对工地建设标准化、施工技术标准化做重点检查，通过"清单销项法"逐步推进大桥的标准化建设，并取得了很好的效果，推举了一批标准化建设示范点及示范工程，树立了标杆，起到了很好的示范带头作用，提升了大桥建设的形象。

针对信息化建设，以建设"数字化大桥"、建设数据为运营服务为指导思想，将BIM技术应用于大桥的建设，全面变革与升级设计、施工手段，提高设计生产效率和施工质量，增强桥梁建设的信息化水平，实现与大桥健康监测系统的无缝衔接，从而为建设"数字化大桥"目标的实现奠定了坚实的基础，促进BIM技术在我国桥梁设计和施工领域的应用。

为实现铺前跨海大桥的精细化管理目标，对涉及工程的各种因素实施全过程、无缝隙的管理，为此，指挥部严格遵守技术规范与操作规程，抓住质量关键环节，优化施工工艺，保证施工安全，克服细部质量缺陷，注重细节、科学量化，追求"精、准、细、严"的日常管理要求，督促各方推行精细化管理，保证工程质量符合规范要求，建设精品工程。

通过开展、推行现代工程管理方式，铺前跨海大桥在各项检查、参评的指标都位列前茅，在海南省树立了标杆。

3.3 严格执行重大施工方案、施工工艺审批制度

为了确保铺前跨海大桥的施工安全和质量，指挥部明确了重大施工方案和重要施工工艺审批工作分工和职责以及审批范围，包括大型临时设施、斜拉主桥、跨断层引桥、普通引桥、钢结构设施等，对重大施工方案、重要施工工艺审批采用三级负责制。承包人的重大施工方案、重要施工工艺须经公司技术管理部门审批后上报监理单位，由监理进行初审，初审不能通过时发回重报，通过后提出初审意见，方案连同初审意见上报 PMC 管理单位总工办。总工办邀请专家对方案进行审查。如方案审查通过，则签署审查意见报分管副指挥长审定，如未能通过审查，则发回承包人重新提报。方案审定后以文件形式批复。监理根据审定的方案下达批复书。具体流程如图 3 所示。

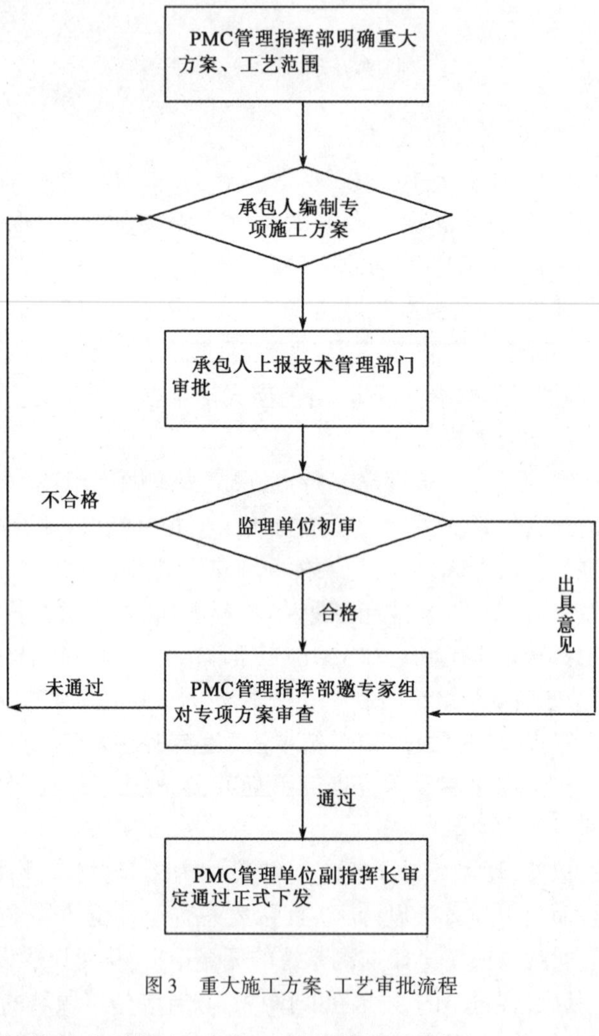

图 3　重大施工方案、工艺审批流程

3.4 重点把控质量技术关键点，实行工程首件认可制

针对铺前跨海大桥建设的复杂性，PMC 管理单位组织编制了《工程施工质量关键点辨识与管理手册》，对桩基础、承台、墩身、现浇箱梁、斜拉主桥、钢箱梁等结构部位重点把控，对需重点控制的质量特性、关键部位、薄弱环节以及主导因素等采取特殊的管理措施和方法，实行强化管理，使工程处于良好控制状态，保证达到规定的质量要求。

铺前跨海大桥推行首件认可制度，在分项工程开工前，进行主桥桩基、塔柱、钢箱梁、引

桥承台、墩身、箱梁的首件制施工。在斜拉主桥 $\phi4.3$m 桩基施工前，采用 1∶1 比例的模型浇筑，模拟水下浇筑环境、验证首盘混凝土方量、钢筋笼的连接与绑扎工艺、混凝土的密实性流动性、钢筋保护层的厚度控制等，发现施工中可能存在的问题，特别是影响工程质量的各种因素，对出现的问题进行总结改进，为后续指导施工奠定了坚实的基础，如图 4。

图 4　主桥 $\phi4.3$m 桩基试桩

4　结语

PMC 管理模式广泛应用于大型复杂项目，也是此类工程比较常用的管理模式。铺前跨海大桥从项目的立项开始，就是由专业的工程咨询企业综合各方面的专业人才，一套人马、整套方案、一干到底，具有管理的无缝衔接、技术的无损继承、缺点的不断改进、优势的持续发挥等特点，通过制定一系列的管理大纲，对前期阶段做了重要部署。针对前期阶段的架构体系，分析项目难点，联合高校及科研单位，有的放矢，积极探索未知领域，逐一突破，最大程度发挥团队的专业化；建设阶段，建立并运行完善的质量保证体系，推行现代工程管理模式，严格把控质量关键点，实行工程首件总结制，通过实践来看，铺前跨海大桥质量管理控制的模式构建是积极而有效的，对推进国内大型桥梁工程管理体制改革，提升国内咨询企业工程管理的竞争力和影响力，借助“一带一路”的战略机遇走向国际市场均具有重要意义。

参考文献

[1] 张鸣功，张劲文，高文博，等．港珠澳大桥钢结构防腐涂装项目管理模式构建[J]．公路，2015，60(6)：117-121．

[2] 杨帆．工程项目建设投融资模式与管理模式[J]．公路，2015，60(8)：185-190．

47. 海洋环境下的混凝土外观质量控制

周赤伟
（中国公路工程咨询集团有限公司）

摘　要：本文基于海南铺前跨海大桥工程，提出了海洋环境下的高性能海工混凝土外观质量控制措施，主要介绍了混凝土各种原材料选择、模板质量控制、浇筑混凝土工艺及养护控制方面。根据施工实际情况，分析了常见的混凝土外观质量通病原因及后续控制措施，并给出了通病的处理办法，研究具有较强的实际应用价值。

关键词：海南铺前跨海大桥；海洋环境；高性能海工混凝土；混凝土外观质量；控制措施

1　引言

海南铺前跨海大桥横跨海南岛东北部的铺前湾海域，是海南省迄今为止规模最大的独立跨海桥梁工程，项目全长 5.597km（外加连接线工程 7.954km），其中跨海大桥长 3.959km，桥头引线长 1.638km。除斜拉主桥（460m）和跨断裂带引桥（581m）采用钢箱梁外，大桥其他主要外露结构物为钢筋混凝土结构（主塔塔柱和承台、引桥现浇混凝土箱梁、引桥墩身和承台、桥台台帽和耳背墙等），采用高性能海工混凝土。大桥目前已全面开展桥梁主塔、承台、墩身、箱梁施工。

为认真落实业主提出的结构物外观质量控制的管理目标，提升施工质量水平，保证混凝土外观质量，创优质工程，需要根据实际情况研究专门的混凝土外观质量控制方案。

本文提出了海洋环境下高性能海工混凝土外观质量的重点控制措施，主要从混凝土各种原材料、模板、浇筑工艺及养护等方面进行控制，并对项目施工中常见的混凝土外观质量通病进行了分析总结，施工中需严格按照施工方案，避免出现混凝土外观质量问题。

2　控制混凝土外观质量的措施

2.1　混凝土原材的选择

混凝土原材的选择是保证混凝土外观质量的基础，同一单位工程应尽量选用固定厂家的水泥、砂、碎石和外加剂等原材料，原材料应干净无杂质。海工混凝土对原材料的要求相对较高，因此应严格控制其各种原材料的质量。

细集料应选取级配良好、颗粒坚硬、强度高、耐风化的中粗河沙，严禁使用海砂和人工砂，高性能海工混凝土中不得使用细砂（细度模数 $M_x = 2.2 \sim 1.6$），在混凝土配制时应同时考虑砂的细度模数和级配情况。砂子进场时应主要控制含泥量、细度模数与级配。

粗集料尽量质地坚硬、洁净、级配合理、粒形良好、吸水率小,最大粒径宜按混凝土结构情况及施工方法选取,在条件许可时宜避免采用有碱活性反应的粗集料。

高性能海工耐久混凝土禁用立窑水泥,避免使用早强、水化热较高的水泥,所用水泥的氯离子含量应低于0.03%。试验室应对进场的每批水泥按相应水泥标准中所规定的试验项目、试验方法、检验规则取样检验,检验结果报送监理工程师批准。不合格水泥不得使用。水泥运到工地后应尽快使用,水泥由于受潮或其他原因变质时,应从工地运走。水泥进场时应控制好如下指标:比表面积(规范要求≥$300m^2/kg$)、标准稠度用水量(不宜过大,宜25%~28%左右)、水泥强度(留1.05富裕系数)及入罐温度(<65℃)。

粉煤灰应采用原装粉煤灰,不宜采用磨细粉煤灰。粒化高炉矿渣粉进场时进行检验,应符合现行相关标准的规定。化学外加剂应为经过有关部门检验并附有检验合格证的产品,其质量应符合现行相关标准的规定,使用前应复验其效果,使用时应符合产品说明及本项目技术规范关于混凝土配合比、搅拌、浇筑等各项规定。

搅拌用水不得使用海水,可以采用地下水或自来水,水质必须符合相关规范的规定。

2.2 结构模板的质量控制

模板质量是混凝土外观质量优劣的重要保证,必须严格控制模板的加工几何尺寸。模板作业中要重视模板装卸、打磨、涂油、拼接、支立、加固、拆除等环节。

为了使混凝土结构外观质量更好,采用透水模板布。海工耐久性混凝土由于掺加了大量的矿粉或粉煤灰,粘聚性强,但工作性较差,且含气量较大,极易产生气泡、裂缝,混凝土表面颜色不均匀。采用模板布工艺浇筑混凝土可以克服这些缺点。在施工中,严格按照透水模板布的施工工艺进行施工。

2.3 浇注工艺的控制

通过试验确定混凝土的水灰比及水泥用量,在施工中进行严格控制。混凝土的搅拌应满足计算准确、搅拌彻底、坍落度稳定。浇筑时采用混凝土罐车运输。浇筑和振捣过程中,应控制浇筑速度,均匀振捣,依据浇筑情况控制振捣。

2.4 混凝土养护控制

浇筑前,提前准备好土工布、塑料布、水泵。混凝土初凝后即开始养护,用土工布覆盖混凝土表面,洒水养护。养护时,混凝土表面必须充分湿润。针对高强度混凝土,养护时间不得少于14天。制定专业养护机制,设各类结构物养护专人1~2名并报质监部备案。严格控制大体积混凝土内外温度不超过25℃,重视大体积混凝土养护。控制现浇箱梁张拉前养护龄期,确保混凝土强度满足要求。

3 现场混凝土外观质量通病分析

混凝土外观质量通病按其产生的原因,基本可分为两类:一类是由于混凝土浇筑振捣工艺不妥产生的外观质量问题;另一类是由于模板、钢筋和混凝土等综合因素引起的外观质量问题。

3.1 现场混凝土外观质量通病原因及后续控制措施

(1)墩柱外观出现分节段色差。

原因分析:施工周期过长,分段浇筑时,养护龄期不一样;水泥非同一批次。

控制措施:合理调配人员,保证墩柱连续施工,缩短混凝土龄期差;同一墩柱保证水泥批次统一。

(2)箱梁腹板外观出现冷缝有一定色差。

原因分析:混凝土浇筑过程中,分层振捣时振动棒插入深度不够导致先浇的混凝土振捣时出现的表层浮浆没有与后浇筑的混凝土很好结合;混凝土浇筑过程间隔过长。腹板浇筑每层混凝土需要时间120分钟左右。

控制措施:加强前后台沟通尽量缩短混凝土到场时间;后浇的混凝土振捣时适当延长振捣时间,并控制振捣棒插入先浇混凝土的深度,促进两层混凝土结合紧密。

(3)墩柱外观出现2~3mm错台。

原因分析:不同高度的墩柱模板,所受的混凝土横向挤压力不同,产生的弹性变形量大小不同;采用无拉杆模板,较有拉杆模板弹性变形量大;立模板时或粘贴模板布时没有接平。

控制措施:立模时有意识的控制底节模板,与上层模板错开1~2mm;同一个墩柱模板布要选用同一批次厚度一样的模板布;每块模板安装完成后,技术员要多次检查接头平顺性。

(4)墩柱接缝处出现水浸痕迹。

原因分析:墩柱分节浇筑时,下一节墩柱混凝土浇筑前,上一节混凝土已经干缩,导致模板布分离。如果混凝土塌落度又比较大,混凝土较稀就会导致砂浆沿着模板缝下流并沉淀形成斑纹;如果接茬处积水过多,混凝土小范围产生离析,导致外观不理想。

控制措施:下一节混凝土浇筑前要保证接茬处湿润,同时应保证前一节模板布饱水,并合理控制塌落度,最大程度控制水泥浆下渗;墩柱分节浇筑时混凝土接茬处要清除多余积水,合理振捣,防止混凝土局部砂浆下渗导致墩柱表面产生斑纹。

(5)混凝土外观出现个别蜂窝。

原因分析:混凝土振捣不到位,混凝土中的气泡没有彻底排净。

控制措施:加强对工人的振捣技术培训。混凝土振捣时遵循快插慢拔的原则;在墩柱混凝土振捣同时用木棒轻敲外层钢筋,彻底赶出混凝土中夹杂的气泡。

(6)腹板出现接缝痕迹。

原因分析:模板接头处合缝严实度不够;接缝衬平的腻子不够饱满密实。(如果出现不严实饱满,振捣时容易渗浆,在接缝处会积累小范围砂浆造成局部含水含砂过大,拆除模板后出现水痕和砂线)。

控制措施:加强箱梁模板接缝处的检查;箱梁混凝土振捣时注意接头振捣时间;注意箱梁模板接缝处,振捣器与模板的间距。

3.2 已经出现的混凝土外观质量通病的处理方法

针对现场出现的结构物混凝土外观通病,应多种渠道寻找专业处理方法,力求处理完后必须达到整体外观统一无外观质量通病。

(1)对于色差明显的采用整体砂纸打磨,以最大程度地减少色差。

(2)针对小范围蜂窝、孔洞,应先凿浮浆,并用毛刷清孔,再填塞环氧砂浆,最后表面打磨至平整。

(3)针对接头错台处先采用砂轮粗打成斜面,再用细砂纸修整表面,保证节缝顺接美观。

4 结论

本文从混凝土原材的选择、结构模板的质量控制、浇注工艺的控制、混凝土养护控制等方面阐述了在海洋环境下控制混凝土外观质量的多种措施,同时也结合项目实际施工情况,分析了现场常见的混凝土外观质量通病的原因、处理办法以及后续预防措施，对后续施工和其他项目具有实际意义。在施工中为了保证结构物混凝土外观质量，应严格按照施工方案，同时也需要制定相应的保障制度。

参考文献

[1] 郭留红，王新友，王威．提高混凝土外观质量施工控制措施[J]．交通标准化，2003(9)：65-67.

[2] 陶虹，刘明武．浅谈桥梁工程混凝土外观质量的施工控制[J]．辽宁省交通高等专科学校学报，2002，4(1)：37-38.

[3] 姜妮．混凝土质量通病的预防与处理[J]．科技信息，2009(29)：916.

[4] 中交第一公路工程局有限公司．公路桥涵施工技术规范[M]．人民交通出版社，2011.

[5] 高超，周振营．高性能海工混凝土施工技术性能探讨[J]．混凝土，2007(9)：73-76.

[6] 王冬松．杭州湾跨海大桥高性能海工混凝土配合比设计[J]．公路，2009(7)：1-10.

[7] 俞海勇，徐强，王琼．矿物掺合材料在高性能海工混凝土中的应用[J]．粉煤灰，2003，15(5)：21-25.

[8] 交通部公路科学研究所．公路工程集料试验规程[M]．人民交通出版社，2005.

[9] 中国建筑材料科学研究院．用于水泥和混凝土中的粉煤灰[M]．中国标准出版社，2005.

[10] 中国建筑材料科学研究院．用于水泥和混凝土中的粒化高炉矿渣粉[M]．中国标准出版社，2008.

[11] 中国建筑科学研究院．混凝土外加剂应用技术规范[M]．中国建筑工业出版社，2013.

[12] 交通部公路科学研究院．公路工程聚羧酸系高性能减水剂[M]．人民交通出版社，2009.

48. 工程安全管理浅析及建议

杨　亮
（中国公路工程咨询集团有限公司）

摘　要：安全是人类最基本也是最重要的需求，安全生产既是人民生命健康的基础，也是企业生存和发展的保障，更是一个国家社会稳定、经济发展的首要条件。随着我国现代化水平的不断提高，人民安全认知水平逐步发展，安全技术不断提高，但是同时新兴科技带来的新材料、新工艺、新设备、新技术，为安全生产带来了前所未有的问题和挑战。本文旨在通过个人在实际安全管理工作中发现的一些问题，进行分析和论证，综合提出关于提升安全管理工作的一些建议，希望能够与同行业从业人员进行交流，对国家整体安全管理工作的发展提供一些经验。

关键词：安全管理；工程安全；安全问题分析；安全发展建议

1　安全发展历史和现阶段安全发展的形势

古代汉语中的“安”字在许多场合下与现代汉语中“安全”的意义大致相同，表达了人们通常理解的“安全”这一概念。例如，“是故君子安而不忘危，存而不忘亡，治而不忘乱，是以身安而国家，可保也。”《易·系辞下》这里的“安”是与“危”相对的，并且如同“危”表达了现代汉语的“危险”一样，“安”所表达的就是“安全”的概念。“无危则安，无缺则全”，即安全意味着没有危险且尽善尽美。这是与人们的传统的安全观念相吻合的。

我国在1980年5月经国务院牵头组织10多个部委于每年6月在全国范围开展安全生产月，活动到今年已经经历了37个年头，“安全第一”的口号可谓是深入人心。随着国民经济突飞猛进的发展，人们受教育程度和生活水平得到大幅提升，国家和人民对安全事故的接受和忍耐空间一再被压缩。尤其是在2002年以后，国家相继颁布了以《中华人民共和国安全生产法》为基本法的一系列安全法律法规、部门规章制度等等，为我国有效开展安全生产工作提供了法律依据和执业准则。多位国家领导人也频繁在各类重大场合提出“生命安全是不可逾越的红线”“安全法律是必须坚守的底线”“人命关天，安全至上，必须持之以恒抓安全生产”等等强有力的指示和要求。经济的发展为提高安全管理水平提供了物质基础，国家法律法规和领导人的重视为安全管理的发展提出了新要求，并且为安全管理的良性发展创造了一个良好的氛围。

根据国家安全监督管理总局数据统计来看，我国安全管理工作总体上也取得了非常大的进步，事故总量由2010年的363383起、79552人，下降到2015年的281576起、66182人，累计下降 22.5% 和 16.8%。具体如图 1 所示。

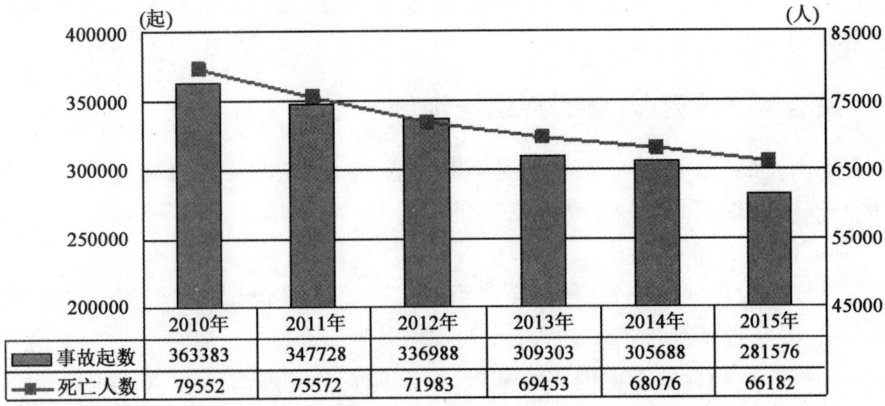

图 1　2010—2015 年全国事故起数、死亡人数走势图

2016 年全国发生各类生产安全事故 6 万起、死亡 4.1 万人。其中重特大事故 32 起、死亡 571 人,同比下降 5.8% 和 4.1%。

2017 年上半年全国发生生产安全事故 2.24 万起、死亡 1.62 万人,减少 7637 起、3406 人,同比分别下降 25.4% 和 17.4%。

对比世界主要发达国家 2014—2015 年的相关数据(如表 1 所示),我们的安全管理工作还有很大的提升空间。

英美日 2014—2015 年度工亡事故数据　　表 1

国　　别	就业人数(万人)	工亡事故(人)	十万从业人员死亡率(%)
英国	3100	142	0.46
日本	12713	1057	1.671
美国	31886	4585	3.3

2　制约安全管理发展问题分析

(1)长期受限于重效益、轻安全的落后思维惯性

由于国家发展历史原因,赶进度、创效益一直是生产单位的第一要务,安全第一多数情况下也只是停留在口号层面。无数血的教训不断的警示人们应该合理调节效益、进度和安全之间的关系,安全第一也逐渐从人们的内心深处落实到实际工作中。

(2)从业者教育水平参差不齐,尤其是一线作业人员文化水平普遍偏低

违规违章作业频发很大程度上是一线作业人员不掌握标准操作规程,安全意识差、安全操作技能低下、没有意识到自己身处危险。

(3)生产单位入场培训和安全培训工作落实不到位

入场不能经过全面、系统的安全培训,职中各类安全培训针对性不强,培训的效果显然会大打折扣。体现在工作中就是违章违规作业频发、现场安全监管难度大。

(4)生产单位内部安全管理部门不到位

各部门之间缺乏有效沟通和相互制约机制。加之分包管理不规范,作业人员流动性大,更是加剧了安全管控不力的局面。

(5)生产单位对安全管理部门重视程度不够

专业安全管理人员配置不足，待遇不高，权限受限制，工作不能得到认可都是制约安全管理水平发展的因素。

3 运用有效方法克服困难，持续进步

在社会不断发展，国家相关法律法规不断完善的大背景下，大刀阔斧改变安全管理现状，努力提高安全管理水平是一个势在必行的趋势。

3.1 制度保障

努力完善安全管理制度体系，科学设置组织机构，合理调配人员配置如图2。以制度指导机构和人员，安全责任细化落实到人，人人各司其职，做到尽职免责。安全管理部门对整个机构安全工作的运行提供专业的监督和指导，确保安全管理工作平稳、健康开展。同时将安全考核制度化，落实到人员职务晋升和工资绩效考核中。

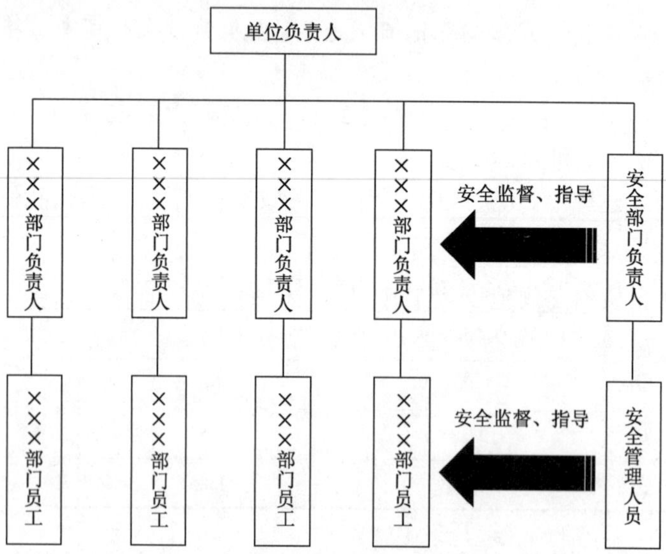

图2 生产单位安全管理组织机构图

3.2 过程管控

安全管理过程的实施要严格遵守各项制度要求，做到事事有计划、有步骤开展。不管是安全培训、安全检查，还是安全会议、宣传活动都要制定目标和计划，指导日常安全管理工作的开展。例如，根据作业类型制定一整套有针对性的安全培训教育资料，做好年度培训目标和计划，什么时间段培训哪些人员、培训任务完成情况等等按部就班，才能有条不紊的开展工作。同时要随时做好培训记录，对整体培训工作有全面了解。

3.3 考核落实

根据安全责任明确的考核制度，通过日常安全工作开展的有效记录监控，再参考部门/个人是否存在安全管理工作中有突出表现或问题，落实安全考核工作并兑现奖惩制度，以此来惩戒安全违规现象、鼓励安全示范行为。

4 安全管理部门和人员管理方式方法

过程控制是整个安全管理工作的重中之重。如何落实安全制度体系的各项规定，将文

字条例在实际安全管理工作中付诸实施,是安全管理从业人员面对的挑战。安全管理工作既需要技巧,更需要坚持。避免出现安全管理“一阵风”“虎头蛇尾”等现象。

4.1 保持安全管理强压态势

目前安全发展面临如此多挑战,加之国家和人民普遍有改善和提高安全状况的大背景下,安全管理人员需要得到更多的重视,在实际安全管理中被赋予更大的权利,以强压态势逆向推进安全管理工作的提高,使各层级从业者从心底里感受到“安全第一”的重要,做事前优先考虑安全是否具备作业条件。

4.2 巧妙运用“三同时”,提前干预

“三同时”也可以运用到现场安全管理中,任何一个作业活动都可以运用“三同时”的标准去要求。现场安全管理人员就需要做到提早发现问题,尽快干预。这样既可以保障安全作业,又避免返工安排整改,实现安全和生产的双赢。

4.3 抓重点、抓典型

西方安全管理中一个非常有趣 peer-group pressure 理论,意思是来自同事的关注压力。这个理论说明了人往往容易受到团队或者他人的影响而改变自己原有的行为,也就是我们说的从众心理;还有一种情况就是具有强大影响力的个人或者少部分影响了团队,同化了团队原有的行为,也就是我们说的模范带头作用。从众心理和模范带头都是我们在安全管理中可以实际运用的有效方法,通过多种形式的奖惩活动和措施,遏制违规作业行为,鼓励安全作业行为,以模范带头影响一个班组,一个工区,从而影响整个生产单位的安全生产氛围。

4.4 注重资料收集和数据整理

日常安全管理的资料是规范安全工作推进、体现安全管理成绩的第一手资料。生产单位对第一手的资料进行整理就会得到大量有价值的数据,为指导安全生产工作和其他类型企业提供宝贵的数据和经验。

4.5 安全管理过程管控要避免麻痹心理

安全管理工作重于泰山,生产在继续,安全工作就不能有丝毫松懈。不能把日常安全管理工作认为是一个简单的重复,日常工作中要充分利用 PDCA 管理模式。例如可以按工期作为一个 PDCA 大的循环周期,再把每个年度划分为若干个 PDCA 循环周期,再细化到季度和月度 PDCA 循环周期,每一个循环周期都要检验工作的进展和提高,这样一步步看到安全管理工作的提高是对日常工作的负责,也是长期不懈做好安全工作的动力。

5 结语

目前全国安全管理氛围是前所未有的,整体安全管理工作的大步提升和发展也势在必行,安全管理的巨大挑战和广阔前景并存。希望广大安全管理从业者齐心努力,为国家和企业的健康、安全发展贡献力量。

49. 暂估价在项目管理中的应用探讨

许　笛　孙平宽

（中国公路工程咨询集团有限公司）

摘　要：招标作为建设项目管理中的重要环节，对整个建设项目保质保量合理经济完成起着关键性作用。随着建设市场中专业分工水平的深化，暂估价在招标清单中所占的比例不断上升。在招标过程中合理地使用暂估价可以在一定程度上避免恶意竞标、保障工程质量，本文就暂估价在项目管理招标中的应用进行探讨分析。

关键词：暂估价；项目管理；招标；投资控制

1　引言

1.1　项目管理的含义

随着当今工程建设项目日趋大型化和复杂化，业主单位本身无法提供足额的项目管理专业人员，因此项目管理承包（Project Management Contract，PMC）模式作为一种新型的专业化管理模式，越来越受到业主的欢迎。业主通过购买服务，授权委托专业化的管理团队对大型、复杂项目进行建设的全过程管理。项目管理承包商在与业主签订合同后，代表业主对整个建设项目过程进行管理。在建设项目管理过程中涉及大量的招标工作，如施工图设计、设计咨询、施工承包、监理及第三方检测单位等等。

建设项目的招标，是项目管理单位（业主或业主委托的项目管理承包商，以下统称项目管理单位）对拟建项目通过公开合法的程序吸引承包人公平竞争，择优选择承包人完成项目建设目标的行为。作为项目管理中的重要环节，招标对项目保质保量、经济合理的完成建设目标起着关键性作用。

1.2　暂估价的含义

随着我国大型公共基础设施的建设速度加快，招标相关法律法规的不断完善，“暂估价”一词越来越多的出现在相关法令及施工合同中。暂估价首次出现在《工程建设项目货物招投标办法》（七部委局27号令），随后在《标准施工招标文件》（九部委07版）、《公路工程标准施工招标文件》（2009年版）中被定义，2016年2月1日起实施的《公路工程建设项目招标投标管理办法》（中华人民共和国交通运输部令2015年第24号）中也提到。暂估价是指招标人（项目管理单位）在编制工程量清单时，对于预计会发生但暂时无法确定具体的材料、设备价格或者无法准确估价的专业工程，直接给定的一个固定金额。

随着建设市场中专业分工水平的深化及材料、设备的不断创新，暂估价在招标清单中所占的比例不断上升。比如桥梁工程中的防船撞设施、运营期结构安全检测系统、航空障碍灯等，建筑工程中的电梯系统、外保温系统、变配电设备等。

2　暂估价的优点

2.1　防止恶意竞标

在招标阶段，招标人（项目管理单位）编制招标清单时，通过设置暂估价可以避免投标人不平衡报价而恶意低价中标。在建设项目中，招标人往往会遇到一些分项分部工程因专业性过强或不能确定具体材料、设备以及设计方没有给出具体图纸及要求等情况，从而在招标阶段无法一次性估计价格。通过设置暂估价，确定该分项工程金额，各投标人在材料、设备或分项工程上价格起点一致，避免不平衡报价，恶意调低价格而中标。

2.2　保障工程质量

对于某些专业性强的分项工程或者因型号不同而价格差异很大的材料、设备，在招标时无法确定具体的质量及参数要求，可以设置暂估价。在工程实施阶段，根据工程实际进展或新的具体要求，可以随时通过招标比选来确定此分项工程或材料、设备的中标人，从而保障工程质量。比如桥梁工程中的防船撞系统，因其专业性强，往往桥梁土建施工单位无法胜任防撞系统的施工，须由专门的公司在中标后进行详细设计后直接选定材料进行施工，从而确保质量要求。

3　暂估价的招标

3.1　招标主体的确定

《工程建设项目货物招标投标办法》（七部委27号令）第五条规定："以暂估价形式包括在总承包范围内的货物达到国家规定规模标准的，应当由总承包中标人和工程建设项目招标人共同依法组织招标"。在工程实施过程中，对依法共同组织招标的理解却容易产生纠纷。共同招标可以理解为甲乙双方（即原招标人和中标人）共同作为发包人，共同与丙方（即新中标的承包人，可以理解为分包人）签订专业合同。此种方法在部分项目中得到应用，但与现行法规所倡导的责任主体一元化理念不相吻合，合同关系也不够清晰。为了避免出现招标主体的不确定性，交通运输部2015年第24号令《公路工程建设项目招标投标管理办法》的第二十九条指出"招标项目的合同条款中应当约定负责实施暂估价项目招标的主体以及相应的招标程序。"

在此，本文有以下建议：1）对于那些对施工质量监测试验检测专业工程暂估价，如桥梁荷载试验、运营期结构安全监测、桩基第三方检测等，建议由原发包人（项目管理单位）作为招标人，暂估价中标人直接对发包人负责。2）对于一般材料、设备或专业性分项工程，如桥梁工程中的防船撞设施、桥梁检修小车或建筑工程中的电梯、供变电设备等，因施工总承包人须对分包的材料、设备或专业工程的质量、安全、工期负责，建议此种情况暂估价由施工总承包人作为招标人，这样做有助于总承包人对质量、工期的把控，有利于责任主体一元化。

3.2　暂估价的招标管理

（1）由原发包人（项目管理单位）进行招标的，其可以直接编制招标文件进行招标，或者选定招标代理机构，对招标文件进行编制，直接参与招标全过程。

（2）由施工总承包人进行招标的，在招标文件编制阶段，原发包人有权对招标文件、评标办法等能够体现招标目的和招标要求的文件进行审批,未经审批承包人不得发出招标文件;在评标阶段原发包人与施工总承包人作为共同的招标组织者,原发包人可以委派业主代表进入评标委员会参与评标,以此来对暂估价的招标进行把控。

3.3 合同主体的确定

(1)由原发包人直接进行招标的,由发包人与分包人(或供应商,即暂估价中标人)签订合同,根据合同条款直接付款给分包人。

(2)由施工总承包人招标的,鉴于分包人的进度、质量和安全均由施工承包人负责,因此承包人应作为暂估价合同的发包主体。付款流程为原项目发包人支付给承包人,承包人再支付给分包人。合同签订有两种方式:施工总承包人与分包人签订双方合同,原发包人授权且认可此双方合同;签订三方合同,施工总承包人与分包人分别作为发包方和承包方,而原发包人作为见证方。

4 结语

在建设项目管理过程中,项目管理单位编制招标文件时,工程量清单中过多的设置暂估价会给建设过程中增加招标及管理的工作量,降低资源效率,而合理的使用暂估价则可以在一定程度上避免恶意竞标、保障工程质量。

参考文献

[1] 钟明辉.暂估价招标探讨[J].中国招标,2011(31):18-20

[2] 何关培.谈暂估价在工程管理中的应用[J].建筑经济,2012(2):72-73.